J. Krishnamurti
克里希那穆提集

THE MIRROR OF RELATIONSHIP

THE COLLECTED WORKS OF
J.KRISHNAMURTI

在关系中认识自我

克里希那穆提 著
桑靖宇 程悦 译

九州出版社
JIUZHOUPRESS
全国百佳图书出版单位

出版前言

《克里希那穆提集》英文版由美国克里希那穆提基金会编辑出版，收录了克里希那穆提 1933 年至 1967 年间（38 岁至 72 岁）在世界各地的重要演说和现场答问等内容，按时间顺序结集为 17 册，并根据相关内容为每一册拟定了书名。

1933 年至 1967 年这 35 年间，是克里希那穆提思想丰富展现的重要阶段，因此，可以说这套作品集是克氏最具代表性的系列著作，已经包括了他的全部思想，对于了解和研究他的思想历程和内涵，具有十分重要的价值。为此，九州出版社将之引进翻译出版。

英文版编者只是拟了书名，中文版编者又根据讲话内容，为每一篇原文拟定了标题。同时，对于英文版编者所拟的书名，有的也作出了适当的调整，以便读者更好地把握讲话的主旨。

克里希那穆提系列作品得到台湾著名作家胡因梦女士倾情推荐，在此谨表谢忱。

需要了解更多克氏相关信息的读者可登录 www.jkrishnamurti.

org，或“克里希那穆提冥思坊”的微博：http://weibo.com/jkmeditationstudio，以及微信公众账号“克里希那穆提冥思坊”，微信号：Krishnamurti_KMS。

九州出版社

英文版序言

克里希那穆提1895年出生于印度南部的一个婆罗门家庭。十四岁时，他被时为“通神学会”主席的安妮·贝赞特宣称为即将到来的“世界导师”。通神学会是强调全世界宗教统一的一个国际组织。贝赞特夫人收养了这个男孩，并把他带到英国，他在那里接受教育，并为他即将承担的角色做准备。1911年，一个新的世界性组织成立了，克里希那穆提成为其首脑，这个组织的唯一目的是为了让其会员做好准备，以迎接世界导师的到来。在对他自己以及加诸其身的使命质疑了多年之后，1929年，克里希那穆提解散了这个组织，并且说：

真理是无路之国，无论通过任何道路，借助任何宗教、任何派别，你都不可能接近真理。真理是无限的、无条件的，通过任何一条道路都无法趋近，它不能被组织；我们也不应该建立任何组织，来带领或强迫人们走哪一条特定的道路。我只关心使人类绝对地、无条件地自由。

克里希那穆提走遍世界，以私人身份进行演讲，一直持续到他九十岁高龄，走到生命的尽头为止。他摒弃所有的精神和心理权威，包括他自己，这是他演讲的基调。他主要关注的内容之一，是社会结构及其对个体的制约作用。他的讲话和著作，重点关注阻挡清晰洞察的心理障碍。在关系的镜子中，我们每个人都可以了解自身意识的内容，这个意识为全人类所共有。我们可以做到这一点，不是通过分析，而是以一种直接的方式，在这一点上克里希那穆提有详尽的阐述。在观察这个内容的过程中，我们发现自己内心存在着观察者和被观察之物的划分。他指出，这种划分阻碍了直接的洞察，而这正是人类冲突的根源所在。

克里希那穆提的核心观点，自 1929 年之后从未动摇，但是他毕生都在努力使自己的语言更加简洁和清晰。他的阐述中有一种变化。每年他都会为他的主题使用新的词语和新的方法，并引入有着细微变化的不同含义。

由于他讲话的主题无所不包，这套《克里希那穆提集》具有引人入胜的吸引力。任何一年的讲话，都无法涵盖他视野的整个范围，但是从作品集中，你可以发现若干特定主题都有相当详尽的阐述。他在这些讲话中，为日后若干年内使用的许多概念打下了基础。

《克里希那穆提集》收录了他中年及以后出版的讲话、讨论、对某些问题的回答和著作，涵盖的时间范围从 1933 年直到 1967 年。它们是他教诲的真实记录，取自逐字逐句的速记报告和录音资料。

美国克里希那穆提基金会，作为加利福尼亚的一个慈善基金会，其使命包括出版和发布克里希那穆提的著作、影片、录像带和录音资料。《克里希那穆提集》的出版即是其中的活动之一。

目录

美国 1936 年

荷兰 1936 年

印度 1936 年

荷兰 1937 年

荷兰 1938年

美国 1940年

美国 1944年

PART 01

美国 1936 年

生活是一个整体，不能撕裂

诸位满怀着许多的期许、希望以及想法，前来聆听这几场演说。为了阐释得更加清楚一些，不妨让我们对这些谈话做一番分析，从而发现其真正的价值所在。或许这儿有一些人，其心灵并没有为胡言乱语所负累。所谓胡言乱语，也就是词语上乏味的重复。还有一些人，他们已经将自己从信仰和迷信的束缚中解放了出来，热切地想要去理解我话语里的重要涵义。由于认识到了模仿的虚幻本质，所以他们可以不再去寻求行为上的种种模式。他们希望去唤醒自身内在的创造力，以便能够在生命的运动中过一种具有深刻意义的人生。他们不会去寻找某种无意义的新的言谈或行为模式，不会去追寻观念的睿智或情绪化的断言。

现在，我将跟那些渴望唤醒生命的真相、渴望拥有正确的思考及生活方式的人们来谈一谈。这么说，并不表示我的话只是针对少数人或者某个被挑选出来的知识分子群体。

我的话，对那些仅仅是抱着一丝好奇心的人来说可能无甚重要，因为我没有可以让其感到兴奋的空洞的话语或者鲁莽的断言。那些满怀好奇的人，那些仅仅是渴望获得情绪上的刺激的人，是不会在我的演说中得到任何满足的。

有些人之所以会到这儿来，是希望把我所说的同许多思想流派的观点进行一下比较（笑声）。不，请别这么做，这并非是一席睿智的评论。从收到的信件以及那些同我交谈的人们那里，我知道有很多人都认为，通过从属于某个思想流派，他们便可以获得提升并能够为世界效力。然而他们所称谓的思想流派，仅仅是一些流于模仿的胡言乱语，这些胡说只会带来界分，鼓励排他以及导致心灵的空虚和自负。这些建立在幻觉之上的思想体系，实际上毫无用处。尽管它们的追随者可能会变得博学广闻，用其学识来捍卫自己，然而事实上却并无真正的思想可言。

还有许多人，他们寻找着各种救赎人类的方法，结果却使自己的心灵变得错综复杂起来。他们试图通过经济、宗教、科学给人类的生活带来秩序与真正的和谐。许多人尝试通过教义的宣称而把自己的想象和幻觉施加给他人，他们将其称之为真理或神，结果不可遏制地陷入到狂热之中。

所以你们必须要凭借自己的力量去探明你为什么会来这儿，去弄清楚你是基于什么样的冲动而来听这场演说的。我希望大家相聚在此，共同去探明我们能否过一种心智健全、理性的、睿智的人生，能否充分地理解生活的真谛。我感觉，这对演说者和听众来说，都将是一项极为艰巨的任务。我们即将踏上的这段旅程，其目的是要去展开深入的探寻和个体的试验，而不是去进行教条化的断言或是创立新的信仰与理念的模式。想要明白我话语里面所传达出的真正涵义，你们就必须要对其加以检验和审视。

我们大多数人都会抱持这样一种观念，即认为，只要找出人类之所以会陷入痛苦、冲突和混乱的某个原因，我们便能够解决生活的诸多难题了。于是以下的说法变得时髦起来：比如“根治了经济上的罪恶，就能保证人类的幸福与圆满”，又或者“只要接受了某种宗教或哲学理念，世人便将获得安宁与幸福”。在对单一原因的找寻中，我们鼓励和培养起了一些专家，他们一直准备去创立和阐明逻辑体系，而那些思考欠缺周全的人们便会深陷这些体系之中。你们将那些排他性的思想体系或理念，视为救赎世人的方法。我们极易落入到这些陷阱之中，以为这种单一原因看似逻辑上的简单性，将有助于我们消除掉痛苦和混乱。

倘若一个人将自己交付给这些专家，交付给某个单一的原因，那么除了遭遇更大的混乱、困惑和痛苦之外，他将一无所获。他沦为了专家手中的一个工具，抑或心甘情愿被那些能够轻而易举地阐明单一原因逻辑上的简单性的人所奴役。

毋庸置疑，假如你们深入地审视一下人类的痛苦与混乱，将会发现存在着诸多的原因，有一些复杂，有一些简单，我们必须要彻底地认识这一点，尔后才能够从冲突和痛苦中解脱出来。如果我们想要了解这许多的原因及其所具有的干扰性，就得将生活当做一个整体来对待，而不是把它撕裂开来，拆分为精神的和情感的、经济的和宗教的、内部的和外部的。正因如此，我们才不可以把自己交付给那些专家们，因为他们经过训练已经形成了观念上的排他和独断，只晓得专注于他们那些狭隘的界分。牢记这一点至关重要，但我们无意中还是将自己交付给了其他人来引导，让别人来告诉我们该做什么，以为某位宗教或经济方面的专家，因其拥有专业知识和成就，便能够对我们的个体生活予以指导。大多数专家都是如此受训的，以至于他们无法全面地理解生活。我们让自己的生活和行为去遵从各类专家们的指示，因此只会制造出更大的混乱和悲伤。所以说，既然我们已经意识到不可以听命于那些专家、教师、哲学家，不可以受制于那些声称已经发现了神并且看似过着简单生活的人，那么我们就应当对这些人格外地加以提防。我们应该寻求简单，然而在这种找寻的过程中，也要对许多的幻象与错觉保持警觉。

既然认识到了所有这一切，那么作为个体的我们应该怎么办才好呢？我们必须要深刻地而非随意或肤浅地认识到，没有某个人或者某种思想体系可以完全解决那些令我们苦恼不已的问题，可以理清我们那些复杂而微妙的反应。假如我们能够懂得，除了自己以外，没有任何人可以消除掉我们内在与外在的混乱和困惑，就不会去模仿他人，不会去渴望获得认同，尔后我们便将开始释放出内在所蕴藏的极富创造力的能量。这表明我们正在开始意识到个体的唯一性，每一个人都是独一无二的，都是截然不同的，都是跟其他人不相似的。不过我这么说，并非表明在渴望那种自我本位主义。

我们必须开始实现自觉，这一点大部分人都没能做到。在将暗藏的事物带入到开放、带入到光亮之中的过程中，我们发现了各种导致不和谐与痛苦的原因。然而只有这样，才能有助于带来一种圆满而睿智的幸福人生。假如没有从暗藏的事物中解放出来，那么我们所做的种种努力，就注定会带我们走向幻象与错觉。

除非我们通过检验发现自身那些隐蔽的、深藏的模仿及其反应，并因此从模仿中解放出来，否则将会生活在混乱与争斗之中，因为这些模仿阻碍了理智和情感的适应能力，令其无法去真正适应生命的运作。由于缺乏适应力，所以我们便会以自我为中心地争斗不休，便会充满恐惧以及追求安全感，并且滋生出许多令人感到慰藉的幻觉。

尽管我们或许认为自己已经发现了真理、极乐以及把神这一抽象理念客观化了，但是只要我们始终对于自身的那些暗涌无知无觉，就不可能认识真理。空谈诸如“真理”、“神”、“完美”这些字眼，不会具有任何深刻的意义与重要性。

只有当我们不去将理智同情感分离开来的时候，才能够踏上探寻真理的旅途。我们所受的训练，使得我们并没有把生活当做一个整体来对待，而是将其划分为身体的、头脑的和精神的。于是我们发现，很难调整自己去适应这种对于生活的崭新理念与反应。想要训练自己培养起这种看待生活的新方式，而不是退回到那种分裂性思维的旧习惯中去，需要付出巨大的耐心以及保持持久的警觉。这些错误的界分及其特殊的涵义、追求和目标，引发了如此多的危害，并且让我们的生活变得复杂化。当我们通过试验开始将自己从这些界分中解放出来的时候，便能释放出创造性的能量，发现那无限的生命的活动。

心智能否深刻地认识到、觉察到这种永无止境的“变成”的状态呢？我们将生活划分为了肉体、理智和精神，而每一种划分都带着自身特殊的目标与追求。只有当我们摆脱了由这些虚幻的、错误的概念及界分所制造出来的局限，无限性才会具有深刻的意义。当心智从有害的、局限的反应中脱离开去，开始以深刻的觉知去展开热烈的生活，只有在这个时候，才有可能深刻地认识到这种永无止息的“变成”的过程。要想理解这种幸福，理智和情感就必须彻底摆脱认同与模仿的束缚。只要唤醒了这种富有生机和创造力的智慧，就可以为人带来慈爱、平静与深刻的圆满。

除非你意识到了你的环境、你的过去并且明白了它们的涵义——不是作为两个被比较的因素，这样只会产生出虚幻的反应，而是作为一个和谐的整体——除非你能够对这个整体做出深刻的反应，否则将无法感知到生命那无穷无尽的运作。

只有当你从那些由界分所导致的反应中解放出来，才能够开始踏上探寻真理的旅程。倘若没有理解生活的全部，那么对于真理或幸福的探寻就必将通往虚幻。当一个人去追逐某个幻象的时候，他时常会感觉到某种愉悦、某种情绪，然而当他审视这一情绪化的结构时，则会发现它仅仅是一种局限，树立起了一堵堵庇护的高墙。它是一座监牢，虽然一个人可以生活于其间，甚至能够获得享受，但这其实是在逃避生活的冲突，躲入到模仿之中。而在这段逃离之旅中，有许多人都愿意给予你帮助和鼓励。

如果这些谈话对你具有某种意义，那么你就必须要开始对我所说的话展开试验。只有意识到自身全部的反应，才能过上一种全新的生活。

意识到它们，但不要立即将其中的一些反应当做坏的事物加以丢弃，而把另外一些视为好的事物予以接受，因为一个受限的心灵是无法正确洞悉事物的。认识到这些格外地重要。尔后，凭借持续不断的觉知——在这种觉知里没有对立面，没有所谓理智与情感的划分——就会出现行动的和谐，而这种和谐本身便能够带来圆满。

问：难道除了您以外就没有其他的真理的陈述者了吗？一个人必须要离开所有其他的陈述者而只去聆听您的教诲吗？

克：永远都不可能存在真理的陈述者。真理无法被解释，正如你没有办法跟一个从未陷入爱河的人说清楚爱是什么一样。像“真理的陈述者”这种说法，其实没有任何意义。

我们相聚于此的目的是什么呢？我并不是要你们去相信我所说的话，也不是暗暗地想要使你们来追随我，以便可以对你们加以利用。其实你们可以对我所说的话加以检验，无需依赖于我。我试图想向你们指明的是，一个人怎样能够以富有创造力的充实感过上一种心智健全、意义深刻的生活，如此一来他的人生便达至了一种圆满的境界，而不是处于永远的挫败之中。要想拥有这样的人生，心智就必须摆脱它所继承与接受的那些虚假的反应、概念和想法。要知道，那些反应是源于以自我为中心的恐惧与局限，源于界分以及对立面之间的冲突。这些局限和狭隘的反应，使得心灵无法去适应生命的运动。缺乏这种适应能力，则会导致混乱、幻觉与痛苦。你只有通过自身的觉知和努力，而非借助权威或模仿，才能够将这些局限给消除掉。

问：您认为什么是无限呢？

克：有一种运动，有一种生命的过程，它永无止境，这种运动和过程可以被称之为“无限”。心灵因为那些源于恐惧的权威和模仿，给自己制造出了许多虚幻的反应，由此局限了自身。它使自己去认同这种局限，所以也就无法跟上生命那迅捷的运动。在恐惧的刺激之下，出于对安全感和慰藉的渴望，心灵便会去寻求某个目的，某种它可以与之进行认同的绝对性，如此一来也就无法跟上生命那永无止息的运作了。除非心灵能够在彻底的觉知中摆脱这些局限的束缚，否则它便不能够理解这一无止境的“变成”的过程。所以不要去询问什么是无限，而应该凭借自身的力量去探明何为有限，因为正是这种有限捆绑住了我们的心智，妨碍它去活在生命的运动之中。

（在加州欧加橡树林的第一场演说，1936 年 4 月 5 日）

大众便是我们自己

多数有思想的人都渴望去拯救这个世界，他们认为自己和大众是两个不同的群体。他们目睹了如此多的盘剥和苦难，预见到了远比人类当前的行为、理解力和智力超前许多的科学及技术成就。他们看到周遭的所有这一切，渴望去改变外在环境，因此便认为首要之举便是去唤醒大众。

我经常会被问到这样一个问题："为什么您强调个体而不考虑大众呢？"在我看来，不能够做出大众和个体这样的划分。虽然有所谓的大众心理、公众意愿、公众行为或目的，然而并不存在脱离个体的大众。当你分析"大众"这个术语的时候，它的意思是什么呢？你会发现，它是由许多单独的个体所组成的，而这些单独的个体也就是我们自己，以及我们各自所怀有的信仰、理想、幻觉、迷信、憎恶、偏见、野心和追求。这些曲解和追逐，就构成了被我们称为"大众"的模糊不清、不确定的现象。

所以大众就是我们自己。你是大众，我是大众，在我们每一个人的身上，都存在着一个和多个——有意识的一个与潜意识的多个。有意识的这个，可以被称为个体。因此我们每个人的身上都有着一个和多个。

潜意识的多个，是由那些不受质疑的价值观所构成的——这些价值观对于事实而言是虚幻的，但它们经由时间和运用已经变得令人愉快和能够被接受了；是由那些给予我们安全感和慰藉但却不具有深刻涵义的理念所构成的；是由那些妨碍清楚的感知和行动，关于遵守的标准所构成的；是由那些源于恐惧和原始反应的思想与情感所构成的。这个被我称为潜意识的大众，我们每一个人都是它的一部分，无论我们是否认识到或者承认这一点。

若想要获得清晰的反射，那么镜子就不应该被扭曲，它的表面就得是平整的、洁净的。所以心智——它是一个统一的整体，而非两个相分离的不同的部分——必须首先从那些自造的歪曲中破茧而出，尔后才能获得洞见、理解、和谐与智慧。要想完整、充实地生活，就得不断地将体验带入到意识中去。

我们大部分人都对背景、对歪曲、曲解无知无觉，正是它们妨碍了洞悉，使我们无法调整自己去适应生命的运动。你们中有些人可能会说："所有这一切都是显而易见的，我们知道这个，这里面毫无新意可言。"但我所担心的是，假如你们在没有经过深刻思考的情形下就把我所说的话抛置一边，就将无法唤醒自身那富有创造力的智慧。

倘若我们想要全面地、彻底地理解生活，就得通过体验、通过试验将无意识带入到意识中去，尔后便将迎来和谐与深刻的智慧。只有在这个时候，才能展开真正的探寻。只要心智被各种信仰、理想或者空洞而虚假的追求局限住，那么我们所谓的对于真理或实相的探寻就无疑会走向逃避。没有哪位心理学家或教师能够将心灵释放出来，心灵的自由，唯有通过自身固有的必然性才可以得到实现。

只有在这种和谐的智慧出现之时，对于真理或神的探寻——这一命名有助于确立界限——方能真正地开始。由于心智被歪曲了，被无知的反应局限住了，所以它无法去探明实相。如果一个人的心智为偏见所囿，那么他如何能够懂得什么是真实呢？这些偏见是如此的根深蒂固，一直延伸到过去，以至于他无法去追溯其源头。当我们怀着这样一颗满是成见的心灵，怎么可能实现真正的洞察呢？怎么可能拥有幸福与智慧呢？心智必须要察觉到它那制造幻象和局限的过程，没有哪位老师可以把它从这一过程中解放出来。直到心智深刻地、彻底地意识到自身的过程，意识到它那制造幻象的能量，才可以有所洞见。想要带来这种和谐的智慧，我们思想与情感的习惯就必须发生根本性的改变，而这需要我们怀有耐心，坚定不移以及展开持久的、深刻的思考。

迄今为止，人们一直都认为存在着神，存在着真理，存在着某种绝对的、终极的、永恒的事物。在这一断言的基础之上，我们建立起了自己的思想与情感，建立起了我们的生活和道德。人们会说："以这种方式来行动，按照那个来做，不要做这个。"大多数人都认为，这种教诲是正面的、积极的。假如你们审视一下这些被称为正面指示的教诲，会发现它们其实摧毁了智慧，因为它们成为了一系列的条条框框，使得心灵局限于模仿和复制之中，从而无法去适应生命的运动，扭曲生命以符合某种理想的模式，而这只会制造出更多的痛苦与混乱。

要想认识并唤醒这种和谐的智慧，一个人就得以否定的姿态着手，而不是从假定和权威化的断言开始。一旦心灵摆脱了这些无知的反应，便会出现源于智慧的深刻的和谐。尔后你就可以开始洞察到实相，并且在这番洞悉里面体会到巨大的欢愉。没有一个人可以告诉你什么是真实，任何关于实相的描述都必定是虚假的。

想要懂得何谓真理，就必须得展开静静的观察。任何对于真理的描述，只会使其变得混乱和局限。想要理解生命那无限的过程，我们就得以无为的姿态开始，不做任何断言与假定，不在这些假定和断言的基础之上建立起我们的思想情感与言行举止的结构。倘若没有深刻地理解这一点，那么我所说的话就只会变成机械化的信仰和范式，并且制造出基于信仰和权威之上的新的谬论。我们将会无意识地返回到那些源于恐惧的最初态度、反应及其诸多的幻觉，尽管这些事物可能会披着新的语汇的外衣。

当你真正能够去思考，没有任何欲念，不渴望去做任何选择——因为选择意味着会出现对立面——就会有所洞察了。

是什么构成了这一背景呢？它是某个过程的结果，而这一过程是没有源起的。它由许多层面组成，只言片语无法将其描述清楚。你可以选取一两个层面来加以审视——不是客观的，因为心灵本身便是它们的制造者，也是它们的一部分——在对其进行分析和检验的过程中，心灵开始察觉到自身的构造，察觉到它那建造起囚禁自己的监牢的过程。这种深刻的领悟，不但会把意识带进许多层面之中，而且还会让心灵不再制造进一步的局限和屏障。

该背景的其中一个层面或者一个部分，便是无知。不要把无知与单纯的缺乏知识相混淆。无知，指的是缺乏对自我的了解。“自我”不属于某个确定的时期，没有任何词语可以涵盖个体的全部过程。只要心灵没有揭示出制造自身局限的过程，没有揭示出由自身所引发的行为的过程，便会存在无知。而要揭示出这些过程，就必须得坚持不懈，必须展开检验，实现觉知。

累积的过程妨碍了对于“自我”的深刻理解，这个“自我”没有源起。我所说的累积的过程，指的是渴望与真理相认同，指的是为某个理想范式所局限，渴望去遵从。而所有这些滋生出了权威、恐惧以及许多的幻觉。当思想被困于其中去追求种种对立面——好与坏、肯定与否定、爱与恨、美德与恶行，那么这一累积的过程便将继续存在下去。这种累积的过程，给心智提供了慰藉以及逃避生命运动的庇护所。如果心智在行动中去察觉自身，就会发觉它正在为了自身那有限的持续与安全感制造着那些累积的幻象，而这一过程则会带来痛苦、不幸和冲突。

心灵怎样才能够摆脱自身的恐惧、无知的反应以及诸多的幻象呢？

所有迫使心灵从这些限制中解放出来的外在强力，都只会制造出进一步的逃避和幻象。当心灵依靠外部环境去产生这些根本性的改变，它就不是作为一个整体在行动，而是把自身分裂开来，划分成了过去和现在、外在和内在。只要存在着这样的划分，心智就必定会为自己制造出更多的幻象与痛苦。

请努力去仔细地理解这一切。如果心灵基于逼迫、赏罚或者因为背负痛苦而去寻求幸福，抑或是为了某种肤浅的理由而试图去挣脱这些局限的束缚，那么它所做的努力就必将走向挫败和混乱。

认识到这一点十分重要，因为只有当心灵自身懂得了这么做是极为必要的，它才可以摆脱这些局限获得自由。这种必要性无法由自己引发或施加。

问：我们怎样才能够去帮助那些心智失常到无望地步的人呢？

克：心智不健全是一种十分微妙的问题，因为一个人在某人看来可能心智健全，而在其他人的眼里却是个彻底的神智失常者。有因为器官的、身体的缺陷所导致的神智失常，也有因为心智无法适应生命的运作而引发的失衡。当然，导致生活中的困扰与失调的原因，并不能如此截然地划分为纯粹身体上的原因和纯粹精神上的原因。我认为，在大多数情况下，如果一个人是在无知、狭隘和以自我为中心的反应中被培养和训练起来的，他就无法使自己去适应生命那恒变的运动，于是也就会缺乏凝聚力和平衡力。

我们大部分人都处于失衡的状态，因为我们没有意识到诸多绑住了心智的有限的价值理念。这些有限的价值理念削弱了思想的能力，妨碍了我们去理解那无限的价值观，而无限的价值观念本身便可以带来健全的心灵与智慧。我们接受了某些态度和行为，以便同人类的价值理念相一致。比如以竞争和战争为例。假若我们对竞争及其诸多涵义做一番探究，会发现它来源于同他人争斗的无知反应。然而在圆满中是不会有这种争强好斗之心的。我们已经把这种好斗之心接受为人性的一部分，这种喜欢竞争的心灵，不仅滋生出个体的好斗，而且还导致了种族、民族之间的争斗，并因此成为引发战争的诸多原因之一。一个为这种原始反应所困的心灵，必然会被认为无法去很好地适应生命的实相。

一个将思想与情感建立在信仰之上的人，一定会处于失衡的状态，因为他的信仰仅仅是一种愿望的满足。当人们声称自己相信轮回转世说、相信灵魂的不朽、相信神——这些信仰只不过是情感上的渴求而已，这些渴求对他们来说却变成了被具象化的概念与事实。只有当他们理解并因此消除了无知的过程，才能够发现真实。当一个人声称“我相信”的时候，他便局限住了思想，并且将信仰转变成了一种模式。其他人依照该模式对他的生活予以指引，并因而让心智变得狭隘和定型化，无法去适应生活与现实。对于大多数人而言，信仰仅仅是一种对于生活的冲突和混乱的逃避罢了。

信仰不可以同直觉相混淆，直觉并不是愿望的满足。正如我已努力要指明的那样，信仰是建立在逃避、挫败和局限之上的，从而阻碍了心智去消除由它自己制造出来的无知。

所以每个人都拥有能力、力量去实现心智的健全、平衡或其他形式的和谐的精神状态。一个人若想弄清楚自己是否处于平衡的状态，他就必须得从否定的姿态着手，而不能以断言、教条和信仰开始。假如他能够展开深刻的思考，就会领悟到那充满智慧、非凡的圆满之美了。

问：您在上周日谈到，大部分人都没有自我意识。在我看来，其反面也是成立的，即大多数人都是自觉的。您所说的自我意识指的是什么呢？

克：虽然很难用几句话就说清楚这个微妙的问题，但我还是想尽力来做一番解释。请记住，词语无法传达出答案里所蕴含的全部涵义。

每一个生物都是力量、能量，对它自己来说都是独一无二的。这种力量或能量创造出了自身的物质，这些物质被称作为肉体、感觉、思想或意识。这种力量或能量，在自我运作的演变发展中成为了意识，而这种意识又滋生出了“我”这一过程、这一运动。尔后便开始了一种循环，那就是它不断地制造出自身的无知。在与自造的局限进行认同的过程中，“我”这一结构开始并继续下去。就像我们多数人所认为的那样，这个“我”不是一个单独的实体，它不仅是能量的形式，同时也是能量本身。然而该力量在它的发展演变中制造出了自身的物质，意识便是它的一部分。意识经由感觉而被作为是个体。“我”这一过程,不属于当下的时刻，它没有开始。不过，凭借不断的觉察与认知，便能够终结这个“我”的过程。

（在加州欧加橡树林的第二场演说，1936 年 4 月 12 日）

认同，而不是容忍，需要深刻的智慧

想要使思想与行动统一起来，就必须得达成共识，而达成共识似乎极为困难。所谓认同，并不意味着不加思考地接受或容忍，因为容忍是肤浅的。认同，需要深刻的智慧，以及一个极为柔韧、极具适应能力的心灵。很显然，在这个世界上，一个人被愚蠢说服，要比被完整、睿智的思想说服更为容易。有情感上的认同，但这根本不是真正的认同，它仅仅是一种兴奋，让一个人去展开确定的活动、抱持某种态度、进行一番断言，但却无法去以智慧的方式彻底唤醒个体的圆满。

假如你认同了愚蠢——很显然大多数人都是这么做的——那就必然会产生混乱与困惑。你或许暂时会感觉自己十分的快乐和满足，并因此认为你已经懂得了人生。但倘若你让自己的心灵去思考一下你那想当然的所谓幸福，就会发现，你所拥有的，实际上是一种肤浅的情绪上的兴奋，这种兴奋来自于不断重复他人的断言。由这种肤浅所产生的任何行动，都必然会导致混乱。但是与睿智的思想达成共识，则会通往真正的幸福与彻底的安宁。

我一直在强调这一点，因为我感觉，一个人不应该在自己的内心设置任何的屏障，这些屏障只会制造出分裂、分歧，认识到这一点是极为必需和重要的。这些屏障在个体的身上引发了混乱与争斗，而且还妨碍了在世界范围内展开统一的、理性的行动。理性的认同，对于协定展开行动来说是至关重要的。然而一旦有任何形式的强迫或权威，无论这种强迫或权威是隐蔽的还是明显的，那么它就不是真正的认同。请你们好好思考一下为什么必须要深刻地理解这一点，而且还要请你们认真地想一想自己是否对我所说的话有着深刻的认同。我所说的认同，并不是指以宽容的心态表面上去接受我所提出的理念。你们应当思考一下我话里的全部涵义，然后看一看自己是否深深地认同我所说的这些。这需要你去展开深刻的思考以及审慎的分析，唯有如此你才能够做出选择，决定自己是去接受还是反对。由于我们大多数人都似乎屈从于那些被一再重复的断言，所以我感觉，假如你仅仅是让自己被我经常重复的某些话所说服，那么这就只是在浪费时间而已。你的这种屈从，将会有百害而无一益。

这个世界上存在着如此之多相互矛盾的观点、理论，各种奇奇怪怪的断言和情绪化的主张，以至于很难去探明什么是真理，什么才真正有助于去实现个体的认知与圆满。这些断言——有些是异想天开的，有些则是真实的，有些充满了暴力，有些极度荒谬而令人困惑不已——都一一抛向了我们，冲着我们大声叫喊。书本、杂志和演说，使我们沦为了这些断言的牺牲品。它们许诺给予我们奖赏，与此同时又不知不觉地在施以威胁和强迫。渐渐地，我们让自己去偏袒、攻击或捍卫某种观点。所以我们接受了这种或那种理论，坚持了这个或那个教条，不知不觉中，他人的重复性的断言变成了我们的信仰，并且试图在这些信仰的基础之上去铸造我们的整个生活。这并非是夸大其词，而是在我们自己身上以及周遭所发生的真真切切的情形。我们不断遭到各种主张以及那些经常重复的理念的狂轰滥炸，不幸的是，我们很容易就去偏袒、去设置立场，因为我们自己会无意识地渴望去寻求情感上或理性上的慰藉与安全感，而这一切则会让我们去接受这些断言。在这种情形下，虽然我们可能认为自己已经对这些断言进行了审视和检验，并且凭直觉知道它们是正确的，然而我们的心灵却无法去展开探究或者拥有任何直觉。任何一个人都不可能依靠宣传、布道来避开这种持续不断的轰炸。不幸的是，出于自身对安全感和永恒的渴望，他会推波助澜地去建立和鼓励这些虚假而荒谬的断言。

当心智被无数屏障、偏见、民族的或阶级的分歧压得透不过气的时候，想要达成理性的共识便是天方夜谭。人们所达成的，并不是理性的、心智健全的共识，而是信念与信念、教义和教义、组织与组织、既得利益同既得利益之间的交战。在这场硝烟弥漫的战役中，智慧和觉知被挡在了门外。

假如参加完这些集会之后你们还要去发展各种教条、信仰以及各种强迫手段的话，那可就真正是一场劫难了。我的谈话，目的并非是要创立所谓的信仰或理念，因为信仰、理念只会给你提供一个避难之所。要想明白我话里的真义，心灵就必须摆脱信仰的束缚，就必须从“我知道”的偏见中解放出来。当你声称“我知道”的时候，你已经如死寂一般丧失了活力，这可不是说话刻薄。

努力去探明什么是真理，去弄清楚我们为什么要齐聚于此，我们要去往何处，这是一项极为严肃的任务。对我们当前的问题表面性地解决一下，是无法实现这种探明的。心灵必须使自己从那些我们多数人都没有意识到的教条、信仰和理念中解放出来。我们齐聚于此，去理性地探明何谓真理；假如你明白了这一点的话，便将洞悉实相，而不是那些由自我施加的或是被他人制造出来的事物。请相信我所真正关注的，并不是某些观点，而是个体的认知、幸福与圆满。

有许多教师，他们坚持各种思想体系、冥想、戒律，并声称这些事物会通往终极真理；有许多媒介，他们以大师的名义倡导服从；还有一些人则坚持主张神是存在的，真理是存在的——不幸的是，我自己在过去也发表过这样的断言。由于认识到了所有这一切，因此我已经懂得，在做出断言的那一刻，意义便丧失掉了。尔后我们要怎样去理解这个充斥着矛盾、混乱、信仰、教条和主张的世界呢？该从哪里着手呢？如果我们试图借助任何其他观点来理解这些，而不是依靠对自我的认知，那么就只会增加分歧、争斗与仇恨。在这个不断在形成又不断在衰退的世界上，有许多原因、许多过程在运作着。当我们努力去探究每一个过程、每一个原因时，必然会遭遇无法克服的障碍，遭遇某种无从解释的事物，因为每一个过程，其自身都是独一无二的。

现在，当你面对难以解释的事物时，信仰会来助你一臂之力。它声称存在着神，是神创造了我们人类，我们是他的工具，我们是超凡出众的生命，拥有永恒的个性。抑或，如果你并没有宗教上的倾向，那么你就会试图通过科学来解决这一问题，于是你便会再一次努力去追寻一个又一个原因、一个又一个反应。虽然有些科学家会坚持认为说有一种深刻的智慧在起作用，或者会运用各种象征来向我们传达那无法解释的事物，但是依然会出现就连科学都无法逾越的某个点，因为它只能通过感知和感官的反应来应对。

我觉得，对生与死、形成与衰退、痛苦与幸福的整个过程，有一种理解的方法。当我说“我觉得”的时候，我是在有目的地加以提示，而不是进行教条化的灌输。只有凭借自己的力量才能够去真正懂得以及从根本上理解这一过程，因为它集中在每一个人的身上。我们目睹了周遭所发生的这种持续的变成和衰退，这种痛苦和暂时的欢愉，但却无法从自身的外部来理解这一过程。只有在我们自己的意识里，通过自身的“我”的过程，才可以去理解这一点。假若我们这么做的话，就可以认识到整个生命的意义了。

请明白这其中的重要性，否则我们将被困在有关环境和遗传的错综复杂的问题中。当我们不把生活划分为过去和现在、主观和客观、中心和外围时，当我们意识到“我”这一过程、这一意识的运作时，便可以理解该问题了。正如我经常所说的那样，假如我们仅仅只是将“我”视为一种现存的原则、一个由神所创造的处于孤立中的神圣实体，那只会制造、鼓励权威以及它所包含的恐惧和利用，而这不可能带来人的圆满。

请不要把我所说的“我”这一过程，翻译成了你们信仰中的某个术语。那将对你们毫无益处，相反会带来困惑。不过，请你们怀着一颗不为偏见所囿的心灵来聆听我所说的话吧。

“我”这一过程是无知的结果，这种无知，犹如被油料助燃的火焰，它通过自身的活动来维持下去。也就是说，“我”这一过程、“我”这种能量、“我”这一意识，是由无知产生的，而无知通过它那自造的活动持续下去，通过自身渴望和欲念的行为来获得刺激与维系下去。这种无知没有开始，而将它制造出来的能量对于每一个个体来说都是独一无二的。对意识而言，这种唯一性就变成了个体的特性。“我”这一过程便是这种力量的结果，这种力量对于每一个个体来说都是唯一的，它在自我发展中创造出了自己的物质，即肉体、洞察力和意识，而这些就被界定为所谓的“我”。

这实际上非常简单，不过在诉诸语言文字的时候则会显得有些复杂。例如，倘若一个人是在民族主义的传统中被培养长大的，那么这种态度必然会在他的行动中制造种种屏障。一个因偏见而变得狭隘、被局限住的心灵，一定会制造出越来越多的局限，这是显而易见的。如果你怀有信仰，你就会根据这些信仰来转化和塑造你的经验，于是你便不断地对自己的思想和情感进行强迫和限制，而这些局限就变成了“我”这一过程。行动，非但没有把心智从它那自我施加的束缚中解放出来，反而不断地制造出了更多、更深的局限，而这些累积的局限可以被称作为无知。这种无知，受到自身活动的刺激和推动，并且获得养分的供给，而它自身的活动又源于被它自己制造出来的欲望。除非你认识到无知是其自造的、自我维系的活动的产物，否则心智必然会一直陷于这种恶性循环之中。

当你深刻地懂得了这一点，就会发现，生活不再是一系列最终走向挫败的冲突、征服、争斗和攫取。一旦你真正洞察到这一无知的过程，生活就不再是不断地累积痛苦，而会变成极乐与和谐的狂喜。

我们大部分人都怀有这样一种观念,即认为“我”是一种单独的存在,是神圣的，是某种一直持续着、会变得越来越完美的事物。对此我完全不能苟同。意识本身便是“我”,你无法把“我”这一过程同意识分裂开来。不存在一个一边累积着经历，一边又与它自身的经历相分离的“我”。只存在这种过程、这种能量——它通过它那自我维系的欲念在制造着自身的局限。一旦你认识到并不存在与行动相分离的“我”，认识到行动者便是行动本身，你就会逐渐感受到一种充实和圆满，一种难以度量的极乐之境。

你应该领悟到，没有任何方法可以把你从自身的那些局限、从那座囚禁你的监牢里解放出来。“我”这一过程必须要自我消除，必须要把自身丢弃掉。任何救赎者或是对他人的崇拜，都无法将你解放出来。你那些自我施加的戒律、自造的权威，没有丝毫的益处，它们只会带来更多的无知与痛苦。假如你能够懂得这一点，你就不会把生活变成一场充满剥削和残忍、可怕的、丑陋的战争了。

问：上个周末您似乎对于自己所说的话非常不确定，我们中有些人可能对此不以为意。我的几个朋友说他们不会再来听您的演说了，因为您的话含糊不清，您对于自己的观点犹豫不决。之所以会给人留下这样的印象，究竟是因为我们本身缺乏理解呢，还是因为您不像过去那样对自己很有把握了呢?

克：你知道，我们无法将确定的事物明确地、精准地诉诸语言文字。我努力想要尽可能清楚地表达我对生活的理解，但这并非易事。有时候我可能会成功，但我似乎常常无法很好地传达出自己的所思所感。如果一个人深刻地思考一下我所说的话，那么这些话语就会变得清楚和简单起来。不过，假若行动中没有理解的话，它就依然只是一个智力上的概念而已。你们中有些人一再地来听这些演说，我想知道，在这些谈话的间隔期间，你们身上都发生了些什么。正是在间隔期间，你才能去探明行动究竟是把你解放出来了，还是制造出了更多的监牢和局限。你是在用你的双手去塑造自己的人生，因此要么会实现觉知，要么则会制造出更多的无知。

问：一个人如何才能从您所谈到的那种原始反应中解放出来呢？

克：正是这种想要获得解放的渴望，制造出了它自己的局限。这些原始的或无知的反应，给你的生活带来了冲突、干扰及痛苦。你希望通过摆脱掉它们来获得其他一些事物——幸福、极乐、宁静，诸如此类。所以你向我提出了这样的问题："我如何可以摆脱这些反应？"也就是说，你希望我来给你提供一个方法，制定出某种体系、戒律、行为模式。

如果你懂得不存在与"我"这一过程相分离的单独的意识，懂得"我"便是意识本身，懂得正是无知制造出了自身的局限，懂得这个"我"仅仅是它自身行为的结果，那么你就不会从利用、攫取的层面来思考了。比如，以对于民族主义的反应为例。假若你对此做一番思考，就会发现，这种反应无论是对你自己还是对整个世界来说，都是愚昧无知、极为有害的。于是你便会向我询问道："一个人怎样才能摆脱这种反应呢？"你为什么想要摆脱它呢？当你明白了你为何想要摆脱它，就能明白它是如何人为形成的，就能明白它里面所包含的诸多残忍的涵义了。一旦你对它有了深刻的理解，就不会有意识地努力想要去摆脱这种无知的反应，因为它已经自我消解掉了。

同样的道理，倘若心智为恐惧、信仰所束缚，而这些恐惧、信仰是如此具有支配力、如此的强大、难以抵抗，以至于它们妨碍了清楚的感知，那么极其努力地想要去摆脱它们便是毫无用处的。首先你必须要意识到它们，而不是渴望去摆脱它们，然后再去探明它们为什么会存在。如果你试图使自己从它们的束缚中解放出来，你就会无意识地制造或者接受其他一些或许更为隐蔽的恐惧和信仰。然而当你领悟到它们是如何通过渴望安全感和慰藉而形成的时候，那么这种认识便会消解掉它们。而要做到这一点，心智就得保持高度的警觉。

在那些既定的价值观念与那些不确定的、始终在变化的价值观念之间，在固定的生命活动与自由的生命活动之间，在标准、习俗、累积的记忆和那些尚未固定下来的标准、规矩和记忆之间，会发生冲突与争斗。你应该去审视一下自己所拥有的——已知的事物、既定的偏见和局限，而不要试图去追寻那些未知的事物。一旦理解了它们的涵义，它们便会像晨雾一般消散。当你认识到你原来是把草丛里的一根绳子误当成蛇的时候，你就不会再感到恐惧，也不会再有争斗和征服了。一旦我们凭借深入的洞察意识到这些局限是自我造成的，我们对于生活的态度就不再是一种征服性的，不再渴望依靠某种方法或奇迹来获得解放，不再试图借助他人来寻求认知。尔后我们便会凭借自己的力量认识到：尽管这种无知的过程看似没有开始，但却可以走向终结。

（在加州欧加橡树林的第三场演说，1936 年 4 月 19 日）

缺乏自我的认知便是无知

你们中有许多人满怀着希冀前来参加这些集会，希望我可以凭借某种奇迹去解决你们在经济、宗教、社会等领域的诸多难题。假如我无法解决，又或者假如你们没有能力依靠自己的力量去解决的话，你们就希望能够出现某个奇迹性的事件，从而使问题迎刃而解，否则你们便会迷失在某种哲学思想体系之中，抑或指望着通过加入某个教会或社团，这些难题就会消失不见。

正如我经常力求指出的那样，这些问题——社会的、宗教的或者经济方面的——无法通过任何一种体系方法获得解决，它们必须要作为一个整体来被解决。一个人一定要深刻认识到自身那制造无知又被困于其中的过程。如果他可以懂得这一累积无知的过程以及它那自我维系的行动，并且领悟到意识便是无知与行动这二者的结合，那么他就能深刻地理解这一冲突和痛苦的存在了。然而不幸的是，我们大多数人对此都是抱着漠不关心的态度，等待着外部环境来迫使自己去思考，而这种强迫只会带来更大的痛苦和混乱。你可以凭借自己的力量来验证这一点。

还有一些人，他们依赖信仰以获得理解与慰藉。他们以为有一个至高无上的存在，是他造就了他们，他还将指引、保护和庇佑他们。他们热切地相信，通过恪守某种信条或是遵循某种思想体系，通过迫使自己去遵照某种行为模式和纪律规范，便能够达至最高的境界。

正如我在上周日努力想要解释的那样，信仰或者接受，会妨碍对于生活的深刻认知。不幸的是，大部分人都无法凭借自己的力量去进行检验，又或者不愿意去做出努力，不想去展开深刻的思考，去经历不确定的痛苦感，于是我们便去依赖信仰以求得理解和慰藉。我们经常认为自己正在发生根本性的改变，我们的态度正在经历根本性的转变，然而可惜的是，我们仅仅是改变了自己表现的外在形式罢了，我们仍然依附于内在的需求，仍然渴望获得支持与慰藉。

大多数人都属于这种情况，即依靠信仰来解释自身的存在。我所说的“信仰”一词，里面包括了种种对于永存的渴求、祷告和祈愿——无论他是位大师还是个圣人；抑或还包含有对于信仰的权威、理想范式、自我施加的纪律规范的诉求。因为怀有这样的信仰，以及它所具有的一切涵义，于是我们便被束缚住了，在生活里制造出了二元性——也就是说，有这样一个行动者，他一直都在试图使自身及其行动去接近某种概念、标准、信仰或理想，因此也就产生了不断的二元性。如果你审视一下自己在生活中的态度和行为，会发现似乎存在着一个孤立的个体：他注视着自己的行为，他努力想要依照某种模式来塑造生命的过程，而结果便是会有不断增多的冲突和痛苦。假若你去观察一下，就会意识到这种行为中的二元性便是矛盾、冲突与痛苦的根源，因为一个人的努力被耗费在了使自己的生命去遵从某种特定模式或概念上面。我们以为，假如一个人能够完全按照其理想的范式、预先设想的信仰来生活，那么他便是幸福和智慧的。一个可以完全依据某种原则、范式来塑造自己行为的人，被看做是真诚、聪慧和高尚的。但这仅仅是一种僵化的形式，缺乏深刻的适应性，所以实际上是一种衰退。

因此，一个人的生活中存在着抽象与实在，实在的是冲突，抽象的是潜意识。潜意识是由那些信仰和理想、那些概念和记忆所构成，这些东西是一个人将之当做一种自我保护的手段而极为勤勉地建立起来的。每个人的身上都在上演着抽象与实在、潜意识与意识之间的冲突，每个人都试图去跨越潜意识和意识之间的沟壑，而这种尝试必然会导致心智的僵化，于是就会走向逐渐的衰退，进而妨碍了对于自我和世界的彻底认知。一个人经常会以为，只要努力去把实在与抽象统一起来，就能够带来深刻的圆满。但倘若他有所洞察的话，就会发现这种努力只是在微妙地逃避生活的冲突，只是一种抗拒生命运动的自我保护。

在我们努力想要把实在和抽象统一起来之前，必须要懂得什么是我们的潜意识，是谁制造出了它，它的涵义是什么。假若我们可以深刻理解这一点的话，也就是说，假若我们可以察觉到自身那些隐蔽的动机、概念、构想、行为和反应的话，就会认识到，存在的只有意识、“我”这一过程，感觉将这一过程感知为了个性。这个过程必然始终在制造出行动的二元性，并导致了对意识与潜意识的人为划分。该过程创造出了“至高的神”这一概念，产出了一个朝着它不断努力的理想和目标。除非我们理解了这一过程，否则就必然会有无知，并因而滋生出痛苦。

缺乏对于自我的认识便是无知。也就是说，一个人必须要弄清楚他是如何形成的，他的本来面目是怎样的，必须要探明所有的倾向、反应、隐藏的动机、自我施加的信仰和追求。除非每一个人都深刻理解了这一点，否则痛苦便不会终结，而那些将行为划分为经济的、宗教的、公众的、私人的所引发的混乱，也就会继续存在下去。只有当每一个人能够探明自我维系的无知的过程，今天困扰着我们的那些人类难题才会消失不见。要想有所探明，需要你怀有耐心并且展开不断的觉察。

正如我已解释的那样，无知没有开始；它通过自身的努力，通过自身的获取的需要和追求，来得到维持，而行动仅仅变成了维持它的手段。无知和行动相互影响的这个过程，导致了知觉和“我”的特性。只要你不知道你是什么，不能辨清导致无知的自我维持的过程的种种原因，就会存在错觉与悲伤。

每个人都在不断制造着自身的无知，这个过程没有一个开始，并且通过它自己的行为在自我延续下去。从这一意义上来讲，我们每一个人都是独特的、唯一的。尽管这种无知没有开始，但却可以结束，那便是在深刻洞察到这一恶性循环的时候。尔后就不会再有“我”一直试图跳脱出这个循环，进入到一个更伟大的实在中去，而是“我”本身感知到了它那虚幻的本质，因此将自身丢弃。要实现这一点，需要你保持高度的警觉以及展开不断的觉察。

我们正努力去拥有美德、愉悦和财富，同时有意想要累积更多的事物，获得更多的安全。又或者假如没有这么做的话，我们就会采取否定的姿态，试图通过排拒这些事物来发展起另外一系列微妙的自我保护。倘若你仔细审视一下该过程，就会发现，心灵一直都因为渴望有所得、渴望自我保护而让自己陷入孤立、隔离的境地。在这种孤立、隔离的过程中会出现二元性，从而带来冲突、痛苦与混乱。“我”这一过程本身，通过它那自造的无知，制造出自身的幻觉与痛苦。想要理解这个过程，就得有所觉察，不去渴望在对立面之间做出任何选择。行动中的选择导致了二元性，而这又把意识的过程确认为了个性。如果心智在没有认识到自身那些隐秘的需要、追求、希望和恐惧的情况下便去做出选择，那就必定会制造出更多的局限和挫败。所以，由于缺乏对于自我的认知，于是便会出现所谓的选择，而这又使得进一步展开一系列的选择成为必然，结果心智也就被一次又一次地困在自造的局限的循环之中。

你们中那些想要对我所说的话加以检验的人，不久便会发现，并没有某个外部的实体或环境可以去指引你，你只能够对自己全权负责，对你自己的局限和痛苦负责。一旦你明白这一点，环境就不会成为一种隔离的力量，不会去控制、支配和扭曲个体的圆满了。尔后你便开始认识到，存在的只有那被理解为个性的意识；认识到它不会去隐藏或遮盖任何实相。"我"这一过程并不会通往实在，通往更大的幸福与智慧，然而它本身制造出了自己的痛苦和混乱。

举一个非常简单的例子，你可以凭借自己的力量对此展开一番检验。你们中许多人都怀有极为坚定的信仰，认为信仰是直觉的结果，但其实并非如此。实际上，信仰源自于那些隐秘的恐惧、欲念和希冀。这些信仰在潜意识中引导着你，迫使你做出某些活动，一切经验都是根据你的理想和信仰来做出解释的。因此并没有对生活的认知，有的只是自我保护的记忆的累积，而更多的经验只会进一步强化这些记忆并且带来更多的局限。如果你领悟到这一点的话，就会发现，这一过程正在你的身上上演着，你的活动是朝着某个标准、某个理想在迈进。在世人眼中，彻底吻合某个理想便是成功、圆满或幸福。假如一个人躲避到安全中，那么他真正得到的只是一种僵化，一种彻底的隔离，一种自我保护，因此并不会实现对于生活的认知，也无法终结无知以及相伴而来的痛苦与混乱。

问：遭受痛苦的目的是什么？是要教育我们不去重蹈覆辙吗？

克：痛苦中是不存在任何目的可言的。之所以会有痛苦，是因为缺乏认知。我们大多数人在经济上、精神上或是与他人的关系上，都会遭受这样、那样的痛苦。为什么会有这些痛苦存在呢？从经济方面来看，我们有一种建立在获取、剥削和恐惧之上的体制，而我们的种种欲望与追求则鼓励和维持着这一体制，所以它是一种自我维系的状态。获取与一种剥削的体制必然会结合在一起，哪儿有对自身的无知，哪儿便会有这二者的存在。这又会是一个恶性循环：即我们的欲望制造出了一种制度，该制度通过对我们的盘剥而维系着自身。

我们同他人的关系中也有痛苦存在。内心渴望获得慰藉和安全，渴望占有，于是便制造出了痛苦。尔后又会生出因为强烈的不确定感而导致的痛苦，从而促使我们去寻求宁静、安全、实相、神。由于渴望获得确定感，所以我们便发明了许多的理论，创立了许多的信仰，因此心灵备受局限，被深深地困于其中。它为这些理论、信仰而激动、兴奋，结果也就无法让自己去适应生命的活动。

存在着各种各样的痛苦。倘若你开始去探明它们的原因，就会意识到，痛苦必然是跟每个人对于安全感的需求共存的，无论是经济上的、精神上的还是人际关系上的安全感。哪儿有对安全感的寻求，不管是明显的还是隐蔽的，哪儿就必然会有恐惧、剥削与痛苦。

你不去理解痛苦的根源，反而去询问它的目的是什么。你想要利用痛苦去进一步获得其他某个事物，于是你便着手去构想出某个目的，声称痛苦源自于一种逝去的生活，它是环境的产物，诸如此类。这些解释让你得到了满足，结果你便继续处于无知与痛苦的不断循环之中。

哪里有对自我的无知，哪里便会有痛苦存在。痛苦，仅仅只是表明了局限和不完整。痛苦本身并没有灵丹妙药，只有探明了无知的过程，痛苦才会消失。

问：所谓善有善报，过一种仁慈、正直的生活，我们便会得到幸福。这难道不对吗？

克：谁会奖赏你的善行呢？在这个世界上，所谓的奖赏，指的便是功成名就，通过利用别人而出人头地，被政府或你所属的党派授予荣誉，诸如此类。如果你拒绝这类奖赏，你就会去渴望其他种类的奖赏，那便是精神上的奖赏——要么是得到某位大师的真传，要么是由于过去做了好事而获得认可。

你可曾严肃地思考过是否真的存在善有善报这回事呢，它具有任何的有效性吗，而不是一种幼稚的鼓励或推动？就因为你在今生或来世将会得到某种奖赏，于是你便心地仁慈，便去付出关爱吗？你或许会对这种说法嘲笑不已，但如果你深入去探究和认识自己的动机与行为，就会发现，它们的确是怀有这种有关赏罚的念头的。所以我们的行为永远都不是完整的、统一的、充分的。由此便滋生出痛苦和冲突，而我们的生命也就变得狭隘和琐碎，不具有任何深刻的意义。

倘若不存在所谓的赏罚，因此也就有了不受制于恐惧的彻底自由，那么活着的目的又会是什么呢？这是一个你很自然便会提出的问题，因为你被训练着从以下层面来进行思考：比如奖赏、惩罚、获得、竞争，以及那些在你看来构成了人性的诸多其他的特质。当我们深刻认识到自身的存在、无知的过程以及行为的涵义，便会懂得我们所说的目的其实没有任何意义。单纯地去寻求生活的目的，掩盖了或者说脱离开了对于自我的认知。

奖赏没有任何意义，它仅仅是对你的努力所做的一种补偿。为了在此生或来世得到奖赏而付出的一切努力，最后都会走向挫败，而奖赏也就如你嘴里的尘埃一般灰飞烟灭。

问：您难道不认为，若想创造出一种能够给人类带来幸福的崭新环境，仁慈是至关重要的一环吗？

克：如果我们把仁慈理解成一个人怀有的爱心，理解成为提升人类的幸福所做的努力，那么，只有当我们把一个人视为独一无二的个体，只有当我们帮助他去认识到他的幸福以及全人类的福祉其实就掌握在他自己的手中，仁慈才会具有价值。可是我担心这不会被看做是仁慈，因为大多数人都没有意识到自己是独一无二的，没有意识到制造无知和痛苦的过程其实就存在于我们自身的能量之内，没有意识到只有通过认识自我才能够从无知与痛苦中解脱出来。假若深刻、彻底地理解了这一点，那么仁慈便将意义深远。

仁慈仅仅是一种补偿，伴随它而来的，是所有人类已经习以为常、或明或暗的盘剥与利用。

（在加州欧加橡树林的第四场演说，1936 年 4 月 26 日）

“我”即欲望

今天上午，我想要阐释一个观念。假如我们能够理解这一观念，不是仅仅将其理解为一个事实，而是深刻地去理解，那么我认为它将会在我们的生活中产生巨大的价值。所以请大家帮我一个忙，那就是同我一起来展开思考。

大多数人都创造出了关于真实、不朽、永恒之物等概念。我们怀有一种模糊的意愿，那便是想要去寻找我们所谓的神、真理、完美。我们不断努力着去认识这些理想、这些概念。我们有思想体系、行为模式、纪律规范、冥想和各种手段，以便帮助我们去获得这些目标。此外还有一系列的辅助手段，比如教会、仪式以及其他形式的崇拜。我们指望所有这一切能够帮助我们去认识那些我们自造出来的有关真实的概念，于是便处在欲望这一过程的运作之中。

我们的内心怀有一种永恒的渴望，总是不断地想要获得满足，并将其美其名曰为真实。我们试图按照某种模式、某种行为方式来塑造自己，因为该模式许诺说可以让我们认识那被我们称为真实、幸福的事物，从而给予我们巨大的满足。

这种欲望和探寻是截然不同的。欲望意味着一种空虚，意味着试图去变成某物，然而真正的探寻则会带来深刻的认知。在我们能够理解何谓实相或者探明是否存在着这样的事物之前，必须要弄清楚那不断在寻求的事物究竟是什么，那始终处于欲望之中的事物是什么，那永远都在渴望有所得、追逐获取的事物是什么。除非我们认识到这一点，否则欲望便将是一个永无止境的过程，进而妨碍真正的洞察。它不断在展开努力，却没有实现认知；它是一种盲目的遵循，是一种伴有无数幻象的永无止境的恐惧。

因此问题并不在于什么是真实、什么是神、什么是不朽，不在于我们究竟是该相信还是该怀疑，而在于那个在展开着努力、心中充满欲念、恐惧和渴望的事物是什么。它的本来面目是怎样的？它为什么会有欲望？这种欲望存在的中心是什么？何谓意识？我们由其开始并且存在于其间的概念是什么？我们必须从这里展开探寻之旅。我将努力去解释一下这种欲望的过程，该过程建造起了自身那无知的监牢。请不要在语言文字上做文章，因为单纯地重复我的话，不可能具有任何持久的意义。

这一始终怀有欲望的事物便是意识，并且被理解为了个性。也就是说，存在着一个不断有所欲求的“我”。“我”是什么呢？有一种自我维系的能量、力量，它通过自身的发展变成了意识。这种能量或力量，对于每一个生命体来说都是独一无二的。这一意识经由感官而为个体所感知。它既是自我维系的，又是自我给予能量的，如果我可以用这些词语来形容的话。也就是说，它不仅通过自己的无知、倾向、反应和欲望在维系、支撑着自身，而且还依靠该过程储存着自己的潜能。只有当一个人唤醒自身的洞察力，他才能够充分地认识这一过程。

你发现了某个富有吸引力的事物，所以你便渴望得到它，尔后你拥有了它，于是便确立起这一感知、渴望与获得的过程。该过程始终在自我维系着。存在着一种自发的感知，一种吸引或厌恶、亲近或排斥，因此“我”这一过程便是自我运作的。也就是说，它不但依靠它那自发的欲望和行动来扩展着自身，而且还通过它的无知、倾向、欲念和渴望维系着自己。火焰因其热度而持续燃烧下去，而热度本身便是火焰。同样的道理，“我”通过欲望、倾向和无知维系着自身，但“我”本身就是欲望。燃起火焰的物质可以是一支蜡烛或者一根木头，而形成“我”的物质则是感觉、意识。该过程没有一个开始，对于每个个体来说都是独一无二的。假如你对此加以检验，就将凭借自己的力量发现果真如此。存在的只有“我”，再无任何其他事物。这个“我”没有隐藏任何事物、任何真实。它便是自身，它通过它那自发的欲望与活动不断地维系着自己。

所以这一过程、这一持续的欲望的过程，制造出了自身的混乱、痛苦和无知。只要你心存欲念，就无法实现洞察。假如一个人对此做一番彻底的思考，会发现道理其实相当的简单。你渴望获得幸福，你寻找着各种能够获得幸福的方法。有人向你提供了一些方法，现在，你的心智由于对幸福的强烈渴望而变得盲目起来，以至于无法有所洞察。尽管你可能认为你对提供给自己的那些方法已经做了一番探究，然而由于你如此热切地渴望获得满足、幸福和安全感，结果这些强烈的渴望便妨碍了你去实现清楚的认知。所以说，哪里有欲望存在，哪里就不会有真正的洞察。

在欲望的驱使下，我们制造出混乱、无知和痛苦，于是我们便展开各种逃避的行为。我们将这种逃避美其名曰为对真实的寻求。你声称：“我渴望去发现神，渴望获得真理和解放，渴望永生。”你从来不去问自己这个展开寻求的“我”是什么。你想当然地认为“我”是某种持续的事物，认为它是由某个至高的存在创造出来的。倘若你去做一番深入的探究，会发现这个“我”仅仅是自我累积的无知、倾向和欲望，它本身将会暴露无遗。

一旦你深深领悟到这一点，你就永远不会去询问：“我应该摆脱自己所有的欲望吗？我应该不去怀有任何信仰吗？我应该不去怀有任何理想吗？我应该没有任何渴望吗？心存欲念是错的吗？”若想理解“我”的整个过程，你就得展开真正的思考，通过洞察实现深刻的觉知。假如你认识到感觉、欲望是如何滋生、形成了意识，并且懂得意识产生出了这个被称为“我”的单位——它本身没有隐藏任何真实的事物，便能领悟到这一恶性循环的本质。当你明白了“我”的涵义，就会拥有崭新的认知，就会出现一种不受制于欲念、渴望和无知的新事物。于是你就可以充满智慧、心灵健全地生活在这个世界上，就可以实现深刻的圆满，但同时又并不属于这个世界。只有当你被自身那些虚幻、有害的观念、理想和信仰弄得丧失调适能力的时候，才会出现混乱与困惑。

倘若你能够深刻理解这一自我维系的无知的过程，认识到该过程使“我”得以强化，并且滋生出了所有的混乱与痛苦，那么你就可以充实地生活，你就不会在不知不觉中给自己制造出种种微妙的逃避和追逐。尔后便将出现那一非凡的事物，你也将达至圆满，体验极乐。不过在这一情形能够发生之前，你必须深刻洞察“我”这一过程。除非你实现了对它的认知，否则“我”这一过程将始终通过欲望在自身制造着一种二元性。一旦有所洞察，那么追求美德以及试图让自己与真实、神统一成一体等做法就会失去意义。要想探明该过程，就不能够去接受任何信仰，不能够去追逐任何理想或者依照某种行为模式来塑造你自己。你必须要凭借自己的力量，通过“我”这一过程的形成来深刻探明痛苦、混乱和无知的原因，尔后你便将体验到一种无法用言语形容的极乐。

问：在关系的牵连中，一个人可能会被迫去做一些他并不关心的事情，这是由关系的本质所导致的。您认为他在这样的牵连中能够生活得充实吗？

克：在我们能够理解何谓充实地生活之前，不妨先去弄清楚我们所说的关系指的是什么。关系便是道德。关系意味着一种现存的联系，或者是跟一个人的，或者是跟许多人的。当作为个体的我们无法做到适应与包容的时候，这种关系、这种道德就会变得不可能。也就是说，假如一个人是受限的——由于无知、倾向以及各种形式的获取和欲念而受限——那么便会存在一种屏障，阻碍他与其他人之间建立起现存的联系。由于另外一个人也有着相同的局限，因此几乎无法实现真正的关系。因为没有这种现实的关联，于是我们便制造出一套行为模式，将其称为道德，并且试图迫使自己的行为去符合那一道德、那一标准。倘若我们把关系理解为真正深刻的对于自我的认知，那么就能赋予道德、关系一种截然不同的意义。

大多数人都认为，应当制定关于道德的规范、制度和纪律。对于那些没有能力去展开深入思考的人们来说，它们或许是必要的，然而没有人可以去判断谁是不具有思考能力的。不要说什么某某人需要一套纪律规范。一个人应该凭借自己的力量去探明这一正在运作的道德，这种现存的关联。想要有所探明，心灵就得具有饱含创造力的适应能力。只有当你深刻洞察了个体的局限，理解了局限的原因，才能够获得这一体验。当你的生活处于想要有所得、有所欲求的状态，那么你跟他人的关系就必然陷入紧张之中，因为其他人也同样渴望有所得，而这会妨碍真正的关系，无论是个体之间的关系还是民族、国家之间的关系。这种剑拔弩张般的紧张关系，导致了冲突、战争以及各种形式或明显或隐蔽的盘剥和利用。

如果你意识到自身那些特殊的需求、各种形式的获取，继而理解那一自我运作的无知的过程，你就不会再进行选择，不会再予以排拒或抵制，而这些渴求和欲望也就会像秋天的落叶一般自行飘散。尔后你便能够拥有真正的关系，在这种关系中，你不会再不断地努力使自己去适应他人。

问：依靠对大师的冥想，一个人能够体会到那种有意识地同大师结

合在一起所带来的巨大喜悦。在这种状态下，自我的所有意义都消失了。这对于打破自我的局限难道不具有重大价值吗？

克：当然不会，永远都不会。问题提错了。让我们来一探究竟吧。

首先，让我们弄清楚你所说的大师指的是什么。不幸的是，人们撰写了无数有关大师、启蒙和门徒的书籍，并且成立了许多与之相关的精神团体。还有许多的宗教导师和瑜伽修行者，是他们鼓励和培养起了所有这些观念。于是正在寻找诸如幸福、真理等满足感的你们就沦为了他们的工具，被这些导师、领袖及其团体所利用。

大师，可能是一个概念，也可能是一个现实存在的人。假如它是一种概念或理论的话，那么它就永远都不可能是教条式的。于是它会对思索、推测抱持开放的姿态，人们可以从所谓的进化的观点来对它展开讨论。所以它必然保持着抽象的状态，从来不会被当做一种实在而被使用，以便推进某种活动、行动、行为模式。作为一种抽象的存在，它不是受了担心赏罚的刺激而形成的。然而那些谈论大师及其工作的人们却并不是这样子的，他们将抽象与实在这二者混淆起来。这一刻他们谈论着关于大师的抽象概念，下一刻他们又告诉你们这些追随者说大师希望你们去想些什么、做些什么，结果就让大师变成了一种真实存在，于是你们便被困在了这种混乱之中。足以称奇的是，正是你们自己的欲望制造出了这一混乱。由于一系列的暗示和信息，于是也就慢慢出现了这种把大师变为真实存在的实体的过程，直到你相信你的领袖们真的遇见了大师，而大师则告诉他们该如何去救赎人类，结果你便通过实为恐惧的所谓虔诚去追寻着这些领袖并且为他们所利用，继而不断地将抽象概念与具体实在混淆在一起。

谁来判断大师究竟是什么呢？对某些人而言，大师是一个拥有超凡能力的人。而对其他人来说，他可能是一个揭示了某些特殊知识的人。然而你无法依靠他人来认识智慧，无论这个他人是一位大师还是一名科学家。你根据自己的特性、偏见和倾向来判断某个人是大师。情形必然是这样子的，即使是那些被认为代表大师的人也是如此。人们总是按照自己特殊的背景去对别人做出判断，无论这个别人是所谓的大师还是他的邻居。当一个人声称自己代表着大师，声称自己是其使者的时候，你却从来不会去质疑他的背景，因为你寻求着幸福，你仅仅只是渴望被人指引，被确切地告知该做些什么。所以你出于恐惧而去遵循，但你却把这美其名曰热爱、直觉、自愿的选择或忠诚。你认为你已经展开了探究，认为你已经理解了，认为你直觉上赞同你的那些领袖们所说的话。然而你无法实现真正的洞察，因为你不幸身处其中。这个国家的人们，其他地方的人们，全都落入到了这一陷阱之中，惨遭利用。

我并不指望你能同意我的看法，但如果你去审视一下这整个想法，即认为某位大师可以指引你达至真理，那么你就会发现此观念是何等的愚蠢。只要你稍微领悟了我对于“我”这一过程所做的解释，你就不会去观想某位大师了，无论是以你所谓的某种高尚理想或更高等的自我的形式，还是一种经由图像和宣传而铭刻于心的想象。这些观想的形式，仅仅是微妙的逃避，尽管你可能从中会获得某种感觉，会对此感到惊奇，会激动万分。然而你将发现它实际上毫无用处，只会导致心智的僵化。

冥想，指的是不断的觉察与适应，而不是去符合某种标准或行为模式。试着在日常生活中去觉察你自己的特性、幻想、反应和欲望，然后去理解它们，由此你便能达至圆满。没有任何体系方法可以帮助你去实现这种深刻的认知，没有哪位大师能够给予你深刻的洞察或者带领你去获得它。假若一个人宣称他可以做到的话，那么他就不是一位真正的大师。自我运作的无知的过程以及对它的洞察，于你自己而言是独一无二的，其他人无法将你从无知的束缚中解放出来。要是有某个人主动提出为你摧毁那一堵堵局限住你的高墙，你可要对他抱以警惕。倘若你真正明白了这一点的话，就会发现你的生活将彻底地改头换面。由于摆脱了恐惧和欲望——它们经常会被冠以热爱、虔诚之名——你便不会再被那些教会的、宗教的、精神的团体，被那些牧师、那些所谓的大师的使者，被那些宗教导师和瑜伽修行者们所利用了。冥想，便是去探明一个人自身那独一无二的制造无知以及被困于其中的过程，并且意识到这一过程。

问：除非人性发生改变，否则我们的经济体制不可能有所变化。然而只要体制继续存在着并且鼓励人性去维持现状的话，人性就无法改变。那么，要怎样才能够打破这种状况呢？

克：你认为这种体制是自发形成的吗？它是被人性创造出来的。所以说，首先要改变的应当是人性，而非体制。一种体制可能会有所帮助，又或者产生阻碍，然而个体必须开始从根本上转变自身才行。

很明显，假如你们大家真正对战争这一问题展开深刻的思考，仔细审视一下这种大规模的谋杀行径，这种打着各种幌子的集体性谋杀，看看人们是如何满怀喜悦和赞美高声喊叫、吹着喇叭、挥舞旗帜，接受着来自牧师的祝福；假如你们对战争做一番深刻的思考和感悟，明白它的残忍以及幼稚的荒谬，它那骇人听闻的对人的戕害，它是如何通过国家主义、民族主义等诸多的利用手段迫使一个好端端的人变成一部军事机器；假如作为个体的你们真正懂得了这种恐怖，那么你们显然就会拒绝被利用去推动战争。作为个体的你们，将不再因为宣传而被利用；作为个体的你们，将抛开所有关于国家、民族的涵义。

我们该如何去改变剥削体制呢，经济的、宗教的或社会的剥削体制？除非我们从自身开始做起，除非我们深刻意识到这一改变的必要性，不是只在这场集会当中的某个时刻有所领悟，而是要在日常生活中始终认识到这一点。

然而当你感受到来自于你的邻居、你的老板、你的雇员所施加的某种体制的压力，那么对你来说想要维持这种深刻的洞察就会变得相当困难。所以心智必须要懂得，摆脱自身那些显然永无止境的欲望是绝对必要的。由于这需要个体做出努力，而我们又并不喜欢付出努力，因此便会去诉诸某种体制来帮助自己从这种痛苦中解脱出来。我们希望某种体制能够迫使自己的行为做到得体和理性，然而这种体制带来的是管束以及更大的痛苦，而非深刻的圆满。

除非你深切感受到所有这一切，并且努力要从你自我施加的限制中解放出来，否则该体制只会将你囚禁起来，只会变成一个自我维系的过程。虽然它没有生命，但它会通过你那独特的个体能量得到维系。结果就会再一次地出现一个恶性的循环：欲望制造出了剥削的体制，而该体制又使欲望得以维持。因此个体就被困在这部机器之中，他问道："我怎样才能从中解脱出来呢？"他求助于其他人来指引自己，可惜这么做只会将他带往另一座监牢、另一种剥削体制。由于自身的无知以及它那自我运作的过程，结果他便自己建造出了那部将他囚禁其中的机器。只有依靠自身，依靠自己对于"我"这一过程的洞察，方能获得真正的自由和圆满。

问：只有在极少的时刻一个人才会意识不到自己是一个独立的、思考着的实体。然而多数时候他都意识到了自我，意识到了他正在抗拒生活。请您解释一下为什么会存在这种抗拒。

克：抗拒难道不是一种偏见吗？偏见是如此的根深蒂固：阶级偏见、民族偏见、宗教或其他形式的信仰偏见。这类倾向是"我"这一过程的形式。除非我们探明了这个制造着信仰、偏见及倾向的过程，否则必定会一直去抗拒生活。例如，倘若你是位宗教人士，你坚定地相信存在着所谓的永生不朽，于是这一信仰便成为了对生活的抗拒，妨碍你去真正理解所谓的不朽。该信仰不断加固着这道屏障，强化着这种抗拒，因为它把自己建立在欲望之上。你觉得，对于你这一个体来说，存在着一种持续性，存在着一个能够给予你永远的安全的庇护所。这种信仰可能是隐蔽的，也可能是明显的，然而从本质上来说它表明了渴望个体的持续和永存。由于绝大多数人都怀有这种信仰，于是当真实开始彰显的时候，他们便会被束缚住，便会去拒绝真实并因而抵制真实，而这种抵制又制造出了冲突、痛苦和混乱。但是你并不会去放弃这一有关永生不朽的观念，因为它给予了你希望和鼓励，让你感到安全，并因此获得深深的满足。

我们怀有许多的偏见，它们或隐蔽或明显。每一个独特的个体，通过其意志的活动维持着自身的无知。假如你没有彻底理解这种自我运作的无知，你就会不断地制造出障碍与抵制，于是也就会让痛苦变得越来越多。因此你必须要察觉到这一过程，一旦你实现了洞察，那么伴随而来的，不会是发展出了某个对立面，而是你对于实相的理解。

（在加州欧加橡树林的第五场演说，1936 年 5 月 3 日）

要探明痛苦就必须认识自我

你们有些人可能会觉得我很啰嗦，可能我的确有点，因为根据我同人们的会面和公开谈话里被问到的那些问题，我得出了这样的印象，即大家并没有怎么理解我所说的话，所以我必须得用不同的词语来重复同一个问题。你们当中有些人可能多少领悟了我所传达的基本理念，我希望这些人能够耐心地再次聆听一下我要讲的内容。

世界上存在着如此之多、各种各样的痛苦，以至于一个人深受折磨。这并非一句空洞之言。一个人意识到周遭有这么多的盘剥和残忍，因此他不断询问自己说："痛苦的根源是什么？用什么方法可以消除痛苦呢？"

有一些人坚定地相信，世界上的苦难根源于某些不受人类掌控的厄运，只有当人重回神的怀抱，置身于另一个世界里，才能免受痛苦的折磨，拥有幸福和自由。在我看来，这种对待生活的态度大错特错，因为这种混乱完全是由人类自己制造出来的。

要想探明痛苦的过程，每个人就必须认识自我。而认识自我是最困难的任务之一，因为它需要付出最为艰辛的努力以及保持永远的警觉。极少有人渴望去深刻地了解这一痛苦和苦难的过程，我们把能量更多地耗费在荒唐的娱乐消遣、琐碎的谈话以及徒劳的追逐上面，而不是去查明、去深刻地探究我们自己的心理要求、需要、信仰及目标。然而这要求我们付出艰辛的努力，由于我们不愿意去做出努力，所以宁肯逃避到各种各样轻松安逸的满足之中。

倘若我们没有通过消遣去逃避，就会通过信仰、通过组织的活动及其忠诚和献身来逃避。这些信仰变成了一道盾牌，使我们无法去认识自己。那些宗教团体许诺说要帮助我们去了解自我，然而不幸的是我们却被他们利用。我们仅仅只是重复着他们的话语，屈从于其领袖的权威。所以这些组织带着它们与日俱增的约束和秘密承诺，带领我们走向更多的复杂，使我们无法去实现对于自我的认知。一旦我们将自己交付给了某个团体，交付给它的领袖及其朋友，我们就会开始培养起那些忠诚和责任，从而阻碍去彻底诚实地面对自我。当然，我们还会通过各种肤浅的活动展开其他形式的逃避。

要想深刻地认识自我，一个人就需要处于平衡的状态。也就是说，假如他希望去认识自我，那么他既不能离弃这个世界，也不能被死死地困于其中，以至于没有机会去了解自我。所以必须要做到平衡，既不摒弃世俗的享乐，也不去获取。这需要你保持高度的警觉以及展开深入的觉察。我们要学会静静地观察自身的行动、思想、目标、信仰，不做任何判断，不去干扰它们，以便能够探明它们的真正涵义。我们应该首先认识到自己的目标、追求、欲望，不去认可，也不去谴责它们是对还是错。目前我们还无法探明什么是正确的、什么是错误的，什么是持久的、什么是短暂的，因为心灵被它那自造的欲望和目标束缚着裹足不前，它做着各种逃避，以至于无法实现真正的觉知。所以我们首先得学着做一个安静的、内心平衡的观察者，观察自身的那些局限和矛盾，因为正是它们给我们带来了无尽的痛苦。

如果你开始去观察，会发现你正在寻找新的解释、界定、满足、目标、图画的形象和图像，以替代那些旧的释义、满足和图像。你接受了旧的信仰、阐释及图像，因为它们使你得到了满足。由于同生活发生矛盾与摩擦，于是你发现它们不再能够向你提供你所渴望的事物了。因此你便去寻找新的解释、新的希望、新的目标，于是你展开了逃避，不过背景依然相同，即你是带着相同的欲望和满足来展开逃避的。尔后你开始把旧的解释和新的解释进行比较，选择那些能让你获得最大安全感与满足感的解释。你以为，通过接受这些新的解释和理念，便可以寻找到幸福与宁静。由于你的需求是为了获得满足，所以你便帮助制造出了那些能让你的欲望得到满足的信仰与解释，并且认可它们，然后你开始按照这些新的模式来塑造你的思想与行为。假若你展开观察，会发觉事实情形就是如此。你的内心和外部世界存在着如此之多的痛苦，所以你渴望知道原因何在，然而你如此容易满足于那些解释，结果你便继续遭受着痛苦的折磨。对于一个具有辨识力的心灵来说，解释如同灰尘，毫无价值可言。

你们当中有些人相信轮回转世说，于是前来询问我的信仰是什么，询问我轮回转世说是否是事实，我是否记得自己的前世，诸如此类。你们为什么要问我这些呢？为什么想要知道我对轮回转世说的看法呢？你们渴望使自己的信仰得到进一步的确证，你们将它称作为事实、法则，因为它给予了你们生活的希望与目标。于是信仰对你们来说就变成了一个事实、一条法则，你们开始着手寻找各种证据，好让自己的希望得到确证。即使我可以证明轮回转世确属事实，对你们而言也不会是至关重要的。无论在我看来轮回转世说是真还是假，对你们来说，重要的是应当凭借自己的力量，通过行动、通过生活去探明这些概念，并且不去接受任何断言。

心灵有三种情形："我知道"，"我相信"，"我不知道"。当你声称"我知道"的时候，你的意思是你凭借经验知道。依靠该经验，你变得确定，从而信服了某个理念、某种信仰。但是这种确定、这种信服，或许只是建立在想象的基础之上，建立在一种愿望满足的基础之上。在你眼里，它们逐渐变成了一个事实，结果你便声称：“我知道。”有些人称轮回转世确有其事，在他们看来或许是如此，因为他们声称自己能够看到前世。对于渴望能够获得永生的你来说，轮回转世说提供了希望与目标，因此你便依附于这一观念，声称你是在直觉的推动下接受了该理念，认可它是一个事实、一条法则。你根据他人的断言接受了轮回说，而没有去质疑他人的知识。要知道，他的知识很可能只是想象、幻觉，或是某种愿望的投射。由于渴望自己能够获得永生，于是你便无法去实现真正的洞察。如果你不去声称“我知道”，那么你会说：“我相信轮回转世说，因为它解释了为何人各有命，为何世上有如此多的不平等。”你称这种信仰是由直觉唤起的，其实它不过是源自于你的那些隐蔽的希望和欲念，即你想要获得永生。

所以“我知道”和“我相信”这二者都是不安全的、不确定的，无法去依靠的。但倘若你能够声称“我不知道”，并且充分理解了它的涵义，那么你就可以去探明实在了。想要处于一种不知的状态，需要袒露自我，需要付出艰辛的努力。但它并不是一种消极的状态，对于一个不将解释和断言紧抓不放的心灵来说，它是一种最为重要的状态。

一个人或许偶尔会十分轻易地就称自己不知道，大多数人也都会这么说。他耳闻目染了如此多的有关痛苦的原因，以至于他在不知不觉中开始根据满足和希望的指示去接受这种解释而拒绝那种解释。由于大多数人头脑中充斥着信仰、偏见、隐藏的希望和要求，他们几乎不可能会说：“我不知道。”他们因为内心的渴望而被某些信仰牢牢束缚住了，以至于永远无法处于一种彻底空无的状态；永远无法处于一种一切支持、解释、希望、影响全都彻底停止的绝对赤裸的状态。

只有当全部的欲望都终止的时候，我们才能开始去探明什么是真实，因为欲望制造出了信仰、理想、希望，而这些事物其实只是逃避罢了。当心灵不再寻求任何形式的安全感，抑或不再要求解释，不再依靠微妙的影响，那么在这种赤裸的状态中便会出现真实与永恒。假若心灵能够领悟到它正在通过欲望制造着自身的无知，通过其欲望的行为使自己永续下去，那么意识就会变为真实。尔后便将出现永恒，意识的暂时性便将结束。意识是无知同生命、同世界的外部刺激之间的行为或矛盾。这种意识，这种争斗和痛苦，通过欲念、渴望而使自己得以永续，从而制造出了它自己的无知。

问：麻烦您更加清楚地解释一下您所说的心灵的柔韧性指的是什么。

克：拥有一个柔韧的、警觉的心灵，难道不是极为必要的吗？一个人难道不应该怀有一颗具有高度柔韧性与适应力的心灵吗？心灵难道不应该像一株树木那样，一方面深深扎根于土壤之中，一方面又能随风摆动吗？它便是它自己，所以它能够具有柔韧性，能够做出适应和调整。我们在忙碌些什么呢？我们努力想要变得如何如何，我们在这种变成中感到分外的荣耀。这种变成并不是圆满，而是在复制或模仿某种被称为完美的模式。它是一种遵循、服从，目的是为了有所得，为了获得成功，这并非是圆满。一朵可爱的玫瑰或紫罗兰是完美的花儿，它本身便是圆满，而希望这朵紫罗兰可以成为玫瑰则是徒劳。我们不断努力想要功成名就，结果心灵变得越来越僵化、局限和狭隘，无法去适应，无法变得柔韧。所以，出于自我保护，它便制造出了对于生命活动的进一步抗拒。那些自造的抵制，妨碍了心智去认识自身的行为，正是这些行为制造出了无知，并使其变得越来越多。心灵的柔韧，并不在于变得如何如何，并不在于对成功的顶礼膜拜。然而一旦心灵剥去了那些它因为欲望而形成的抵制，它便能够展露自身。这才是真正的圆满，在这种圆满中，会有永恒、持久与柔韧。

问：我知道自己所有的局限，但它们依然与我同在。所以，您所说

的把潜意识带进意识指的是什么呢？

克：先生，仅仅知道一个人的局限显然是不够的，不是吗？你难道没有去探明它们的涵义吗？多年来我一直在指出，确定的事物便是局限。你或许可以在没有深刻理解的情况下去重复我的话，然后说道："我知道自己所有的局限。"只有努力去意识到你自己的局限才能消除掉它们。

在我看来，仪式，作为思想的歪曲，也是局限。假定你同意这一点，而且你想要去探明自己的心灵是否也被困在了这些局限之中。开始意识到它们，不是通过判断，而是通过静静地观察和洞悉这些反应是否是有害的、局限的。这种洞悉、这种觉知本身，没有制造出某个相对立的特质，会从心灵中移除掉那些抵制和有害的约束。当你询问"我怎样才可以摆脱自身的局限"时，表明你并没有察觉到它们，表明你没有展开艰辛的努力去洞察、去探明。在这种艰苦的觉知中、在这种努力本身中，存在着一种欢喜。觉知没有奖赏。

问：我听您的演说已经好多年了，不过，说老实话，我并没有领悟您试图传达的思想。您的话对我来说一直都是含糊不清的，倒是海伦·布拉瓦斯基、鲁道夫·斯丹纳、安妮·贝赞特以及其他几个人的著作让我受益匪浅。难道介绍真理就没有不同的方式吗？您的方式很神秘，难道跟术士的神秘没有不同吗？

克：我回答这个问题已经不知道有多少次了，但如果你希望我再一次做出解答的话，我还是会照做的。任何解释真理、测量真理的方法，都必定是错误的。真理是要被人去理解、去探明的，而不是去进行解释的，所以不可能会有一种或多种介绍真理的方法。那被当做真理来介绍的事物，并不是真理。

但是尔后你会问我："您试图做什么呢？假如您不去给我们提供一幅关于真理的图景，不去为我们测量一下那无法测度的事物，那么您打算干什么呢？”我试图去做的，是帮助你去凭借自己的力量来懂得一个事实：除你自己以外，没有任何救赎的方法；没有哪位大师、哪个团体能够来解救你，没有任何教会、仪式、祈祷能够打破你自造的局限和约束；只有凭借你自己的艰辛的觉知，才可以洞察那真实而永恒的事物；你的心灵如此混乱，因为那些信仰、理想、欲求和希望而过分地狂热兴奋，以至于无法去感知。这个道理显然是简单、清楚和明确的；它并非是模糊不清的。

每个人基于自身的欲望制造出了无知，而这种无知又通过其意志活动使自身作为个性、作为“我”这一过程获得了不朽。我认为这个“我”便是无知，它不具有任何真实，也没有揭示任何永恒之物。我经常提到这一点，用许多方法来予以解释，然而你们有些人并不想展开清楚地思考，因此你们便去依附于自己的那些希望与满足。你希望避免付出艰辛的努力，你希望借助他人的努力来消除掉你的冲突、痛苦和烦恼，你希望那些利用他人的组织，无论是宗教的还是社会的，将会奇迹般地被改变。假如你付出了努力，你就会想要得到一个结果，而这种想法便把认知挡在了门外。尔后你会说：“如果我没有从中得到什么的话，那么付出努力又有什么意义呢？”你的努力，通过欲望，制造出了进一步的局限，而这便毁掉了认知。心灵被困在了这一恶性循环之中，即努力通过欲望使无知得以维系；于是“我”这一过程就变成了一种自我维系的状态。那些积累金钱和财产的人，他们的品性在这种获取中是僵化的，因此也就无法实现深刻的觉知。他们沦为了自身欲望的奴隶，这些欲望制造出了一种剥削的体制。如果你认真地思考一下这个问题，会发觉理解它并非难事，但是想要通过行动来实现认知，需要付出艰辛的努力才行。

对于你们中的一些人而言，我所说的话是空洞的、无意义的；对另外一些人来说，参加这些集会是一种习惯；只有极少数人满怀着关切之心。你们有些人对于我的话断章取义，没有联系上下文来看，并且试图把我的某些陈述运用到你们自己的那套思想体系中去。在这种情形下不会有任何觉知，只会带来进一步的混乱。

问：既然大师们创立了通神学会，那么您如何能够说精神团体会妨碍人的认知呢？又或者您的这个观点并不适用于通神学会吗？

克：那是每一个社会团体、宗派或者宗教团体所宣称的。罗马天主教几个世纪以来一直坚称他们是耶稣基督的直接代表，其他宗教派系也有相似的宣称，只是他们使用了不同的名义。他们的教义本身是正确的，所以不需要任何权威的支持，然而无论它伟大与否，都只是因为权威才站得住脚。假如它的立足依赖于任何权威，无论是佛陀、耶稣还是上师，那么它就不具有任何意义，尔后它仅仅成为了通过人们的恐惧而对其加以利用的手段。这种情形在世界范围内不断上演：利用权威，依靠人们的恐惧来对其予以控制——美其名曰是对于某种活动的热爱或尊敬——或者创立一个宗教组织。于是渴望幸福、安全感的你便不假思索地成了权威或组织的追随者，然后被其利用。你没有去质疑关于权威的整个概念，你使自己屈从于权威、屈从于这种利用，以为它将指引你达至真理，殊不知等待你的只有更大的混乱与痛苦。权威的问题是如此微妙，以至于个体自欺欺人地声称自己是自愿服从于某种信仰或活动的。哪里有欲望，哪里就必然存在恐惧，并且制造出权威以及它的残忍和利用。

我经常会用不同的词语来重复这一点。有些人前来告诉我说，他们从这个或那个组织辞去了职务。显然这并不是最重要的事情，尽管一旦他们洞察了真相，那么辞职必然会紧随其后。真正重要的是，他们为什么会加入其中？如果他们能够探明那促使自己去加入这些宗教派系、团体的推动力，能够洞察到该推动力的深刻涵义，那么他们就会避开加入任何的宗教组织了。倘若你对该推动力展开分析，就会从根本上认识到，那里有对安全和幸福的许诺，对安全和幸福的渴望是如此的强大，以至于遮蔽住了洞察和感知，于是权威便会作为一种使许多渴望得到满足的手段而受到推崇。

问：您是否是伟大白人兄弟会的成员呢？

克：先生，这有什么要紧的呢？我担心这个国家尤其是这个海岸已经被这种神秘主义给淹没掉了，该主义被用来通过人们的轻信和恐惧而利用人们。有如此多的神秘主义者，有白人也有褐色人种，他们告诉你了这些事情。有没有一个白人兄弟会又有什么重要的呢？有谁会去谈论或撰写这些神秘事物呢？只有那些有意无意希望以兄弟情谊、爱和真理的名义来利用人们的人。所以一定要当心这种人，他们使一些难以置信和有害的迷信开始运作起来。我经常听人说他们受到那些释放出巨大力量的大师的指引，诸如此类。你难道不能凭借自己的力量认识到，你便是你自己的大师，你制造出了自己的无知、自己的痛苦，永远都没有任何人可以凭借任何方法来使你摆脱痛苦。假如你懂得了这一基本事实、真理、法则，即你制造出了自己的局限与痛苦，你自己推波助澜地产生出一种残忍地利用他人的制度，那些为了狡诈地利用他人而被制造出来的宗教组织或其他组织，来自于你自己内心的要求、恐惧和欲望，懂得了这些，你就不会再去鼓励或帮助制造出这些制度体系，于是权威也就不会再在生活中占有任何重要地位。只有在这个时候，人才能够达至自身的真正的圆满。

这需要巨大的自我信赖。然而你说："我们是虚弱的，必须要被指引；我们必须要有看护。"于是你便继续了迷信和利用的这整个过程。如果你深刻地洞察到无知通过它自己的行动而使自身永存，那么你同生活的关系便会发生深刻的改变。不过我向你保证，这需要你对自我有着深刻的认识。

（在加州欧加橡树林的第六场演说，1936 年 5 月 10 日）

洞悉生命的短暂，即能达到永恒

一个人必定会经常询问自己，在我们身上是否存在着某种具有持续性的事物，一种拥有永恒性的生存法则，一种持续的特质，一种穿越了所有无常而永存的实相。在今天上午的谈话中，我将要试图去解释一下在这种渴望持续存在的背后是什么，并且思考一下是否真的存在某种永恒的事物。我建议你们耐心地听一听我所说的话，认真地想一想，洞察其中的真义。

生命每时每刻都处在一种产生、形成的状态中。在这种滋生、形成的状态中，不存在任何持续性，不存在任何可以被界定为永恒的事物。生命是一种不断的运动、活动，这种活动的每时每刻都是崭新的，都跟之前有所不同。然而每一个新的时刻都形成了一种运动的持续。

意识，通过无知的行动，形成了自身作为一种个性的持续性，它怀着急切的渴望去依附于这种认同。每一个人去依附的事物，每个人希望它可以不朽，或者可以揭示永恒，或者超越它而永恒存在的事物究竟是什么呢?

这种每个人都去依附的事物，便是个性的意识。这种意识是由记忆的许多层面组成的，这些记忆形成或者一直出现着，记忆里有无知、渴望和欲念。任何形式的渴望、欲念、倾向，都会在它自己和那驱动它的事物即渴望的对象之间制造出冲突。这种渴望与被渴望的对象之间存在的冲突，作为个性特征出现在意识之中。所以实际上正是这种矛盾寻求着使自身获得永存。我们强烈渴望去持续的事物，仅仅只是各种渴望与其推动剂之间的这种矛盾和紧张。而这种矛盾和紧张，便是那维系着个性的意识。

生命的运动不具有持续性，它每时每刻都在出现、形成，因此处在一种恒动的、流动的状态之中。当一个人渴望自身的不朽时，他应该察觉到这种渴望的深切涵义是什么，他渴望去持续的事物是什么。持续性是自我维系的意识的过程，它通过无知滋生出了个性特征，它是欲念、渴望的产物，并因此带来关系、道德以及行为中的矛盾和冲突。

寻求使自身永存的“我”这一过程，不是别的，正是累积的欲望。这种累积以及它的记忆，构成了个性特征，我们依附于它，我们渴望使其获得永存。一层层累积的记忆、倾向和欲望，构成了“我”这一过程，我们需要知道这个“我”是否能够不朽，是否能够获得永生。这些自我保护的记忆能够变得或者获得永恒吗？又或者，永恒的事物能够像一条坚固的绳索般贯穿它们吗？又或者，在这一矛盾的、局限的“我”的过程之外，是否存在着永恒呢？我们渴望使累积的局限永恒，抑或我们认为通过这些记忆和意识的层面，存在着某种永恒之物，又或者我们想象在这些个性的局限之外必然存在着永恒。

对于累积的有关无知、欲望和倾向的记忆，滋生出了矛盾与痛苦，这些记忆能否获得永存呢？这便是问题所在。我们无法真正去接受有某种永恒之物贯穿着个性，抑或有某种永恒之物超越了这种局限，因为这一观念只能够建立在信仰、信念的基础之上，或者建立在所谓的直觉之上，而信仰、直觉几乎一直都是一种愿望满足。我们由自身的倾向、希望以及对自我永存的渴望，接受了理论、教条、信仰，它们向我们提供了自我持续存在的保证。然而深深的不确定感依然继续存在着，于是我们试图通过对确定性的寻求，通过把信仰打桩在信仰之上，通过从一种体系到另一种体系，通过追寻一个又一个老师来逃避，因此仅仅只是增加了混乱和冲突。

我想要去做的，不是制造出更多的信仰或思想体系，而是去帮助你们凭借自己的力量探明是否存在着持续性，并且理解它的内涵。所以，重要的问题是:这一“我”的过程能否获得永恒呢？那滋生出个性的倾向、欲望、累积的记忆的意识，能否获得永恒呢？换言之，这些局限能够变得不朽吗？生命、能量，处于一种恒动的状态，在这种状态里不存在任何个体的持续性。然而，作为个体，我们渴望使自身永存。当你深刻认识到什么是个性时，就会懂得它仅仅是无知的产物，无知通过一层层记忆、倾向、欲望维系着自身，而这些局限必然会导致痛苦与混乱。

这些被我们称为个性的局限，能否获得永存呢？当大多数人渴望不朽、实相、神的时候，这便是他们会去寻求的。他们深切关注于自身个性的永存。局限能够获得不朽吗？答案是显而易见的。假如一个人深刻洞察到它那明显的短暂性，那么他就会意识到永恒之物，而只有这种认识才能带来真正的关系、真正的道德。

那么，假如一个人能够透彻地洞察“我”这一过程的产生，而且对于这些局限的建立及其短暂性变得具有强烈的觉知，那么正是这种觉知会带来局限的消除；而在这种情形之下，便会有永恒存在。这种永恒的特质无法被描述，也无法被人们发现。当你洞悉了“我”这一暂时的过程时，永恒便形成了。这种永恒之物的实相只能够发生、出现，而不能被培养。一个人或者寻求永恒，寻求某种持续的、超越自身的事物；或者试图使自己获得永恒，这两种观念都是错误的。倘若你寻求超越自身的永恒之物，那么你就被束缚住了，你就去制造种种幻象并且为其所困，而这只会给你提供逃避现实的方法，在这种情形下是不可能存在对于“当下实相”的理解的。一个人必须要认识他自己，那么在这种对自我的认知中，他就能够明察是否存在着永恒。我们对于永恒的追寻，必定将我们带往幻象。但如果通过艰辛的努力和试验，我们便可以深刻地认识自我，明察我们的本来面目。只有在这个时候，才会出现永恒——不是某种在我们自身以外的永恒之物，而是当“我”这一短暂的过程不再使自身永存时，真实便会出现。

对于许多人而言，我所说的话一直都是种理论，模糊而不确定。但如果你们认识到了它的正确性，或者把它当做一种假设、而不是法则或教条来接受的话，就能够理解它在日常生活中的积极意义。我们的道德、行为、观念、欲望，从根本上来说都是基于对自我永存的渴望。这一自我仅仅是累积的记忆的结果，这些记忆导致了自我与生命运动之间、不确定的价值观念与既定价值观念之间的矛盾。这种矛盾本身便是“我”这一过程，而它无法获得永恒。如果我们能够彻底地、充分地领悟到这一点的话，那么我们的整个态度与努力就将会拥有截然不同的意义和目的。

存在着两种意愿：脱胎于渴望、欲念、欲望的意愿；源于洞察、理解的意愿。作为渴望之产物的意愿，是基于为了获取而展开有意识的努力，无论是渴望的获取，还是不渴望的获取。这种基于渴望、欲念所做的有意识或无意识的努力，制造出了整个“我”的过程，并由此滋生出矛盾、痛苦以及对于未来的考虑。该过程还滋生出了对立物之间的冲突，并因此带来了本质与非本质、选择与不做选择之间的不断争斗。由这一过程筑起了一堵堵自我保护的局限的高墙，从而妨碍了对不确定的价值观念的认知。现在，假如我们察觉到这一过程，察觉到我们通过渴望去获取、渴望去拥有而发展起了一种意愿，该意愿制造出了持久的冲突、痛苦和不幸，那么我们不需要展开有意识的努力便会认识到那可以被称为永恒之物的实相。

要认识到哪里有无知，哪里便有欲望存在，并因此带来了痛苦，而不是让心灵训练自己不去怀有渴望，这是一项极为艰巨和困难的任务。我们能够懂得，想要有所得、想要拥有某物制造出了痛苦，并且使无知得以持续存在，渴望的运动妨碍了清楚的洞悉。如果你认真思考一下这个问题，会发现事实便是如此。当既没有渴望也没有不渴望的时候，你就能够理解什么是永恒了。这种理解，是一种十分困难和微妙的状态，它要求付出艰辛的、正确的努力，以便不被困在对立物之间，不被困在拒绝和接受之间。倘若我们能够明白对立物是错误的，那么这种洞悉便会带来彻悟。谈论这一问题十分不易，因为无论一个人可能会使用何种象征，都必定会在心灵中唤醒某个概念，而概念里就会有对立物。但如果我们可以充分认识到自己通过自身的无知制造出了痛苦，那么就不会存在确立对立物的过程了。

洞悉需要付出正确的努力，只有在这种正确的努力中，才能实现对永恒的理解。

问：所有有识之士都反对战争，但是您反对一个国家在遭受侵略时所展开的自卫战吗？

克：把战争想成自卫性的和侵略性的，只会带给我们更多的混乱和痛苦。我们应当质疑的是杀戮本身，无论是战争中的相互残杀还是通过盘剥的方式展开的杀戮。毕竟，什么是自卫战呢？为什么一个国家会去侵略他国呢？或许这个遭受袭击的国家是由于经济上的剥削和贪婪才会激起他国的侵略。如果我们把战争的问题处理为自卫性的战争和侵略性的战争，那么就永远无法获得任何令人满意的、真正的解决。我们要应对的，只是想要获取的偏见。有为了某种原因而自愿献身这种事情，然而一群人派出其他人来接受训练去杀戮和被杀，则是最为残暴和野蛮的。假如你能够凭借自己的力量去探明真正的人性，你就永远不会问这种关于战争的问题了——这里面包含有仇恨，包含有通过军事纪律而使人变得机械化——不会问防卫中的杀戮是正确的还是侵略中的杀戮是合理的。

在我看来，杀戮从根本上来说就是邪恶的，是罪行，正如剥削他人也是邪恶的一样。你们大多数人在一想到杀戮的念头时都会倍感惊恐，然而当煽动出现时，你们也会立刻全副武装起来。这种煽动来自于宣传，来自于对你那错误的民族主义情感、家族、荣誉和名声的诉诸。其实这些字眼并没有任何深刻的意义，它们仅仅是一些你已经习以为常的荒谬。通过它们，你利用别人也被人利用。如果你深刻地、真正地思考一下这个问题，你就会帮助去打破所有这些导致了仇恨、剥削并最终带来战争的原因，无论这战争是被称为侵略性的还是自卫性的。

你们似乎对所有这一切反应平淡。你们有些人正浸染在宗教的氛围下，接受着相关的训练，或许经常重复着这样的话，比如一个人应该要热爱自己的邻里。但是你们那民族主义、国家主义、种族主义的偏见是如此的根深蒂固，以至于你们已经丧失掉了人道的、爱的反应。一个人如此自豪于自己是个美国人或者属于某个种族，阶级的、种族的划分是如此错误、残忍地植根在我们每一个人的心中，以至于他歧视外国人、犹太人、黑人或是亚洲人。除非我们摆脱了这些荒谬的、幼稚的偏见，否则各种各样的战争将会继续存在下去。假若你们当中有人在听这些谈话的时候懂得了其中的真意，并且带着理解来展开行动（于是也就使自己摆脱了那些局限的、有害的观念），那么我们就能够拥有一个和平的、幸福的世界了。这并不是单纯的感想，而是，由于这个有关剥削和杀戮的问题关系着你们每一个人，因此你们必须要付出艰苦的努力来使自己的心灵摆脱这些自我施加的有关安全、有关个体永存的想法，因为正是它们制造出了混乱和不幸。

问：我们难道不应该怀有某种纯粹行动的观念吗？仅仅有所察觉甚

至是深刻地察觉，似乎是一种消极的、被动的觉知状态。难道积极的觉知对于纯粹的行动来说不是至关重要的吗？

克：你希望我去向你描述什么是纯粹的行动；你把这种描述称作为积极的教导。纯粹的行动是被每一个人、被个体来洞察的，真实不可能成为虚假的替代物。对虚假的洞察带来真实的行动。单纯的替代或者怀有关于纯粹行动的观念，必然会导致局限、挫败以及许多毁灭真正智慧的行为。但如果你认识到了自身的局限，那么伴随着这种觉知便会出现积极的行动。

如果你对此加以检验，会发现它不是一种对于生活的消极态度；相反，唯一积极的生活方式，便是去洞悉无知的过程。哪里有渴望，哪里便会有无知，并由此滋生出痛苦和混乱。心灵寻求着一种界定，它用这一界定来为自己铸造一种模式，以便逃离那些导致矛盾和痛苦的反应。在这种情形下是没有任何觉知的。关于这一点我已经提过多次了。从内在来说，“我”这一过程，带着它的需要、欲望、空虚、残忍，持续着、继续着。通过对该过程的认知——不是因为它可以带给你奖赏和幸福，而是意识到它本身——便会有真实、清楚的行动。

问：您曾说所谓的精神组织妨碍了一个人灵性上的圆满。但是，妨碍精神生活上有所收获的全部障碍，难道不都存在于一个人自己身上吗，而并不是来自于外界环境？

克：我们大多数人都会求助于所谓的精神组织，因为他们许诺了奖赏。由于大多数人都在寻求着精神的、情感的或者心理上的这种或那种形式的安全和慰藉，所以我们屈服于他们的许诺，沦为了被利用的工具。要想凭借自己的力量来探明你是否被困在了这座自我建造的监牢中，要想摆脱它那微妙的影响，需要实现伟大的洞悉以及付出正确的努力。这些组织之所以会出现和存在，是因为我们渴望获得那以自我为中心的精神上的安宁，渴望我们能够持续存在、获得慰藉。这些组织根本没有任何精神性可言，也无法使人从自身的无知、混乱和痛苦中解脱出来。

问：如果我们不去怀有理想，如果我们应该摆脱掉提升自我的渴望，服侍神、服务于那些不幸之人的渴望，那么生活的目的何在呢？为什么不干脆等死算了呢？

克：我所说的关于理想的观点是这样的：它们变成了一种逃避生活冲突的便捷手段，因此阻碍了对自我的认知。我从来没有说你们不应该去帮助那些不幸的人们。

现在，理想仅仅是担当了衡量标准；因为生活拒绝所谓的衡量，因此心灵必须要把自己从理想中解放出来，以便可以认识生命的运动。理想是阻碍、是障碍。你应该凭借自己的力量探明它们是否并未遮蔽住你的觉知，而不是单纯地去接受我所说的话，并因而对自己说你不应该怀有理想。当心灵摆脱了偏见、解释、定义的束缚，它就能够面对自身痛苦、无知以及受限的存在的原因了。所以，心灵所要关注的，应该是痛苦本身，而不是想着能够从生活里得到些什么。仅仅是去追逐理想，渴望幸福，寻求真理、神，意味着从生命的运动中逃离。不要让你自己去关注于生活的目标是什么，而是要意识到、察觉到痛苦的根源。当这根源被消除掉的时候，你就能够认识“当下实相”[①]了。

问：请您解释一下您说即使是记账也能够具有创造力究竟是什么意思呢？我们大多数人认为只有建设性的工作才富有创造性。

克：你如何看待工作难道不是一件要紧的事情吗？无论这份工作是

① 原著中多次使用“what is”。从文中语境看，此语有“事实所是”、“现在（当下）之在”、“现在（当下）之是”之意。在《克里希那穆提集》中，一般译为“当下实相”。——中文版编者

簿记、耕地、写书还是画画。对于一个懒惰、缺乏兴趣的人来说，所有的工作都会变得没有创造力。为什么要去询问什么是富有创造力的工作、什么不是富有创造力的工作，询问是否绘画要比打字更具有创造性？圆满是智慧，要想唤醒智慧，就必须付出正确的努力。这种艰辛的努力不能够是做做样子的，生活不应该被划分为工作和内在的实现，工作与精神生活必须要是统一的。付出正确的努力所带来的欢愉，将会开启智慧之门。对“我”这一过程的洞悉，便是圆满的开始。

（在加州欧加橡树林的第七场演说，1936 年 5 月 17 日）

简单地生活

问：我们能否通过祈祷和平来使战争停止呢？

克：我不认为战火可以通过祈祷而熄灭。祈祷和平难道不就只是一种情感释放的形式吗？我们觉得自己无法阻止战争，所以便在祈祷中寻找逃离这种恐怖的解脱之法。你觉得仅仅依靠祈祷和平就可以停止世界上的暴力吗？祈祷只是一种对现实的逃避。这种导致祈祷的感情状态，同样也能够在那些煽动战争和仇恨的宣传者的身上起作用。假如一个人热切地祈祷和平，那么他也会同样热切地被有关民族主义的崇高、战争的必要性等观念说服。祈祷和平完全无济于事。战争的原因是由人所造成的，因此诉诸某种外在力量来求得和平是毫无用处的。战争之所以会存在，是因为心理的、情感的反应。除非那些原因从根本上被改变，否则战争的阴云依然将笼罩世界，祈祷和平依然会毫无用处。

问：既然我必须对自我进行分析，必须有意识地努力进行深刻的思考，那么我怎么可能简单而充实地生活呢？

克：简单地生活是艺术的最伟大之处。但做到这一点是最为困难的，因为它需要深刻的智慧，而不是对于生活的肤浅认知。要想充满智慧、简单地生活，一个人就必须摆脱掉他为了自我保护而发展起来的所有约束、抵制和局限，因为正是它们妨碍了他与社会建立起一种真正的关系。由于他被困在了这些约束、这些无知的高墙之内，所以对他来说不可能会有真正的简单。要想带来一种充满智慧因而简单的生活，就必须消除掉那些抵制与局限。消除的过程意味着伟大的思想、行动和努力。一个满怀偏见的人，一个被传统和观念的权威所束缚的人，一个民族主义者，一个内心充满恐惧的人，显然是无法生活得简单的。一个野心勃勃、狭隘、崇尚成功的人，是无法充满智慧地生活的。在这种人身上，不可能具备深刻的自发性。自发性并不仅仅只是表面的反应，它是深刻的圆满，是行动的智慧与简单。

我们大多数人都筑起了一堵堵自我保护的高墙去抗拒生命的运动，有一些高墙我们意识到了，另外一些则没有意识到。我们以为自己只要通过避免或者忽略掉那些没被发现的高墙便能够过上简单的生活，或者以为通过训练我们的心灵去适应生活的某些标准便可以充实地生活。所谓简单，并不是指远离社会的离群索居，或者尽量少地占有，或者使自己去适应某些原则，因为这种做法仅仅只是对于生活的逃避。只有当我们通过彻悟的觉知以及正确的行动开始剥去一层层自我保护的抵制时，才会出现真正的、充满智慧的简单，也就是去深刻地适应生命的运动。只有在这个时候，才能够过一种自发的、充满智慧的人生。

问：您对于野心有何看法？它是自我膨胀吗？难道野心对于行动和成就来说不是至关重要的吗？

克：野心并不是圆满和成就，野心是自我膨胀。在野心之中，存在着这样的念头，即自己想要功成名就，同时又不愿意别人有所成就。野心里面有对成功的推崇、无情的竞争以及对他人的利用。紧随野心而来的是永远的不满足、破坏和空虚，因为在取得成功的那一刻便开始出现了衰退，因此你便重新生出了强烈的欲望，想要获得更多的成就。当你深刻认识到野心就存在于这种不断的争斗和努力之中，你就会懂得什么是圆满。圆满是真实事物的根本表现，然而表面的反应经常会被误当作圆满。圆满不是为了单单少数几个人，但它需要深刻的智慧。野心里面会有一个目标，会有驱动力，朝着想要达至的成就奋进，然而圆满却是充满智慧的完成的过程。对圆满的认知，包含着不断的调整适应以及我们整个社会存在的再教育。只要你怀有野心，你就会去寻求来自政府、教会或社会的奖赏，抑或渴望对美德及其慰藉的奖赏。在圆满中，赏罚的念头彻底消失不见，因为所有的恐惧都完全终止了。

对我所说的话加以检验，然后凭借自己的力量去探明。你当前的生活为野心所充斥，而不是圆满。你努力想要功成名就，而不是去洞察那些妨碍了真正圆满的局限。野心之中会有深深的挫败，然而圆满里面却洋溢着极乐。

问：我从属于一个宗教团体，我想要从里面退出。但是该团体的一位领袖警告我说，假如我离开的话，主就不会再帮助我了。您认为主真的会这么对我吗？

克：你知道，所有宗教团体都是用这把恐惧的鞭子来控制人的。他们首先是许诺某种现世的或天国的奖赏，当个体开始认识到赏罚观念的愚蠢时，他便会受到或隐或显的威胁。因为你渴望幸福、安全，渴望所谓的真理——这实际上只是对于现实的逃避——你便制造出了利用者并且被其玩弄于股掌之中。无数个世纪以来，教会以及其他的宗教团体都因为害怕个体这种独立的思想和圆满而对其展开恐吓威胁。从原则上来说，这并不是利用者的过错，因为组织者以及他们的领袖其实是由那些追随者制造出来的。只要你渴望那些神秘的帮助，依赖权威去实现自身正当的努力、行为以及内心的充实，那么这些形式或其他形式的威胁便会被使用，而你则将被利用。

我发现，有些人很容易嘲笑这个问题，然而我担心他们自己其实也是身陷这一赏罚过程之中的。他们可能并不从属于任何宗教团体，但是他们或许寻求着来自政府、来自邻里或者来自间接的亲友圈子的奖赏。于是，他们通过自己那些微妙的或无意识的渴望制造出了恐惧和幻象，从而产生了一条通往利用的捷径。

你知道，这种追寻某位大师的念头是大错特错的，是完全无理性的。我近来极为频繁地解释过这种想要被指引、这种崇拜权威的念头是何等的荒唐和愚蠢，但是很显然，这位提问者以及其他人并没有理解它的深刻涵义。假如他们努力去探明，不带任何偏见，就会认识到这种观念之中所蕴含的巨大危害，而只有认识到了这一点才能够使其摆脱自身惯性思维的束缚。教会和宗教团体提供了浪漫主义和逃避，而你则被困于其中。然而当你意识到它们是毫无价值的时候，你会发现自己其实身陷其中,在经济上、心理上把自己交付出去了。你试图为自己的信仰找到借口，而不是去放弃这些谬论。因此，你鼓励和维系了这一整套利用他人的体系及其残忍的愚蠢。除非你从根本上认识到没有人能够真正把你从自身的无知以及它那自我维系的活动中解放出来，否则你将依然被束缚在这些组织之中，而恐惧及其诸多的幻象和痛苦则会继续存在下去。哪里有恐惧，哪里就必然会有各种形式或隐或显的利用以及痛苦。

问：您在年轻的时候有许多阐释者与合作者，他们说您怀有一个目的，他们对此很清楚，但是您并没有向公众透露该目的，听到这个让我们颇感困惑。这些人声称了解有关您本人、您的理念和工作的一些特殊事情。有时候他们的话让我感觉他们实际上对您以及您的理念抱着一种敌对的态度，然而他们却宣称同您交情匪浅。究竟是我弄错了呢，还是他们是在利用您来证明自己的行为以及所属组织的合理性呢?

克：为什么会有这些阐释者存在呢？是因为我所说的话如此难懂以

至于你无法凭借自身的力量去理解吗？于是你便去求助那些阐释者和评论者，因为你不想展开充分的、深入的思考。由于你求助他人来指引你走出困局，从自身的困惑中解脱出来，因此你便注定会去制造出权威、阐释者，而他们只会进一步让你的思想变得混乱不已。于是，在被弄得脑子一团混乱之后，你向我提出了这个问题。正是你制造出了这些阐释者，并且让自己变得混乱。

至于过去的那些合作者，恐怕他们和我早已分道扬镳了。有一些亲密挚友，与我一同工作、给予我帮助，但是我年轻时候的合作伙伴，正如他们自称的那样，已经属于过去了。双方必须要有真正的理解，才能建立深刻的友谊与合作。一个人认为权威是必要的，另一个人则觉得权威是有害的，那么这两个人之间如何能够存在真正的合作以及友谊的行为呢？一个人认为剥削是人性的一部分，另一个人则坚持主张它是丑陋的、罪恶的；一个人为信仰、理论、教条所束缚，另一个人则认识到了这些事物的荒谬，那么他们之间如何能够形成伙伴关系呢？一个人制造并鼓励了神智失常，另一个人则试图把心智失常的原因给摧毁掉，那么他们之间如何能够有任何工作上的共同点呢？

我没有任何私下的教义，也没有私下开设过任何课程。我在这里对公众所说的，当我同私人谈话和会面时，我也重复着同样的话。然而这些自封的合作者和阐释者们却另有企图，而你们则喜欢被利用。你们可能会发笑，但这就是正在上演的真实景象。你们听了我的演说，然后又回到你们的领袖那里，让他们来为你们解释我所说的话。你们不去思考我的谈话，不去凭借自己的力量来彻底领悟我的话。显然，凭借自身力量来思考我所说的话将会是更加直接和清楚的。然而当你们开始独立地去展开清晰、直接的思考时，必然随之会有所行动。为了避免展开极端的行为，你们便去求助自己的领袖，让他帮助你不去有所行动。因此，通过自身的渴望，通过不去展开清楚的行动，你就使得这些阐释者以及他们的地位、权威和利用的体系得以维持下去。

真正要紧的，是你把自己从信仰、教条和局限中解放出来，如此一来你便能够在不和其他个体、社会发生冲突的情形下生活了。只有在障碍、约束被彻底消除的时候，才会出现真正的关系与道德。

问：如果生命的整个过程是一种自动的能量，正如我从您先前的谈话中所理解的那样，那么这种能量，从它的创造物来判断的话，就必然是拥有超常智慧的，远远超出了人类的理解力。那么人类智力的哪一部分在生命的过程中发挥了作用呢？让这一具有创造力的能量在我们身上运作，而不要通过我们人类的智力来干扰它，换句话说，"放手任神行"，就像神父所说的那样，岂不是更好吗？

克：我担心这位提问者并没有理解我一直在说的话。我说存在着一种能量、一种力量，它对于每一个个体而言都是独一无二的。我并没有去描述这种能量，我没有说它是智慧超凡的或者神圣的。我指出，通过自身自动的发展，它制造出了自己的物质。通过自身的无知，它为自己制造出了局限和痛苦。不存在让某个智慧超凡的事物通过它自己的创造物即个体来行动的问题。存在的只有作为个体的意识，而意识是通过无知、渴望及其渴望的对象之间的矛盾产生出来的。当你对这一点展开思考的时候，会发现你自己要为你的思想行为付上全部责任，并没有某个其他事物在你身上运作。假如你将自己和他人视为被你所未知的其他能量、力量掌控的单纯的工具，那么我担心你将会成为幻象、骗术、混乱和痛苦的玩物。一种高等的力量或智慧，如何能够在一个心灵被扭曲、被局限的人身上运作呢？

你知道，认为我们已经得到了充分的发展，如此一来就不用再去深入探究自身了，这是一种最为荒谬的观念。认识自我需要展开不断的思考，付出持久的努力，然而我们很少有人会急切地想要去探明，所以我们徒劳地努力把自己变成某种超凡智慧、神的便捷工具。这种观念以各种形式存在于世界各地。如果你真正从根本上来思考一下这个问题的话，会发现，倘若这一观念是正确的，那么世界就不会处于这种充满了仇恨和苦难，失去理智的无序状况了。我们通过自身的无知，通过渴望，通过自我保护的抵制，制造出了这种混乱和痛苦，只有我们自己才能够打破这些导致痛苦、仇恨、无法去适应生命活动的局限与障碍。

由于这是我在这里的最后一场谈话，因此我希望简单概括一下我在过去几周里所说的内容。你们中那些真正感兴趣的人，可以好好思考一下我的话，对其加以检验，凭借自己的力量来证明它的正确性，如此一来你就不会去追寻任何人、任何教条、解释和理论了。这种洞悉将会带来觉知与极乐。

不同的观念、理论之间会有矛盾，领袖们不断发表的关于“何为实相”的断言会制造出混乱。有些人声称神是存在的，有些人则主张无神论；有些人坚持认为人死后灵魂依然存在，那些招魂术者声称他们凭借自己的力量已经证实了人的灵魂是不灭的，另外一些人则认为人一旦死去就是彻底的消亡；有些人相信轮回转世说，另一些人则否认该观点。无数理论、不确定性、断言相互堆积而成。所有这一切的结果便是，一个人要么彻底不确定，要么他就被某些理念、某种信仰所包围、所束缚，以至于拒绝去思考什么是真正的实相。

你要么是不确定的、困惑的，要么是对自己的信仰、对自己特定的思想方式确定不疑的。那么，对于一个真的不确定的人来说，就会有希望；而对一个深植于信仰、深植于他所谓的直觉的人来说，希望是微乎其微的，因为他关闭了那扇不确定的、怀疑的大门，然后在安全中获得休憩和慰藉。

我觉得，来这儿的大多数人都是不确定的、困惑的，所以深深渴望去理解什么是实在，什么是真理。不确定产生出了恐惧，而恐惧又导致了沮丧和焦虑，尔后，一个人有意识或无意识地会开始去逃避这些恐惧及其结果。观察你自己的思想，你会发现这一过程正在运作着。由于你想要明确生活的目的、人死后灵魂的问题、神的问题，因此你开始去察觉自己的渴望，而这种探寻会滋生出怀疑和不确定，正是这种怀疑和不确定，制造出了你自身以及周遭的恐惧、孤独和空虚。对于心灵来说，这是一个必需的存在状态，因为尔后它便愿意去面对和理解实在了。然而在这一过程中蕴含着如此巨大的痛苦，以至于心灵寻求着庇护，为自己制造出所谓的直觉、概念、信仰，并且拼命去依附于它们，希望获得确定感。这种逃避现实、逃避不确定感的过程，必然会走向混乱、反常、神经质和失衡。即使你接受了这些直觉、信仰，并且从中获得了庇护，但如果你深刻地审视一下自身，会发现还是会有恐惧，因为不确定仍在继续着。

这种至关重要的不确定状态，我们不要想着去逃避它，那么它就是对实在进行全部的真实探索的开始。你真正在寻求的事物是什么呢？存在的，只可能是一种理解的状态，对自我、对“当下实相”的直接感知，因为认知不是结束，不是某个要去得到的目标。洞悉了“我”这一实在的过程，洞悉了它的形成以及真正的消除，便是探寻的开始和结束。

要想理解“当下实相”，必须从认识自我开始。词语是一系列不确定的、变化的过程，无法被充分理解。由于每一种力量对它自己来说都是独一无二的，因此它的全部就无法被真正感知到。生命的整个过程、存在的整个过程，完全依靠于这些独特的力量，你只能够通过这一作为意识集中在个体身上的过程来理解它。你可以累积其他过程的涵义，做些表面的功夫，然而要想充分地认识生命，你就必须理解这一作为意识在你身上运作的过程。假如每个人深刻而真切地认识了这一作为意识的过程，那么他就不会为自己而奋斗、为自己而活、只关心自己了。现在，每个人都只关心自己，为自己而奋斗，行为上反社会，因为他没有充分地认识自我；只有认识了自身那独特的力量即意识的时候，才能够去理解这整个的过程。当你彻底探明了“我”这一过程时，你便不再是一个在空虚中孤独奋斗的牺牲品了。

这种力量是独一无二的，它在自身的发展中成为了意识，由此滋生出个性特征。请不要记下这个短语，而是去思考它，你会发现，这种力量对每个人来说都是独特的，它通过它那自动的发展成为了意识。这种意识是什么呢？它不能有任何定位，也不能将自己划分为高等的、低等的。意识是由诸多记忆、无知、局限、倾向、渴望的层面所组成的；它是洞悉，它拥有理解终极价值的能力；它便是我们所称的个性。不要问：“意识之外就没有其他事物存在吗？”当“我”这一过程结束的时候，这个问题便可以被探明了。重要的是去认识自我，而不是询问自我之外是什么。当你询问“这个‘我’之外是否存在其他某种事物”时，你仅仅是在寻求奖赏来犒劳你所付出的努力，寻求某种你能够在当前绝望、不确定和恐惧的状态下去依附的事物。

行动是无知、渴望以及被渴望的对象之间所存在的矛盾和紧张。这种行动是自我维系的，它使得“我”这一过程获得了一种持续性。所以无知通过它那自我维系的行动使自身作为意识、作为“我”这一过程得到了永存。这些自造的局限妨碍了与其他个体、与社会建立起真正的关系。这些局限使一个人被孤立起来，因此便会不断滋生出恐惧。这种对自我的无知一直都在制造着恐惧及其诸多的幻象，也因此导致一个人寻求着同某种更为高级的、超人的智慧或神结合为一体。这种孤立带来了对体系、行为方法和纪律规范的追逐。

当这些局限消除的时候，你便开始懂得，无知是没有开始的，它通过自身的活动自我维系着，这一过程能够借助正确的努力和认知而得以结束。你可以通过试验探明这一点，并且凭借自己的力量洞察这一没有开始的无知的过程以及它的终结。假如心灵囿于某种偏见，那么它的行动就必然会制造出更多的局限，因而也就带来更大的痛苦和混乱，于是它使自身的无知、自身的痛苦得以永久存在下去。

如果你通过试验充分认识到了这一点的话，你就会理解“我”是什么，你就会懂得，通过付出正确的努力，“我”这一过程能够被终结。这种努力是觉知，在觉知中不会有选择，不会有对立物之间的冲突——意识的一部分征服了另一部分，一种偏见战胜了另一种偏见。而这需要你展开艰辛的思考，因为思考将会让心灵摆脱恐惧和局限的束缚。只有在这时，才会出现永恒与真实。

（在加州欧加橡树林的第八场演说，1936 年 5 月 24 日）

在不接受任何影响的前提下认识自我

当今世界，有一些人坚持主张个体只是一种社会存在，他仅仅是冲突的环境的产物。另一些人则宣称人是神圣的，我们发现各个宗教都以种种形式表达和阐释着这种观点。

这种认为人是一种社会存在的观点，其涵义包含了许多层面，看上去也符合逻辑。假如你深深接受了这一看法，即认为人从本质上来说是一种社会存在，那么你将会支持在生活的各方各面对思想和表达进行管制。倘若你坚持认为人仅仅是环境的产物，那么制度自然会变得无比重要，怎样被强调都不为过，于是主张应当将人塑造成为某种模式的观念便会大行其道。因此你便有了规范、强迫、自称为政府的社会的最终权威，抑或组织的权威、理想观念的权威。于是社会道德仅仅是为了方便起见，我们在经历了短暂的存在之后，紧跟着的便将是彻底的毁灭。

我不需要去探究人仅仅是社会存在这一观念的诸多涵义，假若你感兴趣的话，可以凭借自己的力量来探明其内涵。如果你接受个体仅仅是环境的产物这一看法，那么你的道德、社会及宗教观念必将经历一番彻底的改变。

但倘若你接受了这样一种宗教观念，即认为存在着某种无形的、神圣的力量，它掌控着你的命运，所以你不得不对其服从、敬畏和崇拜，那么你同样必须要认识到该观念所蕴含的内涵。一旦深深认可了这种神圣的力量，紧随其后的必然会有一场社会和道德的彻底变革。这种认可是建立在信仰的基础之上，而信仰必然会滋生恐惧，尽管你通过宣称信仰便是热爱而将这种恐惧掩盖起来。你之所以会接受这一宗教观念，是因为它里面许诺了个体的永生不灭。其道德观巧妙地建立在自我永存、赏罚的基础之上，在这种观念中还包含有成就、以自我为中心的追求以及成功等思想。假若你接受了该思想，你就必定会去寻求指引、上师、方法、规范，并且令许多隐蔽形式的权威得以永存。

这是两种思想范畴，它们毋庸置疑会产生尖锐的冲突。我们每一个人都必须要凭借自身的力量去探明这两种看似矛盾的有关人的观念，哪一种才是正确的：个体是否仅仅是环境的影响与遗传的产物，环境的影响和遗传发展起了某些个性与特征；还是存在着某种隐藏的力量，它指引、操纵、推动着人的命运和圆满。你是同时接受这两种看似大相径庭的观念呢，还是在它们中间择其一呢？也就是说，要么选择对个体的思想和表达进行管制，要么选择宗教观念，即认为有某种无形的智慧在创造、指引和塑造着人的未来以及他的幸福——这种观念建立在信仰的基础之上，建立在渴望自我永存的基础之上，而对自我永存的渴望妨碍了真正的洞悉。假如你对该观念漠不关心，那么你的冷淡其实只是表现出你缺乏思考，因此便是一种偏见，从而阻碍了真正的认知。

选择是基于喜欢和讨厌，基于偏见和倾向，所以它是完全无效的。我认为对个体、对人的理解有别的方法，而不是说要去从属于这两派中的任何一个，或是被迫做出选择。这种方法是通过直接的洞察，通过行动的证实，同时保持头脑清楚和理智。

作为个体的你们，该如何去探明人究竟是受限中的神圣存在，还是仅仅是社会活动的玩偶呢？当你在行动中对这一问题加以检验的时候，它便失去了自身单纯的理性涵义而变得尤为重要了。那么，一个人该如何行动呢？他该怎样来生活呢？

如果你认可了你仅仅是社会存在，那么行动就会变得看似简单；于是你接受一系列的训练，方法是通过教育、通过微妙的强迫，通过不断被灌输某些理念，以便去遵循某种行为的、关系的模式。另一方面，假如你真的认可了宗教观念，认为某种无形的力量掌控着、引导着你的人生，那么你的行为与现在相比就会具有截然不同的意义。尔后你与他人、与社会的关系（即道德）便会不同，而这意味着战争、阶级差别和剥削的终止。

然而，由于世上并不存在着这种真正的关系，所以很显然你对于个体的涵义、行动的涵义完全不确定。因为，如果你真的接受了宗教观念，认为你被某种至高的存在所指引，那么或许你的道德行为和社会行为将会是稳健的，面面俱到的、理性的。然而事实上并非如此，你显然没有接受这一观念，尽管你自称认可了该思想，所以才会出现那么多的教会及其各种形式的利用。倘若你坚持主张你仅仅是一种社会存在，那么同样的，你的态度和行为必然会有一场彻底的改变。这种改变尚未发生。所有这一切都表明你处于一种了无生气的状态，仅仅只是在追逐你自己的特性。

做到完全的不确定是至关重要的，这样才能去认识到个性的过程，才能去探明什么是永恒，什么是真实。你必须要凭借自身的力量去弄清楚你是否处于这种完全不确定的状态，既不去接受个体是一种社会存在及其所有的涵义，也不去接受个体被某种至高的神圣力量所引导以及该观念中所蕴含的全部涵义。只有这样，你才能够实现真正的洞察和认知。

假若你处在这样的状态，就像大多数思考周全的人们所必然的那样，不去遵循任何教条、信仰或理念，那么你便会意识到，要想了解“当下实相”，你就必须要认识你自己。除非你认识到那个集中在作为意识的个体身上的过程，否则你将无法去理解任何其他的过程——作为社会的世界是一系列的过程，处于一种不断滋生和形成的状态。如果你能够理解意识的过程、个性的过程，那么就可以去认识世界及其各种事件和活动了。只有知道和了解了“我”这一短暂的过程，才能够去探明实相。假若我可以认识自我，认识我是什么样子的，我是如何形成的，“我”是否是一种个性，它存在的本质是什么，那么就能够去洞察实相。

我会解释一下这一“我”即个性的过程。存在着一种能量，它对每一个个体来说都是独一无二的，这种能量没有一个开始。该能量——请不要赋予它任何神性或者某种特性——在其自动的发展过程中，制造出了自身的物质或者说内容，即感觉、洞察和意识。意识是一种抽象存在，行动则属于实在的范畴。当然，并不存在这种绝对的划分。行动源于无知，哪里有偏见、倾向、欲望，哪里便会有无知，偏见、倾向、欲望必然会导致痛苦。因此存在就变成了一种冲突、一种矛盾。也就是说，意识既是洞察也是行动。通过那些由行动制造出来的欲望、偏见、倾向、局限之间不断的相互作用，滋生出了矛盾以及“我”这一过程。

如果你展开一番深入的探究，会发现个性仅仅是一系列的局限、一系列累积的行动、一系列的障碍，它们把一种被叫做“我”的个性赋予了意识。这个“我”仅仅是一系列源于渴望的记忆、倾向，而行动是渴望同被渴望的对象之间的矛盾。如果行动是某种偏见、恐惧、某种信仰的结果，该行动就会制造出进一步的局限。假如你是在某种宗教信仰的氛围下长大的，又或者假如你发展起了某种倾向，那么它必然会带来对生命活动的抗拒。这些抗拒、这些自我保护、以自我为中心的安全的高墙，滋生出了“我”这一过程，该过程通过自身的活动得以维系。

要想认识自我，你就必须意识到这一建立起“我”的过程。尔后你将会明白，该过程没有开始，但是，通过不断的觉知，通过正确的努力，这一过程能够被终止。生活的艺术，便是让这一“我”的过程结束，这种艺术需要伟大的洞察以及正确的努力。除非我们了解了个性所依赖的意识的过程，否则将无法去认识其他的过程。凭借正确的努力，我们将会探明“我”这一过程是如何形成的；凭借正确的努力，该过程将会终结。由此会产生洞悉实相后的狂喜以及永恒的生活之美。

你可以自己来证实这一点，它不需要任何信仰，也不依赖于任何思想或信仰体系，它仅仅是要求一种统一的觉知以及正确的努力。觉知和努力将消除那些自造的幻象与局限，并因此带来洞悉实相后的狂喜。

问：把幸福散播到四方，帮助把这个世界建成为一个对所有人来说都更加高尚的居住之所，这一真切的渴望指引着我的生活，规范着我的行动。这种态度让我把自己所拥有的财富和名望仅仅当做一种神圣信托来使用，赋予生命一种推动力，而不是作为一种自我满足的手段。这一态度从根本上来说错在哪里呢？我利用自己的朋友和同事是否是有罪的呢？

克：你是否利用了他们，取决于你所说的帮助和散播幸福指的是什么。你可以帮助他人，并因此奴役他；或者，你可以帮助他人去认识自我，从而获得深深的圆满。你可以通过鼓励幻象、提供表面的慰藉和安全来散播幸福——表面的慰藉和安全看似是持久的——或者你可以帮助他人来洞悉诸多将他困于其中的幻象。假如你能够做到这一点，那么你就不是在利用他人。不过，为了不去从根本上利用他人，你必须摆脱那些将你或他人围困起来的幻象和慰藉。你必须要认识到自身的局限，尔后你才能够去真正地帮助他人。世界上有许多人都热切地渴望对他人伸出援手，然而这种帮助普遍表现为让其他人去皈依他们自己的某种信仰、思想体系或宗教。这实际上仅仅只是用一座监牢替换另一座监牢而已，这种替换不会带来认知，只会制造出更大的混乱。在对自我的深刻认知中，你将会体验到那种每个人都在努力想要去获得的巨大狂喜。

问：您难道不觉得，为了学会不去利用而经历利用，为了不去有所得而去获取是必要的吗？

克：认为你必须首先要拥有，尔后才能学会不去获取，这真是一种能够给人极大慰藉的想法啊。获取是一种愉悦形式，在获取的过程期间，也就是说，在获取、累积的时候，会有痛苦，为了避免痛苦，你开始告诉自己说："我不应该去获取。"于是不要有所得变成了一种新的美德，一种新的愉悦。但如果你审视一下那推动着你不去获取的渴望，会发现它是基于一种更为深切的渴望，即渴望使自己不为痛苦所累。所以你实际上是既在获取又在不去获取中寻求着愉悦。获取和不获取从根本上来说是一样的，因为它们都来源于想要免受痛苦的渴望。发展某种特性，仅仅只是筑起一堵自我保护的高墙，从而抗拒生命的运动。在这种抗拒中，在这些自我保护的监牢的高墙之内，便会有痛苦和混乱。

我们可以用一种不同的方法来审视这一有关对立面的问题，那便是去直接地洞察，完整地认识到所有的倾向和美德都在自身内部怀有对立物，认识到发展对立物其实只是一种对现实的逃避。

主张为了热爱所以你应该去憎恨，这种观点的正确性何在呢？这种情形在现实中从未发生。你热爱，尔后，由于你的热爱中存在着占有，于是便滋生出了挫败、嫉妒和恐惧。这一过程唤醒了憎恨，尔后便开始了对立物之间的冲突。如果获取本身是丑陋的、罪恶的，那么为什么还要发展它的对立物呢？因为你没有懂得它是丑陋和邪恶的，但是你希望避免获取当中所包含的痛苦，于是你便发展起了它的对立物。所有的对立物都必然制造出冲突，因为它们从本质上来说是非理性的。一个担惊受怕的人培养起了勇敢无畏，这种培养勇敢的过程，实际上只是对恐惧的逃避。但如果他明白了恐惧的根源，那么恐惧便会自然而然地终结了。为什么他不能够实现直接的洞察呢？因为，假如有直接的感知，就必然会有行动，而为了避免展开行动，一个人就会发展出对立物，建立起一系列微妙的逃避。

问：作为社会存在，我们肩负着各种各样的责任义务——工作者、选民、行政首脑。目前，这些活动的大多数，其基础便是阶级划分，而阶级划分又滋生出了阶级意识。假如我们想要打破这些带来如此多社会混乱和经济混乱的屏障，那么我们就会立即变成反社会的。对于解决这一世界性的当代难题，您有何高见呢？

克：你真的认为破除这种剥削制度、阶级意识、竞争体系便是反社会吗？显然不是。一个人担心一旦打破了这种阶级划分和剥削制度便会制造出混乱——仿佛现在并不存在混乱似的，但如果他认识到剥削从本质上来说是错误的，那么真正的智慧就将被唤醒，而只有这种智慧才能够带来秩序以及人类的安宁。现存的体制是建立在个体的安全之上的，安全和慰藉则是被蕴含在不道德以及经济健全之中的。显然，真正反社会的是这种获取性的生存方式，而不是放弃一种本质上愚蠢和错误的观念与体制。该体制制造出了巨大的混乱、困惑，并且导致了战争。我们通过自身获取性的追逐而反社会，无论它是对神的追求还是对财富的追逐。由于我们被困在这种获取的过程中（无论它是想要获得美德还是想要获得社会上的权力），由于我们被困在了这个被我们自己制造出来的机器之中，因此我们必须要理性地打破它的束缚，从中逃离出去。这种理性的行为并不是反社会，而是一种心智健全的、平衡的行为。

问：您没有利用过民意吗？大众心理对于人类的领袖们来说难道不重要吗？

克：民意普遍被领袖的偏见所影响，允许自己被舆论左右显然不是明智之举。它并不是精神性的，假如你喜欢使用这一词语的话。以战争为例，为某个理想自愿献身是一回事，而一群人或一帮领袖应当派遣你去杀戮他人或者被他人所杀则是另外一回事。大众心理被发展起来，并且出于各种目的而被有意利用。在这里面是没有智慧可言的。

问：我从您的著述和讲话中所获得的全部信息便是要坚持袒露自我，必须要移除掉所有的情感慰藉。而这没有让我变得更加快乐，事实上，我比从前更不快乐。对我来说，您的教诲仅仅是有破无立。假如您的教诲中有建设性内容的话，那么会是什么呢？

克：你所说的建设性的帮助指的是什么呢？是被告知该做什么吗？是被提供一套体系方法吗？是有某个人来指引你吗？是被告知如何去冥想，或者应当去遵循哪种规范吗？这么做是真正的建设性呢，还是对智慧的摧毁呢？

是什么动机促使你去提出这个问题呢？假如你审视一下，会发现之所以询问这一问题是基于恐惧——恐惧没有意识到所谓的幸福、真理；恐惧以及对自身努力的不信任，对不确定感的恐惧。你所谓的积极性的教诲实际上是对智慧的彻底摧毁，会让你变得缺乏思考能力，会让你变得机械化。你希望被告知该想些什么，该如何行动。一种教诲主张，你通过自己的无知的行为——无知是缺乏对自我的认识——正在增加着局限和痛苦，并使它们永存下去；然而你却把这样的教诲称为破坏性的。如果你真正懂得了我在说些什么，你就会明白这种教诲并不是消极的。相反，你会发现它将带来巨大的自我依赖，并因此让你有力量去实现直接的感知。

问：记忆同生活有何关系？

克：记忆担负起了对生命活动的抗拒。记忆仅仅是一系列对抗生活的自我保护的反应。于是行动或者经历便制造出更多的局限和痛苦，而不是帮助自我从这些局限和痛苦中解放出来。这些记忆及其倾向、欲望形成了意识，在意识的基础之上有了个性。由此滋生出了划分、冲突和痛苦。

只有当每一个个体洞悉了那由他通过自身的行动所制造出来的无知的过程，当前的混乱、冲突与痛苦才能够被认知和解决。要想带来秩序以及人类的安宁，每一个人就必须要通过自身正确的努力来探明该过程并且将其终结。这要求心灵保持高度的警觉以及付出正确的努力，而不是去遵循某种思想体系或是心灵的规范，如此一来才能够获得那无法被描述或构想的真实。只有当痛苦的根源被消除的时候，才会有真实的极乐。

（在纽约州纽约市的第一场演说，1936 年 6 月 1 日）

个人被困在剥削和残忍的机器中

在巨大的混乱和压力之中，我们为了获得成功和安全展开了一系列的奋斗并被困于其中，因而也就丧失了对生命的深切感受，而这种真实的感受力正是实现认知的精髓所在。我们理性上承认存在着残酷的剥削，但不知为何却没有实现对这种剥削的认知，而只有认知才能够带来激烈的行动与变化。正确的、重要的行动，只能够来源于全面的、理性的生活观。

在人类的社会活动、宗教活动和创造性活动中，存在着能够想见的各种形式的剥削。我们发现这是一个人吃人的世界，一个人让其他人来为自己的利益工作，买卖都是为了自身的好处，无情地寻求和确立个人的安全。存在着阶级差别及其对抗和仇恨，存在着工作上的区分：一种工作被视为高等，另一种工作则被看做是下等；一种工作受到歧视，另一种则获得赞美。这是一种竞争的、弱肉强食的体制，无情地消灭那些或许不太狡诈、不太具有侵略性的人们，消灭那些没有得到生活太多眷顾与机会的人们。

我们怀有种族的傲慢、民族的偏见，这种傲慢与偏见常常使我们走向硝烟弥漫的战场，去感受战争的恐怖和残酷。甚至就连动物也无法逃离人类的残忍。

于是我们便为宗教所利用，这种利用也是极为冷酷的。不同的信仰之间会有竞争，各个宗教的教会、神、寺庙之间会有竞争。每一种信仰体系都坚称自己的神圣权威和确定性，坚称只有它才能把人类带往那至高之境，于是个体便失去了不受信仰、组织化的宗教教条所负累的真正的宗教体验。有打着真实的名号、体系化的迷信，向人们慢慢灌输恐惧并且使其得以维持，提出各种断言和教义，于是便出现了信仰、理想与教义的混乱。

在创造性工作的领域中，创造性的表现和生活艺术之间有一条巨大的鸿沟。在这种创造性的工作里有个人的野心、自负以及产生表面反应的竞争，我们经常把这些误认为创造性的表现和圆满。

身处于这种文化之中，无论喜欢与否，我们都受到该制度的压迫。这一制度是由我们每一个人帮助制造出来的，虽然我们活着，但却没有获得深刻的圆满，很少有人能够逃离这种制度的残酷。生活的每条道路上都布满了混乱和不幸，作为社会实体和宗教实体的每一个人，都被困在了这部剥削和残忍的机器中。有些人察觉到了这一过程及其痛苦，尽管他们意识到了它的丑陋，但却继续待在旧的思想和行为习惯中，告诉自己说必须要生活在这个世界里。其他人则根本没有意识到这种不幸的制度。

当你开始去探究各种被当做人类苦难的解决之道而被提出来的观念时，会发觉它们划分成两个派别：一个派别主张人类应该展开彻底的社会变革，如此一来剥削、获取和战争便可以终结；另一派则宣称和强调人的意志活动。

强调任何一方都是错误的。社会变革显然是必需的，但如果你以批判的眼光去审视这种主张对人类及其表现加以组织的观念时，会发现——假如它那关于能够立即获得安全和慰藉的表面保证没有误导你的话——它里面危机重重。仅仅建立一种新的体制，只会再一次变成一座将人困于其中的监牢，只不过所用的是不同的教条、理念和贪婪。

有些人坚称我们必须要先有面包，尔后其他对于人类重要的事物就会正当地紧随而来。也就是说，他们坚称必须要对环境予以控制，通过这种控制，人才能实现自身真正的圆满。只强调面包而排除其他，反而使其目的无法得以实现，因为人不能够只靠面包活着。

所以，我们该强调什么呢，是内在还是外在呢？我们应该通过控制、指导、支配从外部环境着手呢，还是应当强调人的内在过程呢？强调任何一方都会破坏它自身的目的。把人划分成外在和内在，妨碍了对人的真正认知。要理解阶级差别、战争、剥削、残酷、仇恨、获取等难题，我们就必须把人当做一个整体来看待，从这种整体观出发来思考他的活动、欲望和圆满。

把人仅仅视为环境或遗传的产物，单纯地强调面包的重要性，而把内在的过程抛置一边，或者仅仅关注一个人的内心而把外部环境搁置不管，都是大错特错的做法，这种做法必然会带来混乱和痛苦。我们必须要将人当做一个统一的整体来理解，人不是一个各功能相互分离的实体——就像把人划分为工人、公民或者精神存在——而是一种相互依赖、相互作用、完整的存在。我们必须要有洞见，能够认识到我们自身的无知是所有痛苦和冲突的先决条件。只要我们没有认识自我——隐藏的潜意识和意识——那么无论我们做了什么，无论是在哪一片活动的领域，都必然会制造出痛苦。

认识自我，也就是认识“我”的建立过程以及它的无知、倾向和欲望，必须要化为实际的行动，而不是仅仅停留在理论的层面。假如你通过检验探明和懂得了无知的过程可以被终止，那么对你来说认识自我便可以成为真切的实在。随着无知的终结——无知始终都是缺乏对自我的认知，缺乏对“我”这一过程的认知——便会有真实以及获得彻悟的巨大狂喜。

有两种体验：愿望体验和实际体验。然而要体验实在、真实，愿望体验就必须终止。愿望体验仅仅是持续那分离的自我意识，而这妨碍了对真实的认知。尽管你可能认为自己正在体验真实，但实际上你所体验的是自己的愿望，这些愿望变得如此真实、如此具体、如此明确，以至于你把它们误当做了真实。愿望体验继续制造着划分和冲突。

愿望体验的结果是什么？它们是我们通过自身的意志活动发展起来的遮掩或面具，这些遮掩、面具是基于恐惧以及对安全的寻求——今生的安全及其获取，来世的安全及其希望和渴求；观念、信仰、理想的安全。这些面具和遮掩，这些渴望的意志活动的产物，继续着那一没有开始的“我”的过程，那一被我们称为个性的意识。只要这些面具存在着，就无法实现对真实、实相的认知。

你会问：“我如何能够在不怀有任何渴求或愿望的情形下生活、存在呢？”你之所以会问这个问题，是因为对你来说这一观念仅仅是理论性的，由于你没有对其加以检验，所以你无法向自己证实它的正确性、真实性。假如你加以验证，会发现你能够在不怀有渴望的情形下生活——完整地、真实地生活——并因此去理解生活的真实、美及圆满。你是否能够在不怀有渴求、欲望的情形下去生活、工作和创造，这个问题不能够靠他人为你去探明，只有你自己才可以。

只要革新“我”的过程通过愿望体验而继续下去，就必然会有混乱、痛苦和冲突，心灵试图从这些混乱、痛苦和不幸逃离到对不朽或者对其他慰藉和安全的寻求之中，于是便产生了剥削的过程。随着维系分离个性的全部愿望体验的终止，便会出现那不可名状、无法测度的真实与极乐。要想能够体验真实，你就必须卸掉你在为获取而奋斗的过程中发展起来的全部面具，这种为获取而奋斗，其实是源于渴望。

这些面具没有遮掩住真实。我们很容易认为，通过摆脱这些遮掩便能够找到真实，或者通过揭示欲望的诸多层面，我们将能发现那隐藏的事物。因此我们假定，在这种无知背后，或者在意识的深层，或者在这种愿望、渴求的矛盾之外，存在着真实。意识到这许多的遮掩，意识到这诸多的层面，就不会掩盖住它本身的真实了。但是，当我们开始理解这些遮掩的发展过程、这些意识层面的发展过程时，当意识从它的意志的发展中解放出来时，真实便会出现。我们认为人是神圣但却有限的，认为美被丑陋遮盖，智慧被无知掩埋，至高理性隐藏在黑暗之中，其实这种观念大错特错。当探明“我”这一过程是如何通过这种没有开始的无知及其活动滋生出来的，从而令该过程得以终止，你就会有所彻悟，而这个时候你将体验到那不可度量、无法被描述的事物。

一个人该如何去洞察这种没有开始的无知以及它的意志活动呢？他该如何去让它结束呢？他怎样才能具有深刻的思考力，充分地察觉到意识的过程以及它那诸多层面的倾向、渴求、憎恨和欲望呢？某种规范或体系能够帮助他去认识和终结这种无知与痛苦的过程吗？

通过检验，你会发现，没有任何体系、指引或规范可以帮助你去洞察该过程或让无知终结。你需要怀有一颗热切的、具有适应能力的心灵，能够实现直接的感知，在这种感知中没有任何选择。然而由于你的心灵为偏见所囿，本身被划分成了不同部分，所以它无法做到真正的感知。因为你充满了偏见，所以你必须要察觉到这一事实，尔后才能开始去探明什么是真实、什么是幻象。想要有所探明，就必须要有觉知，你必须要察觉到自身思想的运作及其活动。无论你做什么，都要怀着一颗充实的心灵去做，那么你会发现，在这一觉醒的过程中，许多隐藏的、微妙的想法和欲望将会浮出水面。当心灵不再为选择所囿，你就会体验真实。因为选择是建立在愿望的基础之上的，而哪里有愿望，哪里就不可能有洞察。通过觉醒的兴趣所付出的正确努力，那没有开始的无知的过程以及它那自我维系的活动便会走向终结。正是凭借正确的努力，心灵——那从自己自造的恐惧、倾向和欲望中解脱出来的心灵，才能够去探明真实的、不可测度的事物。

问：我丧失了生活中曾经拥有过的全部热情和兴趣。我在物质上不缺什么，然而现在生活对我来说已经是漫无目的，成了一个空壳，我变成了一具痛苦的行尸走肉。您能不能提出一些谏言，从而帮助我从这个显然无望的巨大空虚中解脱出来呢？

克：当一个人没有达至圆满时，他可能会失去对生活的热情或兴趣。只要他仅仅是某种体制的奴隶，或者被训练着去适应某种社会模式，或者彻底调整自己去遵从某种既定的行为模式，那么他就无法获得圆满。单纯地去回应某种反应，并且认为这便是对一个人存在的全部表达，那么他就必然会遭遇挫败。而哪里有挫败，哪里就一定会有空虚和痛苦。

假如一个人深刻意识到了这种挫败，便会迎来希望的曙光。因为挫败制造出了如此的痛苦和不满，以至于他被迫去摆脱他通过欲望发展起来的诸多倾向，并且使自己从幻象和强加的观念中解放出来。这需要付出正确的努力，因为打破旧的、既定的思想和行为习惯是必需的。哪里有挫败，哪里就必然会有空虚和痛苦。然而只有付出巨大的艰辛才能够达至圆满——这要求你实现深刻的认知以及怀有一颗敏觉的心灵。

问：渴望获得安全难道不是一种自然本能吗，就像危险当前生出自我保护的本能一样？那么我们如何能够战胜这种渴望呢？我们又为什么应当努力去克服它呢？

克：寻求安全，意味着挫败以及饱受恐惧的折磨。智慧，与安全的观念毫无关系，它安排好了所有人的安宁，而不仅仅是个别人的安康。每个人都在单独寻求着自身的安全，于是便制造出了混乱与痛苦。每个人都只关心自己，寻求着自身个体在今生或来世的安全，因此也就一直处在与他人的冲突之中，因为另外一个人同样也在追求着自身的目的。所以便会有不断的矛盾、敌对、仇恨和斗争。智慧本身便能够仁慈地为所有人安排好生活的各种所需。

这便是实在，要想体验真实，你就必须洞悉安全的真正涵义。假如你对其展开一番深刻的思考，会发现这种寻求安全的观念并不具有任何持久的价值，无论是在今生还是在来世。这一点已经在剧变时期得到了一再地证实。不过，尽管如此，每个人依然在追逐自身的安全，因此也就继续活在永远的恐惧和混乱之中。哪里没有了对安全的寻求，哪里才能够出现真实的极乐。

问：据说榜样要比规范、训诫更好。榜样对他人来说具有示范性，榜样的价值难道不值得重视吗，就像您也是我们的榜样一样？

克：这个问题背后的动机是什么？难道不是因为提问者渴望去遵循某个榜样，以为它可以带领自己达至圆满吗？遵循他人永远不会带领你获得圆满。一朵紫罗兰永远不会变成玫瑰，但是紫罗兰本身能够成为一朵完美的花儿。由于感到不确定，因此一个人便在另一个人的局限中去寻求确定性。而这会带来恐惧，并由此滋生出一种幻觉，以为在他人身上能够得到庇护和慰藉，还会产生许多有关规范、冥想的错误观念，并且使得一个人向某种理想范式屈服。所有这一切仅仅只是表明缺乏对自我的认知，缺乏对无知的永久性的认知。这便是痛苦的根源，你没有去探明原因，反而以为能够从另一个人那里获得对自我的认知。求助于某个榜样、某种范例，只会带来幻象与痛苦。

只要你没有认识自我，你就不可能获得圆满。圆满不是一种理性化的过程，不是单纯地信息积累，也无法借由他人来获得，无论这个他人是多么的伟大。圆满，指的是实现了对自身存在和行为的深刻认知。

问：假如轮回转世从本质上来说是一种事实——此外还有认为自我会一直轮回，直到达至完美之境的观念——那么达至完美、获得真理难

道不与时间有关吗？

克：我们经常会问轮回转世是否是真实的，因为我们在当前无法找寻到充满智慧的幸福以及个体的圆满。如果我们在今生处于冲突和苦难之中，没有机会和希望，那么我们便会渴望一个来世或者摆脱了争斗与痛苦的圆满。我们喜欢把这种来世的极乐状态称为完美。

要想弄明白这个问题，我们就必须得探明什么是自我。自我本身不是某种真实的事物，好像从一片叶子爬到另一片叶子上的虫子，从一种存在徘徊到另一种存在，积累着经历，学习着智慧，直到达至最高境界——我们想象这一境界便是所谓的完美。这种观念是错误的，它仅仅是一种看法而非实在。当你察觉到“我”、自我是如何通过无知、倾向、欲望不断地形成，它的持续每时每刻都被重新确立，你才能探明“我”、自我的真正过程。欲望的意愿，通过它的意志活动使自身获得了永存。通过这种无知的行为以及它那自我维系的过程，作为意识的局限制造出了自身的进一步局限和痛苦。所有的存在都被困在这一恶性循环之中。

这种局限、矛盾，这种对生命运动的抗拒，能够变得完美吗？欲望能够变得完美吗？显然，自私无法成为更加高尚、更加纯洁的自私——它必定一直保持着原来的模样。认为自我通过时间将会变得完美起来，这种观念大错特错。时间是欲望的意志活动的产物，这些活动约束了生命的持续性，并且给予它一种意义。生命处于真实之中，它始终都处在一种正在滋生的状态；这种状态是恒动的、当下的、始终全新的，既不属于过去也不属于未来。

每个人都应当去探明“我”这一过程是否通过无知及其意志活动而使自身得以永存，这才是至关重要的一点。假若这一自我维系的过程继续着，那么就无法获得真实、实相。只有当欲望的意愿及其愿望体验终止时，真实才会出现。这一没有开始的“我”的过程及其自动的局限，无法获得证实，它必须要被探明。只有通过深刻的感知、完整的察觉、正确的努力，才能够去探明欲望是如何制造出了自身的局限，任何源于欲望的行动如何必定会进一步制造出冲突、抵制和痛苦。

问：您对于处理固恋、抑制、情结等心理问题的心理分析技巧有何看法呢？您是怎样去应对这些症状的呢？

克：他人能够把你从这些局限中解放出来吗，抑或这仅仅是一种替代的过程呢？对心理分析的追求，已经变成富人们的一种业余爱好了。（笑声）请不要笑。你或许不会去看某位心理医生，但是，当你求助于某个宗教组织、某位领袖或者某种戒律来把自己从固恋、抑制、情结等心理状态中解放出来时，你实际上是以不同的方式经历了同样的过程。这些方法可能会产生表面的疗效，然而它们必然会发展起新的对于生命活动的抗拒。没有任何人或任何技巧可以真正让一个人摆脱这些局限。要想体验这种自由，一个人就必须深刻地认识生活，凭借自己的力量去探明那制造和维系着无知及幻象的过程。这要求警觉以及敏锐的感知，而不是仅仅接受某种技巧。但是，由于一个人往往很懒惰，因此他便去依赖他人来实现认知，于是就会增加痛苦和混乱。只有认识了这种无知的过程以及它那自我维系的活动，认识了这种集中在个体身上并且只能为个体所感知到的意识，才能够给人带来深刻的、持久的福佑。

（在纽约州纽约市的第二场演说，1936年6月4日）

机械化的生活观妨碍体验真实

你们应当问问自己为什么要来参加这些集会，你们在寻觅些什么，这是十分重要的。除非你凭借自己的力量知道了上述问题的答案，否则你很容易就会因为试图去解决摆在我们所有人面前的诸多问题而陷入巨大的困惑之中。

倘若你在寻求着某种事物，那么你就必须知道自己究竟是从机械的观点来看待生活的，还是从对彼岸世界的信仰即所谓的宗教出发来看待生活的，这样你才能够去理解自己所探寻的动机和目的。大多数人都会告诉你说，他们所做的一切，是为了一个不再有剥削和压榨的世界——一个不再有种种残忍、战争以及骇人听闻的苦难的世界。尽管他们全都会认同这一终极目标，然而有些人会接受机械论，其他人则抱持对于生活的宗教观。

机械化的生活观认为，由于人仅仅是环境的产物，是只对感觉作出可感知的各种反应的产物，因此环境和反应应当受到一种被合理化的体制的控制，该体制只允许个体在其框架内运作。请理解一下这种机械化的生活观的全部涵义。这种看待生活的观念认为不存在任何至高的、先验的实体，认为没有事物具有持续性，认为死后不会有任何形式的存续状态，生命只是一段短暂的时间跨度，最终走向灰飞烟灭。由于人仅仅是环境的反应的产物，他所关心的是追求以自我为中心的安全，所以他会推波助澜地去建立起一种充满剥削、残酷和战争的体制，因此他的活动一定会被不断变化和控制中的环境所塑造与操纵。

机械化的生活观使得人无法去真正体验现实。这种体验并不是那种虚幻的、想象性的体验，当心灵摆脱了恐惧、教条、信仰的种种束缚，摆脱了那些因我们在寻求自我保护、安全和慰藉的过程中所受到的限制与局限而导致的心理疾患的羁绊时，这种体验便会出现。

还有一些人则认为，从本质上而言人是神圣的，人的命运受到某种至高智慧的控制和引导。这表明他们在寻求着神、完美、解脱、幸福，寻求着一种不再有主观冲突的存在状态。他们相信某种至高的实体，这一实体操纵着人的命运。这种看法是建立在信仰的基础之上。他们会说是这一先验的实体或者至高的智慧创造了我们这个世界，“我”、自我、个体本身是永生的，拥有一种永恒的特性。

假如你审慎地思考一下该看法，就会发现这种基于信仰之上的观念带领着人们从此岸世界逃离到一个臆想、希冀和理想化的彼岸世界，因而也就帮助着人们避开了冲突与混乱。这种基于信仰和恐惧的彼岸世界观，发展出了各种信念、教义、仪式，鼓励了一种个体安全的道德观，从而产生出一种逃避此岸世界的痛苦和冲突的体系方法；它制造出现实与理想、此生和来世、尘世同天国、内在与外在之间的划分。由该理念发展出一种道德，这种道德基于恐惧和获取，基于个体在此生和来世的安全与慰藉，基于一系列同生活完全不符的不道德的、伪善的、不健康的价值观。这种生活观以及它那以信仰为基础的种种逃避，同样使得人丧失掉了对现实生活的真正体验和感悟。

所以，无论一个人是为信念及其恐惧、组织化的信仰和教义所囿，还是拒斥信仰，他都会接受机械化的生活观及其学说，接受它那被合理化的信仰以及对某种思想和行为模式的顺从。

多数人都会从属于这两个群体中的一个，从属于这两个对立面中的一个。对立面永远都不可能是真实的，假如这二者无一是真实的，那么一个人该如何去理解生活，理解他感觉到它所具有的价值、道德以及深刻涵义呢？

有另外一种不同的看待生活的方式——不是从诸如信仰和科学、恐惧和机械化这种对立面的观点出发——不是把生活理解为对宇宙万物的简单呈现，而是将其视为一种以每个个体为中心的过程。也就是说，每一个人都必须要洞悉变成的过程，显然停止的过程，出生与死亡的过程。对个体而言，单单这一过程便可以作为意识而被完全感知到。请清楚地审视一下该观点。这一在宇宙间或者在其他个体身上运作的过程无法被探明，除非它是集中在你这一个体的身上。

倾向于接受机械化的生活观，或是拥抱信仰所给予的安全和慰藉，都不会带来对“当下实相”的真正洞悉。只有通过这一滋生出个性的作为意识的“我”的过程，方能理解实在。也就是说，一个人必须要理解自身变成的过程，这意味着要具有理性、敏锐的洞察以及不断的觉知。当你完全认识了自我时，便能够拥有正确的生活价值观，便能够同他人、同社会建立起真正的关系。

我已经提到过，隶属于这两种相互对立的派别中的任何一个，最终都只会带来更大的混乱和痛苦。所有对立面都会妨碍洞悉。要想探明“当下实相”，一个人就必须认识自我，而要想实现对自我的认知，他就得突破所有这些由机械化的生活观或信仰制造出来的障碍与局限，只有这样，才能够没有暴力、心智健全地洞悉作为意识、滋生出个性的“我”的过程。

万事万物都是通过能量的过程而形成的，这种能量对于每一个个体来说都是独一无二的。你和我均为这种能量的产物，该能量在其发展的过程中制造出了偏见、倾向和欲望，正是这些偏见、倾向和欲望使得每一个个体都是独特的、唯一的。这一过程没有开始，它在自己的运作和活动中，通过感觉、感知和洞察变成了意识。该意识被感觉感知为了个性。其行动源于无知，无知即矛盾。所以那对每一个个体而言来说都是独特的能量，并没有任何荣耀可言。

你必须察觉到这一作为意识把无知永续下去的过程，察觉到这一被感觉感知为个性的过程。如此一来，对你而言，该过程就会变为一种实在，而不再是一种理论。只有这样，价值观念才会发生根本性的变化，单单这种变化就会带来个体与其所在的环境、与社会的真正的关系。倘若你能够探明这一没有开始的无知的过程，并且认识到该过程可以通过自身意志活动的结束而被终结，那么你就会懂得你完全主宰着自己的命运，你是完全自恃的，并不依赖于环境或者信仰以寻求指引和关系。

要带来这种深刻的价值观念的改变，要建立起个体同社会的正确的关系，作为个体的你，就必须要有意识地使自己从机械化的生活观中解放出来，从这种生活观的诸多涵义、从它那表面化适应的结构中解放出来。你还得摆脱信仰及其恐惧、信念和贪婪的藩篱。

有时候你认为生活是机械化的，而当出现痛苦和混乱时，你又会回归信仰，诉诸某种至高的存在以求得指引和帮助。你在对立面之间犹豫不决，然而，只有认识到了对立面的幻觉，你才能够摆脱它们的局限与阻碍。你经常想象自己摆脱了它们的束缚，但是只有当你完全理解了这一建立起局限并将其终止的过程，你才能够从根本上获得自由。只要这一没有开始的无知的过程被永存下去，你就无法去理解真实、“当下实相”。当这一通过自身的意志活动而得以维系的过程停止时，便会出现所谓的实在、真实以及极乐。

要想理解生活，要想怀有正确的价值观，你就必须探明自己是如何被对立面团团围困住的，你得洞悉它们的深刻涵义，尔后才能够加以抵制。正是在你摆脱掉它们的过程中，你才会认识到那一没有开始的无知，无知制造出了错误的价值观，因此建立起了个体与其环境之间错误的关系，并且导致了混乱、恐惧和痛苦。

要理解混乱和痛苦，作为个体的你，必须得通过思想的力度以及完全的觉知来探明自身变成的过程。这并不表示说你得避世，相反，它意味着你要去理解世上无数错误的价值观，然后摆脱它们的束缚。是你自己制造出了这些价值观念，只有通过不断的觉知和洞察，这一无知的过程才能被终结。

问：觉知要求不断关注自己的想法与感受，这么做难道不会产生出对于他人漠不关心的态度吗？觉知会教导一个人怀有怜悯之心，即感受他人的苦难吗？

克：觉知并不是只关注于一个人自己的所思所感。这种关注是自省，是让行动客观化，是估量一种行为的结果。在这一过程中不会有怜悯，也不会有生活的完整。每个人都忙于自己的事，关注于他自己的心理需求、自己的安全，以至于无法去对他人怀有怜悯之心。

觉知并非如此。觉知，指的是认识到心灵筑起了一堵堵自我保护的高墙与限制，躲在它们后面寻求庇护和慰藉，认识到这一过程，但不做任何判断。让我们以信仰及其恐惧和希望的问题为例。信仰给予你慰藉，让你在不幸或痛苦中得到了一丝安慰。你以信仰为基础建立起一种强迫、戒律的体制，建立起一套错误的价值理念。你躲在这堵信仰的保护墙后面寻求着庇护，而这堵高墙则将爱、怜悯以及仁慈挡在了外面，因为你只关心着自己，只关心着你自己的救赎，你自己在今生和来世的幸福。

假如你开始去认识、去探明你是如何通过恐惧制造出了这一过程，如何当只要有反应的时候就会不断地在这些范式、概念以及价值观的背后寻求庇护，你就会懂得，觉知指的并不是只关心自己的所思所感，而是去深刻认识到制造这些价值观的愚蠢与荒谬，认识到心灵躲在这些价值观的背后寻求庇护。

大多数人都没有意识到我们在遵循着某种模式、范式，没有意识到这种模式、范式通过生活在引导我们。我们之所以接受和遵循某种范式，是因为以为它会帮助我们去穿越生存的混乱和困顿。我们为其所占据，而不是去理解生活本身的全部过程。所以我们没有意识到在不断地适应某种范式，从来不去质疑它为什么会存在。但倘若我们以批评的眼光去加以审视检验的话，会发现范式仅仅是逃避现实的方法而已，会明白在遵从某种范式的过程中，我们会让自己变得越来越局限和混乱，越来越为痛苦所累。只有认识了现实，认识了它的痛苦、获取、残忍，并且消除掉它们，才会出现真正的怜悯和爱。这种觉知并不是关注于一个人自己的想法和感受，而是不断地洞察真实，从选择中解放出来。所有的选择都是基于倾向、欲望以及无知，而这些妨碍了真正的洞察。假如有选择存在，就不可能实现觉知。

问：一个人能够经常通过理性地观察他人的生活，然后凭借自己的力量得出有价值的结论吗？您认为这种替代性的体验有何作用呢？

克：从根本上来说，替代性的体验不会具有完整的价值。有的只是那一使集中在每个人身上的无知永远存续下去的过程，只有通过认识该过程，一个人才能了解生活，而非通过体验他人这种途径。遵循他人或者接受他人的智慧，无法达至圆满。

问：假设我们的行动通常是基于对某种心理偏见或情绪上的压力所做出的回应，那么是否存在着某种我们可以去凭借的技巧，以便在行动的那一刻能够意识到这种偏见或压力，尔后再去真正执行该行动呢？

克：换句话说，你是在寻求一种能够让你在行动的那一刻保持清醒的方法。方法和行动无法共存，它们扼杀彼此。你向我询问说：“在行动的那一刻，我能否服用镇静剂但同时又保持清醒呢？”某种方法，或者除了你自己的强烈兴趣以及保持清醒的必要性之外，任何其他事物如何可以让你保持清醒呢？请认真思考一下该问题的涵义。如果你意识到你的心灵为偏见所囿，那么你就不会想要任何规范、体系或是行为模式。当你洞悉了某种偏见，你的这一洞悉本身便会驱散该偏见，于是你也就能够展开心智健全、清楚的行动了。然而，由于你没有认识某种导致痛苦的偏见，于是你希望通过遵循某种方法而让自己摆脱痛苦，其实这种方法仅仅只是发展出了另外的偏见，而你却将这种新的偏见称作保持清醒和觉察的过程。寻求某种方法只是意味着心灵的迟缓，遵循某种方法只会让你展开机械化的行动，从而摧毁智慧。那些所谓的宗教导师们提供给你种种体系方法，你以为通过遵循某种新的方法便会培养心灵去探明，去接受新的价值理念。当你成功地这么做的时候，你其实真正所做的是在让心灵丧失活力，是让心灵沉沉睡去，而你还误以为这便是幸福和安宁。

一个人听了所有这些教诲，但是每日的生活与对真实的追寻之间依然存在着裂缝。这种裂缝之所以存在，是因为改变不单单意味着生理上的不适，而且还包含心理上的不确定，而我们厌恶不确定。由于这种不确定产生了混乱不安，于是我们便把改变往后推迟，因此也就使得裂口进一步地扩大。所以我们继续制造着冲突和苦难，而我们又渴望从中逃离。尔后我们要么认可了机械化的生活观，要么接受了信仰，因此也就逃避了现实。只有当我们明白必须要停止所有的逃避，必须要展开完整的行动时，才能够在我们自己与真实之间架起桥梁，由此才会产生与个体、与社会之间富有人性的关系。

（在宾夕法尼亚州埃丁顿的第一场演说，1936 年 6 月 12 日）

日常生活的道德实际上是不道德的

问：在某人看来是自由的生活，而在另一个人眼里却是错误的生活，并且给他人带来了深深的痛苦，然而这个人自己却很安详平静，这个时候，此人同他人的关系出了什么问题呢？这是否表明他缺乏对自我的正确认识，因此也就是缺乏怜悯之心呢？

克：这完全取决于你所说的自由生活指的是什么。假如你囿于某种范式，冷酷地对其加以遵循而没有深切思考其全部涵义，那么你就没有达至圆满，因此也就给他人以及你自己带来了痛苦。由于你自己是失衡的，所以你制造出了不和谐。但如果你实现了真正的圆满，也就是说，你怀抱正确的价值观来生活，那么尽管这种圆满可能会带来敌对和冲突，但你却对世界起到了真正的帮助。然而，一个人必须要认识到，必须要敏锐地洞察到，无论他是仅仅按照某种范式、原则来生活，还是根据某个标准来生活，都代表他缺乏对现状的真正认知，意味着他在逃避现实。这种逃避、这种局限会带来挫败，是冲突与痛苦的真正原因。

问：我怎样才能够做到不去干涉我所认为的正确行动，而同时又不会给他人造成不幸呢？

克：假若你仅仅只是想着不去给他人带来不幸，试图根据那一范式来塑造你的生活，你就无法展开正确的行动。但倘若你摆脱掉了自我中心的诸多微妙层面，那么尽管你的行为可能会给他人带来不幸，但却是圆满的。

问：虽然存在着各种变因，然而纵观各个时代，道德和伦理都提供了行为的动机，例如基督教的博爱理念抑或印度教主张的摒弃世俗享乐的理念。没有这一基础的话，我们如何能够过有益和幸福的生活呢？

克：有理想的道德，有现实的道德。理想是彼此相爱，不去杀戮，不去剥削，诸如此类。然而在现实生活中，我们的行为却是以一种不同的理念为基础的。我们日常生活的伦理规范，我们社会联系的道德，从根本上来说是建立在自我中心、获取、恐惧以及自我保护之上的。

只要有这些存在，那怎么可能会有真正的道德，怎么会有个体与其所处环境、与社会之间的正确关系呢？只要每个人都因为恐惧、获取、以自我为中心的欲望、信仰和理念而使自己孤立的话，怎么可能会同他人建立起正确的关系呢？

日常生活的道德实际上是不道德的，世界被困在这种不道德之中。各种形式的获取、剥削和杀戮为政府及宗教组织所推崇，被披上了荣耀的外衣，成为人们所认可的道德的基石。在所有这一切里面，没有爱，有的只是恐惧，我们不断重复着那些理想主义的字眼，从而将这一点掩盖住，也把洞见阻挡在外。要想做到真正的道德，也就是说，要想与他人、与社会建立起正确的关系，世上的不道德就必须终止。这种不道德是通过每个人自我保护的欲望以及所做的努力而被制造出来的。

那么，你会问一个人怎样才能够没有欲望、没有获取地生活。假如你深刻思考一下从获取中解放出来的意义，假如你对其加以检验，就会凭借自己的力量懂得，其实你可以生活在这个世界上但同时又不隶属于它。

问：一本名为《黑暗循环的入门者》的书中讲到，您的教诲是一种不二论，是一种只针对瑜伽修行者和信徒们的哲学思想，对普通人而言则是有害的。您对此有何看法呢？

克：显然，假如我认为我所说的对普通人有害的话，我就不会开口了。所以，觉得我所说的话有害的人是你才对。撰写这种书籍的人有意或无意地在利用他人，他们是别有用心的，他们遵从于某种体系，他们制造出上师、传统、迷信、教会的权威，这些权威基本上控制了一个人的活动。

我所说的话里面有哪些内容会对普通人如此困难或者有害呢？我说若想认识爱、仁慈、体贴，就不能够以自我为中心。不应该通过理想主义而微妙地逃避现实。我说权威是有害的，不单单是被他人所施加的权威，而且还包括通过积累自我保护的记忆而无意识发展起来的权威，即自我的权威。我说你们无法通过追随他人来认识真实。显然，所有这些对个体都不是有害的，而是只对那些屈从某个组织、渴望维系该组织的人才存在威胁，只对那些想要谄媚、想要受人欢迎、想要拥有权势的人才有威胁。我关于民族主义、阶级差别所发表的言论，只对那些从自己的残忍和堕落中受益的人构成威胁。理解、觉悟，对那些或隐蔽或公然地从剥削、权威和恐惧中受益的人来说才是一种威胁。

问：您是否抛开了所有的哲学体系，甚至包括倡导舍弃的吠檀多呢？

克：你应该问问自己为什么需要某种思想体系，而不是问我为何不要。你认为思想体系有助于个体实现阐明、圆满和理解。一种思想体系或者技巧如何能够让你觉悟呢？觉悟来自于一个人自身的正确努力，来自于一个人自己对无知这一过程的洞悉。要想有所洞见，心灵就必须不怀有任何的偏见。但是现在由于心灵为偏见所囿，因此无法去洞悉。显然，没有任何一种思想体系可以将心灵从偏见中解放出来。一种思想体系能够告诉你的全部，便是不怀有偏见，抑或它可以指明各种偏见，然而那个努力冲出偏见之藩篱的人则是你自己。

不存在像舍弃这样的东西。当你理解了生活的正确价值时，舍弃的理念便没有任何意义了。

在你没有认识正确的价值时，你会心生恐惧，尔后会希望通过舍弃来使自己摆脱恐惧的束缚。觉悟并非来自于舍弃。

你以为通过远离现实、远离日常生活便可以发现真理。恰恰相反，你只有通过日常生活，通过接触他人，通过社会关系，通过关怀与爱的途径，方能探明实在。

问：您对冥想有何看法？

克：所谓的冥想，即大多数人实践的冥想，是指专注于某个理念以及自我控制。这种专注有助于去牢牢记住某个指导和控制日常思想与行为的原则。遵从某个原则、某个范式，仅仅是对现实的逃避，是没有洞悉痛苦的全部根源。一个通过舍弃、冥想、通过任何思想体系来寻求真实的人，其实是被困在了想要有所得的过程中，而能够被获得的事物并不是真实的。

冥想不是逃避生活，不是专注。冥想是不断去洞悉行动中什么是真实的，去洞悉生活的反应和刺激。真正的冥想，是去探明争斗、残忍以及痛苦的真实原因。这需要深刻的觉知。在这种觉知中，在深刻洞悉正确价值的过程中，你就会认识实在、认识极乐。

（在宾夕法尼亚州埃丁顿的第二场演说，1936 年 6 月 14 日）

真实便是一个人去体验自我

我打算总结一下在我们这几次谈话和讨论中所讲演的内容。我不需要逐一细说，或是指出其中的诸多涵义，不过当你们深刻思考这些理念的时候，便会懂得其具体涵义了。

我们都努力想要没有混乱、没有痛苦地生活，都渴望将自己从争斗中解放出来，不仅是同邻里、家人、朋友尤其是和我们自己的争斗，还包括与对错、虚实、善恶等概念的冲突。我们与环境之间的关系存在着冲突，我们的内心也满是冲突，这种冲突必然会在社会道德中表现出来。

当然有些残忍、愚蠢的人则是例外，他们生活得悠闲自在，抑或只是担心自己的个人安危而不去体贴关怀他人。他们的心灵如此坚不可摧，以至于拒绝为怀疑或探询所动摇。他们不允许自己去思考；抑或假如他们思考的话，其思想也会遵循传统的轨迹，因为这么做能够尝到甜头。

然而我们所关注的是这样一些人，他们认真而诚恳地试图去理解生活及其痛苦和永无休止的冲突，他们深刻意识到了所处的环境，努力去探寻其真正的涵义，探明自身的痛苦和短暂欢愉的根源。在探寻的过程中，他们要么会接受对于生活的机械化的解释，要么会认可对信仰、信念的解释。于是心灵也就被束缚在这两种对立的解释里面。

机械化的生活观排拒一切不被感官所感知的事物，这种观念坚持认为人仅仅是反应的产物；认为维系自身构造的是一系列反应，而不是本身能够产生行动的力量或能量；认为一个人的发展、他的想法、理念、情绪都仅仅是外在影响的结果；认为每个事件的全部原因仅仅是一系列先前的事件。由此主张，一个人通过对自身思想和行为的管辖，通过宣传来控制这些事件以及自己对它们的反应，便能够建立起与环境的正确关系。也就是说，一个人管理和控制了自己的各种反应，便可以产生出给予他幸福的事件。

与这种看法相对的则是信仰。该观点主张，人的存在的全部原因，在于一种宇宙的力量，这种力量本身是神圣的，无法为感官感知。这一超验的力量，这一至高的智慧，始终在指引着、察看着，它宣称，没有它对事件的认知，任何事情都不会发生。由此自然滋生出了宿命论。假如有一种至高智慧在注视着你，指引着你的行动，那么，作为个体的你在生活中就不担负任何重大的责任了。你的命运已经被预定，所以也就不存在任何自由意志。倘若没有自由意志，灵魂的观念及其不朽便没有任何意义。果真如此的话，也就不存在实在、神或者宇宙力量了。所以说信仰将它自己的目的摧毁掉了。

一个人根据自己即刻的倾向而在这两种对立面之间，在机械化的生活观与信仰之间摇摆不定。这一刻依赖信仰，下一刻又去依赖其对立面，这无疑增加了我们的混乱与痛苦。

我指出有另外一种方式来看待我们的存在，来真正理解我们的存在。所谓真实，便是一个人去体验自我。这种体验不存在对立面，不是去信仰抑或去排斥那些无法被感觉所感知的事物。一切存在都是一种能量的过程，这种能量既是被限定的，又是限定性的。这种能量，在其自我运作、自我维系的发展中，创造出了它自己的物质、感觉、感知、选择以及意识，由此滋生出了个性特征。该能量对于每个人、对于每个没有源起的过程来说都是独特的、唯一的。

个性或意识是这种独特能量的结果。意识同无知和欲望结合在一起。这种意识通过它那源于无知、倾向及欲望的意志活动而维系着自身。这一自我维系的个性的过程，这一独特的、没有源起的过程，并没有受到另外的力量或能量的推动。它是一种始终在通过自身的意志需求、渴望和活动而自我运作的过程。

假如你极为审慎和深入地思考一下该问题，会发现其涵义同机械化的生活观或者信仰截然不同。后两者是基于对立面之上的理论，然而我所解释的并不属于这些对立面。你，作为一个个体，必须要凭借自己的力量去探明存在的真正原因是什么，痛苦以及它明显持续的真正根源是什么。正如我所说的那样，实在便是一个人去体验自我，他无法去体验某种理论，某个解释。通过让心灵去接受某个理论，去依照那一概念来被训练，一个人可以拥有一系列的体验，然而这些并非是在体验真实。信念或信仰给了心灵某种训练，基于这种训练之上的体验并不是真实的，而只是假想与深信的产物。这样的体验仅仅是愿望满足的结果。

要想认识实在，或者体验真实，就必须得做到洞察。洞察是一种思想与情感相统一的状态，在这种状态里，一切欲望和选择都停止了。这种状态不是通过单纯的否定和压制而产生出来的。一切渴望、欲念都会妨碍洞察，即使是对实在的渴望。欲望限定了思想和情感，因此也就使其无法做到直接的洞察。所以，如果心灵为任何理论或解释所囿，或者如果它被困在任何信仰比如某种宗教或哲学之中，那么它就绝对不可能有所洞见。

因此，一个人应该首先思考一下那些持续存在、使得“我”这一过程永续下去的倾向和欲望究竟是什么。深刻思考欲望的过程及其结果，在行动中不断觉知，方能将心灵从欲望、从那些自我保护的抵制中解放出来。心灵为自己制造出了欲望和自我保护的抵制，以作为安全与慰藉。因为一切渴望都会阻碍洞察，一切欲念都会歪曲认知。

所有欲望以及任何由它而来的体验，构成了这一自我维系的“我”的过程。这一“我”的过程，以及它的欲望和倾向，制造出了恐惧，并由此使得一个人去接受由权威所提供的慰藉与安全。有各种各样的权威：外在的权威，某种理想范式的权威，经验或记忆的权威。

外在的权威源于恐惧。恐惧使得心灵去接受他人意见的逼迫——无论是邻居的看法还是领袖的观点——以及组织化的信仰即所谓的宗教的断言及其思想体系和教义。这些断言与信仰成为了一个人存在的一部分，于是他的思想与行为有意识或是无意识地会去适应那由权威建立起来的模式。

尔后便出现了一种理想范式的权威，它妨碍了真正的自我依靠。这种自我依靠来源于对现实的认知。由于你无法理解这种争斗和痛苦，于是你便去求助于某个理想范式、某个概念来指引你渡过这片混乱和痛苦之海。倘若你仔细审视和检验一下这种欲望，就会发现它仅仅是对现实的逃避，对当下冲突的逃避。你用一种理想范式的权威来逃避现实、逃避当下，这种权威经由时间与传统而变得神圣化了。理想范式的权威妨碍了对于现实的认知。

此外还有经验和记忆的权威。我们只是时间的过程的产物。每个人都从过去获得了启发、引导和认知；过去发挥了背景的作用，过去是经验的储藏库，心灵仅仅是对各种经验教训的记录。这些经验及其教训，变成了记忆，而这些记忆又成为了自我保护的警示。假若你深刻审视一下这些由经验而获得的所谓教训，会明白它们仅仅只是很狡猾地在渴望自我保护，从而指引你当下的生活。这种狡猾的自我保护的指引，阻碍了你去理解当下的生活。于是，经验给储藏库添加了更多的教训、更多的记忆——各种能够在你遭遇磨难之时给予你指引的诡计和诈术。但倘若你审视一下这种所谓的知识，会发现它仅仅只是储藏起来以备未来使用的自我保护的记忆，并且变成了指引行动的权威。

所以，欲念、渴望制造出了恐惧，并由此导致一个人去寻求在外在权威、理想范式的权威以及经验的权威中发现的慰藉和安全。这种权威以各种形式维系着以恐惧为基础的“我”的过程。想想你的思想、行为以及道德的方式，你就会发现它们都是基于自我保护的恐惧以及它那微妙的、给人以慰藉的权威。于是，源于恐惧的行动便会始终限制住它自己，因此“我”的过程便通过自身的意志活动而自我维系着。

换种方式来表述。存在着欲望的意愿即努力和认知的意愿，也就是洞察。欲望的意愿始终都在寻求奖赏、获取，因此它便制造出了自身的恐惧。社会道德就是以此为基础建立起来的，所谓精神上的渴望，不过是试图同至高的智慧建立起保护性的关系。个体是欲望意愿的表达，在其活动的过程中，欲望制造出了自身的冲突与痛苦。个体由此试图逃避到理想主义之中，逃避到幻觉、解释之中，因此也就依然维系着“我”的过程。当欲望以及它那一直在重现的体验停止的时候，就会形成认知的意愿。

假如正确认识到了以下的事实，即只要欲望的意愿继续存在，就不会实现真正的洞察，那么这一认识便会令“我”的过程终结。并没有另外一个“我”或者某个更高的“我”让“我”的过程结束；任何环境、任何神力都无法使得“我”这一过程终结。然而，只有领悟了“我”这一过程本身，只有深刻洞察了该过程的荒谬以及它那短暂的本质，方能将其终结。

“我”这一过程，通过自身的无知、倾向和欲望而自我维系、自我运作着。它必须要通过停止其意志的欲望才能使自身终结。如果你深刻理解了“我”这一概念的全部涵义，就会发现你并不单单是环境、观念或选择，而是行动的创造者、发明者。是你给自己建造了一座痛苦和冲突的监牢。只有停止你自己的意志活动，才会有实在和极乐。

问：您曾说，要想认识"我"这一过程，需要付出艰辛的努力。然而您又多次指出努力有碍觉知，那么我们该如何去理解您的这一观点呢？

克：哪里有欲望的努力，哪里便会有选择，而选择必定是建立在偏见的基础之上。觉知并非来自于选择，当你认识到选择意愿或欲望意愿的短暂时，便会实现觉知了。

通过展开不断的思考以及怀抱热切的兴趣，你便能够去理解欲望意愿，由此也就产生出了认知的意愿。哪里有欲望的意愿，哪里就一定会有错误的努力，这种努力必然始终在制造着混乱与局限，并且增添着痛苦。觉知便是去不断洞察真实。痛苦，以及去探寻痛苦的真正根源——不是理论上的探寻，而是通过实验和行动展开真正的探寻——将会把心灵的柔韧唤醒。

没有人不遭受痛苦。一个遭受痛苦的人会努力逃避现实，而这种逃避只会平添更多的痛苦。但如果他去展开静静的观察，怀抱耐心，就可以洞察到痛苦的真正原因，而这种洞察本身便能将痛苦的根源消解掉。

问：在对于仪式和通神学会的态度上，您还是跟以前一样坚决不妥协吗？

克：一旦你发现某种行为是大错特错的话，你便不会去重蹈覆辙了。假如你像我一样深刻认识到这一点，就不会再有所动摇。任何观念，哪怕是大众的意见，任何权威，哪怕是传统或环境的权威，都无法说服一个已经认识到其无用之处的人。但是只要一个人并没有彻底明白其涵义，那么他就会走回头路。关于通神学会也是如此。组织化的信仰的观念，以及它的权威、转化和解释，在我看来，从根本上来说都是有害的。

我怎么看通神学会并不重要。重要的，是你得凭借自己的力量去探明什么是真实，什么是实在，而非你希望真实该是什么样子的。要想没有一丝怀疑地认识实在、认识真实，你就得完完全全地走向实在，抛开所有的欲念，抛开所有对于安全或慰藉的渴望，只有这样才能够去探明实在。然而，由于大多数人都因为欲念，因为渴望今生和来世的安全与慰藉而被局限住了，所以他们根本不可能做到真正的认知。

无论你是身处通神学会还是任何其他的组织，你都必须首先思考一下自己是否摆脱了欲望的束缚，尔后才能够理解何为真实。假如你没有从欲望之网中挣脱出来，那么这些组织及其信仰，就会变成利用你的手段。倘若你只是思考它们的教义，你便会迷失在观念和阐释里。所以首先要开始去做的，是凭借自己的力量探明欲望的过程。正是欲望歪曲了认知，维系着“我”的过程，并且滋生出了恐惧。尔后，这些思想体系、这些组织以及它们的信仰、威胁和仪式，就都会毫无意义了。

不幸的是，我们根本就没有开始。我们以为思想体系和组织将会帮助我们去摆脱自身的偏见、痛苦和冲突，将会把我们从自身的局限中解放出来，于是便希望借由它们来认识实在。可惜这番美好的图景从来没有发生过，以后也不会出现。任何信仰或组织，都无法将人从欲望及其恐惧和痛苦中解救出来。

问：您认为在肉体死亡之后您的灵魂会如何呢？

克：如果这位提问者审视一下促使他提出这一问题的动机，他就会发现那便是恐惧。此刻他没有达至圆满，没有获得幸福，所以便需要一个幸福的、充满机会的来生。换句话说，“我”在询问自己它是否会继续存续下去。要想理解“我”渴望存续的涵义，你就必须得认识什么是“我”。

正如我曾经试图去解释的那样，信仰摧毁了它自己关于灵魂的理念。信仰主张，在人以外存在着一种宇宙力量、一种至高的实体，指引着人的存在，决定着他的命运。如果你彻底思考一下这种看法，就会发现它实际上否定了灵魂的观念。倘若没有灵魂存在，那么你就会转而诉诸机械化的生活观，于是你也就被困在了对立面中。对立面中是没有真理存在的。如果你完全理解了对立面的重要性及其涵义，你就会探明真正的“我”。尔后你将会懂得，这一“我”的过程，实际上是一种欲望的过程，它在恐惧中构想出了它自己，因此也就通过自身得以维系。这种恐惧促使“我”去询问自己它是否拥有一种持续性，是否在肉体死亡之后还将存续下去。尔后真正的问题便出现了，即是否这种局限、“我”、自我，经过了诸多经验，积累了相关教训，最后变得完美了呢？自私能够通过时间、通过经验而变得完美吗？“我”在自私和局限里变得更加庞大、更加强烈，并把其他局限和自私的因素带给了自己。但是很显然，这一过程纵然得到了扩大和美化，但却必定一直保持着“我”的活动。

该过程究竟是继续存在下去，还是会走向终结，取决于每个人的认知。当你深刻认识到“我”这一过程通过自身的局限、自身欲望的意志活动而得以维系时，你的行为、你的道德、你对于生活的整个态度便会经历一番根本性的转变。而在这种变化中，会有实在与极乐。

对于存在及痛苦的原因，我能够给出诸多的解释。然而一个寻求解释的人是无法探明真实的。定义和解释，犹如一朵遮盖认知的乌云。我曾经指出，“我”这一过程，对你们来说可能只是一种理论。要想探明它的真实情形，你就必须以批评的眼光对其予以思考，对其展开分析和检验。一旦实现对该过程的理性认知，你就能够展开正确的行动了。

（在宾夕法尼亚州埃丁顿的第三场演说，1936 年 6 月 16 日）

PART 02

荷兰 1936 年

认识个体意识的过程

朋友们：

我很高兴多年后能够与大家重聚于此，我希望此次夏令营可以对你们每个人都有所裨益。我还希望你们能够尽一切可能理解我将要试图阐释的内容，并且把这种理解付诸行动。我想要你们认真思考我所说的话，不带任何偏见，不带任何本能的反应，因为它们会妨碍清楚的、正确的思考。

我们并不是一群精挑细选出来的人，置身于这个满是冲突的世界之外。我们是这个世界的一部分，它的混乱、苦难和不确定，它那对立的政治团体，它的种族的、民族的仇恨，它的战争和残酷，我们全都有份。我们并不是一个孤立的群体，也不是格外活跃的一群人，并没有怀着深刻的认知来反对当前的文明。我们相聚于此，目的是要凭借自己的力量去理解那集中在每个人身上的意识的过程。在理解的过程中，我们必然会抛开那些已成为全世界指导性原则的错误的价值理念。

虽然属于某个阶级或民族，怀抱着某些信仰的你们，作为个体，或许并没有牵涉进这些仇恨和冲突中——你可能出于某种不幸而以不同形式的安全保护着自己——但是你对于这一文明及其政治、社会、审美和宗教活动一定会有明确的态度。这种态度若想带来行动，必须要认识个体意识的过程。

不要把强调对个体意识的认知，看做是进一步鼓励自我中心主义，减少广泛的行动。只有认识了个体意识的过程，才能有自发的、正确的行动，而不会制造或者进一步增加痛苦与冲突。请努力去充分理解这一点。当我谈论个体意识的时候，我所指的并不是逐渐局限了所有活动的反省及自我分析的过程。想要展开充分的行动，就必须了解个性的过程。我所指的并不是个体或集体的进步抑或集体活动，而仅仅是指正确的认知，这种认识能够带来对工作、对邻里、对整个社会的正确态度及行为。

所以我们必须要深刻理解个性的过程及其意识。通过我们有意或无意屈从的传统、种族偏见、理念和信仰，我们一定能够在自己身上充分认识到大众的影响。只要这些事物支配着我们，那么作为个体的我们就无法去展开清楚、直接和充分的行动。

因此不要把我对个体的强调，误认为是在鼓励自私的自我表现，也不要理解为是对某个理念或原则的集体默许。强调个体，不应作为一个人屈从一群人或者某些领袖的借口，而是要带来对个体意识的正确认知，这种认知本身便能够产生出自发和正确的行动。

要想理解个性的过程，就必须有认知的强烈欲望，而不是去推测，不是去梦想。认识个性的过程，不应混淆为去接受信念或信仰，或是服从于逻辑结论和释义。想要实现真正的认知，就得做到不去满足于对问题直接的、表面化的解决。许多人都以为，只要通过经济的重新布局，大部分的人类难题便能够迎刃而解。抑或，许多人很容易就会满足于有关来世的解释，或者满足于相信轮回转世的理论，诸如此类。然而这并不是认知，并不是理解，这仅仅是麻醉剂，以便让心灵的痛苦变得迟钝和麻木一些。为了实现认知、做到理解，就必须有意愿，必须坚持不懈，必须保持基本的求知欲。

那么，什么是个性呢？请理解我并不是在强调自我中心或者说你应当摆脱掉它。然而，当你凭借自己的力量认识了“我”的过程，你就能够将其终结了。要认识该过程，你得从根本上着手。所谓的灵魂是真实存在的呢，还是幻觉呢？它是独特的吗？它是单独存在的吗？它将自己的影响施加给了生理或心理存在吗？通过研究组织和体液，我们能够知道思想是什么、心智是什么、隐藏在生活物质中的意识是什么吗？通过研究一个人的社会行为，我们可以知道他是什么样子的吗？经济学家和物理学家们将这一切抛置一边，作为个体的我们，正在遭受痛苦的我们，则必须要对这个问题展开深刻、认真的探究。当我们在应对自身问题的时候，需要有不懈的坚持，需要付出正确的努力，需要有认识自我的巨大耐心。物理学家、经济学家、社会学家们可以给我们提供诸多的理论、思想体系和技巧，但是我们自己必须要展开正确的努力去认识自身意识的过程，去穿越诸多幻觉以洞察真实。

哲学家们已经提出了一些关于意识和个性的理论与概念。在有关实在的问题上，存在着许多相互冲突的看法、信念和断言。我们每个人，通过自省和观察，认识到在事物里存在着一种活生生的真实，然而它在我们的日常生活中所扮演的角色则是微不足道的。它在我们的活动里，在我们的日常行为里被否认。因为我们筑起了一堵堵自我保护的记忆的高墙，所以几乎无法去认知何为真实。正如我所说的那样，在有关个性的问题上——比如它的过程、它的意识、它的存续等问题上，存在着许多的信仰、理论和主张——于是你得在这些不同的观点和信念中选择哪一个是正确的。那些没有完全屈从于传统、信仰或理念之权威的人，那些在理性和情感上并未屈从于信仰的人，才能做出正确的选择。

你如何能够在这些相互矛盾的观念中选择出正确的那一个呢？对真理的认知是一种选择的问题吗，即只需要付出智力上的努力去研究各种理论、争论及逻辑结论就可以了吗？这种方法会把我们带往何方呢？或许会带往一场智识上的争论，但是一个正在遭受痛苦的人想要的是认知，对他来说，概念和理论是毫无用处的。又或者是否还有另外一条道路呢，即不做任何选择的领悟呢？理解何为个性，对于我们的幸福、我们的行动和圆满来说是至关重要的。你去求助宗教领袖、心理学家，或许是去求助科学家，然后对他们的理论和结论展开研究与检验。你可以根据自己的喜好从一位专家转向另外一位专家，尝试他们的方法，然而痛苦却依然继续着。那么一个人该怎么办才好呢？

行动才是至关重要的，而非观点和逻辑结论。作为个体的你必须要通过直接的、不做选择的洞察来认识意识的过程。理念或渴望的权威，妨碍和阻止了正确的认知。只要有欲望存在，只要心灵被困在对立面之中，就无法有所洞见。心理反应妨碍了真正的洞察。假如我们去依靠选择、依靠对立面的冲突，就会一直在行动里制造二元性，因而也就滋生了痛苦。

所以我们必须要凭借自己的力量，通过不做选择地生活或者行动来探明真理。洞悉本身便能够终结这种由局限的行动而出现的自我囚禁的痛苦过程。

要想洞察真理，思想就必须不为任何偏见所囿，心灵就必须没有欲望，不做任何选择。如果你在行动中观察一下自己的话，会发现你的欲望，通过传统、错误的价值理念以及自我保护的记忆这一背景，每时每刻都在更新着“我”的过程，正是这一过程妨碍了真实的洞察。

所以，要想了解意识的过程，就必须做到深刻的认知，不做任何选择。只有当痛苦存在时，才会有这么做的必要性。想要探明痛苦的根源，心灵就得是敏锐的、柔韧的，不做任何选择，不因欲望而变得迟钝，同时也不去屈从于任何理论。倘若没有洞察个体意识的过程，那么行动就会始终制造出混乱与局限，因而也就导致痛苦和冲突。只要我们处于这种过程之中，我们的探寻就会与原因有关。然而不幸的是，我们多数人都在寻求着所谓的灵丹妙药。一旦认识到痛苦的原因，那么在我们完整的存在中就会出现一种不做任何选择的意愿的变化。尔后，经验便具有了深刻涵义，它不再带着它那累积的记忆，因为正是这些记忆妨碍了认知与行动。

所以，真实的体验会让你洞察意识即个性的过程，但同时又不会增强个体的意识。要想深刻探明痛苦的根源，你就不能够把自己同世界、同生活隔离开来，不能够把意识分隔开来进行思考，因为只有在这种生活的过程中，你才可以去认识意识。

深刻认识到不做选择地生活，意味着需要怀有高度的敏觉以及展开正确的努力。我将要解释一下，在我看来，将个性产生的意识是什么。不过请牢牢记住这一点——即它对你来说并不是一种现实存在，只能够是一种理论。要想认识它的真实情形，你的心灵就必须能够做到有所洞察，能够做到不做选择地感知，能够从对于慰藉和安全的渴望中解放出来。仅仅有逻辑还是不够的。只有通过自身的体验，你才可以知道我所说的是否正确。心灵只有摆脱了自己建造起来的藩篱，方能去体验。最为困难的是做到敏感，如此一来，一个感性的心灵便能够去认识生命的活动，能够去探明那持续着的真实的事物了。要想理解个性的过程，你需要拥有巨大的智慧，同时又不去干预这智慧。必须是急切地想要去认知，而不是去推测，方能唤醒这智慧。在我看来是一种确定性、是一种事实的事物，对你而言必然是一种理论。单纯地去重复我的话，无法构成你的知识和实在，它仅仅是一种假设，再无其他。请将这一点牢记于心。只有通过实验和行动，你才能够凭借自己的力量去探明它的真实情形。尔后，它便不属于任何人所有，既不属于你，也不属于我。

一切生命皆能量；它是限定性的，同时又是被限定的。这种能量在其自我运作的发展中制造出了它自己的物质——肉体及其细胞、感官、理解力、辨识力和意识。能量与能量的形式，这二者始终混合在一起，而这使得意识看起来既是概念化的，又是实际存在的。个体的意识是无知、倾向、渴望和欲念的产物。这种无知没有一个开始，它与能量混合在一起。能量在它那自我运作的发展中是独特的、唯一的，而这赋予了个性以独特性。

虽然无知没有一个开始，但是它能够被终结。一旦认识到无知是自我维系的，那么这一认识本身便可以让无知的过程结束。也就是说，你要去观察你是如何通过自身的活动而维系着无知的，去观察无知是如何通过那滋生出恐惧的欲望而得以维系的，而这又是怎样让“我”的过程即意识拥有了持续性。这种无知，这一“我”的过程，通过它那源于欲望的意志活动而维系着自己。伴随着自我滋养的停止，“我”的过程也会走向终结。你会问我说：“我能否没有任何欲望地生活呢？”在大多数人的生活里，渴望、欲念都占据着极大的一部分，他们的整个存在都是精力充沛的欲望的过程，因此他们无法在不受欲望左右的情形下去想象生命的丰富和美，关系与行为。当你开始通过实验去探明那脱胎于欲望的行动是如何制造出了自身的局限时，意愿就发生变化了。只有在这个时候，意愿才会出现变化。正是那自我维系的无知的活动才让意识得以持续，才让它一直革新着自己。意愿的根本变化就是智慧。

（在奥门的第一场演说，1936 年 7 月 25 日）

认识痛苦的根本原因

从某种程度上来说，我们所有人都为痛苦所困，无论是经济上的痛苦，还是生理的、心理的或者精神上的痛苦。了解痛苦的原因以及从那原因里解放出来，是摆在我们面前的一道不变的难题。

想要认识痛苦的根本原因，我们就不可以把人划分成不同的部分。人是不可分的，尽管他通过诸多层面表现着自己，并且也呈现出了诸多的表现形式，而这些表现形式使他具有了一定的复杂性。有一些专家，他们研究人的各种划分和层面，试图沿着自身的专业路径去探明痛苦的原因，然而我们是无法通过他人来认识自我的。我们必须要把自我当做一个整体来认识，必须要去审视我自身的种种欲望跟活动。我们应当去洞察“我”的过程，该过程一直寻求着通过自身的活动而使自己单独得以永续和维系。当我们充分认识了这一过程时，就可以唤醒智慧，而智慧本身便能够把我们从痛苦中解放出来。

这一“我”的过程便是意识，意识即个性。痛苦的原因，在于对这一自我运作的过程的无知。假如我们没有认识这一滋生出痛苦的过程，就不可能会有智慧产生。智慧不是一种可以被培育起来的天赋，而是要通过心灵的觉知以及不做选择的生活来被唤醒。所以行动要么会制造出痛苦，要么会摧毁掉无知及其倾向和欲望，因而也就终结了痛苦。

你可以凭借自己的力量在你的生活中去探明这一过程——以及它的恐惧、幻觉和逃避——是如何减少了创造性的智慧，而这种智慧本身便能够带来人类的康宁。一旦认识了真实、真理，痛苦就会终结。我们关心所谓的来世和不朽，殊不知这只是一番徒劳的追逐，因为只有痛苦终结了，方能有真实的极乐。

要想理解痛苦，我们就应该从自身着手，而不是从痛苦的观念入手，痛苦的观念只代表缺乏智慧的空虚。我们必须要从自身入手，从那似乎永无休止的苦恼、悲伤和冲突入手。幸福不是可以被求得的，只有痛苦终结了，才会有智慧与真实的极乐。

我们的日常活动源于何处呢？我们的道德和宗教思想，其基础为何呢？假如我们深刻地、充分地审视一下自身，会发现我们的许多活动和关系都根源于恐惧与幻觉。恐惧和幻觉，脱胎于欲望，脱胎于无休无止地去寻求外在和内在的安全与慰藉。这种寻求产生了一种文明，在这一文明里头，每个人都在或隐或显地为自己奋斗，因而也就制造了仇恨、残忍与压迫。这一过程滋养了一种为剥削、战争、有组织的宗教迷信所充斥的文明——所有这一切都源于一种关于个性和圆满的错误观念。种族和宗教的外在冲突、民族的划分、经济上的纷争，全都植根于错误的文化观念。我们的生活之所以会处于不断的冲突之中，就是因为恐惧、信仰、选择以及屈从。我们的环境推动了无知的过程，我们的记忆和欲望不断更新着意识，并且把持续性和个性提供给了意识。

当你审视这一过程时，会发现“我”通过自身的意志活动每时每刻都在革新着自己，而这些意志活动则是基于无知、欲望和恐惧。当你开始认识到“我”因此并不具有永续性的时候，你的行为跟道德就会发生重大改变了。尔后不会有任何裨益、默许，有的只是被唤醒的智慧的行动。智慧创造了恒新的条件，但又不会被其奴役。这一智慧本身就可以带来真正的协作，而不会遭遇挫败。

你们每个人都必须要去察觉无知的过程。这种觉知，并不是某种较高的理解征服、控制较低的理解（这么做仅仅是心灵玩的小把戏而已），而是指不做任何选择的认知，这种认知，源于没有任何恐惧跟欲望的持之以恒的行动。这种不做选择的感知,会带来正确的道德、关系以及行动。尔后，行为就不是单纯对某种模式、范式或规范进行模仿，而是在实现了对于“我”这一过程的真正认知以后所带来的结果。这一洞察便是被唤醒的智慧，这种智慧不是等级化的抑或个人化的，它会有助于去创造出一种圆满与协作的崭新的文明。

问：努力与觉知是一致的吗？

克：请好好理解我所说的觉知。觉知不是选择的结果。选择意味着对立面，意味着本质与非本质、对与错之间的区别。选择必然会制造出冲突，因为它是建立在自我保护的刺激、考量和偏见之上的。选择始终都是以记忆为基础的。洞察指的是直接的感知——不做任何选择——感知“当下实相”。而所谓直接的感知，便是要摆脱欲望这一背景。只有当正被运用于对立面之间的努力停止的时候，这一情形方能出现。对立面源于渴望和欲念，因而也就源于恐惧。伴随着恐惧的终止，就可以实现对于实在的直接感知了。目前我们正努力想要有所得，想要成功，想要用一种习性来征服另一种，用一种恐惧来压制住另一种，用一种渴望来克服另一种，用一种理念来取代另一种。所以也就不断在努力着去替代、去征服。这种努力完全是徒劳的，只会导致混乱而不会唤醒智慧。如果你开始意识到这种选择的过程，意识到对立面之间的冲突，那么就会发生意愿的改变，而这种改变正是不做任何选择的结果。

当我谈论正确的努力时，我的意思是指一个人应当意识到他现在正在做的错误的努力。意识到背景——认识到思想如何每时每刻通过自身的意志活动在局限中修正着自己，思想的意志活动源于恐惧和无知，正是它们提供给了“我”的过程即意识以持续性。

我们遭受着痛苦，我们想要逃避这种痛苦，于是便努力去寻求疗治的方法，寻求某种替代，然而我们也因此没有将痛苦的原因给根除掉。由于心灵负累着许多的替代物、许多的逃避，这些替代和逃避妨碍了去展开不做任何选择的洞察，因此努力仅仅只是制造出了更多的痛苦与挫败。这便是错误的努力。正确的努力，指的是自发地洞察到那通过各种各样的安全寻求着替代或逃避的错误的努力。

问：一个人如何能够与那些生活目标跟自己截然不同的人达成认同呢？

克：错误的目标与正确的目标之间是不可能达成一致的。两种错误的目标之间倒是可以取得认同。当我们努力想要在错与对之间达成一致时，我们会尝试着去培养起所谓的宽容及其诸多虚假的伪饰。只有当目标是理性的、真实的时候，才能够实现真正的一致。当两个人认识到安全那虚幻的本质时，便会实现认同与协作了。但如果一个人懂得了想要获得安全是残忍的，而另外一个人则没有认识到这一点，那么就会出现冲突，而要克服这种矛盾，人们就发展起了宽容这一虚假的美德，不过这并不意味着说那个实现了认知的人是不宽容的。

让我们看看自己是否可以做到理性和睿智，而不是努力去认同，不是努力去探明两个谬论之间的共同因素。一个怀有恐惧的人是无法做到睿智的——因为恐惧妨碍了不做任何选择的洞察。只要渴望有所得，就不可能拥有智慧，因为这表明心灵被困在了无知和欲望的过程里。培养美德并不是智慧。只要存在着无知的意志活动，就必然会有恐惧、错觉和冲突。

不要去培养所谓宽容的美德，因为这仅仅是心灵的一个把戏罢了，如此一来就一定能够唤醒智慧。这种智慧没有任何自我保护的记忆和恐惧。

问：那些拥有者——无论是拥有土地、机器还是劳力——并不愿意与那些财富较少的人去分享自己所拥有的东西。所以，在法律上来说，为了谋求所有人的共同利益，后者难道没有权力跟义务去从那些拥有者手里分走一杯羹吗？您是否并不愿意将您的教诲浪费在那些拥有更多财富，最不愿意改变现有的经济与社会结构的人们身上呢？

克：我知道这是一个对许多人来说都极为重要的问题。当我说我想要充分、全面而非孤立地去应对生活的所有问题时，我并不是在躲避该问题。在智慧能够自由发挥作用的地方，这些孤立的问题便不会存在了。尽管你可以接管机器、土地和劳力，但是，只要智慧不存在，你就会再一次制造出界分以及它那残酷的获取和战争。所以，在我看来，重要的是培养起真正的智慧，单单这种智慧本身便能够带来秩序。内在的变革是必须的，对我而言，这要比外在的突变更为重要。这种内在的革新不应该被置于次要地位，它比外在的变革更加至关重要，更加直接。这种意愿的彻底改变，完全是掌握在你自己的手里。

内在的重要革新，源自于认知而非逼迫。智慧不会去识别富贵还是贫穷。我的谈话，既不是针对富人也不是针对穷人。我是在跟一个个个体发言，我告诉他们说，对他们而言，了解生命的过程是极为必要的，因为他们作为个体的人，被困在了痛苦的包围之中。他们作为个体的人，是社会环境、道德和关系的创造者。因此我们必须要全面地处理个体的问题，而不是仅仅去涉及他的某个方面。只要没有深刻认识到个性的过程，那么单纯的改变就无法唤醒智慧。假如我们真正懂得了这一点的话，作为个体的我们便不会去通过被我们称之为现代文明的各种残酷和谬误来寻求幸福了。

倘若你认识到这种内在变革、这种意愿的改变是绝对必要的，你就会自然而然地、自发地帮助着去带来正确的秩序、行动和行为了。

问：智慧之师和灵魂进化等通神概念，难道不是与生命器官的生物成长这一科学观念一样合理吗？

克：能够成长的事物就不是永恒的。通神或宗教观念是个体成长的观念——“我”的过程通过获得越来越多的美德和认知而变得更为重大了。也就是说，“我”能够不确定的成长，达至更大的完美高度。为了帮助它向前迈进，上师、规范、训诫和宗教组织都是必要的。

只要一个人没有理解“我”是什么，那么这样或那样的上师就是一种虚幻的必要性。它可能并不是通神学意义上的上师，而是某个教会的圣徒或是某个组织的精神权威。我们必须要认识的，并不是上师存在与否，以及他们是否必要，而是“我”究竟是在其成长，在其扩展中变得永恒了，还是带来了对于真理的认知。问题并不在于上师的身份是否是极其自然的过程，而在于对真理的洞悉是否可以达至那被困在“我”这一过程之中的心灵。假如你认为“我”是永恒的，那么它就不会成长，它必须是不受时间、空间左右的。所以认为“我”通过成长、体验而成为了上师，这种观点是一种错觉。抑或，“我”这一过程是暂时性的。要让该过程结束，任何外在的力量，无论它是多么的强大，都无法起到帮助作用，因为“我”的过程是自我运作的，它通过自身的意志活动维系着自己。你们必须要思考一下“我”究竟是永恒的还是短暂的。然而这并非是一个选择的问题，因为选择是基于无知、偏见和欲望之上的。

你们中一些人或许并不相信通神论者的上师，但是，当痛苦向你袭来的时候，你可能就会去寻求其他的精神权威或指引了。正是这种对于他人的依赖，才令“我”的过程以及它那隐蔽的剥削和痛苦得以永续下去。

问：许多人发现很难在行动里做到专心致志。为了培养专注的能力，

难道练习不是大有裨益的吗？又或者您认为这些练习只是阻碍吗？

克：当你深感兴趣的时候，就没有任何必要去展开练习以便帮助你去培养专注。在你欣赏美景时，你会自发地萌生出喜悦和兴趣，这种喜悦和兴趣超越了所有为实现专注所做的人为的帮助。只有当你不感兴趣的时候，才会有意识里的划分。你要做的，是去探明自己是否对生活的事物怀有浓厚的兴趣，而不是努力找到练习之法，以便发展起专注的能力。要想理解生活，你需要兴趣广泛，不单单是对面包、黄油感兴趣，还要对思想、爱、体验以及关系的过程感兴趣。哪儿有浓厚的兴趣，哪儿就会有专注。这位提问者难道不是试图人为地激发起专注吗？这种人为的激发，只会妨碍对于生活的充分认知。经训练而成的冥想是一种人为的激发，因此也就成为了阻碍，它在活生生的现实同虚幻的渴望和欲念之间制造了界分。不要去寻求真实的极乐，因为单纯地寻求真实只会带来幻觉；要去认识那集中在你自己身上的思想和意识的过程。这需要的不是单纯的专注，而是心灵的柔韧以及自我维系的兴趣。

问：*在许多人看来，领袖的理念是一种巨大的鼓舞，它还会培养起尊敬以及一种自我牺牲的精神。我们视您为一位伟大的精神领袖，并且感觉对您充满深深的敬意。所以我们难道不应当在他人以及自己身上去鼓励这些尊敬与自我牺牲的伟大特质吗？*

克：我个人并不喜欢尊敬的表现。（*笑声*）请不要笑，假如是真实的尊敬，那么你们就不仅会对我表现出尊敬，而且还会对所有人尊敬有加了。你们对我表现出了敬意，这仅仅表明你们是抱着一种交换的心态。你们觉得我将会提供给你们某些东西，抑或以某种方式帮助到你们，于是你们就对我显露出了敬意。你们实际上所做的，是对这样一种想法显示尊敬，即认为你们应当对一个可能会帮助你们的人表现出敬意。然而由这种虚假的尊敬会滋生出对他人的轻视。不幸的是，他们本身并不关心这些观点，而是只关心那个提出这些想法的人。这里面存在着巨大的危险，会导致人与人之间的相互利用。仅仅只对权威表示尊敬，意味着恐惧，而恐惧又会滋生出许多的幻觉。这种虚假的尊敬，会使得你在领袖和追随者之间进行人为的划分，以及带来或隐或显的各种形式的利用。哪儿没有智慧存在，哪儿就只会有对少数人的敬意和对其他人的轻视。

（在奥门的第二场演说，1936 年 7 月 27 日）

终止欲望才能唤醒智慧

一个人怎样不经过分析和逻辑的过程便去唤醒那智慧，那能够认识实在的涵义、富有创造力的直觉呢？我所说的直觉，与多数人所理解的并不一样，并不是指愿望的满足。假如道德即关系是建立在智慧和直觉的基础之上，那么生活里便会有充实、完整以及永恒之美了。但倘若我们把自己的行为和关系建立在工业与生物必需品上头的话，行动就必然使我们的生活变得肤浅、不确定和充满痛苦。我们拥有智慧或直觉的能力，但是如何才能将它给唤醒呢？为了唤醒这种智慧，我们该做什么，抑或不该做什么呢？

所有的欲望及其恐惧都必须要终止，尔后才能出现这一富有创造力的直觉。欲望的终止，不是自制的结果，也无法通过审慎的分析而被理性地消除。要想摆脱欲望，摆脱它的恐惧和幻觉，就得展开持久的、安静的认知，同时意志不能去做任何审慎的选择。通过这种深刻的观察，你便可以懂得欲望是如何滋生出了恐惧和幻觉，如何把意识打碎成了过去、现在和未来，打碎成了高级的和低级的，打碎成了累积的记忆与将要被获得的记忆。所以，无知及其欲望、偏见跟恐惧，在意识里制造出了二元性，这种二元性又带来了许多有关控制和冲突的难题。这种二元性，通过理想范式的权威与记忆的权威，滋生出了自制的过程。理想范式和记忆的权威使行动受到了控制和局限，因而导致了挫败。这种行动的局限自然会制造出更多的局限，因而也就带来了矛盾和痛苦。所以，这架无知—恐惧—偏见的车轮滚滚向前驶去，阻碍了一个人去彻底地适应生活。哪里有欲望，哪里就必然会有累积的记忆、自我保护的考量，而这些事物赋予了意识以持续性和界定。

这种意识及其划分和冲突，通过自身的意志活动，给自己制造出了局限，因而也就维系着自身的特性。它被囚禁在了自己的创造物里，囚禁在了自己那黑暗而混乱的环境里，囚禁在了不断的争斗与挫败中。假如你安静地观察，不做任何选择去加以干扰，你就会洞察这一无知和恐惧的过程了。当心灵认识到自己正制造着自身的无知与恐惧时，便会实现不做任何选择的觉知了。一旦你做到了安静的观察与深刻的洞悉，这里面没有任何选择，因而也就没有任何冲突，那么无知便会终结了。你无法通过拒绝或者仅仅借助于理性来将无知给终结掉。这是真正去唤醒智慧和直觉的过程。

受限的意识是无数欲望的冲突。我们应当去意识到这种冲突，这种无休无止的划分之争，而不是努力去用意识的一个部分来支配和控制另一个部分及其欲望。当心灵使自己跟欲望或者对立面相认同的时候，冲突便会产生，于是心灵就试图通过幻觉以及错误的价值理念来逃避冲突，结果也就仅仅只是令欲望的整个过程变得更加强烈了。伴随着深刻的洞察，欲望就会停止，智慧、富有创造力的直觉就会被唤醒。而这种智慧本身便是实在。

问：我丧失掉了生活里曾经拥有过的全部热情与活力。现在，生活对我来说是苍白的，是毫无希望的空虚，是一个我必须要背负的重担。您能否简述一下可能是什么原因导致了这种情形呢？并且告诉我怎样才能够从这个囚禁着我的坚硬的壳里面突围而出呢？

克：由于错误的价值理念，我们把自己逼迫进了某些行为的窠臼之中，并且调整我们的思想和感受去适应某些条件限定。于是我们因为自身的种种限定而丧失掉了热情，结果生活也就变得沉闷乏味、不堪重负。想要冲破这个无望的壳，我们就得认识到自身那受限的思想和行动。当我们察觉到了这一状态，当我们深刻思考挫败的原因，而不是去同这一无望的空虚开战，那么就会出现重大的改变，就不会再有对立面的冲突。所谓重大的改变，也就是达至圆满以及充分认识到生命的涵义。如果一个人仅仅只是去规范心灵而没有理解意识的过程，或者让精神活动与行为去屈从于某种理想范式的权威而不去洞察权威的荒谬跟愚蠢，那么生活就会变得无趣和空虚。

除非一个人充分认识了无知的过程，否则幻觉会时时刻刻给行动提供必需的促动，然而这种行动必然会带来痛苦跟挫败。幻觉之间的冲突，尽管看似是有目的的、令人满意的，但却一定会导致混乱和痛苦。我们必须要意识到那诸多的恐惧和幻觉，当心灵从恐惧和幻觉中解放出来的时候，生活才能变得充实和丰富。

当你开始懂得欲望本身是毫无意义的时候，便能够去唤醒智慧了，这种智慧可以使你建立起跟环境的正确关系。只有在这个时候，生命的充实与美丽方会出现。

问：或许这么说听起来会有些无礼，不过，您建议他人以智慧的行动来展开试验，您说说倒是很容易，因为您从来不会缺衣少食，不会存在没有面包的问题。您的建议对于世界上的多数男男女女们又有什么用处呢？因为对他们而言，智慧的行动或许只能意味着更加的饥饿罢了。

克：你为什么如此强调面包呢？面包是必需的，但是仅仅强调面包的话，你就会让一个人失去面包。强调人类的任何一种需要，你便会让他失去你所强调的那一事物，因为人是不可分的。正是恐惧带来了不理性的行动，于是也就导致了痛苦。由于个体被困在了这种恐惧之中，所以我试图去唤醒他们，使其认识到他们那自造的无知跟偏见的藩篱。由于每个人都在寻求着各种形式的自我安全，因此也就无法同自己所处的环境展开理性的协作，继而也就会出现许多无法从表面上得以解决的难题。如果我们每个人都是无所畏惧的，不去渴望任何形式的安全，无论是今生的还是来世的安全，那么在这种无所畏惧的状态里，智慧和理性便能够发挥作用，带来秩序跟幸福了。如果仅仅只去考虑某一个部分，去对一个不可分的人进行人为的划分，我们就无法认识他的全部。而只有认识了整体，你才能够了解局部。究竟是该强调面包呢，还是该强调头脑和心灵呢？人们一直会有这样子的疑问。这种划分，这种把人分成灵与肉的二元论，在过去也存在着。每种划分都坚持着自己的那一套价值观，因此也就制造了更多的混乱和痛苦。我们继续在对人进行人为的错误的划分，或许是以某些新的形式，结果也就使得该过程得以永续下去。这个群体只考虑面包的重要性，另一个群体则去强调灵魂的作用。对人进行划分是大错特错的，这么做必定一直会带来不理性的行动。理性的行动，源于把人当作一个整体来理解。

问：我的痛苦使我深深认识到不应该再去寻求任何形式的慰藉。我坚信他人是无法去疗治我身上的痛苦的。然而，既然我的痛苦依旧存在着，所以是不是我处理和看待痛苦的方式出了什么问题呢？

克：你说你不再去寻求慰藉，但是很明显，这种寻求并没有因为你下了决定就被有意地终结了。它不是认知的自发结果。它仅仅只是决定不去寻求慰藉的结果，因为寻求慰藉令你感到失望。所以你告诉自己说：“我不应该再去寻求慰藉。”当一个因为依附而深受其害的人开始去培养超然物外的心态并且赞美这么做是一种高尚的特质时，其实他真正在做的只是保护自己不受更多的伤害罢了——他将这一过程美其名曰超然物外。所以，同样的道理，出于对痛苦的恐惧，于是你便认为慰藉、依赖意味着更多的痛苦，因此你对自己说："我不应该去寻求慰藉，我应当依靠自己。"但是欲望以及它那隐蔽的以诸多形式存在的恐惧却依然继续着。

欲望在思想里制造出了二元性，当一种欲望产生痛苦的时候，心灵便去寻求这一欲望的对立面。无论它是对慰藉的渴望，还是对慰藉的拒绝，都是一样的，都依然是欲望。所以心灵也就继续着对立面的冲突。当你开始遭受痛苦的时候，不要说什么："我必须摆脱这个或那个欲望或原因"，而是应该静静地观察，既不否决，也不认可。通过这种不做任何选择的觉知，欲望及其恐惧和幻觉就会开始让位于智慧了。这种智慧就是生命本身，它不为欲望的压力所限定。

问：据说那些像通神论以及其他古老仪式和秘密教派所描述的神秘启蒙，构成了生命的灵性之旅的不同阶段。是这样子的吗？您是否记得自己身上有发生过任何意识的突变呢？

克：意识在自身的约束和局限内经历着不断的变化。它在自己的轨道内起伏波动着、扩展着、收缩着，这种扩展被某些人称为精神的进步。但是它依然是在自身局限的限定之内，这种拓展并非意识的改变，而仅仅是意识中的一种变化而已。这种意识的变化不是源于神秘的仪式或启蒙。假如一个人认识到意识内部的变化是毫无用处的，那么这种认知本身便能够带来意识的改变。要想做到洞察，要想实现根本性的改变，需要坚持不懈的觉知。重要的是我们是否可以个别地带来这种重要的变化。让我们不要去关注变化的直接性，而仅仅只是去关注意识的根本改变吧。因为只有这样，"我"的过程及其无知、倾向、欲望和恐惧才会自动地走向终结。

（在奥门的第三场演说，1936 年 7 月 28 日）

不躲避痛苦就会带来对自我的认知

假如行动是源于意识那自我保护的过程以及它那诸多层面的无知、倾向、欲望和恐惧，那么这种行动是无法将心灵从其自造的局限中给解放出来的，它只会加剧痛苦与挫败。只要这一过程继续着，只要没有认识这一“我”的过程，没有在它那或隐或显的形式和表现中认识到该过程，就必然会出现痛苦和混乱。然而正是这种痛苦，这种我们始终都在试图逃避的痛苦，可以带领我们去理解“我”的过程，去实现对自我的深刻认知，不过前提必须是不再逃避进幻觉当中。痛苦越大，局限就表现得越强烈。但如果你没有遭受痛苦，这并不一定就意味着你摆脱了局限。恰恰相反，这很可能表示你的心灵在自我保护的高墙之内变得迟钝、愚笨，以至于生命的任何刺激、任何体验都无法促使心灵活跃起来，以便使其意识到那痛苦。这样的心灵无法洞察真实。假若你不去试图躲避痛苦或者逃离它的话，那么痛苦就可以带来对自我的认知。

我们怎样才能够将“我”的过程给终结掉，如此一来我们的行动才不会制造出更多的局限和痛苦呢？要想结束“我”的过程，就必须得认识痛苦，而不是仅仅懂得痛苦的概念。除非生命里发生了重大的刺激，否则我们大多数人很容易就舒适地昏昏睡去，从而无意识中就让“我”的过程得以继续下去了。要想洞察“我”的过程，关键在于需要做到对痛苦的充分认知。尔后就会彻底停止去寻求慰藉以及各种表面化的疗治之法了，一切仪式性的治标不治本的方法也就不再具有任何意义了。于是我们开始认识到，任何外在的力量都无法帮助我们去结束这种自我维系的无知的过程。当心灵处于这种开放的状态时，当它能够彻底地面对自身时，它就会成为自己的一面镜子，于是就有了专一的意识，它不去通过标准来评判自己的行为，也不受理想范式的权威的操控。它是自己的创造者和摧毁者。环境及其限定性的影响，遗传及其局限性的特性，也就让位于对“我”这一过程的认知。当心灵彻底洞察了这一过程时，它就会把自己视为该过程，就会利用一切行动、一切关系来维系自身。它每时每刻都在通过自身的意志活动而更新着自己，在这种更新中，“我”的过程使自己得以永续，因而也就只会制造痛苦。

我们大多数人都试图通过幻觉、逻辑释义及结论来逃避痛苦，因此心灵逐渐变得迟钝和愚笨起来，无法去认识自身。只有当心灵认识到自己的本来面目时——认识到自身的意愿，认识到它那诸多层面的无知、恐惧、欲望和幻觉时——当它了解到“我”的过程是如何通过自身的意志活动而使自己永续时，只有在这个时候，这一过程才能够把自己终结掉。当心灵领悟到自己正在制造着痛苦，正在让“我”的过程得以永续，领悟到它便是“我”这一过程本身，那么便会出现意愿的改变，便会出现意识的改变。“我”的过程的结束，便是智慧、极乐的开始。

我们一直都在坚持不懈地发展着意识里的高等意愿和低等意愿的概念。这种划分只会导致冲突，而我们则寻求着通过规范、通过自制来结束冲突。哪里有欲望或恐惧，它的行动就会犹如火焰的燃料——只会令“我”的过程得以维系。要想认识这一过程，就需要实现重大的觉知，同时要求不去努力展开选择抑或规范和自制。

问：恐惧是生活里的一个基本组成部分吗，如此一来对恐惧的认知

只会让我们更好地去接受它呢？抑或恐惧能否被转变为其他的事物呢？又或者，恐惧能够被完全消除掉吗？一个人似乎经常能够探明某种恐惧的原因，然而恐惧却以其他方式继续存在着。为什么它会是如此呢？

克：只要有因欲望的活动而产生的自我运动的无知的过程，那么恐惧便会以不同的形式或隐或显地存在。一个人可以完全消除恐惧，恐惧并不是生活的一个根本组成部分。假如心怀恐惧，就不会有智慧。而要唤醒智慧，一个人就得在行动里充分认识到“我”的过程。恐惧无法被转化成爱；它必定一直作为恐惧存在着，即使我们试图通过理性将其驱除，即使我们试图通过将其美其名曰为爱而把它给掩盖起来。不能为了让我们可以去忍受恐惧而把它理解为生活的一个基本组成部分。仅仅只是在每种恐惧出现的时候对其加以分析，你是不会探明它的深层原因的。恐惧只有一个根本原因，虽然它可能是以不同形式表现出来。仅仅依靠对恐惧的各种形式进行剖析，思想是无法把自己从恐惧的根源中解放出来的。当心灵既不去接受也不去排拒恐惧，既不去逃避它也不试图转化它的时候，只有这个时候，才能够将恐惧终结。当心灵没有被困在对立面的冲突之中时，它便能够不做任何选择地去洞察“我”的整个过程了。只要该过程继续存在着，就必然会有恐惧，而试图逃避恐惧，只会增加和强化这一过程。如果你摆脱了恐惧的羁绊，你就一定能够充分认识那源于欲望的行动了。

问：我开始认为物质上的拥有很容易滋生出空虚，此外还会成为一种负担，所以我现在决定去限制自己的物质要求。然而我发现，一旦涉及给自己的子女留遗产的问题时，我就很难去做出相应的决定了。作为他们的父母，我应该在这个问题上做出决定吗？我知道，假如我能够避免某种传染性疾病的话，我就不会有意识地去传播它了。那么在遗产的问题上我也抱持同样的观点，从而不让我的孩子们继承物质上的财富，这么做是正确的吗?

克：这位提问者自己说他不愿意散播某种传染病。那么遗产是否是这样一种疾病呢？想不劳而获便可以拥有或者得到金钱，会滋生出一种精神上的疾病。如果你同意这一看法并且依照它来行动的话，你就必然会愿意去面对自己行为的结果了。你将帮助着去推翻现有的社会体制，推翻那由于金钱的累积和特权阶级的既得利益所带来的剥削、残忍和愚蠢的势力。你必须要凭借自己的力量去探明不劳而获地拥有金钱或得到金钱究竟是不是一种疾病。

当作为个体的你开始摆脱了恐惧这一心理疾病的束缚时，你就不会询问其他人自己究竟应不应当把财产留给子女了。尔后你的行动便会具有截然不同的深刻意义，于是你关于家庭、阶级、财富和财产的态度将会经历一场深刻的变化。假若没有这种重大的改变，没有这种通过认知而非强迫所发生的改变，那么人为的难题就只会得到一些表面化的解答，不会有任何结果或是价值。

问：您曾经谈到过那种重要的推动，那种不断被唤醒的状态。如果我没有理解错误的话，只有当一个人经历了绝对的孤独之后，这种状态才有可能发生。您是否认为一个人即使已婚了也可以拥有那种巨大的冲动呢？在我看来，虽然似乎可以做到给丈夫或妻子自由，但是这二者之间总会有某些无形的线在牵引、联系着彼此，而这必然会妨碍他们完全去对自己负责。所以，那种被唤醒的状态不会带来与他人彻底地、完全地分离吗?

克：你只能生活在与他人、与环境、与传统以及与过去的背景的关系之中。所谓存在，即活在关系之中。你或者可以让关系变得重要、牢固、和谐，或者能够把关系变成充满了冲突与痛苦。正是痛苦迫使你去逃避关系，由于你不可能在不与其他事物建立关系的情形下去生活，所以你开始培养离群索居的心态，这是一种抵御痛苦的自我保护的反应。假如你心中怀有爱，你就会同环境建立正确的关系。但如果爱变为了恨，变成了嫉妒，并且制造出了冲突，那么关系就会成为负担，就会变得痛苦不堪，于是你会开始人为地让自己去远离那些给你带来痛苦的人和事。你可以很聪明地建起一道道自我保护的隔离的栅栏，然后活在这座自造的监牢里头，从而慢慢摧毁掉心灵的圆满。生活，即处于关系之中。自我保护的欲望和反应会带来痛苦跟冲突，只要有它们存在，就不可能出现和谐与重要的关系。

问：假如我对您的观点理解没错的话，觉知本身以及通过觉知便足以消除掉冲突及其根源了。我认识到自己是个“势利之人”已经有好长一段时间了，而且认识得很透彻、很充分。那么究竟是什么妨碍了我摆脱势利的习惯呢?

克：这位提问者并没有理解我所说的觉知是什么意思。如果你有某种习性，例如势利的习惯，那么仅仅只是用其对立面、用另一种习惯来克服它将会是毫无益处的。用彼习性来对抗此习性只是一番徒劳，只有智慧方能让心灵摆脱习性。觉知，便是唤醒智慧的过程，而非制造新的习性来对抗旧的。所以你必须要意识到自身思想的习惯，而不要试图去培养对立的特性或习惯。如果你充分地认识到了这一点，如果你处在了不做任何选择的观察的状态中，那么你就会明白制造某个习性的整个过程以及克服该习性的对立的过程。这番洞察能将智慧唤醒，智慧可以消除所有的思想习惯。我们急切地想要摆脱那些给我们带来痛苦的习惯，或者那些我们通过制造出其他的思想和主张的习惯而发现其毫无价值的习惯。这种替代的过程完全是不明智的。假若你去观察，会发现心灵仅仅是一堆杂乱的思想和记忆的习惯。单纯地用其他的习惯来克服这些习惯，心灵就会依然被囚禁于监牢之中，依然倍感困惑和痛苦。只有当我们深刻理解了那自我保护的反应的过程，那变成了思想的习惯、局限了所有行动的过程时，才能够去唤醒智慧，而智慧本身便可以消除掉对立面的冲突。

问：能否麻烦您解释一下意愿里的变化跟意愿的变化这二者之间有何不同吗？

克：意愿里的变化，仅仅是意识的二元性的结果。意愿的变化则发生在一个人全部存在的充实和完整之中。一个是程度上的变化，另一个则是类型上的改变。欲望的冲突，或者欲望对象的改变，只是意愿里的变化。但是随着所有欲望的终结，就会出现意愿的改变了。

意愿里的变化是屈从于理念或行为的权威。意愿的变化，是洞察，是智慧，它里面不存在任何对立面的冲突。后者当中会有深刻的、自发的调整与适应，而前者里面却有通过无知、欲望和恐惧而施加的强迫。

问：个体的革新是否足以去解决世界的诸多难题呢？智慧包含了为所有人的解放而展开的行动吗？

克：世界的难题是什么呢？面包、失业、战争、冲突、对立的政治团体、世界上少数富人的享乐、阶级划分、饥饿、死亡、不道德——这些便是世界的诸多难题。这些难道不也是个体所面对的难题吗？只有通过那集中在每个人身上的过程，即“我”的过程，才能够去理解世界的难题。为什么要制造出个体和世界这种人为的划分呢？我们即世界，我们就是大众。如果作为个体的你懂得了诸如民族主义、阶级冲突、种族对抗等界分的过程，如果你不再是荷兰人、法国人、德国人或是英国人，不再进行所有荒谬的界分与隔离，那么很显然，你就会成为智慧的中心。尔后，无论你身处何方，你都会同愚昧、荒谬开战，尽管这么做可能会带给你饥饿和争斗。假若我们通过行动充分懂得了这一点，那么我们就会犹如沙漠中的一片绿洲。仇恨和界分的过程，已经延续了无数个世纪之久。你无法逃避这一问题，但是你可以做到清楚、简单、真实，不被所有过去的愚昧遮蔽了双眼。尔后你就会发现，你可以给生活带去理解跟欢愉。然而不幸的是，在发生重大剧变和战争的时候，你根本无法把脚从这片泥沼中拔出来。你自身潜在的仇恨和恐惧被激发了出来，使你丧失掉了自制力，因此你也就不是那片正在受难的人类可以去往的平静绿洲了。

所以，至关重要的是去认识那滋生出这些局限、仇恨和痛苦的过程。假如行动源于充分的认知，那么它就将成为一股解放的力量，尽管该行动的效果可能并不会在你的有生之年或者一段时期内显露出来。时间一定会有结果。一场血腥的革命不会给全体人类带来持久的和平或幸福。应该去思考一下作为个体的你怎样才能够成为智慧的中心、而非和平的中心，而不要只是去渴望这个混乱和痛苦的世界能够立即变得和平。智慧对于秩序、和谐以及人类的康宁来说是至关重要的。

世界上有许多倡导和平的组织，但是从字眼的真实含义上来说却很少有个体是自由的、睿智的。作为个体的你们，必须开始去认识真实，尔后理解的火焰便会在地球的各个角落传递下去了。

（在奥门的第四场演说，1936 年 7 月 29 日）

不做任何选择地生活

我们的心灵已经变成了理念、恐惧和幻觉、欲望跟排拒、希望同挫败、控制与自发的战场。我们能否终结心灵里的冲突，同时又不会产生空虚、乏味和沮丧呢？你可以通过迫使心灵进入某种模式而暂时地压制住冲突，然而这仅仅只会在生活中制造出幻觉和不适。我们大多数人都试图压制住欲望，或者给予它们充分的自由，但冲突并没有因此而终结。

我们是否可以凭借某种方法来结束冲突和痛苦，但又不会破坏那富有创造力的智慧以及全部的完整呢？能否不做任何选择地生活于世，也就是说，能否在不排拒、不怀有强烈欲望的情形下展开行动呢？自发的（因而也就摆脱了对立面的冲突的）行动，能否存在呢？是否可以过一种充实、完整的生活，没有自制、排拒、恐惧和挫败这一毁灭的过程呢？这种深刻认知的状态是否可能呢？我想知道你们当中有多少人充分意识到了这种在心灵的战场上上演的冲突呢？

充实地生活，不做任何选择地生活，摆脱了压制、替代等毁灭过程来生活，是可能的。该怎样去认识这种状态呢？体系和方法无法产生这种快乐的心灵状态。这种无选择的生活情形，必须自然地、自发地出现；无法被求得。不能通过某种规范训诫、体系方法来理解、认识或克服这一状态。一个人可以通过训练、自制和强迫来限定心灵，然而这种限定无法滋生思想或者唤醒深刻的智慧。这种受训的心灵，犹如一片贫瘠荒芜的土地。

我们很少有人既深刻意识到了冲突以及它的痛苦，它那微妙的、模糊的不确定性，同时又察觉到了那为了确定性而做的努力，心灵正是依赖这种确定性来获得安全感和慰藉的。深刻、充分地认识到冲突，犹如是在耕耘那片土地。必须要去耕作那片土地，必须要不做任何选择地察觉到冲突。什么时候有冲突存在，什么时候就会有逃避冲突的渴望，或者就会有利用冲突以获取未来成就的渴望。然而必须深刻认识到痛苦，认识到冲突，也就是说必须要去耕作土地。心灵不应该让自己去寻求所谓的灵丹妙药，寻求各种替代物或者去逃避。必须要去开垦土地，必须要有心灵的革命，但与此同时又得展开安静的认知，既不去排拒，也不去接受或放弃。当心灵处于冲突之中的时候，它会立即去寻求某种疗治方法，因此也就为自己制造出了逃避，从而妨碍了对痛苦的充分认知。但是通过自发的洞察便会实现直接的认知，它会让你不做任何选择地去适应生活。哪里有局限，哪里就必然会有恐惧，而模仿性的行动是不睿智的。强迫的自制、恐惧的自制，会让心灵逐渐毁灭，不会使个体与环境建立起自发的、无选择的关系，也就是说不会有正确的行动。

只有理解了“我”的整个过程，即无知的过程，方能展开正确的行动。只要没有洞察意识的过程，没有洞察这一由无知、记忆、欲望、倾向和冲突所构成的极为复杂的过程，那么行为的局限就无法带来智慧与世界的和谐秩序，无法给人类带来幸福。这种局限可能会让经济产业表面上看起来井然有序，但却无法产生出智慧。要理解我的过程的全部涵义，就必须得有理性的坚持，而非偶然的觉察。

源于欲望或恐惧的行动，只会加剧无知，增多局限，因而也就令“我”的过程得以维系。一旦你自愿去终结欲望和恐惧，便能将智慧唤醒。唤醒智慧便是正确行动的开始。智慧本身就可以让你在没有选择的压力之下去自发地适应生活。

问：我如何才能够唤醒智慧呢？

克：哪里没有智慧存在，哪里就必然有痛苦相随。心灵通过把自己划分成不同的部分、不同的渴望而为自己制造出了各种逃避。只有不做任何选择地去感知心灵，方能将智慧唤醒。假如心灵察觉到了这些虚幻的划分及其价值，便能去唤醒智慧了。选择的过程，仅仅是用一种欲望去战胜另一种欲望，用一个幻觉去消除另一个幻觉，用一套价值理念去替代另一套价值理念。这种意识里的二元性，令冲突跟痛苦得以永续，而冲突便是缺乏完整的行动。

问：我意识到个体的解放是必需的，但是怎样才可以不经过大众的努力就建立起持久的社会秩序呢？

克：我在自己所有的演说中一直指出，个体的认知是绝对必要的。社会秩序就是个体认知的结果。强调个体的解放，并不是去鼓励自私的行为或者狭隘的自我表现。只有把思想从那束缚心灵的局限中解放出来，方能唤醒智慧。而智慧本身就可以带来正确的社会秩序。对自己的行为负责，完整地思想，意味着完整地生活，尤其是在一个集体活动似乎最为重要的世界里头。煽起大众的热情以便展开协定的行动是相对容易的，然而认识自我以及展开正确的行动却是极为困难的。深刻的认知本身便能够带来协作以及持久的社会秩序。

这些谈话，目的不在于诱发集体努力或者商定的行动，而是帮助着去实现个体的认知和努力，并因此将个体从自造的局限的监牢里解放出来。唤醒对自我的全面认知，即不做任何选择的洞察，这本身便能够带来正确的社会秩序，能够带来一个没有剥削跟仇恨的世界。

问：艺术究竟属于幻觉的世界，还是属于真实的世界呢？艺术同生活有何关系？

克：脱离生活的艺术不会具有任何真实可言。艺术不应当是对人类二元生活的肤浅表达，而是应该完整地表现不可分的人。当前，艺术仅仅只是表现了人的一个方面，所以也就只是在强调划分，于是真实的生活同艺术之间便出现了一种奇怪的隔离。当艺术真实、完整地表现人的生活及活动时，它便属于真实的世界，因此它同我们以及我们的环境之间也就形成了直接的关系。

问：当某个我们挚爱的人死去时，我们会倍感痛苦，这时候很难去坚持认为生命是最为重要的事情，对来世的思考是徒劳的。另一方面，一个人想知道，生命是否就像一些科学家所主张的那样，仅仅是被遗传基因和环境所限定的生理与生物的过程呢？处于这种困惑之中，他该怎么办呢？他该怎样去思考和行动才能认识何为真实呢？

克：正如这位提问者自己所指出来的那样，有些科学家主张遗传基因解释了人的个人倾向和特性，其他一些人则声称人是环境的产物，只是一种社会存在。面对这些令人困惑的主张，我们该作何选择呢？什么是人？我们怎样才能够理解死亡的涵义以及与之相伴而来的深切痛苦呢？仅仅通过接受各种主张，我们便能够解决痛苦以及死亡的神秘吗？我们可以在这些解释当中选择出那个正确的吗？这是一个选择的问题吗？

被选择的事物不可能是真实的。对立面中是无法发现真实的，因为对立面仅仅是各种反应的相互作用。假如对立面中不会有真实，假如被选择的事物不会带来对真理的认知，那么一个人该怎么办才好呢？你必须要凭借自己的力量去认识自身存在的过程，而非仅仅去接受科学家们的调查或是宗教的主张。当你充分洞察了自身存在的过程，就能够理解痛苦以及与死亡的阴影相伴而来的孤寂之苦了。除非你深刻认识了自身的过程，否则对来世的思考、轮回转世的理论以及对灵魂的解释，都必然一直流于表面，只能提供暂时的慰藉，从而妨碍了去唤醒智慧。要想认识“我”的过程，就得实现洞察。通过洞察，便可以解决“我”的过程一直在给自己制造的诸多难题了。

你试图通过解释、毒品、酒精、娱乐或自暴自弃来摆脱痛苦，然而痛苦却依然继续存在着。如果你想要终结痛苦，那么你就得理解意识里划分的过程，这种划分制造出了冲突，并且让心灵沦为了欲望的战场。通过不做任何选择的洞察，智慧、富有创造力的直觉便可以被唤醒，而智慧本身就能够将心灵从无知、欲望和恐惧的诸多层面解放出来。

（在奥门的第五场演说，1936 年 8 月 1 日）

人是什么

问：照您看，培养和教育孩子的基本原则是什么？我们假设孩子们能够认识什么对他们来说是好的、是正确的，因此成年人越少去干扰、引导他们越好，这样的假设是合理的吗？

克：许多关于教育孩子的问题只能够被充分、彻底地解决。人类是按照某些工业、哲学和宗教的理念来被教育和管控的。假如人仅仅是环境和遗传的产物，假如他仅仅是社会实体，显然是越多管控、指引、强加和逼迫越好。倘若事实便是如此，那么一个孩子从非常年幼的时候就应该开始受到管控，他对生活最内在的反应必须要依照工业需要和生物道德来被予以纠正和规范。

与这种观念相对立的则是信仰，信仰坚称只有一种超验的宇宙力量存在，这便是神，万事万物都是它的一部分，它无所不知，无所不晓。因此人是不自由的，其命运早已被预定。信仰中还包括通过信念和理想来对思想施加控制。我们所谓的宗教教育，仅仅只是迫使个体去适应那些宗教组织所宣扬的理念、道德和结论。

假如你检验这两种对立的观念，检验一下信仰的断言和科学的主张，会发现尽管它们处于对立的状态，但却都是依照自身的模式或隐或显地对人类加以塑形。我们必须要理解这些对立面的涵义，尔后才能够懂得如何去教育孩子或者我们自己。我们因信仰、恐惧和强迫而制造出了一种思想和行为的体系，并将其称作为宗教，不断使自己去适应它。抑或，我们通过不断宣称人仅仅是一种社会存在，是环境和遗传的产物，从而建立了一种肤浅、虚伪、空洞的道德。所以，我们必须要理解人是什么，尔后才可以去教育孩子或自己。

我们的思想和行为，有时候是源自于信仰，其他一些时候则源自于生物反应或工业需要。当出现强烈的焦虑、恐惧和不确定的时候，我们便去求助于神，声称有一种超验的力量在指引着自己。我们试图带着信仰的道德去生活在一个满是机会主义、仇恨和残忍的世界里。所以在信仰的体系跟自我中心的道德体系之间必然存在着冲突。你无法通过这两种彼此对立的体系去探明人是什么。

那么该怎样去探明人是什么呢？我们必须首先认识到自身的思想和行为，必须冲破信仰、恐惧和强迫的藩篱，必须把它们从反应、从将其围困住的对立面的冲突中解放出来。通过保持警觉，通过实现觉知，我们便能凭借自己的力量去探明意识的真正过程了。我在各种谈话里头都一直努力去解释这一过程。

我们不要去从属于信仰和科学这两种对立的思想体系中的任何一个，而是应该超越它们，只有这样才能够去洞察什么是真实。尔后我们将会发现，存在着许多能量，其过程是独一无二的，并没有一种宇宙的力量在推动这些单独的能量。人便是这种独特的、自我运作的能量，这一能量没有一个开始，没有源起。意识便存在于这一自我运作的发展中，并且滋生出了个性。该过程通过自身的无知、偏见、欲望和恐惧等活动而自我维系着。只要存在着无知和欲望的过程，就必然会有恐惧及其许多的幻觉和逃避，这一过程滋生出了冲突跟痛苦。

倘若我们真正洞察到了这一自我维系的无知的过程，那么我们在有关人以及对人的教育等问题上就会抱以截然不同的态度了。尔后就不会再有信仰的强迫或是肤浅的道德的强迫，而是会有智慧的觉醒，它会使你去适应生命所有的刺激。除非我们真的了解了所有这一切的涵义，否则单纯地去寻求另外一种教育体系只会是一番徒劳。要想唤醒富有创造力的智慧，以便每个人都可以自发地去适应生活，就必须得深刻洞察自我的过程。没有任何一种哲学体系可以帮助一个人认识自我。只有通过洞察“我”的过程及其无知、倾向和恐惧，方能实现认知。哪里有深刻的、富有创造力的智慧，哪里就会有正确的教育、正确的行动以及与环境之间正确的关系。

问：经验难道不会带来生命的完整吗？

克：我们看到许多人都在经历着一个又一个的体验，不断增加着各种感觉，怀着对未来的期望却活在过去的记忆里。这样的人会过上充实的人生吗？累积的记忆会带来生命的圆满吗？抑或只有当心灵处于开放、自愿的状态，彻底摆脱了所有自我保护的记忆，方能拥有生命的完整？

何时有了完整的行动，不对许多欲望进行划分，何时便能出现充实、完整和深刻的真实。仅仅去累积经验，或者活在经验的感觉中，只不过是表面看起来丰富了记忆，通过刺激提供了一种虚假的充实感。仅仅丰富记忆，并非生命的充实，而只是筑起了更多自我保护的高墙去抵制生命的运动，去对抗痛苦。自我保护的记忆之墙，妨碍了生命的自发性，并且增加了抵制，从而加剧了痛苦与冲突。累积关于经验的记忆，不会带来认知或者深刻的柔韧之力。

记忆通过经验对我们予以指引。我们怀着一颗受限的心灵来走近每一种新的体验——这颗受限的心灵，已经负累着无数关于恐惧、偏见、倾向的自我保护的记忆。记忆一直在限定着心灵，为它制造着价值观念的环境，而心灵则沦为了这一环境的囚徒。只要自我保护的记忆存在着并且让“我”的过程得以持续，就不会获得生命的充实。

所以我们必须要了解体验的过程，必须探明心灵是如何一直从体验里积累着经验教训，并将它们作为自己的指南。这些教训，这些范式与指引，仅仅是自我保护的记忆，它们不断地帮助心灵去逃避现实。由于心灵渴望在这些记忆的帮助之下去逃离现实，所以它只会加剧恐惧、幻觉和冲突。只有当心智完全自愿地去跟随生命的运动时，当没有任何自造的人为的阻碍时，才能获得生命的充实。当欲望及其幻觉、价值理念终止的时候，便会迎来生命的充实。

问：请跟我们谈谈美以及自由的狂喜。假如不运用冥想或其他适合我们这一阶段的方法，能够获得这种愉悦的状态吗？

克：你为什么希望我跟你们谈谈有关美和自由的狂喜的问题呢？是为了获得一种新的感受、一副新的想象的图景、一个新的理想范式，还是因为你希望通过我的描述在自己身上建立起信心，获得确定感呢？你渴望得到刺激。就像在阅读一首诗歌时那样，你会迷失在诗人想象出来的瞬间的图景之中，所以你想要通过我的描述来获得刺激。当你欣赏一幅优美的画作时，你会因画作的美丽陷入到一种暂时的狂喜，忘却了日常的冲突、不幸和恐惧。你暂时地逃离开去，然而不久之后你又重返痛苦的包围。我向你描述那不可描述的事物又有什么用处呢？没有任何字眼可以度量它。因此让我们不要去问什么是真理，什么是自由吧。

当你深刻意识到你那座监牢的高墙，你便能够知道何为自由了，因为正是这种觉知消除掉了自造的局限。在你询问什么是真理，什么是自由的狂喜时，你只是想要去逃离日常的争斗、激情和仇恨的重担。我们偶尔会察觉到那不可描述之物的美丽，然而这些时刻如此罕有，以至于我们在记忆中去依附它们，并且试图带着恒新的现在去活在过去中。这只会制造冲突跟幻觉，并使它们永续下去。我们不要借助想象活在一个被期待的未来，而应该认识到我们每日的争斗和恐惧。

有些人认识到了那一自我维系的无知的过程，但很少有人会自愿地将其终结掉。有许多人几乎逃避了现实，他们无法去探明真实，探明那始终在变成的过程。没有任何体系，无论是哲学体系还是科学体系，能够带领他们去体验真理的狂喜。没有哪种冥想的方法，可以使他们摆脱那些自我产生、自我运作的幻觉、冲突和烦恼。它们是如此的牢固，以至于帮助着制造了那些妨碍智慧之果的限定。你所说的冥想，指的是一套规则，一种修炼，尔后你希望冥想可以帮助你去唤醒智慧。任何逼迫，无论是迫于奖赏还是迫于惩罚，能够带来真实那富有创造力的智慧吗？你难道不应该去深刻认识到无知、欲望的过程吗，那制造着更多的欲望因而始终在产生着恐惧和幻觉的过程吗？当你真正开始察觉到这一过程的时候，这种察觉本身便是冥想，而不是一天当中抽出几分钟来刻意地展开一番冥想——这么做实际上是通过逃避生活来思考生活。我们以为通过离开生活哪怕只是短短的几分钟，便可以去认识生活了。要想了解生活，我们就必须处在生命的流动之中，处在生命的运动之中。必须要认识到无知、欲望和恐惧的过程，因为我们便是这一过程本身。

我担心你们中有许多人虽然经常听我的演说，但却并没有对我所说的话加以试验，结果也就仅仅只是获得了一个新的术语，并没有出现意愿的根本改变，要知道这种改变本身就可以让心智从冲突和痛苦中解放出来。不要去寻求冥想的方法，这么做仅仅表明你想要去逃避现实；而是应该凭借你自己的力量去探明无知和恐惧的过程。这种深刻的洞察便是冥想。

问：您说规范、约束是徒劳的，无论是外部的约束还是自我施加的约束。可是当一个人认真看待生活的时候，他就必然会主动地去服从于某种自我约束。这里头有什么问题吗？

克：我曾经试图去解释，任何源于逼迫的行为，无论是迫于奖赏还是迫于惩罚，迫于恐惧还是迫于爱，都不会是正确的行动。它仅仅是一种模仿，是依照某些理念对心灵加以逼迫和训练，目的是要避免冲突。这种约束，不管是被施加的还是出于自愿的，都不会带来正确的行动。只有当我们认识了那自我运作的无知的过程，认识到了那经由欲望的活动而不断更新的局限，才能够展开正确的行动。一旦你深刻洞察了恐惧的过程，智慧就会被唤醒，而这种智慧可以带来正确的行动。智慧能否通过或强加或自愿的约束来被唤醒呢？这是根据某种模式来对思想加以训练的问题吗？你出于恐惧而去服从某个道德标准，那么这种恐惧可以去唤醒智慧吗？任何形式的逼迫，无论是来自外部的强迫还是自愿施加的压力，都无法将智慧唤醒，因为强加是恐惧的产物。哪里有恐惧，哪里就不会有智慧。只要智慧在发挥作用，就会出现没有规范与约束的自发的适应。所以问题不在于戒律、规范、约束是正确的还是错误的，抑或是否必要，而在于心灵如何能够去摆脱那自造的恐惧。因为，一旦挣脱了恐惧的束缚，就不会有任何约束感，而只会拥有生命的充实。

恐惧的根源是什么？恐惧是如何产生的？它的过程是怎样的，有何表现？只要“我”的过程即欲望的意识存在，就必然会滋生恐惧。“我”的过程、欲望的意识局限了行动。所有源于欲望之局限的行动，都只会制造出更多的局限。这种欲望的不断变化及其诸多的活动，无法让心灵挣脱恐惧的羁绊，它只会令“我”的过程拥有个性和持续性。任何脱胎于欲望的行动，都必然会一直制造出恐惧，因而也就妨碍了智慧，使你无法自发地去适应生活。

不要问我自我约束是对还是错，而应该去意识到你自己的欲望，于是你便会探明恐惧是如何形成的，如何使自己永续下去的。不要想着去摆脱恐惧，而应该在不受任何逼迫的情况下去深刻认识欲望。尔后就会出现欲望的终止，智慧的觉醒以及生命的充实了。

（在奥门的第六场演说，1936 年 8 月 2 日）

心灵的柔韧

要探明真实，心灵就必须具有无限的柔韧性。我们大多数人都想象真实存在于心灵之外，存在于心灵之上，真理超越了冲突、局限、愉悦和痛苦的意识。然而要想理解真实，心灵就得认识到自身的创造物和局限。要探明意识的过程，探明那既是概念化的又是现实存在的意识，要深刻探究它那无数的微妙之处，心灵一定得是无比柔韧的，具有高度的适应能力，一定得拥有完整的思想。完整的思想并不是训练、规范、控制或局限的结果。一个不被划分为对立面的心灵，一个可以直接感知的心灵，不会是训练的结果。它不会来自于用一个意愿去压制另一个意愿，一种欲望去克服另一种欲望。思想里的所有对立面必定都是虚幻的。心灵通过划分自己而有意无意地开着自身的玩笑。训练跟控制，意味着一种欲望里的二元性过程，这种过程会带来意识里的冲突。哪里有冲突、压制、克服，哪里就会有对立面的战争，就无法实现心灵的柔韧，从而妨碍心灵的敏锐、洞察和领悟。由于对立面的冲突，心灵受到了限定，而受限的思想会制造出更多的局限，于是限定的过程也就被继续下去了。这种过程有碍于心灵的柔韧。

一个人该怎样带来那种没有对立面的冲突的状态呢？我们必须察觉到发生在我们每个人身上的对立面的冲突，不要使自己去认同任何一种对立面，或是对冲突予以干扰。冲突会在心灵之湖掀起层层涟漪，由于心灵不喜欢被搅动，所以它寻求某种人为的方法来走出被干扰的局面。这样的方法必定会是逃避或者某种对立面，而这么做只会给心灵制造出更多的局限。身处冲突之中但同时又能做到动中有静，既不接受也不排拒，这可并非易事。处在冲突的状态，同时不去寻觅任何救治之法或者去逃避，如此方能带来完整的思想。这便是正确的努力。

要使心灵摆脱对立面的冲突，你就得认识到意识的一个部分克服另一个部分，一种划分取代另一种划分的过程。你把这一过程叫做训练心灵，然而它仅仅只是形成了一种源于对立面的习性。

让我们思考一下被权威所困的心灵。有外部逼迫的权威，有团体的权威，领袖的权威，观念的权威，传统的权威。你可能会在没有充分认识这种权威的情形之下便予以屈从，并且声称这么做是出于自愿的选择。但倘若你真正去审视自己，就会发现在这种选择中有着对于安全的深切渴望，而这种渴望制造出了恐惧，为了克服这一恐惧，你就使自己去屈从于某种权威。尔后便出现了累积的记忆、偏见、恐惧、期待和欲望的权威，这种权威隐蔽而主观，并且成为了价值理念、理想范式和标准。假如你对此加以深刻的检验，会懂得，通过那些因渴望自我保护及安全而来的新的价值理念和标准，心灵在不断地接受和抵制着权威并且限定着自己。你可以告诉自己说你并没有以任何方式在寻求安全，这种对于安全的寻求实际上制造了许多隐蔽形式的权威；但如果你观察一下的话，会发现你正在寻求不安全，以便你可以去信服安全的虚幻性。所以不安全的观念变成了另外一种形式的安全与权威。当你去抵制权威，寻求着摆脱权威以获得自由，你实际上只是在寻求对立面。然而真正的自由，睿智、觉醒的心灵状态，是超越于对立面之上的。而这便是动中有静的深邃的思想，便是不做任何选择的觉知，便是富有创造力的直觉，便是生命的充实。

问：假如我与家人、朋友、雇主、国家法律，与各种形式的剥削发生了冲突，那么我难道不应该去寻求挣脱一切令生活难以为继的阻碍吗？

克：我担心你是否仅仅只是把冲突的对立面当作解放来予以寻求，因而实际上只是在逃避现实罢了。假若你想要让生活切实可行，充满生机，那么你就得理解剥削的整个过程，包括明显的剥削和隐蔽的剥削。仅仅去逃避跟家人、朋友和环境的冲突，并不会让你摆脱掉盘剥和利用。只有认识了整个剥削过程的涵义，才能拥有智慧。智慧令生活变得可能、切实和充满生机。我所说的智慧，指的并非是表面化的智慧的过程，而是意愿的变化。当一个人完整而充实地生活时，就会带来这一变化了。

我们知晓各种形式的剥削，但是还有许多隐蔽的剥削形式我们尚未意识到。如果你想要真正了解各种形式的剥削，包括隐蔽形式的剥削，你就必须洞察"我"的过程——这一源于无知、欲望和恐惧的过程。所有脱胎于该过程的行动，都必然伴随着剥削。许多人希望通过离群避世来思考真实，来终结"我"的过程。你不应该以远离生活的方式去思考生活。这种逃避不会终结无知、欲望和恐惧的"我"的过程。所谓生活，意即处于关系之中。当这种关系开始令人厌烦、受到限制时，它就会制造出冲突和痛苦，尔后你会渴望它的对立面，渴望去逃避这种关系。一个人经常会去逃避，不过只是逃避进了一种肤浅地充满了恐惧和幻觉的生活，从而加剧了冲突，并且导致缓慢的衰退。这种逃避才是不切实际和混乱的。如果你想要剥去生活所有的丑陋跟残忍，你就必须通过正确的努力来终结掉那自我维系的无知的过程。

问：倘若真理超越于所有的局限，那么它必然是无限广阔的，因此会把生活的各种表现都涵盖在自己的范围之内。所以，这种无限的意识

难道不应当包括对生活各个层面和活动的认知，而不会把任何一个方面或活动排拒在外吗？

克：让我们不要去关心什么是无限广阔的意识、真理等诸如此类的问题。当各种形式的幻觉终止时，你便会认识到什么是真实了。由于心灵能够去施展这类微妙的欺骗，有能力去给自己制造出许多的幻觉，所以我们的关注点不应当放在真实的状态上面，而是应该注重去消除有意或无意出现的诸多错觉。通过从属于某个宗教组织，接受其教义、信念、信条，或是成为这些新的民族主义者中的一分子，你希望能够去认识神、真理或人类的幸福。但倘若心灵被信仰、偏见、教义和恐惧所扭曲，那么它怎样才能够去认识真实呢？只有当这些局限被消除的时候，才会有真理出现。不要去预想什么是实在，然后去适应那一概念。

要热爱人类，你认为你就得从属于某个民族；要热爱真实，你觉得就有必要去皈依某个组织化的宗教。由于我们没有能力在那些充斥于心灵的幻觉当中洞察到真理，因此就认为虚幻与真实、恨与爱是生活的基本组成部分，借此来欺骗自己。哪里有爱存在，哪里就不会有仇恨。你不必经历所有幻觉的体验来理解真实。

问：*我们怎样才可以解决性的问题呢？*

克：哪里有爱存在，哪里就不会出现性的问题了。只有当爱被感觉展示出来时，性才会成为一个问题。所以问题实际在于该如何去控制感觉。假如燃起了炽烈的爱火，那么性的问题就会终结了。性之所以会成为一个问题，是因为感觉、习惯和刺激，是因为现代文明的诸多荒谬。文学、影视、广告、谈话、服饰——所有这一切刺激了你的感官，加剧了冲突。性的问题不能够被单独加以解决，不能够通过自身得到解决。试图通过行为主义的道德或科学的道德来理解性的问题，这么做只是一番徒劳。人为的限制或许是必要的，但它们只会令生活变得乏味和肤浅。

我们全都有能力去深刻地热爱他人，去包容性地热爱他人，然而由于冲突、错误的关系、感觉以及习惯，我们摧毁了爱的美丽。因为占有欲以及它的诸多残忍，因为相互利用的丑陋，我们慢慢熄灭掉了爱的火焰。我们无法人为地去让这火焰继续燃烧，但是通过不断洞察那掌控了我们的心智、我们的整个存在的诸多幻觉和局限，我们便可以去唤醒智慧与爱。所以，我们必须要去认识的，并不是该对欲望和感觉加以何种限制——是科学的局限还是宗教的限定，而应当是如何带来深刻、持续的圆满。我们在各个方面都感到挫败；恐惧控制了我们的精神生活和道德生活，迫使我们去模仿，去顺从错误的价值理念和幻觉。我们的整个存在毫无创造力的表现可言，无论是工作方面还是在思想领域，因此感觉就变得无比重要起来,它的问题压倒了一切。感觉是人为的、表面化的。假如我们没有深刻洞察欲望并理解其过程，那么我们的生命就会流于肤浅,就会感到彻底的空虚与不幸。单纯的欲望满足,或者欲望的不断变化,摧毁了智慧和爱。爱本身便能够把你从性的问题中解放出来。

问：您指出我们可以彻底察觉到那集中在我们每个人身上的“我”的过程。这是否意味着体验并不具有任何其他的用处，只对体验者本人有价值呢？

克：如果你用自己的经验来限定思想，那么他人的经验如何能够解放你的思想呢？如果你通过自身的意志活动来限定你的心灵，他人的认知如何能够让你获得解放呢？他人的认知或许可以对你提供表面的刺激，但这种帮助并不会持久。若你认识到了这一点，那么通过崇拜、戒律或者通过来世的讯息建立起来的整个精神帮助的体系就不会具有多少意义了。假使你懂得“我”的过程通过它那源于无知、欲望和恐惧的意志活动而维系着自己，他人的经验也就意义甚微了。那些伟大的宗教导师已经宣称了什么是道德，什么是真理。其追随者们仅仅只是在模仿他们，所以也就无法达至圆满。如果你声称我们必须依靠理想范式来生活的话，这只是表明你心怀恐惧。理想范式制造了意识里的二元性，因此只会让冲突的过程得以继续。若你明白唤醒智慧便是“我”的过程的终结，你就会自发地去适应生活，就会同环境建立起和谐的关系，而不会迫于恐惧或是效仿某个榜样，效仿榜样只会加剧无知、欲望和恐惧的“我”的过程。

我向你们保证，如果你们每个人都真正懂得了这一点的话，你的意愿以及对待生活的态度就会产生巨大的变化了。人们经常会问我说：“我们不应该有权威吗？我们不应该去追随上师吗？我们不应该有规范纪律吗？”还有一些人则会跟我说：“不要同我们谈论权威，因为我们已经超越了权威的束缚。”只要“我”的过程继续存在着，就必然会有许多隐秘形式的权威、欲望以及它的恐惧、幻觉和强迫。榜样的权威意味着有恐惧存在，只要我们没有认识“我”的过程，单纯地去效仿榜样就只会成为阻碍。

问：人之外有神灵存在吗？神的观念对您有任何价值吗？

克：你为什么要问我这个问题呢？你是希望我鼓励你信仰呢还是支持你怀疑呢？神灵要么存在，要么不存在。有些人宣称有神灵存在，有些人则予以否认。这些矛盾让人颇感困惑。

要想探明实在、真实，心灵就得摆脱对立面的束缚。我已经解释过，世界是由许多独特的力量构成的，这些力量没有开始，没有源起，不是被某种至高的力量或者某种超验的、唯一的能量所推动的。你无法去了解其他任何能量的过程，只可以去认识那集中在你自己身上的能量的过程，也就是你自己。这种独特的能量在它那自我运作的发展中变成了意识，意识制造着自己的局限和环境，它既是概念化的，又是实际存在的。

“我”的过程通过它那无知和欲望的意志活动而自我维系着。只要

“我”的过程继续存在，行动中就必然会有冲突、恐惧和二元性。在这些意志活动被终结的过程中，会出现真实的极乐与爱。当你遭受痛苦时，你不去思考痛苦的整个过程的根源，而仅仅想要逃避到幻觉之中，你把这种幻觉美其名为幸福、真实、神。假如你洞察了所有的幻觉，就能深刻探明痛苦的原因了。而这种洞察可以唤醒正确的努力，尔后便会出现那不可测量、不可知的事物了。

问：宿命论具有任何实际的效用吗？

克：每时每刻因局限和无知而滋生出的活动，都在修正和更新着“我”的过程，赋予该过程持续性和特性。这种由局限而来的行动的持续性，便是宿命。虽然你被自己的行动给限定住了，然而任何时候你都可以去冲破这局限的锁链。所以你始终是自由之身，只不过你出于无知和恐惧而局限住了自己。你不是某个实体的玩物，某种或善或恶的神秘力量的玩偶，你不受世上某些飘忽不定的力量的支配，你并非仅仅受着遗传或环境的掌控。

当我们思考命运的时候，会想象有某种外在的力量决定着我们的现在跟未来，于是便去屈从于信仰。在信仰的权威之下，我们认可某种独特的能量、智慧、神已经把我们的命运给安排好了。与信仰相对立的，我们还有科学以及它对于生活所做的机械论的解释。

你不能通过对立面来理解我的话。思想因为无知和恐惧而受到限定，意识通过自身的意志活动而维系着自己并且保持着它的特性。源于局限的行动必然会让心灵受到更多的局限，也就是说，对自我的无知，形成了一条自我局限的行动之链。这种自我决定、自我局限的思想和行动的过程，让意识即“我”拥有了特性并且持续下去。

过去，是受限的思想和行动的背景。思想与行动支配和控制着现在，因而制造出了一个被预定的未来。一种源于恐惧的行为，产生了某些决定未来行动的记忆或自我保护的抵制，所以控制着现在的过去其实也同时支配着未来，于是便形成了一个把思想困住的链条。不做任何选择地察觉到这一过程，便是真正自由的开始。

假如心灵认识到了无知的过程，它便能够在任何时候把自己从无知中解放出来。倘若你深刻理解了这一点，你就会发现思想不必一直为因果所限。若懂得了这个道理，就会拥有巨大的自由，没有恐惧，没有对立面的肤浅。

（在奥门的第七场演说，1936 年 8 月 3 日）

“我”是不朽的，还是暂时性的

我希望你们在这十天当中有展开一番特意的思考，因为如今你们必须要重新去面对那些日常的例行公事，去面对这个已经因为仇恨而疯狂的世界上的诸多冲突跟问题。在这短短几天里头，我们一直试图探明可以用什么方法来处理关于人类的诸多复杂难题。没有深刻洞察人类争斗的整个过程，而只是对反应做出一些表面化的回应，这么做只会带来更为严重的冲突和痛苦。我希望本次夏令营可以让我们每个人有机会去展开全面、充分和真正的思考。即将重返真实的世界，我们每个人都不得不去应对许多的问题，诸如宗教的、社会的、经济环境的问题及其矛盾的、痛苦的界分。

通过追溯每一个问题的根源，我们能够摆脱冲突的束缚吗？通过研究各种反应，我们能够洞察所有行动的原因吗？科学和宗教以及它们那些相互冲突的主张，只会在心灵里制造出界分。我们该如何带着自身那些错综复杂、微妙的人类问题去探明什么是一切行动及其冲突和痛苦的真正中心或原因呢？除非我们凭借自己的力量理解了行动的中心，彻底、充分地洞察了它，否则单纯去对反应进行分析或者去依赖信仰，并不能帮助心灵冲破无知和痛苦的藩篱。假若我们充分了解了一切行动的中心，那么我们的观念和行动就会出现翻天覆地的巨大改变。没有认识行动的过程，仅仅去对社会革新或经济变化进行一些修修补补，这么做是毫无用处的，尽管可能会产生一些效果，但也只是流于表面化的补救和改正罢了。

有许多独特的、单独的力量或能量正在世界上运作着，我们无法彻底认识到它们。我们只能去充分了解那个集中在我们自己身上的独特的能量，也就是“我”。它是我们唯一可以认识的过程。

要想了解这一独特的能量的过程，了解这个“我”，你就得展开深刻的洞察，不是去研究理性的推论和分析。你的心灵必须具有强大的柔韧性和适应能力。一个背负着诸多欲望和恐惧的心灵，无法洞察一切行动的中心，即那个微妙的“我”的过程，因为欲望和恐惧制造着对立面，由此滋生出选择。正如我所解释的那样，这种能量是独一无二的，它是限定性的，同时又是被限定的。它通过它那源于无知的行动制造着自己的局限。这种唯一的能量，没有一个开始，它在自身的自我运作的发展中变成了意识，即“我”的过程。

这种意识，通过自身的意志活动局限着自己。这种无知、欲望、恐惧和幻觉的“我”的过程，便是行动的中心。这一中心通过自身的意志活动不断革新着自己，更新着它的局限，所以就总是会有冲突、痛苦跟悲伤。在意识里，在行动的中心里必须要发生根本的改变，仅仅去恪守规范戒律或者遵从理想范式的权威，无法让痛苦和悲伤终止。你必须要懂得“我”的过程及其恐惧和幻觉只是暂时性的，所以能够被消除掉。

你们中许多人都会潜在地相信“我”是永恒的、神圣的，倘若没有“我”存在，就不会有活动，不会有爱，如果“我”终结了，那么一切就都灰飞烟灭了。所以你必须首先凭借自己的力量去深刻探明“我”的过程究竟是不朽的，还是暂时性的。你必须得知道它的本质是什么。这是一项极为艰巨的任务，因为你们大部分人都是浸染在宗教传统的背景下，整个成长教育的过程都被灌输了有关信仰的理念，这种传统使得你去依附于“我”，从而妨碍了你对其真正本质的洞察。你们中有些人把宗教信仰抛置一边而仅仅去接受科学的信条，但是同样会发现很难去认识行动的中心的真正本质。肤浅地探寻“我”的本质，或是随随便便宣称它的神圣性，仅仅表明你压根儿就没有认识“我”的过程的真正本质。

你可以凭借自己的力量去探明何为实在，正如我依靠自身独立地认识到了它的真正本质一样。我这么说，并不是在鼓励你们去相信我对“我”的过程的理解。只有当你通过自身的力量认识到了它的本质为何时，该过程才能被终结。

随着“我”的过程的结束，会有意愿的变化，而这种变化本身就能够令痛苦终结。没有任何体系方法、没有任何规范戒律，可以带来意愿的变化。你必须要察觉到“我”的过程。在不做任何选择的察觉中，只在欲望、恐惧和无知的行动里存在的二元性便会结束。有的只会是行动者的领悟，以及他的记忆、欲望和恐惧，还有他的行动——行动的中心认识到了自身，但又不会对自己予以客观化。

单纯的控制或强迫，用一种欲望来克服另一种欲望，单纯的替代，只是意愿里的变化，这种变化永远不会让痛苦终结。欲望里的变化是一种局限中的变化，是进一步限定了思想，结果则是表面的革新。如果通过对“我”的过程的认知，实现了意愿的改变，那么就会出现智慧，即富有创造力的直觉，它本身就能够使你与他人、与环境之间建立起和谐的关系。通过洞察无知的“我”的过程，会实现觉知。这是一种不做任何选择的自发的行动，而非经过一番辨别之后展开的行动——所谓辨别，指的是把一种行动与另外一种行动相衡量，一种反应与另外一种相权衡，一种思想习惯同另外一种相比较。当你实现了充分的认知以后，“我”的过程就会终结了，于是你便拥有了一个不做任何选择的人生，一个充实的、洋溢着巨大喜悦的人生。

问：有一些人为集体思想和大众心理所困，殊不知正是它们造成了

我们周遭的混乱无序和冲突斗争。当一个人面对这些人的时候，他怎样才能够把他们从大众心理当中解放出来，并且让其领悟到个体思想的必要性呢？

克：首先你得把自己从大众心理、从集体的缺乏思考中解放出来。让思想摆脱时代的愚昧是一项极为困难的任务。大众的缺乏思考及愚昧，就存在于我们自己身上，因为我们就是大众。我们察觉到了它的某些愚昧和残忍之处，但大部分人都没有意识到它那压倒性的偏见、错误的价值理念和理想范式。你必须使自己摆脱那些欲望和恐惧的强大力量，尔后才能够去帮助他人冲破这些束缚。也就是说，你得凭借自己的力量认识到什么是愚昧，认识到那些局限了生命和行动的价值理念是什么。你们中有些人察觉到了仇恨、民族划分、剥削这些显然错误的价值理念，但却没有洞悉这些局限的过程，并且使自己摆脱它们的羁绊。当你开始意识到那些局限了你的错误的价值理念，探明了它们的涵义，你就会明白自己身上发生了一种巨变。只有在这个时候，你才真正帮助了他人。尽管你可能不会成为大众的领袖，尽管你可能没有实现重大的革新，但如果你真的领悟了我这番话的涵义，你就会是沙漠中的绿洲，黑暗里的火焰。

“我”的过程的终结，便是智慧的开始，而智慧本身就能够给这个混乱的世界带来理性的秩序与幸福。

问：我们当中有些人听您的演讲已经长达十年之久了，不过，尽管您的言论十分地鼓舞人心，但我们或许改变甚微，并没有从根本上发生变化。为什么会这样子呢？我们必须要等到痛苦来推动、来迫使我们去改变吗？

克：我认为你不需要等到痛苦的推动和迫使才能从根本上改变自己。你现在就在遭受着痛苦。你可能没有意识到冲突和悲伤，但你的确正在受苦。寻求表面的疗治之法、寻求逃避和安全的想法，只会带来表面化的改变。只有当你深刻洞察了“我”的过程，才会出现意愿的重大变化。在这种变化中，会迎来丰富、充裕的智慧与爱。

问：您对于进化有何看法呢？

克：很显然存在着简单和极为复杂这两种状态，有形式的简单与极为复杂，思想的简单与极为复杂，数千年前简单的车轮与今天复杂的机器。简单变为复杂，这就是进化吗？当你谈到进化的时候，你所想的并非只是形式的发展演变。你思考的是被你叫做“我”的意识的微妙的发展变化。由此会提出这样的问题：个体的意识会有发展和未来的继续吗？“我”能够变得涵盖一切、持久和永恒吗？

能够发展的事物就不是永恒的。能够持续、真实存在的事物，始终都处在一种变成的状态。它是一种不做任何选择的运动。你问我说“我”是否处于发展的状态，是否会变得荣耀和神圣。你指望时间去摧毁和消除痛苦。只要心灵为时间所囿，就必然会有冲突跟痛苦。只要意识界定着自己、通过它那被时间所困的恐惧的活动更新着自己，就必然会遭受痛苦。把你从痛苦中解放出来的，并不是时间。渴望经验、渴望机会，比较着记忆，无法带来生命的充实和完整，无法带来获得真理的狂喜。无知寻求“我”的过程能够永续下去，当受限的心灵不再自动地进行着自我更新的时候，智慧便会到来。仅仅去累积复杂，不是智慧，不是理性。单纯的累积、成长、时间，不会带来生命的充实。无所畏惧便是认知的开始，而恐惧始终属于当下。

问：您是一个活生生的榜样，因为您已经获得了解放，您对于我们这些仍然为痛苦所困的人来说具有莫大的鼓舞作用。这种鼓舞于我们而言是否也可能会变成一种阻碍呢，这样的危险完全不存在吗？

克：我希望自己不要成为你们可以去效仿的榜样，因为我谈到过由恐惧造成的痛苦和无知的过程、心灵的幻觉、错误的价值理念，以及真理的自由。榜样是一种阻碍，它来自于恐惧，而恐惧会带来强迫和模仿。效仿他人，并不是认识自我。

想要实现对自我的认知，就不能够去追随、仿效他人，不可以有任何强迫性的记忆，这种记忆会妨碍“我”的过程去显现自身。当心灵不再逃避痛苦，不再躲进幻觉和错误的价值理念里，那么痛苦就会带来认知，而不会怀有任何错误的赏罚之动机。行动的中心便是无知，而它的结果则是痛苦。追随他人或者依照某个理想范式的权威来规范、约束和训练心灵，无法带来生命的充实与真实的极乐。

问：世上是否有某种方法可以让我们去终结那再一次弥漫于西班牙的愚蠢的恐怖呢？

克：战争是人类面临的一道重大难题。我们该怎样去终结大众和个体的暴行呢？要想唤起大众去展开行动抵制当前文明的恐怖、残忍和荒谬，就必须得实现个体的认知。

要从你自己开始着手。探明了那些骇人听闻的残忍的偏见与战争，你就会认识一个快乐的世界。你要去探明自身的野心，探明各种隐蔽形式的对他人的利用和盘剥，探明你想要有所得的欲望以及对权力的渴求，尔后你便会拥有一个理性的、秩序井然的世界了。只要个体身上有残忍和暴力存在，那么集体的仇恨、爱国主义和争斗就必将继续下去。

当你认识到自己在行动中所肩负的责任和义务时，你同邻里之间便能够建立起和谐的关系，便能够拥有和平与爱。尔后就有可能去终结争斗的恐怖、人类相互屠杀的恐怖了。

（在奥门的第八场演说，1936 年 8 月 4 日）

PART 03

印度 1936 年

探明什么是实在

正确的认知，可以给我们这个满是冲突和痛苦的世界带来理性的秩序与持久的幸福。要想唤醒智慧的思想，每一个个体就得展开正确的努力——这种努力，指的并非是那种由个人的反应、幻想、信仰和理想所引起的努力。单是这种思想本身便能够带来正确的生命状态以及人与社会之间真正的关系。我将试图帮助作为个体的你们去实现直接地、简单地思考，不过前提是你们得怀有强烈的认知的欲望。你们必须使自己摆脱忠于某些信仰和教义的成见，摆脱因缺乏思考的传统而形成的习惯性行为的偏见。你们必须强烈地想要去展开试验和行动，因为只有通过行动你才能真正懂得，权威、信仰、理想范式都只是智慧与爱的绊脚石。

但是我担心你们中大部分人都只会带着习惯来听这些演说。这不是一场政治会议，我也不希望煽动你们去展开某些经济的、社会的或是宗教的行动。我不想被人追随、效仿，也不渴望获得你们的崇敬。我没打算成为一名领袖，或是创立一套新的思想体系。我只希望我们应当尝试着一起来展开清晰、心智健全、充满理性的思考，在这种真正的思考的过程之后，行动自然会紧随而至了。思想与行动是不可分的。

假如有任何形式的恐惧、强迫，就无法实现对于生活的正确认知。当思想和行动不断受到权威的阻碍时——规范戒律的权威、赏罚的权威——你就难以做到对于生活的创造性的理解。依靠创造性行动的直接性，你会懂得，无情地去探寻个体的安全，必将带来剥削跟痛苦。只有通过富有活力的思想和行动，才会发生彻底的内在变革，个体与社会之间才能建立起正确的关系。

那么，对于当前复杂的生活问题，我们每个人的答案是什么呢？我们是不是怀着某种特殊的宗教观、科学观、经济观来面对生活的呢？我们是不是不假思索地便去依附于传统，无论是新的还是旧的传统呢？这个极为微妙和复杂，被叫做“生活”的事物，能够通过把自己划分成若干部分——比如政治、社会、宗教、科学等部分——通过强调其中一个部分而忽略其他的部分来获得理解吗？

“首先要解决经济问题，尔后其他的问题也就迎刃而解了。”这是当今的一个时髦说法。如果我们只是把生活看做一种经济过程，那么生活就会变得机械化和表面化，并且充满了破坏性。倘若仅仅去声称必须首先解决面包问题，我们是否就能够领悟生命那微妙、未知的心理过程呢？单纯去重复标语口号，是无需太动脑子的。

我的意思并不是说面包不是一个问题，相反，它是一个大问题。然而我们通过强调面包问题，使其成为主要的关注点来解决生活的复杂性以及心灵的狭隘，结果只会让问题进一步地复杂化了。

如果我们是信奉宗教的人士，也就是说，如果我们的心灵为信仰和教义所局限，那么我们只会给生活带来更多的复杂性。我们必须以深刻的智慧充分地看待生活，可是大多数人都试图怀着一颗背负传统、受到局限的心灵去解决生活的诸多难题。假若你是一名印度教教徒，你会寻求通过印度教的某些信仰、成见跟传统来理解生活。若你是个佛教徒、社会主义者或是无神论者，你则试图只按照你的那些信条来认识生活。一个受限的心灵，是无法理解生命的运动的。

请不要向我寻求某种灵丹妙药、思想体系或是行为模式，因为在我看来，任何思想体系、行为模式和万应灵药，都会妨碍对于生活的理性认知。

要理解生活的复杂性，心灵就得具有极强的柔韧度和适应能力，要十分的简单。心灵的简单，并非是指不做任何的否定、放弃或接受，而是指实现充分的认知。心灵的简单，指的是直接的洞察，完整的思想，不为偏见、恐惧、传统和权威所囿。要使心灵从这些局限中解放出来，绝非易事，需要付出艰辛的努力。假如你从自己身上加以检验的话，会知道，拥有完整的思想，不受煽动的记忆及其权威和规范的局限，是何等的困难。不过，完整的思想本身便能够让我们懂得生活的涵义。

请你明白，让心灵拥有高度的柔韧性和适应力是何等的重要，让心灵深知恐惧及其幻觉的错综复杂，彻底摆脱它们的束缚，让心灵不受环境的影响的控制是何等的重要。思想必须不为恐惧所限，尔后我们才可以了解生活的全部涵义以及它那些重要的过程。而要想唤醒富有创造力的思想，我们就得意识到复杂和实在。

我所说的“意识到”指的是什么意思呢？我指的不仅是感悟到生活那相互关联的客观复杂性，而且还包括彻底察觉到那些暗藏的微妙的心理过程。正是这些心理过程滋生出了混乱、愉悦、争斗和痛苦。我们大多数人都以为自己认识到了生活的客观复杂性，我们意识到了我们的工作、我们的老板，意识到了作为雇主或者雇员的我们自己。我们意识到了关系里的冲突和矛盾。在我看来，仅仅认识到生活所具有的客观复杂性，并非是彻底的觉知。只有当我们把心理过程同客观复杂性深刻联系时，方能实现彻底的觉知。一旦我们能够通过行动把暗藏的事物同已知的事物联系在一起时，我们便开始踏上了觉知的旅程。

我们必须察觉到实在，也就是察觉到偏见、恐惧、倾向、欲望以及它们诸多的幻觉和表现，尔后方能在自己身上唤醒这种彻底的觉知，而这种觉知本身就可以带来真正富有创造力的表现。当我们有所洞察时，便会知道现实与我们的行动之间的关系。我们的行动，约束和限定了思想与情感及其反应、希冀和逃避。一旦我们意识到了实在，就会立即领悟什么是虚幻。而这种对于虚幻的觉知，便是真实。尔后不会再有任何选择的问题，不会再有任何关于善恶、真假、虚实、重要与次要等问题了。洞察了“当下实相”，也就知道了何为虚幻、何为真实，也就知道了孰对孰错，也就没有了选择的冲突。

你认为你可以在真假、虚实之间进行选择。这种选择是建立在偏见之上的，它源自于预想的理想范式，源自于传统、希冀，所以这种选择仅仅只是对虚幻加以修正罢了。但倘若你能够在不怀有任何渴望、不做任何界定的情况下去洞察真实，那么这种对虚幻的认知便是真实的开始。这是智慧，它不是基于偏见、传统和欲望，它本身便能够在不为恐惧所迫的情形下自发地、充分地消除掉一切问题隐蔽的本质。

假如可以的话，让我们去探明什么是实在，不进行任何阐释，不做任何界定。在我谈到你们所怀有的信念和理论时，谈到你们所崇拜的那些事物、所信奉的神灵时，谈到你们所依循的理想范式和追随的领袖时，在我谈到那些民族主义、体系方法、宗教上师具有的弊病时，请不要本能地产生任何防御性的反应。我所做的一切，不过是试图指明我认为什么是冲突和痛苦的根源。

假如行动是来自于完整的思想，不做任何界定与阐释，那么这种行动便能够唤醒富有创造力的智慧。如果你处于十分敏锐的状态，就会开始探明什么是真实；尔后你便能去唤醒智慧，同时又不会出现因为选择而导致的不断的冲突。单纯根据某个标准去展开行动，这其实只是模仿，绝非创造。智慧的行动不是模仿，只有受限的心灵才会一直调整自己去适应那些标准，因为它害怕知道何为“当下实相”。假若你清楚地领悟了什么是实在，领悟了它的本来面目，不做任何阐释与界定，那么在这种直接的感悟中便会迎来新智慧的曙光。这种智慧本身就可以解决那些极为复杂、充满了痛苦和矛盾的生活的难题了。

我们是何形象？世界是何形象？我们自己同世界的界分似乎是真实的，尽管当我们深刻审视个体与大众的时候，这种界分会消失不见。所谓实在，便是个体与大众之间的冲突。然而个体即大众，大众即个体。当个体或大众的特性消失时，个体或大众便会终结了。大众，便是个体身上的无知、欲望和恐惧。所有未被探索的意识领域，个体的半苏醒的状态，构成了大众。只有当作为冲突力量的个体与大众不再存在时，才能出现那富有创造力的智慧。正是大众和个体的界分，正是这种实为幻觉的界分，制造出了混乱和苦难。你既不是一个完整的个体，也不是彻底的大众，你既是个体又是大众。

不幸的是，大多数人的心里都怀有这种个体与大众的界分，都以为，通过把大众组织起来，你就可以带来充满生机的个体的自由与表现了。假如你想要把大众组织起来以便帮助个体获得解放，那么这种组织就会变成隐蔽的剥削手段。

有两种剥削形式，明显的剥削和隐蔽的、微妙的剥削。明显的剥削已经成为了习惯，为我们所熟知，为我们所经历。然而要想意识到那些隐蔽的剥削形式，则需要实现深刻的感知。某个富裕阶级对大众进行着盘剥，那些控制着产业的少数人盘剥着无数的工作者。集中在少数人手里的财富，制造了社会的差别与界分。由于这些界分，于是我们便有了经济和情感上的民族主义、国家主义；于是我们便面临了无休无止的战争的威胁以及它的恐怖跟残酷；于是我们就把人划分成了各个种族和国家，这些种族和国家为了自足展开着激烈的争斗；于是我们就建立起了充斥着诡计与特权的官僚主义体系。

所有这些都是明显的剥削，由于它们是如此的显而易见，因此你也就对其习以为常了。你们声称民族主义、国家主义是必然的，结果每个国家、每个民族都在宣称着自己的利益，都在展开积极的备战，都在上演着残酷的杀戮。作为个体的你们，无意之中通过强调自己的民族独立性而对战争起到了推波助澜的作用。民族主义、国家主义是一种弊病，无论是在这个国家，还是在欧洲或者美国。孤立的个体或国家对于安全的寻求，只会加剧冲突与人类的痛苦。

隐蔽的剥削形式之所以不容易被察觉到，是因为它是我们个体存在的一种内心化的过程。它来自于对现在及来世的确定性和慰藉的寻求。这种寻求被我们称为是对真理、对神的寻求，其实只会使得我们去建立起各种剥削体制。我们将这些剥削体制美其名曰信仰、理想、教义，并且通过教士、上师以及导师而使它们获得了不朽。由于作为个体的你们处于混乱和怀疑之中，于是你们便希望他人能够给予你启发，你指望通过追随他人，通过遵循某种规范戒律或某个理想范式，来战胜痛苦和困惑。试图通过屈从他人，通过依照某个标准来规范自己的行为去战胜不幸和痛苦，仅仅是在逃避现实罢了。所以，假如你寻求逃避现实，假如你求助于他人以获得滋养和慰藉，那么你就制造出了隐蔽的剥削的过程。比如宗教，就是依靠恐惧和利用来获得繁荣的。

你们中有多少人认识到了自己正在寻求着安全——其实是在逃避恐惧的不断啮噬，逃避混乱和痛苦呢？对于安全的渴望，对于心理上的确定感的渴望，通过规范戒律、强迫、权威和传统，鼓励了一种隐蔽的剥削形式。

因此，你们必须凭借自己的力量去探明自身的思想和行动的过程。这种过程源自于无知和恐惧，它们带来了残酷的剥削、混乱以及痛苦。认知了实在，没有了因选择导致的争斗，这个时候便会出现爱，便会有获得真理的狂喜。

（在马德拉斯的第一场演说，1936 年 12 月 6 日和 25 日）

理解生命的整个过程

我们的社会如此复杂，充满了种种残酷与深深的误解，结果使得这个世界陷入到混乱和无序之中，那么在诸多相互冲突的解救方法、理论和理想范式当中，哪一个才是真正的济世良方呢？

世界上有许多老师，他们怀有各自的方法，也有不少的哲学家，他们怀有各自的思想体系。那么一个人该如何去选择哪一个才是正确的呢？每种体系、每个老师，都只是在强调着人的整个存在的某个部分。

那么，一个人该怎样去理解生命的整个过程呢？他该如何去把心灵解放出来，以便可以感悟到什么是真实呢？每位领袖都拥有自己的一个群体，并与由另外一位领袖所带领的另外一个群体处于冲突之中，于是便有了分歧、混乱和无序。某些群体变得残酷无情，其他一些群体则试图变得宽容和开明，原因是他们的领袖告诉他们说："培养宽容之心，因为正所谓条条大路通罗马，各种方法路径都能够通往实在。"所以他们在培养宽容之心、兄弟之情的过程中，逐渐变得漠然、懒散，甚至是残忍。

在一个充斥着混乱与分歧的世界上，当人们过于看重自己的信仰和理想时，那些信仰各异、为不同的理想而效力的群体之间，还会有真正的协作可言吗？假如你坚定地信仰某个理念，而另外一个人则由于他那如火般炽烈燃烧的信念而跟你对着干，那么你与他之间怎么可能还会有宽容与友爱呢？抑或是否每个人的理念都只会带着他走向虚幻呢？主张在冲突当中去培养起兄弟情谊和宽容之心，这种想法是否是不可能的，是虚伪的呢？尽管你怀有坚定的信念，你确信不疑，满怀希冀，但是你能够同一个跟你的生活理念截然相反的人建立起一种貌似友爱和宽容的关系吗？假如能够建立起这种关系，你就必须得做出一定的妥协，必须弱化那些对你而言正确的东西，于是你便向那个比你更加强势的人予以屈服，而这只会制造出更多的混乱。培养宽容之心，只是一种智力上的技巧，因此不具有任何深刻的意义，它只会带来思考的贫乏以及生命的荒芜。

如果你审视一下整个世界范围内由各个国家、阶级、团体、部门和个人所发动的各种宣传活动，会发现他们下定了决心要以各种方式去说服你接受其观点或信仰。那些彼此对立、相互竞争的宣传，能够真正做到深刻的友好与宽容吗？假若你是个印度教教徒，而另外一个人则是名伊斯兰教徒，假若你是位资本主义者，而另一个人则是个社会主义分子，那么你们之间可以建立起深刻的关系吗？这有可能吗？答案是否定的。培养宽容的心态，是一种理性的过程，因而也就是一种人为的过程，所以不具有任何真实可言。不过这并不意味着我在提倡为了信念而去施行迫害或某种残酷的行为，请好好理解我所说的话。

只要存在着转化和刺激，只要一个人被迫去加入某个组织或者服从于某些信仰，只要存在着相互矛盾、相互对立的理念，那么就无法实现和谐与和平，尽管我们可以聪明地假装自己是宽容大度的，是充满兄弟友爱的。因为每个人都如此兴致盎然，如此热衷于自己的理念和方法，以至于他会迫切地渴望其他人去接受自己的这些主张，于是便将制造出一种冲突和混乱的状态，这是显而易见的。

倘若你深思熟虑，同时并不是一个宣传者，那么你必定会懂得这番鼓吹宽容和友爱的胡言乱语是何等的肤浅，将会面临一场由那些相互矛盾的理念、希冀与信仰所展开的激烈战役。换言之，你必须洞察实在，洞察此刻于我们周遭上演的分歧跟混乱。如果我们能够把这种关于宽容和兄弟情谊的胡说八道抛掷一旁，就会知道依靠什么方法去理解分歧了。有一种方法可以带领我们摆脱无序，不过它并不是通过人为的兄弟之情或是理性的宽容来实现的。只有凭借正确的思考和行动，方能终结那些相互对立的群体与理念的冲突。

我所说的正确的思考意指为何呢？思想必须充满生机、富有活力，而不能是机械化的或者模仿性的。依照某种模式来训练心灵，这种方法被看做是积极的思考。你首先制造了或者接受了某个智力的形象、某个理想范式，你扭曲了自己的思想，以便符合该形象或理想。这种遵循、模仿，被误当成了认知，然而实际上这仅仅只是出于恐惧而渴望获得安全罢了。恐惧的刺激与推动，只会导致遵从。而源于恐惧的规范戒律，并非是正确的思考。

要想唤醒智慧，你就得懂得是什么妨碍了富有创造力的思想的活动。也就是说，如果你可以凭借自己的力量认识到理想、信仰、传统和价值观都在不断地扭曲着你的思想和行动，那么通过察觉到这些扭曲、失真，你就可以去唤醒智慧了。只要存在着有碍思想的有意或无意的障碍、价值理念与偏见，就不可能会有创造性的思想。你应该意识到自身的障碍、偏见和标准，而不要去追逐模仿、体系方法跟宗教导师，当你探明了它们的涵义，就会拥有创造性的智慧，这种智慧本身便能够摧毁混乱，同时带来认知上的深刻一致。

在一切障碍当中，最为棘手的便是传统。你或许会问："假如传统被毁掉了的话，世界会变得如何呢？是否不会再有混乱和无序了呢？不会再出现道德败坏了呢？"虽然有你所尊敬的那些传统跟道德教条，但是现在混乱、冲突与痛苦却依然存在着。

心灵是通过什么过程一直积累着那被我们称作为传统的价值理念、

记忆和习性的呢？只要心灵因为恐惧和欲望而受限，我们就无法去探明这一过程。恐惧、欲望不断在意识里面制造着固定的模式，而这些就成为了传统。

心灵能否从这些价值观念、传统和记忆的固定模式中解放出来呢？你所谓的思考，仅仅只是从一个固定的模式或偏见的中心移动到另外一个，并且从这一中心出发去进行判断、选择、制造替代物。由于被固定在了局限之中，所以你便去接触其他的理念和价值观，它们表面上修正了你自己那些受限的信念。尔后你便形成了另外一个新的价值理念和记忆的中心，而它们再一次限定了未来的思想与行动，所以你从这些固定模式出发去做出判断、估量和反应。只要你继续从一个固定的模式移动到另一个固定的模式，就必然会有冲突和痛苦，就无法拥有爱。培养兄弟之情和宽容之心，这些表面功夫只会鼓励这种移动并且强化幻觉。

心智能够始终使自己从受限的思想和情感的中心解放出来吗？假若心智没有给自己制造这些自我保护的固定模式，就会出现清晰的思想与爱，从而可以去解决导致混乱和苦难的诸多问题。如果你开始意识到了这些中心，你就会懂得它们是何其强大的力量，正是它们导致了那些分歧和混乱。当你没有认识到它们，你便会被那些向你许诺新的替代物的组织和领袖所利用。你学习着轻松地去谈论兄弟情谊、仁慈和爱——而只要你单纯地从一个偏见移到另一个偏见，这些字眼就不会具有任何意义。

你或者领悟到了无知的过程及其传统，于是便会展开立即的行动；或者如此习惯于用替代物来麻醉自己，以至于无法实现觉知，所以你开始去寻求某种逃避的方法。觉知即行动，二者是不可分的。你所谓的理性的觉知，在思想和行动之间制造出了一种人为的界分。尔后你努力想在这种界分之上建起沟通的桥梁，不过这种努力毫无意义，因为正是由于缺乏认知才会产生这一虚幻的界分。你要么察觉到了该过程，要么没有察觉。假若你没有察觉到，那么就让我们满怀热情地深刻思考一下这一过程吧，但是不要去探寻某种方法。这种认知的热情会变成觉知的火焰，将寻找替代物的渴望燃烧殆尽。

问：我能够永远摆脱痛苦吗？用什么方法可以做到呢？

克：痛苦与所有人相伴——无论是富人还是穷人，无论是信徒还是不信者。虽然你怀有那些信仰与教义，虽然你有庙宇、教堂和信奉的神灵，然而痛苦始终与你形影相随。让我们去理解痛苦，而不要仅仅只是想到去摆脱它。当你彻底认识了痛苦，你就不会去寻求某种方法来战胜它了。

你希望摆脱欢愉、狂喜和极乐吗？答案肯定是不希望。那么你为什么声称自己必须要摆脱痛苦呢？一个事物带来愉悦，另一个事物则带来痛苦，心灵依附那个令人感到愉悦的事物，并且滋养它。为了激发欢愉、战胜痛苦而对心灵施加的一切干扰，必然是人为的、无效的。你正在寻求某种方法来脱离苦海，有一些人会通过向你提供信仰、教义及未来的幸福等麻醉剂来帮助你忘记痛苦。如果心灵既不去干扰欢愉也不去插手痛苦，那么这种欢愉、这种痛苦就将唤醒那富有生命力的觉知的火焰。

痛苦只是表明思想受到了限定，表明心灵因为信仰、恐惧、幻觉而受到了局限，但是你并没有注意到这些不断的警告。为了忘却痛苦、战胜痛苦，减缓痛苦，你便在信仰、自我保护的固定模式和安全中去寻求庇护。要做到不去干扰痛苦的过程是十分困难的，但这并不意味着你必须听从于它，或是必须把它当做必然、因果报应、惩罚去接受。正如你不希望去改变某个可爱的形式一样，比如日落后的余晖，比如田野里的一株树的景象，所以同样的道理，也请你不要去妨碍痛苦的运动。就让它成熟起来，因为在其自身过程的完整中就会有认知。当你察觉到了痛苦的创伤，既不去接受、顺从或否认它，也不去人为地邀请它，那么痛苦便会唤醒那富有创造力的智慧的火焰。

想要逃避痛苦，只会制造出剥削者，并且使得心灵屈服于剥削。只要继续去人为地干扰痛苦的过程，痛苦就必然会一直与你如影随形。但倘若你实现了重大的觉知，既不做任何的选择，也不去漠然置之，你便能拥有智慧，这种智慧本身就可以驱散所有的混乱。

问：您所使用的“智慧”一词有什么特别的涵义吗？它是一级一级的吗，因而能够不断地发展和变化？

克：我用“智慧”这个词语，目的是要传达思想与行动的彻底完整。智慧并非来自于智力上的努力，也不是来自于情感的炽热。它不是理论、信仰与讯息的产物。它是指行动的完整，这种行动的完整，源自于对思想和情感的统一认知。在那些我们满怀深爱的罕有时刻，我们会知道什么是完整。

富有创造力的智慧无法被创造出来或是加以衡量，但是心灵寻求着阐释和描述，它始终都被困在词语的幻觉之中。在行动的时候，不做任何选择的觉知，可以揭示出那隐蔽着的思想与情感的扭曲及其暗藏的涵义。

“它是一级一级的吗，因而能够不断地发展和变化？”可以被彻底探明的事物，不会是可变的，不会是发展成长的。认识到“我”的过程及其诸多的自我保护的中心，洞察到固定模式的涵义，这些觉知都不会是可变的，不会经由成长而得到修正。无知可以变化、发展、改变与长大。心灵的自我保护的中心可以生长、变化与修正。替代的过程并非智慧，它只是无知内部的运动而已。

只有当心灵彻底洞察了自身受限的思想及其恐惧、价值理念和欲望的时候，智慧的火焰、爱的火焰才可以被唤醒。

（在马德拉斯的第二场演说，1936年12月13日）

安全感是痛苦的根源

我曾试图去解释何为清晰的、创造性的思想，试图去说明传统、固定的模式、恐惧和安全是如何不断阻碍着思想的自由运动。假如你想要唤醒智慧，那么你的心灵就不能躲进理想和信仰中，也不能被困在累积的自我保护的记忆的过程里。你必须意识到对现实的逃避，意识到自己带着过去和未来的价值理念活在现在。

如果你观察自身，会发现心灵给它自己建立起了安全和确定感，以便不受恐惧、忧虑和危险的羁绊。心灵一直在寻求着固定的模式，它所做的选择以及展开的行动，都是从这个固定模式出发的。

心灵始终寻觅和发展着各种形式的安全及其价值理念与幻觉：财富的安全及其个人利益与权力；信仰和理想的安全；以及心灵在爱中所寻求的安全感。一个安全的心灵发展出了自身特有的愚蠢跟幼稚，而这些愚蠢和幼稚则导致了更多的混乱与痛苦。

当心灵感到迷惑和恐惧的时候，它便会去寻求固若金汤的确定的事物，而这些事物就变成了理想、信仰。心灵为什么会制造并依附这些信仰和传统的固定模式呢？难道不是因为冲突带来的困惑以及不断的变化，它才会去寻求一个定局、一种深深的确定性、一种没有变化的状态吗？但是，尽管有了这些固定模式，痛苦和悲伤却依然继续存在着。所以心灵开始去寻找新的替代物，寻找其他的理想和信仰，再一次希望获得安全与幸福。心灵希望获得确定感，它从这个希望转移到另一个希望，从一个幻觉转向另一个幻觉。而这种徘徊被美其名曰为成长。

当受限的心灵意识到了痛苦和不确定时，它就会马上开始逃避到信仰、理论和希冀里去，从而变得停滞不前。这种替代、逃避的过程，只会带来挫败。

寻求安全，只是表明心怀恐惧，而恐惧会让心智扭曲。当你懂得了通过信仰和理想来寻求安全这一做法的涵义时，你就会意识到它的虚幻性了。尔后心灵便会通过抵制理想和信仰来寻求一种对立面，它又一次希望在这种对立面中找到确定性与幸福，其实这只是另一种形式的对现实的逃避而已。心灵必须察觉到它有发展出对立面的习惯。

心灵为什么强烈地保护自己去抵制生命的运动呢？一个不易受到攻击的心灵，一个通过它那自造的价值观去寻求自身利益的心灵，能否始终懂得生命的狂喜与爱的完整呢？心灵使自己固若金汤，以便不遭受痛苦的侵袭，然而这种保护却正是痛苦的根源。

问：我能够明白智慧必须不依赖于理性，不依赖于任何形式的规范和戒律。是否有某种方法可以让我们加快唤醒智慧的过程，并且使其永续下去呢？

克：只要存在着任何形式的恐惧，就不可能会有爱以及富有创造力的智慧。如果你彻底认识到了恐惧及其诸多的活动跟幻觉，那么这种觉知便会成为智慧的火焰。

当心灵凭借自身的力量探明了各种有碍于清晰思想的障碍时，就没有任何必要去进行人为的推动和刺激以便唤醒智慧了。一个寻求某种方法的心灵，并没有察觉到自身，没有察觉到自己的无知和恐惧。它仅仅希望或许某种方法、某个规范体系能够驱散它的恐惧与痛苦。规范、戒律只会制造习惯，因而也就让心灵丧失了活力。实现不做任何选择的觉知，认识到心灵的诸多活动，认识到它的丰富、它的那些细微之处、它的各种诡计跟诈术、它的诸多幻觉，这就是智慧。这种觉知本身将会消除无知与恐惧。倘若你努力想要实现觉知，那么在躲避痛苦这一希冀的推动之下，这番努力就会制造出一种习惯。哪里有不做任何选择的深刻觉知，哪里就会有自我揭示，这种自我揭示本身便能够防止心灵给自己制造幻觉并因此使得自己沉沉睡去。假若心灵保持高度的敏感和警觉，没有观者与所观之物的二元性；假若心灵可以认识到自己的本来面目，既不去否定、断言、接受，也不去顺从，那么爱以及富有创造力的智慧便会从这种实在中产生出来了。

问：为什么许多方法都可以达至真理呢？自以为聪明地想要去解释各种方法的差异并证明其合理性，这是否是种痴心妄想呢？

克：有许多方法都能够达至清楚的思考吗？有任何体系方法可以带来创造性的智慧吗？存在的只有创造性的智慧，而不是将其唤醒的各种体系方法。存在的只有真实，而不是通往它的各种路径。只有无知才会把自己划分成许多路径和方法。各个宗教都坚称只有自己才是真理，坚称只有通过它才能够意识到神；各个组织都声称或者暗示说只有凭借他们的特殊方法方能认识真理；各个部门都坚持认为自己拥有特别的讯息，它才是真理的特别媒介。个别的预言者和灵媒把他们与神的直接联系当作灵丹妙药来提供给世人。为什么他们要主张这种权威、这种效验来为自己的断言所用呢？这难道还不明显吗？目的就是赋予今生或来世的利益。他们必须维持自己虚幻的威望和权力，要不然他们世俗荣耀所创造的一切会发生怎样的情形呢？其他一些人，由于通过拒绝和牺牲而使自己变得贫困，于是就想象自己活在高贵之中，因此也就想当然地拥有指引世俗世界的精神权力。那些精神性的利益团体之所以会声称有许多方法都可以达至真理，是为了证明自身有组织的活动的合理性，同时还试图对那些坚持相同理论体系的人抱以宽容。这么去解释真实不费吹灰之力。

同样的，我们如此扎根于偏见、传统及其特殊的信仰和教义之中，以至于不断欣然宣称有许多方法都可以达至真理。为了让那些敌对、受限的思想之间的分歧能够彼此宽容相待，那些有组织的利益集团的领袖们便努力用一些堂而皇之的说法来掩饰这种界分本身所具有的残酷性。宣称各种方法都可以达至真理，这么做实际上是否认了真理。一个人如何能够指出某种达至真理的方法呢？要知道，真理是居无定所的，是不可测量的，也是无法被寻求到的。能够被固定下来、能够被确定的事物，就是死的，是没有生机的；倒是有许多路途可以走向这种死气沉沉的状态。是无知制造出了存在许多道路和方法的幻觉。

由于自身受限的思想，由于你自己对于确定性、定局的渴望，由于自身那不断制造出安全的恐惧，你构想出了机械化的、人工化的关于真理、关于完美的概念。在创造出了这些概念之后，你就寻求道路、方法来维持它们。各个组织、团体、部门都明白界分、分歧将友谊挡在了门外，于是便试图制造出人为的、虚假的统一与兄弟情谊。每个都声称："你遵循你的宗教，我则信奉我的；你有你的真理，我有我的真理；不过让我们培养宽容之心。"这种宽容只会带来幻觉和混乱。

一个因为无知和恐惧而受限的心灵，无法认识真理，原因是自身的局限使得它给自己制造出了更多的局限。真理不是被创造出来的，心灵不可能创造出真理。假若你充分地理解了这一点的话，就会懂得各种体系方法、实践和规范戒律都只是徒劳。

现在，由于你已是这种机械化生活过程中的一部分，所以你无法领悟到它的虚假性；又或者，你拒绝去明白这一点，因为洞察、觉知就意味着要展开行动，于是你也就维持着贫乏无味的生存方式。当你开始认识到它正给自己制造着自身的空虚和挫败，那么这种觉知就能够把恐惧驱散。尔后便会有爱，便会有生命的完整。

问：先生，您难道没有发现您的理念只会带来一种结果吗？那就是一片虚无的否定，以及使得我们同生活的难题所展开的那些斗争变得毫无成效可言。

克：什么是生活的难题呢？谋生，热爱，无所畏惧，没有悲伤，快乐、健康、充实地生活，这些便是我们生活的难题。我所说的话里面有哪一句会把你带往否定和空虚，会阻止你去认识自身的不幸和争斗呢？

你之所以会问我这个问题，难道不是因为你的心灵习惯于寻找所谓的正面指引吗？也就是说，你想要被告知该做什么，想要被建议去实践某些规范戒律，如此一来你就可以过一种幸福的人生，可以认识神。你习惯于顺从，带着对于某种更加重要、更加充实的人生的希冀。相反，我指出遵从来自于恐惧，这种模仿并不是积极、正面的人生之路。指明那个将你困于其中的过程，帮助你去察觉到心灵给自己建造的局限的监牢，这并不是在否定。恰恰相反，如果你意识到了那令你处于目前痛苦和混乱状态的过程，如果你理解了它的全部涵义，那么这种认知便会消除掉无知、恐惧和欲望。只有这个时候，你才能拥有充实的人生，个体同社会之间才能建立起正确的关系。这怎么会把你带往否定和无效的人生呢？

你现在拥有什么？几个信仰和理想、一些所有物、一两名追随的领袖、偶尔的爱的耳语、无休无止的争斗和痛苦。这难道是充实的人生吗？这难道就是圆满和狂喜吗？当心智被困在恐惧的泥沼中，怎么可能会有获得真理的极乐呢？当心智制造着自身的局限跟混乱，怎么可能会有醍醐灌顶、茅塞顿开呢？我要说的是，请思考一下你所拥有的东西，察觉到这些局限，而这种觉知便将唤醒那富有创造力的智慧。

问：抛开发展演化不谈，任何人、任何时候都能够摆脱冲突获得自由吗？您能够举出自身以外的其他例子来说明这种可能性可以变成现实吗？

克：让我们不要去探询其他某个人是否能使自己摆脱无知跟冲突的羁绊。背负着幻觉和恐惧的你，能否在任何时候不受痛苦的侵袭呢？怀着诸多信念和价值观的你，能否摆脱无知和欲望的羁绊呢？终极完美的想法，只不过是场幻觉。一个懒散的心灵，执着于满足那个所谓逐渐成长的念头，给自己积累了许多使其感到慰藉的理论。

从一种体验转移到另一种体验，这么做可以带来那富有创造力的智慧吗？你已经拥有了许多的体验，结果呢？你从这些体验里头只是积累了自我保护的记忆，而正是这些记忆使得心灵不去展开生命的活动。

心灵在任何时候都可以察觉到自身的局限，并因此开始从这些局限中将自己解放出来吗？很显然，这是完全能实现的。

你或许会在理性上承认这一点，然而，只要你是光说不行动，那么这种承认就毫无意义可言。不过行动也意味着摩擦和麻烦。你的邻里、你的家人、你的领导、你的价值理念，所有这些都制造着对立面。所以心灵开始去逃避现实，开始为自身的防护发展起一些聪明狡诈的理论。受限的心灵害怕自身的努力所带来的结果，于是微妙地逃避到了所谓延缓和成长的幻觉之中。

（在马德拉斯的第三场演说，1936 年 12 月 20 日）

经验会让思想获得解放吗？

当我在演说中使用词语的时候，并没有包含哲学家或心理学家赋予它们的一些特殊涵义。

这些演说带给你怎样的认知呢？你是否依然宣称在人类生活之外存在着神、存在着超越人类生命的爱呢？你是否依然探寻着局部的解决与表面的疗治呢？你的心智处于何种状态呢？

要想产生理性的秩序，就必须得展开正确的思考和行动。当心灵能够认识到自身争斗和局限的过程时，当思想能够揭示自身、没有界分的冲突时，便会有行动的完整了。如果心灵为行动而着手准备，那么这种准备一定是建立在过去、建立在自我保护的记忆之上，因此必然会妨碍行动的完整。仅仅对过去的行动展开分析，无法让其全部的涵义显示出来。所谓的理想，其实只是个体安全和满足的投射。一个有意或无意去遵循理想的心灵，必定会让行动受限，并因此使自己被限定住。它只是发展着自我保护的记忆和习惯来抗拒生活，所以也就会遭遇不断的挫败。

累积自我保护的记忆，会产生出个性、“我”的概念，会让“我”持续存在下去，会让它朝着完美、朝着真实不断演进。这个“我”寻求着通过自身无知、恐惧和欲望的意志活动而让自己得以永续。只要心灵没有洞察这些局限，那么努力想要发展演化，努力想要有所成功，只会带来更多的痛苦并且增加无意识。于是努力就变成了一种实践，一种纪律，一种机械化的调整适应，一种遵从。

我们大部分人都以为，时间和发展演进的过程对于我们的圆满来说是极为必需的，认为经验对于我们的成长和充分展现来说是必不可少的。许多人都乐于去接受这种观点，因为想到自己还有生生世世可以活，可以通过这种过程使自己变得完美起来，这让他们感到无比慰藉。他们觉得时间对于自身的圆满是至关重要的。真的是这样子的吗？经验真的会让思想获得解放吗？还是只会使其受到局限呢？经验能够使心灵摆脱它那自我保护的记忆，摆脱无知、恐惧和欲望吗？自我保护的记忆与渴望，用经验来使自己获得了永续。所以我们便为时间所囿。

我们所谓的经验指的是什么意思呢？经验，难道不就是价值观念的累积吗？这种累积是基于自我保护的记忆，而记忆提供给了我们一种受个人利益驱动的行为模式。它是喜欢和讨厌的过程，是选择的过程。累积自我保护的记忆，便是经验的过程。而关系则是两个具体的自我保护的记忆之间的联系，其道德观便是一致认可要去保护自己所拥有的东西。

你是你自己的方式与生活。你所付出的正确的努力，将会成为被唤醒的创造性的智慧。除非出现了这种源于无选择的觉知、富有创造力的智慧，否则必定会有无序，必定会有竞争、仇恨、冲突跟痛苦。

问：您曾说只有通过实验方能实现对真理的认知。那么，实验意味着行动，假如行动有任何价值的话，它就一定是来自于成熟的思想。但倘若我的思想本身一开始就受到了记忆和反应的限定，那么我怎样才可以展开正确的行动或实验呢？

克：要想展开正确的实验，心灵就得首先意识到自己的思想是受限的。一个人或许会认为自己正在进行着实验，但如果他没有察觉到局限，那么他就仍然是在无知与恐惧的束缚内行动。受限的思想无法认识到自己是被限定的；逃避这种局限——通过分析，通过人为的强迫、否定或是断言——的渴望，不会带给你觉知和自由。没有任何体系方法或是意愿的强制，能够向心灵揭示出它自身的局限与束缚。

当痛苦袭来的时候，心灵便会去寻求逃避，因此只会给自己制造出更多的幻觉。但如果心灵充分察觉到了痛苦，不去寻求逃避，那么这种觉知就会将幻觉摧毁，而这种觉知便是理解和领悟。所以，你要做的是去认识痛苦，而不是去探寻如何把思想从恐惧和欲望中给解放出来。痛苦表明心灵受到了限定，而单纯地想要去逃避痛苦，只会让局限变得更多。在遭受痛苦的时候，开始去察觉到它，尔后心灵自己就会懂得，逃避、自我保护的记忆、个人的利益，其本质不过是虚幻罢了。

问：一个人应当恪守本分吗？

克：谁会提出这个问题呢？一个渴望去认知、渴望去探寻真理的人是不会有此疑问的。只有一个心灵为恐惧、传统、理想和种族忠诚感所累的人，才会询问这一问题。当这样的心灵同生命的运动有所联系时，只会给自己带来矛盾和痛苦。

问：当年长的人期望受到年轻人的尊敬和服从时，他们是否会有利用别人的罪恶呢？

克：对长者表现出尊敬之情，已经成为了一种普遍的习惯。恐惧能够以尊敬的形式呈现出来。爱不会变成一种习惯、一种实践的行为。年长之人对年轻人，或是年轻人对年长的人，都不存在尊敬可言，存在的只有权威的显现与恐惧的习惯。

组织词语、培养尊敬，都不是文化，而是一个陷阱，目的在于使人保持缺乏思考的状态。我们的心灵如此屈从于那些既定的、习惯化的价值理念，以至于我们丧失掉了一切友爱之情以及对于人类生命的深深敬意。哪里有剥削存在，哪里就不会有对于人类尊严的敬重。假若你要求尊敬仅仅是因为你较为年长并且拥有权威的话，那么这种尊敬便是剥削。

问：如果一个人处于无知的状态，或者极度茫然、不知道该做什么，那么难道没有必要由某位精神导师来对其加以指引吗?

克：有人能够帮助你去跨越日常生活那令人倍感痛苦的空虚吗？有任何人（无论他多么伟大），能够帮助你摆脱这种混乱跟困惑吗？答案是没有一个人可以做得到。这种困惑是自我制造出来的，这种混乱是来自于一种意愿同另一种意愿的冲突。意愿便是无知。

我知道追逐上师、老师、导师、大师是许多人的一项室内运动，是全世界那些缺乏思考力的人所展开的一项运动。人们会说："除非那些已经获得自由、已经开悟的人向我们伸出援手，将我们从痛苦中拯救出来，否则的话我们如何能够阻止这种无序的苦难与残忍呢？"抑或他们会制造出某位天赋异禀的圣人的精神形象，而这位圣人将他们的种种麻烦都担负在了自己的肩上。又或者他们相信有某个超自然的引导者正在俯视着他们，告诉他们该怎么做，该如何行动。寻找一位上师、导师，这种做法只是表明你在逃避生活。

遵从便是死亡。它仅仅只是形成习惯，并且让无意识得到强化——我们何等频繁地从遵从里面目睹了那些丑陋、残忍的景象以及退缩。我们看到了各种各样的贫乏、残酷与衰退。一开始我们对这些事情感到惊骇不已，然而不久之后我们就会对这一切无知无觉了。

我们对周遭的环境变得习以为常起来，我们耸了耸肩膀，说道："我们能做什么呢？生活就是这样子的呀。"于是我们丧失掉了对丑陋、剥削、残忍以及痛苦的敏锐反应，同样还丧失掉了对于美的深刻的欣赏力，于是我们的感知能力也就开始慢慢地走向衰退。

习惯逐渐战胜了思考。假若你去观察一下自身思想的真实情形，将会明白它是怎样把自己变成了一个又一个的习惯的。于是乎觉知也就变成了无知无觉，而习惯则通过意愿和训练让心灵变得无比冷酷和坚硬。出于恐惧，你迫使心灵去规范自己，结果只会走向挫败。而恐惧则经常被我们误当成了爱。

当你寻求慰藉的时候，当你渴望得到满足的时候，便会出现有关上师的问题。其实并不存在慰藉可言，有的只是认知；也并不存在所谓的满足，有的只是圆满。

问：您似乎给“意愿”这一概念、即人身上具有的一种神圣特性赋予了崭新的涵义。我的理解是，您认为意愿是一种阻碍。是这样的吗？

克：你所说的“意愿”指的是什么意思呢？它难道不是一种克服、一种战胜、一种下定决心的努力吗？你必须要克服什么呢？你的习惯，你因为恐惧而发展起来的抵制，你的诸多渴望所产生的冲突，对立面之间展开的争斗以及环境的挫败。因此你发展起自己的意愿。所谓意愿，哪怕涵义再多，所指的也不过是在渴望自我保护的推动之下所产生的一种抵制的过程、一种克服的过程。

实际上，意愿是恐惧虚幻的必需性，而非神圣的特性。它只是自我保护的记忆的永续。出于恐惧，你让自己不受爱、不受真相的伤害。发展自我保护的过程，就被称作为意愿。意愿根源于自我中心。想要生存，想要变得完美，想要功成名就，想要有所得，想要找到神，这些意愿全都是在自我中心的推动和刺激之下形成的。

当恐惧的行动、野心、安全、个人的德行与个性全都让位给智慧的时候，你就能够知道如何在没有意愿交战的情形下过一种完整而充实的人生了。

意愿只是自我保护的记忆那坚持不懈的推动，它来自于具体化的无知与恐惧。意愿的终止并不是死亡，结束的只是那源于无知的幻觉。摆脱了恐惧与个人利益的行动，本身就能够带来与他人、与社会之间和谐的、充满生机的关系。

（在马德拉斯的第四场演说，1936 年 12 月 26、27、28 日）

PART 04

荷兰 1937 年

渴望永恒的想法滋生了冲突

在始终变化着的生活环境当中，有什么事物是永恒的吗？我们自身与周围不断的变化之间，是否存在着某种关联呢？假如我们认可了一切事物（包括我们自己）都处于变化的状态，就不会出现有关永恒的概念了。若我们觉得自己处于一种持续运动的状态，就不会出现变化的生活环境同我们此刻所认为的永恒之物之间的冲突了。

我们怀有一种深刻而持久的希望或者说是确定性，那便是认为在不断的变化当中存在着某种永恒之物，而这种想法就滋生出了冲突。我们发现变化就存在于我们的周围，我们看到万事万物都逃不脱衰败和凋零的命运，我们目睹了灾难、战争、饥荒、死亡、不安全和幻灭。我们周遭的一切都处于不断的变化之中，都在不断经历着变成与衰败的过程。所有事物都因为使用而被耗损，我们身边没有任何东西是永恒不朽的。我们的制度，我们的道德，我们有关政治、经济和社会关系的理论——所有这一切都会有变迁，都存在着变化。

然而在这种短暂性当中，我们感觉存在着某种永恒。由于不满足于这种稍纵即逝，我们便创造出了一种永恒的状态，因此也就带来了冲突，即被认为应当是永恒的事物同不断变化、短暂的事物之间的冲突。但倘若我们意识到万事万物包括我们自己即“我”在内都只是转瞬即逝的，意识到生活的外在环境也同样是难以持久的，那么显然也就不会出现这种令人倍感痛苦的冲突了。

那一要求永恒与安全、渴望持续存在的事物究竟是什么呢？我们的社会关系和道德关系，正是建立在这一要求之上的。

如果你凭借自己的力量真正相信或者说深深感觉到了生命那永无止息的变化，你就永远不会去渴望安全与永恒了。但由于我们如此强烈地想要获得永恒，因此就筑起了一堵封闭的高墙去抗拒生命的运动。

所以冲突存在于变化的生活价值观念同对永恒的渴望之间。如果我们深切感受到并且懂得了我们自己以及世界上的所有事物都非永恒的存在，而只是匆匆过客，那么就不会再有激烈的冲突、痛苦与恐惧了。于是也就没有了依附，正是依附滋生出了社会和个体的争斗。

那么那个被视为是永恒不朽的事物，那个一直都在寻求着更多持续性的事物究竟是什么呢？除非我们分析并理解了评判力本身，否则将无法理性地审视这一问题。

我们的评判力来自于偏见、信仰、理论、希冀，诸如此类，抑或来自于我们所谓的经验。经验是以传统、累积的记忆为基础的，我们的经验始终都带着过去的痕迹。如果你信仰神，或许你就可能拥有你所谓的神性的体验，显然这并不是真实的体验。无数个世纪以来，我们的心智都留下了这样的印象，即认为神是存在的。依照这一限定，我们便拥有了某种经验，然而这并非是一种真实的、第一手的经验。

一个有所限定、以一种受限的方式来展开行动的心灵，无法实现完整的体验。这样的心灵，不能够充分体验到神究竟是真实存在的，还是只是一种虚假的幻觉。同样的道理，假如心灵因为有意或无意地渴望永恒而怀有了成见的话，它就无法充分认识实在。对于这样一个为偏见所囿的心灵来说，一切探寻都只不过是让偏见得到了进一步的强化罢了。

之所以会去探寻不朽、渴望永恒，是因为受到了个体意识所累积的记忆的推动，也就是受到了“我”以及它的恐惧、希望与爱恨的推动。这个“我”把自己分成了许多相互冲突的部分：高等的部分与低等的部分，永恒的部分与短暂的部分，等等。这个“我”，在想要使自身获得永续的渴望中，寻求和使用着各种方法跟途径来让自己牢不可破。

或许你们有些人会告诉自己说：“显然，伴随着这些渴望的消失，必然会有真实出现。”想要知道是否有某种事物超越了相互冲突的存在的意识，说明心灵正在寻求着某种保证、某种确定性，寻求着自己付出的努力能够有所回报。

我们懂得了这种相互抵制是如何产生出来的，懂得了这种抵制由于累积的记忆和经验得到了进一步的强化，变得越来越意识到了自身。于是便出现了你个人的抵制，你对邻里和社会的抵制。在两个或更多的抵制之间进行调整，便是所谓的关系，而我们的道德正是建立在这种关系之上。

哪儿有爱存在，哪儿就不会有对关系的意识。只有在抵制的状态中才会有这种关系的意识，而所谓的关系，不过是在相互对立的冲突之间展开调整罢了。

冲突不单单存在于各种抵制之间，而且还存在于抵制之内，存在于抵制本身那永恒的特性与非永恒的特性之内。

在这种抵制之内有永恒的事物存在吗？我们发现，抵制能够通过获取、通过无知、通过有意或无意地对于经验的渴望而令自己永续下去。不过很显然，这种持续并非永恒，它仅仅只是冲突的持久罢了。我们所谓的抵制中的永恒，只不过是抵制本身的一个部分而已，因此也就是冲突的一部分。于是，抵制中的所谓永恒，并不是永恒或不朽。

哪里有不完整、不充分，哪里就会有对于持续的渴望，这种渴望制造出了抵制，并且赋予了自身以永恒的特性。那被心灵当作永恒的存在而去依附的事物，其本质却是短暂即逝的。它源自于无知、恐惧与渴望。假若我们理解了这一点，就会懂得，问题并不在于一种抵制同另一种抵制有所冲突，而在于这种抵制是如何形成的，以及怎样才会被消除掉。当我们深刻直面这一问题的时候，就能唤醒一种崭新的状态，即爱的状态。

（在奥门的第一场演说，1937 年 8 月 1 日）

满足的意愿毁灭了爱

当一个事物的内部存在着一个静止不动的中心，同时关于该事物的价值观念又处于不断的变化之中，那么就必然会有冲突产生。这一静止的中心，必定会同生命所具有的鲜活特性发生交战。

变化，意味着不存在心灵可以去依附的永恒之物，但是心灵又不断地想要去依附于某种形式的安全。依附的形式经历着不断的变化，而且这种变化被认为是一种进步，但是依附却依然继续着。

这种变化表明，不会有把记忆当作防护措施和有用之物加以积累和储存的个人中心，不会有不断为将来积累着经验和教训的中心。虽然我们或许在理性上领悟了这一点，然而感性上每个人却仍然依附着某个个体的、静止的中心，并且使自己与其相认同。实际上并没有像“我”及其永恒特性这样的一个中心。假如我们想要从根本上改变自己同邻里之间的关系，改变这种基于无知、恐惧和欲望之上的关系，那么我们就得充分认识到这一点，而不能仅仅只是做到理性上的理解。

我们每个人是否认为这个中心，这个我们的大部分行动都从其而来的中心——认为这个中心是非永恒的呢?

思想对你来说意味着什么？你是否只是被我的口头描述、被某种解释所激励（你将会在闲暇之时去理性地审视这一解释，并且使其成为一种须加以遵循和据以生活的模式或原则）？这样的方法会带来充实的人生吗？单纯地去对痛苦做出解释，并不会让痛苦消失不见。将痛苦摧毁掉的是完整的思想与情感，而不是去遵循某种原则或模式。

假若你没有被痛苦侵袭，那么他人关于痛苦的口头描述——他对于痛苦所做的解释——或许暂时能起到刺激的作用，或许会让你觉得你应会遭受痛苦。然而这样的痛苦并不具有任何意义。

有两种思考方式。一种是通过单纯的理性的激发，不包含任何情感上的内容。可是一旦情感被深深地激发了出来，就会出现一种完整的思想的过程。这一过程不是表面化的，不是智性的。这种完整的思想和情感本身就可以带来持久的认知与行动。

如果我的话只是起到了刺激作用，那么就会滋生出如下的问题：如何把它运用到你那充满了痛苦和冲突的日常生活里去呢？只有在你因解释和刺激的推动而去展开某个行动的时候，有关如何将我所说的话运用到生活里去的问题才会变得至关重要起来。而一旦你实现了充分的觉知，就不会再出现如何运用、用何种方法来运用的问题了。

当心灵向自己揭示出它因为恐惧和欲望所做的种种努力时，便会充分认识到自己并不是永恒的，而这一认知本身就能够让心灵从它那强迫性的劳作中解放出来。除非发生了这一情形，否则一切刺激都只会成为进一步的绑缚。

所有人为培养出来的特性都是分裂的；所有对于道德、伦理的理性培养，都是残酷的，都来源于恐惧，所以只会制造出更多的人与人之间的抵制。

抵制的特性便是无知。对诸多理论熟谙于心，并不意味着摆脱了无知。如果一个人没有充分察觉到自身心灵的过程，那么他就只是一个可怜的无知之徒。

通过自制，通过意志而让思想从想要有所得的状态中解放出来，这并不是摆脱了无知，因为它依然被困在对立面的冲突之中。当思想彻底领悟到，努力使自己不去想要有所得同样是获取的一部分，那么觉悟之门便会向你开启。

无论心灵做了何种努力想使自己摆脱某些特性，它都依然为无知所困。然而一旦心灵懂得它为了解放自己所做的一切努力都仍然局限于无知的过程之内，它就能够从无知的恶性循环中突围而出了。

想要获得满足的意愿，把心灵分成了若干个部分，每个部分都与其他部分有所冲突。某个更为高等的意愿无法让这一情形有所改观，因为高等的意愿只不过是另一种形式的满足罢了。只有当心灵停止在无知的循环之内去有所得的时候，这个循环才能打破。

满足的意愿将爱给毁灭掉了。

问：我们如何在揭示之中去辨别哪一个是正确的思想，哪一个是经验呢？在我看来，由于我们的生活方式并非真实，因此经验就受到了局限，所以也就不是纯粹的揭示。它们应当是一体的。

问：您的意思是说经验是一种记忆，是对于已经做过的事情的记忆吗？

克：经验可以进一步局限住思想，又或者可以把思想从局限中解放出来。我们的体验是根据自身所受的限定来进行的，不过这种限定可以被打破，从而让一个人的整个存在获得充分的自由。道德本该是自发的，结果却被弄得去遵循某种模式或原则，而这一模式或原则又是根据一个人所怀有的信仰来被判定为是对还是错。为了改变该模式，有些人会诉诸暴力，希望去建立一种“真正的”模式，而另外一些人则会求助于法律来对该模式加以改造。不过这两种做法有一个共同点，那便是全都希望通过施以外力和予以遵从来创立“正确的”道德。

某种形式的暴力，被看作是寻求一个和平结果的必要手段。我们没有明白，这个所谓的结果是被我们所使用的手段控制和塑造的。

真实，是一种同过去相分离的经验。依附于过去以及它的记忆和传统，将会使得某个静止的中心存续下去，而这个中心妨碍了我们去体验真实。

当心灵不再为信仰、欲望和依附所累时，当它处于富有生机与创造力的空无状态时，它便能够去体验真实了。

（在奥门的第二场演说，1937 年 8 月 3 日）

无知能够终结

一切冲突或争斗，都是关系的一种，都是在两种对抗的力量、两个个体之间所进行的一种调整。抵抗是一种限定，它约束或者说局限住了那一被称为生命、思想、情感的能量。这种局限、这种抵制，没有一个开始，它始终都存在着，我们可以看到它能够被继续下去。之所以会出现这种限定，原因有很多，而且比较复杂。

这种限定便是无知，无知能够被终结。无知，指的是没有察觉到由诸多欲望、恐惧、想要获取的记忆等构成的局限的过程。

信仰是无知的一部分。只要行动是源自于信仰，那么它就只会使无知得到进一步的强化。

渴望得到理解，渴望拥有幸福，试图去摆脱某个特性，试图获得某种德行——所有这类的努力都是源于无知，而无知又是源于不断的欲望，所以在关系中便会继续出现冲突和争斗。只要有欲望存在，那么一切经验都只会进一步局限思想与情感，因而也就使得冲突得以继续下去。

只要有欲望，经验就不可能是完整的，所以会让抵制得到强化。信仰是欲望的结果，是一种限定的力量。基于任何信仰之上的经验，无论多么的宽广，都是局限性的。不管心灵展开何种努力想要去冲破自身那无知的恶性循环，都必将起到推波助澜的负面作用，那就是让无知进一步持续下去。如果一个人没有理解无知的整个过程，仅仅只是试图去摆脱掉它，那么思想就依然是在无知的循环内部运作着。

所以，当一个人领悟到自己无论展开何种行动、无论付出怎样的努力都只是在强化着无知，他该怎么做才好呢？渴望冲破无知的包围，这依然是无知的一部分。那么他要如何是好呢？

对于你来说，这是否是一个至关重要的问题呢？假如是的话，你就会发现并不存在直接的、肯定的解答，因为肯定的答案只会带来更多的努力，而这又只会强化无知的过程。因此只有采用被动消极的方式，也就是充分察觉到恐惧或无知的过程。这种觉知并不是努力去战胜、摧毁或者寻找到某个替代物，而是一种静止不动，既不去认可也不去否定，是彻底的静寂，不做任何的选择。这种觉知是从无知的循环中突围而出，所以不会让无知进一步地增强。

问：由于可能会有幻觉存在，所以一个人怎样才能够确定地知道心灵是否是不受限定的呢？

克：让我们不要去关心诸如确定一个心灵是否不受限定的问题吧，我们要做的，是去察觉到思想和情感的局限。

问：察觉到我们所受的限定同想象我们是不受限定的，这二者是截然不同的。

克：这是显而易见的。在一个人的心灵受到局限的时候，想要去探寻不受限定的状态，这完全是一番徒劳。我们必须把关注点放在使思想与情感受到约束的那些原因上面。

问：我们知道存在着真实与虚幻，我们应该告别虚幻，走向真实。

克：显然这是另一种形式的局限。你如何知道有真实存在呢？

问：因为它就在那儿。

克：当你宣称它就在那儿的时候，你已经停止了思考，如果我可以这么说的话。

问：我觉得我们一直都意识到了自己是受到限定的，因为我们总是遭受着痛苦并且处于冲突之中。

克：在你说这句话的时候，你是否意识到恐惧和欲望给你的生活带来了争斗与不幸呢？在你声称恐惧使你的生活受到了局限时，你是否察觉到了恐惧呢？又或者是不是因为你曾经读到过相关的内容或者是听我谈到过这一点，所以你才会重复"恐惧是局限性的"呢？恐惧无法自我存活，它只会存在于同某个事物的关系之中。

当你声称自己意识到了恐惧时，这种恐惧是由外在于你的事物引起的呢，还是从你自己内部引发的呢？一个人害怕某个事件，或者害怕他的邻居，害怕某种直接的关系，害怕某种心理的反应，诸如此类。有些情况下是生活中的某些外部事物让我们感到恐惧，我们以为，如果自己能摆脱掉这些事物的话，就不会再心怀恐惧了。

你能够摆脱掉你的邻居吗？你或许可以躲避某个邻居，但无论身处何方，你都会同某个人发生关联。你或许可以制造出某种幻觉，然后躲进幻觉中，又或者在你与邻居之间筑起一堵高墙来保护自己。你可以通过社会划分、通过美德、信仰、获取来使自己分离出来，从而摆脱掉你的邻居。但这并不是自由。

即便摆脱了邻居，你还会有其他的恐惧，比如害怕感染上传染性疾病、害怕遭遇突发事故，等等。一个人会本能地去防范这些事情，不去过度地夸大它们。

想要活下来，想要得到满足，想要存续下去——这些意愿才是恐惧的真正根源所在。

你认识到了这一点吗？如果答案是肯定的，那么你所谓的“认识”指的是什么意思呢？你是仅仅理性上认识到了呢，还是充分地、感性地领悟到了呢？

当你的抵制被弱化的时候，当你筑起的那些自我保护的高墙被人闯入的时候，你认为恐惧就是一种反应，尔后你便意识到了恐惧，而你的直接反应便是重新修补好这些墙壁，去加固它们，使其固若金汤般地安全。

问：您能否告诉我们什么是恐惧呢？

克：我能否告诉你什么是恐惧？难道你不知道它是什么吗？

如果你的房子里面没有任何有价值的东西值得你去依恋，那么你就不会害怕你的邻居了——你会把自己的门窗全都敞开。但是当你有所依恋的时候，你的心里便会生出恐惧，尔后你就会关上窗、锁好门，你就把自己给隔绝孤立起来了。

心灵收集着某些有价值的珍品，并且想要对它们加以保护。假若这些所有物的价值遭到了质疑，恐惧就会被唤醒。出于恐惧，我们对这些东西采取了更为严密的保护，又或者卖掉旧的，得到新的，并且更为机敏地加以防卫。我们给这种隔绝起了各种各样的名称。

我要问问你，你的心里是否怀有某种珍贵的东西，而你又对其予以保护呢？如果是的话，你就得筑起高墙来抵挡恐惧，而这种抗拒被赋予了许多的名称——比如爱、意愿、美德、个性。你有任何珍贵的东西吗？你的地位、野心、欲望、希冀中有什么东西可能会被拿走吗？

你所拥有的事物实际上是什么呢？你或许拥有世间的财富，你努力想要保护它们不受掠夺，你有帝国主义、民族主义、阶级差别等手段来保护它们。每个人、每个国家都在这么做着，都在孕育着仇恨和战争。能否彻底消除掉这种对于丧失所有物的恐惧呢？每种迹象都表明，这种恐惧无法通过更为严密的保护、更加强烈的国家主义或帝国主义来被消除掉。哪里有依附，哪里就会有恐惧。

问：通过让对象消失，或者在我们自己与对象之间建立起一种截然不同的关系，是否就能够驱除掉恐惧了呢?

克：显然我们尚未谈到关于如何使自己摆脱恐惧的问题。我们正努力想要探明我们每个人如此机巧地想要去持有的贵重之物究竟是什么，只有弄明白了这一点，才能够解决用什么方法来摆脱恐惧的问题。

问：很难知道。我不知道我在坚持的是什么。

克：没错，这是最为困难的事情之一。不过，除非你知道了自己在坚持的是什么，否则恐惧必将继续存在，尽管你可能想要去摆脱它的束缚。你是否意识到了你的整个存在呢，意识到你正在以某种方式又或者通过信仰、获取、德行和野心在保护着你自己呢?

当你开始深入思考的时候，就会明白信仰抑或任何其他形式的抵制是如何把你给隔离起来的，无论你是作为一个群体还是作为一个个人，而信仰只是一种对于生命活动的抗拒。

你们中有些人或许会说心灵并没有在保卫着某种信仰，信仰其实就是心灵本身的一部分；会说假如不怀有某种信仰的话，那么心灵、思想就不复存在了；又或者你们可能会说信仰实际上并非是信念，而是一种直觉，一种应当受到保护和鼓励的直觉。

问：对我来说，似乎信仰就存在于那儿。我不知道对它该做些什么。我不知道自己是否在保卫着它。

克：正是如此。你声称它是你的一部分。为什么它会存在呢？为什么它会成为你的一部分呢？你由于传统、教育而受到了限定，你有意或无意地得到了信仰，你把它当成了抵挡各种恐惧的手段，或者你因为布道、宣传而把信仰视为了灵丹妙药。你相信的或许并不是某个理论，而是某个人。存在着形式各样的信仰。得到慰藉的渴望，获得安全的渴望，迫使一个人怀有了某种信仰。他保卫着这一信仰，因为假如没有了信仰的话他便会觉得彻底的迷失。所以他就不断试图去证明自身信仰的合理性，或者去找到某个替代物来取代旧的信仰。

哪里有依附，哪里便会有恐惧。然而，摆脱恐惧获得自由，并不是无所依附的奖赏。痛苦使得一个人决定要做到彻底的超脱，可这种超脱实际上并不能挡住痛苦的侵袭。由于我们大部分人都在保护着某种事物——爱、财富、理想、信仰、理念——而这些东西也就构成了抵抗、即“我”，倘若没有充分理解抗拒的过程，仅仅去询问如何摆脱“我”及其诸多层面的欲望、恐惧，那么这么做只会是一番徒劳。渴望使自己摆脱它们，是另一种形式的自我保护，另一种更为安全的形式。

如果你认识到了这种保护的过程，认识到了你在筑起一堵堵高墙去保护自己以及你所拥有的东西，如果你认识到了这一点的话，就不会再去询问用什么方法、什么方式来使自己从恐惧和欲望的羁绊中解放出来了。尔后你便会在觉知的静寂之中发现，令思想和情感受到局限的种种原因将会自发地走向解体。

仅仅去听一场两场的演说是无法让你实现觉知的。觉知就像是一团必须要被点燃的火焰，你必须让这团觉知之火熊熊燃烧起来。你必须开始有所意识，有所察觉，无论这种觉知是多么的微小。在你谈话的时候，在你发笑的时候，在你同人们有所接触的时候，又或者在你陷入静寂的时候，你就可以去展开觉知了。这种觉知会成为一团火焰，而这团火焰将会烧毁一切导致隔离的恐惧。心灵必须自发地向自己袒露自身，这并非只有少数人才能做到，也不是不可能完成的任务。

（在奥门的第三场演说，1937 年 8 月 4 日）

消除无知的方法

无知，便是对于自身思想与情感的过程无知无觉。我一直努力想要解释我所说的觉知指的是什么意思。

经验可以消除无知吗？我们所说的经验意指为何呢？它指的是依照受限的思想和情感所展开的行动与做出的反应。心智因为结论、思想习惯、先入之见、信仰、恐惧和欲望而被束缚跟限定住了。

这种无知的混乱状态，无法仅仅通过经验而得到解决。经验可以赋予无知以新的意义、新的价值理念、新的幻觉，但是它依然还是无知。单靠经验是无法消除无知的，它只能对无知加以革新罢了。

单单控制和改变环境，能否消除无知呢？我们所说的环境意思是什么呢？经济的惯性，价值理念，社会划分，遵从的道德，诸如此类。通过强迫、暴力、宣传和威胁等手段去建立某种新的环境，能够消除无知吗？还是仅仅只会再一次让无知改头换面呢？

依靠外部的控制可以消除掉无知吗？我的答案是不能。这并不意味着说当前战争的暴行、剥削、残忍、阶级压迫的罪恶不应当被改变。然而单纯的社会的变化，无法改变无知的根本本质。

我们已经探寻过了两种不同的消除无知的方法：一种方法是控制环境，另一种方法则是通过经验来摧毁无知。不管你是认为用这些方法不可能消除掉无知，还是觉得可以实现，在你做出判断之前，你都必须知道每种方法的本质。你是否知道呢？如果你并不知道的话，你就得展开检验，探明真相。任何人为的刺激都无法带来真实。

消除无知，既不能通过经验，也不能仅仅依靠对环境的控制。但如果你在不怀有任何欲望、不做任何选择的情形下实现了觉知，那么无知便会自发、自动地消散开去了。

问：我意识到自己心有所属，然而死亡会把我爱的人带走。对我来说，要理解这种失去爱人的痛苦并非易事。我知道它是一种局限，我知道我还渴望其他的东西，可是我不知道那是什么。

克：死亡令我们大多数人都沉浸在巨大的悲伤之中，我们希望找到某种方法来摆脱这种痛苦。我们要么会去信仰有关灵魂不朽的理念，以便从中获得慰藉；要么会努力通过各种方式来忘却痛苦；又或者通过对死亡做出种种合理化的解释来培养起高度的超然之态。

万事万物均难逃衰败的命运，任何东西都会因为使用而逐渐耗损，最终走向终结。领悟到了这一点，有些人会用理性去驱散自身的痛苦，他们用某种理智的方法来让痛苦得以缓解。其他一些人则会试图通过各种方法来战胜痛苦，比如把痛苦暂时地搁置一边，比如相信有来世，相信灵魂不朽。这同样也会让痛苦得到减轻，因为信仰能够给人提供庇护与慰藉。一个人或许并不害怕来世或者自身的死亡，但我们大部分人都不希望承受丧失所爱之人的巨大悲痛，所以我们开始去发明各种击败痛苦的方法和途径。

对于如何消除痛苦做一番理性上的解释，可以使得一个人对痛苦超然度外。由于所爱之人的死去，一个人便会意识到自己一无所有，于是变得心神难凝，而痛苦也就因此向他袭来。心灵再一次去抗拒痛苦，所以它便寻找着各种途径和方法来逃避痛苦。诸多有关来世、有关永续、有关轮回转世的解释，令心灵获得了满足。一个人用理性来驱散痛苦，以便尽可能不会心绪纷乱地生活；而另一个人则去皈依某种信仰，或者把痛苦暂时地搁置一边，试图借助这些方法来寻求庇护与慰藉，如此一来他在此时此刻就不会感到痛苦了。这两种方法本质上都是一样的，即都不想去受苦，唯一不同的地方只是它们的解释。前者嘲笑所有的信仰，而后者要么深深沉溺于如何去巩固自己对于轮回转世、对于灵魂不灭的信仰，要么执着地想要去探明关于它们的“事实”和“真相”。

问：我不明白为什么说庇护本身是虚幻的。我认为寻求庇护是一种愚蠢的行为。轮回转世说可能就是事实。

克：如果一个人感到痛苦万分，同时又假定轮回转世是一种事实，倘若该事实不再是一种庇护和慰藉的话，那么它的根本价值何在呢？假如一个人饥肠辘辘，那么他知道世界上有生产过剩又有什么用处呢？

我们不要去争论轮回转世是否确有其事。在我看来，这是一个完全不相关的问题。当你病魔缠身、当你饥饿难耐的时候，事实既不会让你的疼痛有所减轻，也无法去填饱你的肚皮。一个人可以在对未来的理想状态的憧憬中获得希冀，可饥饿仍将会继续，对死亡以及随之而来的痛苦的恐惧也将继续下去，哪怕说确实存在着所谓的轮回转世——当然，除非一个人活在彻底的幻觉之中。

你为什么要在某个假定的事实、某种信仰里头去寻求庇护呢？我并不是在询问你是如何知道轮回转世确实存在的。即便你觉得确有其事，但是不妨让我们暂时把这个问题搁置一边。是什么推动你去寻求庇护的呢？一个人会去接受有关万事万物都必将走向衰败这一合理化的结论，目的是寻求庇护以缓解自身的痛苦。同样的道理，通过在某个信仰、某种假定的事实中寻求庇护，你同样也会让痛苦得到缓解。由于痛苦来得太过猛烈，于是你渴望获得慰藉，渴望痛苦能够有所缓解，结果你就去寻求某个避难之所，指望它是持久的、真实的。这难道不就是我们会去寻求庇护、寻求避难的根本原因吗？

问：因为我们无法面对生活，所以就会去寻找某种替代物。

克：仅仅宣称你在寻求着替代物，并不能解决痛苦这一难题，反而会妨碍我们去深刻地思考与感受。你们当中那些曾经遭受过痛苦以及现在正在受苦的人，你们的经历是怎样的呢？

问：什么都没有做。

克：你们中有些人什么也不做，就只是漠然地承受着痛苦。有些人则会努力通过各种方法来逃避痛苦，比如喝得酩酊大醉、四处寻乐、让自己忙于各种事情来忘却痛苦，或是皈依某种信仰以寻求庇护。

当死亡来临的时候，你的真实反应会是怎样的呢？你痛失了自己所深爱的某个人，你希望他能死而复生，你不想去面对那无尽的孤寂。由于意识到他不可能活过来，处于空虚和痛苦中的你便指望用各种解释、信仰、二手资料、知识和经验来填满你的心灵。

问：还有第三种可能。您只是给我们指出了两种可能性，但是我十分清楚地感觉到还有一种面对痛苦的方法存在。

克：面对痛苦或许有多种方法，但如果你骨子里头渴望去寻求慰藉，那么所有的方法都只会分解成两种明确的方式——要么用合理化的解释来说服自己，要么去寻求庇护。这二者都只能使痛苦得到暂时的缓解，它们都只是给心灵提供了一种逃避。

问：假如一个人再婚了呢？

克：即使他再婚了，痛苦的问题也依然未能解决。再婚的做法，同样只是一种缓兵之计，只是暂时的忘却。第一个人给自己找了一些理性的、合理化的解释，因为他不想遭受痛苦的折磨。第二个人皈依某种信仰以求得庇护，这么做同样也是为了躲避痛苦。第三个人相信如果他能够找到真理，那么痛苦就会终结，他从这一观念中寻求慰藉。第四个人则让自己变得玩世不恭，借此来逃避痛苦。他们全都是在试图躲避痛苦。

不要反对“庇护”、“避难”这类词语，而用你自己的词语——信仰、神、真理、再婚、合理化等等来替代。但是只要你有意或无意地想要去逃避痛苦，那么就必然存在诸多形式的幻觉。

那么，你为什么不该受苦呢？在你感到快乐的时候，在你欢欣雀跃的时候，你并不说你不应该拥有快乐。你不会飞奔着逃离欢愉，你不会从中寻求庇护。当你处于狂喜的状态，你不会去求助于信仰，求助于替代物。相反，为了保持这狂喜，你会把阻碍狂喜的所有东西统统消灭——你的神、你的道德、你的价值理念、你的信仰等一切东西。那么你为什么不在遭受痛苦的时候也这么做呢？你为什么不去摧毁所有干扰痛苦的事物呢，不去摧毁心灵的诸多解释、逃避、恐惧和幻觉呢？

假若你认真而且深刻地思考一下这个问题的话，就会懂得，信仰、神、希望都是无关紧要的。尔后你的生命便会拥有一种全新的意义。

在爱的火焰中，一切恐惧都将被烧毁。

（在奥门的第四场演说，1937 年 8 月 5 日）

探寻是另一种形式的逃避

尽管我们理性上可以认识到痛苦的原因，但这对于我们的生活来说影响甚微。尽管我们理性上可以认可只要存在依附就必然会有恐惧与痛苦，然而我们的占有欲是如此的强烈，以至于压倒了所有的理性。即使我们知道了痛苦的根源，痛苦也依然继续存在着，因为单纯的理性的认知不足以把痛苦的原因给消灭掉。所以当心灵通过分析探明了痛苦的原因时，这种探明本身就会变成一个庇护所。指望通过探明痛苦的根源来终止痛苦，这完全是痴心妄想。

为什么心灵要去探寻痛苦的原因呢？显然目的是为了战胜痛苦。可是当你陷入狂喜之中的时候，你却并不会去寻找狂喜的原因。假如你去探寻了，狂喜就会结束。在渴望狂喜的过程中，我们只会去探寻那些妨碍狂喜的因素。正是这种对于狂喜的渴望以及想要战胜痛苦的强烈欲望，妨碍了圆满。

假如一个心灵背负着种种渴望，渴望获得真理、幸福和爱，那么它就无法使自己摆脱恐惧的羁绊。恐惧会减弱痛苦，正如它会歪曲欢愉一样。当我们与痛苦直接接触的时候，我们的整个存在状态会和我们与幸福、与欢乐接触时一样吗？

我们察觉到自己并没有和痛苦形成一个统一的整体，我们的一部分在努力想要逃离痛苦。在这个过程中，心灵积累了许多财富，它拼命地依附于这些东西。当我们意识到了这种累积的过程，就会迫切想要去结束它。尔后我们便开始去寻找各种方法、途径来摆脱掉这些重负。殊不知，探寻某个方法，其实只是另一种形式的逃避罢了。

你寻找着各种方法，试图让自己卸下那些累积的重负，正是这些重负带来了抵制。你在诸多的方法、方式当中进行着选择——之所以会有这种选择，是因为你想要不受痛苦的折磨，所以你的选择是带有偏见的，而偏见又是源于渴望得到庇护和慰藉。

问：我觉得没有人思考过您刚刚所说的话。太过复杂了。

克：我们正努力去认识、去感受那能让人类获得解放的真理，而非仅仅去探明什么是痛苦的根源。我的话可能听起来有些复杂，但假如它道出了真理，那么它就具有解放性。探明真理是一个复杂的过程，因为心灵用许多的幻觉把自己团团包围了起来。

选择出重要的、本质的东西，剔除不重要的、非本质的东西，这种选择是不会带来真理的曙光的。不过一旦你开始领悟到了选择本身的虚幻性，那么这一启示就是解放性的，它会自发地消灭掉那些心灵赖以汲取养分的幻觉。

当遭到挫败时，就受到痛苦，而且心存怨仇，感到空虚，这是爱吗？受到伤痛，这正暴露了一个人自身缺乏爱。

只要心灵进行着选择，那么它的选择就必然是基于自我保护的偏见；而由于我们不想遭受痛苦，因此它的行动就是建立在恐惧之上的。恐惧与实相无法共存，它们是你死我亡的关系。但是心灵的某个幻觉制造出了希冀，即希望有某个事物超越了自身的黑暗。对于真实的希冀，是另外一种形式的庇护，另外一种形式的对痛苦的逃避。心灵由于恐惧而让自身受限的状态永远持续了下去。

问：您的话会带来一种唯物主义的生命形式。

克：你所说的唯物主义的生命形式是什么意思呢？指的是，只有这种生命存在；没有实在、没有神；道德的基础，必须是为了社会与环境的便利；诸如此类。那么，什么又是非唯物主义的生命观呢？即存在着神；灵魂是永生不灭的；有来世存在；生命是永恒的。唯物主义的生命观同宗教化的生命观，这二者之间区别何在呢？

问：二者都是信念。

克：但是为什么你要轻视唯物主义的生命观呢？

问：因为它否认了灵魂的不朽。

克：你有此反应仅仅只是出于偏见。你所抱持的宗教化的生命观，从根本上来说其实是非宗教的。虽然你可以大谈特谈所谓的上帝、博爱、来世等理念，从而掩盖住这一点，然而在你的心里这些概念却没有任何的意义，仅仅只是你学到的诸多词语罢了，就像唯物主义者也学会了他的那一套理念跟词语一样。无论是笃信宗教的心灵，还是抱持唯物主义的心灵，都会因怀有偏见而受到局限。这些偏见妨碍了对于真理的充分认知，妨碍了与真理的交流。

问：昨天您问我们为什么我们努力想要逃避痛苦，我突然明白了这个问题的全部涵义。如果我们坦然地把自己交付给痛苦，而不是努力想要逃避的话，就能够冲破内心筑起的那一堵堵抵制的高墙了。

克：没错，假如你这么做不是基于意愿的努力的话。但这难道不是把自己交付给了人为的痛苦吗？不是理性上展开努力以便去得到某些东西吗？显然你不会把自己交付给狂喜，对吗？如果你这么做了，那它就不是狂喜了。

问：我并不是这个意思。我是说，你只是去经历痛苦，而不要努力想要逃离。

克：你为什么觉得你必须受苦呢？当你告诉自己说你不应该逃避的时候，你就会希望自己可以从痛苦中有所获得。然而一旦你充分领悟到一切逃避都不过是幻觉，你就不会想要去抵抗对于逃避的渴望了，也不会想要通过痛苦有所获得了。

问：是的，我懂了。

问：请您重复一下您刚刚说的好吗？

克：一个人不会把自己交付给欢愉。狂喜中不存在任何的二元性。它是一种自发形成的状态，不受我们意愿的左右。痛苦则代表一种二元性。我们并没有理解这一点，而是展开了许多理性上的努力，试图去战胜痛苦，我们把自己交付给了痛苦的对立面，发展出许多的美德，等等，从而使得这种二元性持续存在了下去。所有这些尝试，都只会令二元性得到进一步的强化。

问：我们抗拒了痛苦，难道不也意味着抗拒了狂喜吗？

克：当然。假若你缺乏对丑陋、对痛苦的感受能力，那么你就一定同样也会对美、对欢愉感觉迟钝。抗拒痛苦，同样也就妨碍了去获得幸福。

什么是狂喜呢？当头脑和心灵彻底统一的时候，当恐惧没有把心智撕成碎皮的时候，当心灵没有去抗拒的时候，身心便会处于狂喜的状态。

问：是否有一种更好的方法来经历痛苦呢？是否有一种更好的生活方式呢？

克：有的，这也正是我一直努力想要去解释的问题。如果每个人都察觉到了自身受限的状态，那么他就会开始让自己去摆脱仇恨、野心、依附和恐惧的束缚，因为正是它们让生活变得裹足不前。

倘若心灵摧毁了一种受限的状态，之后仅仅只是进入到了另一种局限之中，那么生活就会变得彻底的空虚与无望。这正是发生在我们大部分人身上的情形，我们从一个笼子徘徊到另一个笼子，以为每一个笼子都要比前面一个更加自由一些，殊不知其实每个笼子只是一种不同的局限罢了。而自由的状态是不可能由少到多逐渐增加的。

问：我认为受限的状态是发展的一个必须部分，这就像地球的旋转一样，也是受到限定的。

克：那么我们就没有在运用智慧。然而仅仅宣称一切存在都是受到局限的，我们就永远无法探明是否存在着某种可能不受限定的状态。假如一个人充分意识到了受限的状态，那么他就会开始去理解那因恐惧的终止而带来的自由了。

（在奥门的第五场演说，1937 年 8 月 6 日）

关系意味着冲突，爱不属于关系

在一个不断扩展的世界上，凡关系均是有限的，无论是两个个体之间的关系，还是同许多人之间的关系。重要的不在于关系究竟是有限还是广大，而在于关系的特性。

我们所说的关系意思是什么呢？它指的是在两种利己主义的欲望之间进行调整。在这种关系里头，会有对立的野心、依附、希冀、欲望所展开的争斗，因此几乎所有的关系都会处于紧张和冲突的状态。所谓关系，不仅指的是我们同他人及外部价值理念之间的关系，还包括我们与自身的价值观与理念的关系。

我们认识到，朋友之间、邻里之间、自身与社会之间都存在着这种冲突。这一冲突是否必然会一直继续下去呢？我们或许可以十分巧妙地协调自己与他人的关系，以便相互之间永远不会发生重要的接触。又或者无法实现协调，于是两个人可能要被迫分开。然而只要有行动存在，那么个人与社会之间就必然会发生关系。只有当你处于彻底神经质的状态，你才有可能隔绝于世。除非一个人行为呆板，没有所思所感，或者太受局限，以至于只有一种思想和感受的模式，否则所有关系都是一种调整——要么展开冲突、予以抵制，要么被迫屈服、做出退让。

爱既不属于关系，也不属于调整，它拥有截然不同的特性。

关系里的冲突和斗争能否停止呢？我们无法单凭经验带来一种毫无冲突的关系。经验是对先前的限定做出的反应，而先前的限定已经在关系里头制造出了冲突。仅仅去对环境及其社会价值观念、习惯、思想加以控制，同样无法带来一种不受冲突束缚的关系。

欲望的限定性影响与那迅捷、轻快的关系之流，二者之间会有冲突存在。正如大部分人所认为的那样，起到局限作用的并不是关系，而是欲望。正是欲望一直有意或无意地在关系里头制造着摩擦与矛盾。

欲望源于无知。欲望无法凭借自身单独存在，它必须依靠先前的限定而活，而先前的限定就是无知。无知能够被消除掉，这是可以实现的。无知是由许多形式的恐惧、信仰、欲望和依附所构成的，正是这些东西引发了关系里的冲突。

当我们充分意识到了无知的过程，当我们自发地、自动地意识到了该过程，也就开启了智慧的大门，智慧可以应对所有局限性的影响。我们要去关心的，是如何唤醒智慧与爱，因为单单智慧与爱就能够把心智从冲突当中给解放出来。

智慧与爱的苏醒，不是来自于规范化的、制度化的道德，也不是某种可以被求得的成果，而是一种不断觉知的过程。

问：关系同样还是习惯之间的接触，正是因为习惯才会有行动的持续。

克：在多数情况下，行动都是习惯的结果，而习惯则是基于传统、思想和欲望的模式之上的，这便让行动具有了一种明显的持续性。一般来说，习惯规定和控制了我们的行动与关系。

行动是否仅仅只是习惯呢？如果行动来自于单纯的机械化的习惯，它就必然会带来混乱跟痛苦。同样的道理，假若关系仅仅是两个个别的习惯之间的联系，那么所有这类关系都将让人感到痛苦。然而不幸的是，由于无法做出调整，由于恐惧，由于爱的缺失，于是我们便把彼此之间的关系简化成了一种迟钝和乏味的模式。

习惯，指的是有意识或无意识地重复你的行动，而指导行动的，是一系列的记忆，对于过去的事件、传统、思想和欲望的模式的记忆。一个人经常会意识到自己正生活在一条狭隘的思想的窠臼中，他好不容易爬出了这个窠臼，结果却又陷入到了另一个窠臼。从一个习惯转变为另一个习惯，这种情形经常会被美其名曰为进步、经验或是成长。

那曾经在充分的觉知之后展开的行动，常常会变成习惯性的，没有了思索，没有了深刻的感受。

当心灵仅仅去遵循某种模式的时候，会有正确的关系存在吗？

问：不过存在着一种自发的反应，这种反应并非是习惯。

克：是的，我们知道这一点，不过这种情况极为少见。我们想要去建立起一种自发性的关系，可惜美好的意愿同真实情况之间总是横着一条巨大的沟壑。我们所希望的，是一种具有野心的依附，这对于一个正在探寻真实的人来说没有任何的意义。假如我们能够理解自己的本来面目，或许便会知道什么是“当下实相”了。

当心灵仅仅去遵循某种模式的时候，会有正确的关系存在吗？当一个人察觉到了那一被叫做爱的状态，就会出现一种充满活力的关系，这种关系不属于某种模式，它超越了所有理性的界定与权衡。不过，由于恐惧和欲望所具有的限定性的影响，因此这种关系被简化为了单纯的满足、习惯、惯例。这样的状态并不是真正的关系，而只是一种死亡同衰退。虽然可能会有来自于另外一方的机械化的反应，然而两个个别的模式之间怎么会存在真正的关系呢？

问：这两种习惯之间会有不断的调整。

克：的确，不过这种调整仅仅是机械化的，是被冲突和痛苦强制执行的，这种强迫并没有让一个人不再想要去形成习惯模式。外部的影响同内在的决心，没有阻挡住习惯的形成，仅仅是在表面化的、理性的调整中起到了一定的作用，而这种调整无助于真正的关系。

这种模式的状态、理想的状态、遵从的状态，是否有利于达至圆满呢？是否有利于构建富有创造力、充满智慧的人生与行动呢？在我们能够回答这个问题之前，我们是否意识到或者说察觉到了这一状态呢？如果未能察觉，就不会有任何冲突；但倘若我们意识到了，那么就会生出焦虑和痛苦。我们努力想要逃避，或者努力想要打破旧的习惯与模式。在征服旧有习性与模式的过程中，一个人仅仅只是制造出了其他的习惯跟模式。渴望单纯的改变，要比渴望领悟到习惯模式的形成过程更为强烈，因此我们也就从一种习惯转到了另一种习惯。

问：*没错，我知道习惯是愚蠢的，但是我怎样才能够打破它呢？*

克：在你问我如何克服某种习惯之前，不妨让我们去探明一下究竟是什么事物在制造着习惯。因为，你或许可以冲破某个习惯、某种模式的束缚，然而你在这一过程中可能又会形成另外一个习惯或模式。通常情况下我们正是这么做的，即从一个习惯转变到另一个习惯。除非我们懂得了心灵为什么一直都想要形成习惯，一直都想要去遵循思想和欲望的模式，否则我们必将继续从一个习惯转到另一个习惯。

一切正确的关系，都要求不断的觉知，都要求不去依照某种模式做出调整。只要有习惯存在，只要你去遵循那些模式和理想，你的心灵就无法处于高度柔韧的状态，无法具有极强的适应能力。要想拥有一颗柔韧的心灵，需要你展开不断的思考，需要你怀有深切的情感。由于心灵发现自己更容易去建立行为的模式，而不是去展开洞察，于是它便开始形成习惯。当它因为遭遇痛苦以及感到不确定而对某个习惯产生动摇的时候，它便会转向另一个习惯。对于自身安全和舒适的恐惧,迫使心灵去遵循那些思想和欲望的模式。于是社会就变成了习惯、模式和理想的制造者，因为社会便是一个人的邻居，便是他始终都在接触的直接关系。

（在奥门的第六场演说，1937 年 8 月 8 日）

充分的觉知才能带来改变

痛苦，代表着思想和欲望的模式运作的过程。心灵发展起了其他的模式跟幻觉，从而让自己再一次沉沉睡去，它想要通过这种方法去战胜痛苦。心灵从这种自我施加的局限中再一次地被动摇了，于是又一次让自己失去了思考能力，直到它与某些思想—欲望的模式极其地认同，抑或相信自己不会再被动摇或是不会再允许自己遭受痛苦。许多人都意识到了这一状态，并将其视为最高的成就。

一旦你萌生出了如下的意愿，即仅仅去克服一切习惯和限定，那么这一意愿本身就是思虑不周的、重复性的。

我们必须既要了解习惯性的行为，又要懂得理想化或概念化的行为，尔后方能在不怀有任何幻觉的情形下实现对行为的认知。因为真理孕育于真实之中。

所谓觉知，并非是指萌发出想要自省的意愿，而是指自发地把所有欲望的力量统一起来。

问：觉知是否只能慢慢地发展培养起来呢？

克：只要怀有浓烈的兴趣，就能够做到充分的觉知。由于一个人往往心智上懒散，情感上又为恐惧所困，于是觉知也就成为了一种缓慢的发展过程。所以这并非是真正的觉知，而只是小心翼翼地筑起了一堵堵抵制的高墙。我们大部分人都修建起了这些自我保护的墙壁，因此觉知貌似是一种缓慢的过程、一种发展渐进的过程，从而满足了我们懒惰的习性。出于懒惰的心理，我们发明出了各种缓兵之计——指向最终而非现在，结果觉悟就成为了一种渐进的过程，一世又一世，如此下去。我们着手去为这种懒散寻找合理的解释，并且依照它来满意地安排自己的生活。

问：该过程似乎是必然的。但是一个人怎样才能够迅速地觉醒呢？

克：个体从暴力转变为和平，这种转变是否是一个缓慢的过程呢？我并不这么认为。假如一个人真的领悟到了仇恨的全部涵义，那么他的心中就会自然而然地绽放出爱的花朵了。我们无意识中会对智慧心怀恐惧，我们渴望把自己交付给他人，渴望去遵循模式，结果也就妨碍了实现立即的、深刻的觉知，因为这样的觉知或许意味着我们的日常生活将会发生剧变：消除掉野心，消除掉所有国家主义的阶级划分，消除掉各种依附，等等。恐惧推动着我们、警告着我们，于是我们有意或无意地臣服于它，因而也就增强了我们的防卫，而这只会制造出更多的恐惧。只要我们没有认识到这一过程，那么我们就会一直从延缓、渐进、克服的层面来思考。恐惧无法在未来被消除，只有在不断的觉知中，它才会走向终结。

问：我觉得我们必须赶快走向和平。

克：假若你由于在情感和理智上遭受了各种各样的威胁而心怀恨意，假若你仅仅只是诉诸将来的暴力，尽管你或许可以暂时成功地躲避恐惧，但是仇恨却依然继续存在着。只有通过不断的觉知，恐惧和仇恨的阴云才会消散而去。不要老是想着把问题暂时搁置一边。要开始去察觉，如果满怀兴趣，那么这种兴趣本身就可以自发地带来一种和平的状态、一种洋溢着爱的状态。

你无法通过任何形式的暴力来消灭掉自己内心上演的战争，消除掉你对自己的邻居及他人怀有的恨意。倘若你开始明白十分有必要去对这一问题展开深刻的思考与感受，那么你所抱持的偏见、你所受到的种种局限——这些偏见和局限正是仇恨与恐惧的根源所在——就会被展露无疑。而在这种揭示中将会有爱的觉醒。

问：我认为克服恐惧跟仇恨需要耗费我们毕生的时间。

克：你这又是从暂时搁置的层面来思考问题了。是否每个人都感觉到了仇恨的恐怖、认识到了它的恶果呢？如果你深切感受到了这一点，你就不会去关心仇恨何时能终结的问题了，因为它已经向某个事物做出了屈服，而这一事物本身就能够带来人与人之间深入的联系与协作。

假使一个人意识到了各种不同形式的仇恨或暴力，那么暴力能否经由时间而被消除掉呢？

问：不能，不能通过单纯的时间的流逝而被消除掉。一个人必须要有某种方法来摆脱掉暴力。

克：不能，仅仅只靠时间的流逝是无法消除仇恨的。仇恨或许可以被很好地掩盖起来，抑或受到仔细地监视跟防卫，可是恐惧、仇恨仍将继续下去。有任何体系方法可以帮助你去摆脱仇恨吗？它或许能够帮助你去克制住、控制住仇恨，使你增强与仇恨交战的意愿，但是并不会带来爱，而爱本身就可以让人获得永远的自由。倘若你没有深切感受到仇恨那与生俱来的有害性，那么没有任何体系方法、没有任何权威能够为你把仇恨的种子连根拔除。

问：虽然你在理性上或许认识到了仇恨是剂毒药，但是你却感觉到

自己依然恨意难消。

克：为什么会发生这样的情形呢？难道不是因为尽管你的智力已经过度发展了，可你的欲望却还是停留在原始的、本能的阶段吗？美与丑是不可能和谐共处的。你无法通过任何方法让仇恨终止，只有依靠不断地意识到自己所受的种种局限，因为正是这些限定导致了爱恨之间的界分。

这种界分为何会存在呢？

问：因为爱的缺乏。

问：原因在于无知。

克：你难道没有发现，仅仅只是一再重复说如果一个人真的正确无误地生活，那么这种界分就不会存在；如果没有无知，界分便会消失；习惯是这种界分的原因；如果我们没有受到局限，就会有完美的爱——你难道没有发现自己只是在吟诵着学到的一些词语吗？这么做有何价值呢？答案是毫无价值可言。你们每个人是否都意识到了这种界分呢？请不要立即做出回答，而是去思考一下在你身上所发生的情形。

我们发现自己活在冲突之中，发现我们一方面心怀恨意，一方面却又对仇恨抱以鄙视。这种界分存在着。我们可以看到这种界分是如何通过各种限定性的原因而形成的。仅仅去思考原因，无法让我们摆脱仇恨和恐惧获得自由。仅靠探明饥饿的原因——比如糟糕的经济体制、生产过剩、错误的分配等等——并不能够解决饥饿的问题。如果你自己饥肠辘辘，那么单靠认识到了饥饿的原因是无法让你的肚子填饱的。同样的道理，仅仅知道仇恨、恐惧的原因以及伴随而来的各种各样的冲突，无法使问题迎刃而解。只有不做选择的觉知——停止为了克服仇恨所做的一切理性上的努力——才可以让仇恨真正终结。

问：我们并没有充分认识到这种仇恨。

克：当我们有所认识时，就会去反对冲突以及相伴而来的痛苦，就会着手去展开行动，希望可以克服所有的冲突，而这只会让理智得到进一步的增强。你必须要自发地、静静地察觉到这整个的过程，而在这种觉知中会出现一种崭新的元素，它不是任何暴力或努力的结果，该元素本身就能够让你摆脱仇恨以及那些让你束手束脚的限定。

（**在奥门的第七场演说，1937年8月9日**）

不能通过爱来克服仇恨

仇恨，不能通过经验或是积累美德而被消除掉，也无法依靠爱的实践来被克服，所有这些做法都只是在掩盖恐惧与仇恨。一旦你领悟到了这一点，那么你的生活就将发生翻天覆地的巨变了。

问：心理成长的幻觉与我们在周遭所见到的成长有什么关联呢？

克：我们发现，凡是能够成长的事物都无法持久。但是我们每个人都把心理的成长当作某种永恒的事物来依附。如果我们深刻感受到并且认识到万事万物都处于一种恒变的状态，都处于不断变成的状态，那么我们或许就可以使自己从冲突中解放出来了，不但消除掉了那些存在于我们自己身上的冲突，而且我们与邻居、与社会之间的冲突也将不复存在。

问：对我来说，我没有法子从仇恨一步跳跃到热爱，不过我可以把自己的厌恶慢慢转变为理解、体谅和喜欢。

克：我们无法把心灵受到的过去的限定完全擦拭干净，使其处于全新的状态，但是我们可以意识到是什么在维系着恐惧和仇恨，可以察觉到那些妨碍我们去展开理性行动的心理原因与反应。过去及其信仰、希望、恐惧、结论、记忆在控制、支配着我们——这些事物使我们无法去展开完整的行动。我们不可能把过去擦拭掉，因为心灵从本质上来说就是属于过去的。不过，一旦领悟到了过去的累积及其对现在所造成的影响，我们就能够开始在不施以暴力的情形下让自己摆脱掉那些令心智裹足不前的价值观念了。

对你个人来说，过去以及它那支配性的影响和恐惧，是否是一个重大的问题呢？

生活，滋生着战争、仇恨与界分，破坏着人与人之间的和谐——对你而言它是否是一个难题呢？假如是的话，那么，作为生活的一个组成部分的你，只有通过自己的痛苦、野心、恐惧才能实现对于生活的认知。世界便是你，所以它的问题也就是你的问题。假若对你们每个人来说它都是个烦心的大问题，正如我所希望的那样，那么你就永远不会逃避到任何理论、解释、“事实”、幻觉中去。但那要求极大的警觉——一个人必须得强烈地意识到这一点——所以我们更愿意选择捷径，即采用逃避的方式。倘若你的心智从这个问题上移开了，你又怎么可能去解决它呢？

我并不是说这个问题十分简单，相反，它很复杂，因此你应该把整个心智都投注到它的上面去。但如果你逃避它，如果你的心灵给自己设立了各种逃避，试图从该问题上转移，那么你如何能够将自己的整个身心都投入其中呢？

问：然而我们在逃避的时候并没有意识到这一点。

克：我们试图去认识自我，试图去揭示心灵那些隐蔽的角落，去洞悉各种各样的逃避，如此一来我们才能自发地去面对生活，才能深刻、充分地直面人生。用一种习惯来克服另一种习惯，无论是哪种形式的克服——用美德来战胜仇恨——都是一种替代。培养对立面，并不能消除掉那些我们渴望使自己摆脱的特性。我们必须认识到仇恨本身是邪恶的，是一剂毒药，而不应该把它当做爱的对立面来理解。

问：您难道不认为我们可以认识不同的逃避吗？我们能够认识到仇恨有百害而无一益，同时我们知道自己心怀恨意。但是我觉得假如我们想要充分地认识仇恨，那么就应该愿意离弃一切——家、妻子、所有的一切；我们应该挥手道声再见，然后去过苦行僧般的生活。

克：不要想着没有仇恨是何结果，而应去思考你是否能够消除恨意。你是不是告诉自己说你没有法子从仇恨的泥沼中走出来呢？

问：我们只能够去努力，但并不知道结果会怎样。

克：你为什么会说自己不知道呢？

问：因为它并非是我们的切实问题。

克：虽然仇恨存在于世，存在于你自己的身上，存在于你的周围，然而你却声称对你而言它并不是一个切实的问题。你并没有意识到它。你为何没有察觉到它呢？要么是因为你摆脱了仇恨的绑缚，要么你把自己保护得太好，你如此机敏地保护着自己，以至于无所畏惧，毫无恨意，因为你确定自己十分安全。

问：我们在此时此刻并没有感觉到仇恨。

克：当你不在这儿的时候，你就会感觉到仇恨了，于是它对你而言就成为了一个问题。你在这儿暂时地逃避了它，可问题却依然存在着。你无法逃避它，无论是在这儿还是在其他地方。对你来说，仇恨是一个难题，不管你愿意与否。尽管它是个问题，但你却将其抛置一边，你没有意识到它，所以你才会说自己不知道该对它采取何种行动。

问：我们经常指望着生活自己会直接有所行动，把那些尽管我们知道它们毫无价值但却十分珍视的东西给拿走。这是否同样也是一种逃避呢？

克：有些人在战争时期似乎反倒轻松自在了起来，他们不担负任何责任义务，他们的生活完全受作战部的指引。这也就是为什么世俗的权威或精神的权威日益发展壮大，备受世人崇敬的一个主要原因。好死胜过赖活。

我们被训练着去认为仇恨是必然的，认为我们必须经历这一阶段，它是人类传统、人类本性的一部分。

我们习惯于认为不可能立即消除仇恨，认为必须经过某种自我克制方能熄灭仇恨之火。结果我们身上就上演着一个二元的过程——暴力与和平，恨与爱，愤怒与和善。我们展开了一系列的努力，目的是要在这两种单独的力量之间建起一座桥梁，抑或用一种力量来战胜另一种力量，或是集中于一种力量上头，以便其对立面能够消失不见。

无论你怎么努力去用爱来摧毁仇恨，都将只是一番徒劳，因为暴力、恐惧会以其他形式显露出来。我们不能只是停留于单纯的自制，而应该更加深入，应该去探明为什么自己身上会存在着这种爱与恨的二元性。除非这一二元的过程停止，否则对立面的冲突必将继续下去。

问：或许仇恨并不真的属于我呢？

问：那么我们的爱也太可怜了不是吗？

克：这些问题都非常具有启迪性，它们表明心灵受到了局限。无论心灵展开怎样的努力，它都必然是它努力想要逃离的事物的一部分。

心灵发现仇恨并不是一件划算的事情，因为仇恨里面包含着太多的痛苦，所以它努力规范和克制自己，努力用爱来克服仇恨，用和平来战胜暴力与恐惧。所有这些都表明心灵的根本渴望就只是想要去逃避痛苦，也就是说，它希望在那些不会给它带来痛苦和干扰的美德与个性中去保护它自己。除非心灵不再渴望自我保护的安全，否则恐惧及其所有的后果都必将继续存在下去。心灵无法从恐惧的泥沼中走出来，当心灵尝试去这么做的时候，它就培养出了对立面，而这种对立面本身就是恐惧的一部分。所以心灵对自己进行了划分，在自身内部制造出了一种二元的过程。心灵所做的一切努力，都必然会维系着这种二元性，尽管它可以发展出各种倾向、个性和美德来克服那一二元性。

问：我不太明白心灵是如何把自己划分为了爱与恨的。

克：世界上有善与恶，光明与黑暗。光明和黑暗是无法共存的，一个会摧毁另外一个。

假如光明就是光明，那么黑暗、罪恶便将不复存在。不必展开努力，于是努力也会不存在。但是我们处在一种不断努力的状态，因为对我们来说，光明并非是光明——它只是智性的光明与善。

我们总是不断努力去征服、获取、占有、脱离、拓展。在困惑的重重包围之中偶尔也会有澄明的时候，我们渴望这种澄明，并且依附于它，希望它能够消除掉那些相互冲突的欲望。渴望澄明，渴望用一种特性来克服另一种特性，这么做只是在浪费精力罢了，因为渴望的意愿、克服的意愿，意味着想要获得成功、获得满足，想要得到安全。这种意愿必定一直继续制造和维系着恐惧，即使它宣称自己是在寻求真理和神。它的澄明，是逃避的澄明、幻觉的澄明，而非实相的澄明。当意愿自发地摧毁掉自己的时候，便会有超越一切努力的真实。展开努力其实属于一种暴力，而爱与暴力是无法共存的。

我们活在冲突之中，这种冲突并不是善与恶、自我与非我之间的斗争。斗争存在于我们自身自造的二元性之中，存在于我们各种各样自我保护的欲望之间。光明与黑暗之间是不会有冲突的，哪里有光明，哪里就不会有黑暗。只要心怀恐惧，就必然会继续活在冲突之中，虽然恐惧可以用不同的名字来伪装自己。恐惧无法通过任何方式来使自己获得解放，因为它的一切努力都来自于自身的根源，所以必须要停止所有理性上的防护。当心灵向自己揭示出自身的过程时，自然而然地就不会再有理性上的防护了。只有当你实现了充分的觉知，这一情形才会出现。而这种觉知并不是来自于约束和训练，也不是道德或经济制度的产物或者强迫的结果。

每个人都必须要意识到无知的过程，意识到自己制造出来的种种幻觉。

理性无法带领你离开当下的混乱、无序和痛苦。理性必须放空自己，不是通过消隐，而是依靠对于生活的充分觉知与爱。

当理性不再能够通过阐释、逃避、逻辑结论来保护你的时候，当你彻底地开放内心、袒露自我的时候，爱的火焰便会在你的心中熊熊燃烧起来。

真理本身就能够让每个人摆脱无知的痛苦与困惑。真理并不是经验的尽头，它是生活本身。它不属于明天，不属于任何时间。它不是某个结果、某种成就，而是恐惧同欲望的终结。

（在奥门的第八场演说，1937 年 8 月 10 日）

PART 05

荷兰 1938 年

真理只存在于不受限定的自由中

你可曾试图与友人交流过你深切感受到的事情吗？你一定会发现，这么做十分困难，虽然你们之间的友谊可能亲密无间。你可以想象得到，对我们来说在这儿要理解彼此是多么的不容易，因为我们的关系格外特殊。我们之间不存在所谓的友情，而对于深刻的交流和理解来说，友谊又是必需的。我们大部分人都怀着某种心态，要么是师从老师的心态，要么是追随者的心态，要么试图迫使自己抱持某种观点，于是交流就会变得极为困难。如果你抱着宣传者的心态，如果你来这儿仅仅是为了宣传某个社团或部门的理念，抑或是为了宣传此时流行的某种思想意识，那么我们的交流就会变得更加的复杂。只有当聆听者和讲话者双方在同一个问题上一起展开思考，方能实现自由的交流。

在夏令营举行的这些天里，我们不应该怀着这种老师与弟子、领袖与追随者的心态，而是应当彼此之间展开友好的交流。倘若心灵囿于任何信仰或意识形态，那么就无法实现友好的交流。领袖同追随者之间从来没有友谊存在，所以他们也就不可能做到深入的交流。

我在谈论着我所认为正确的事情，我从中获得了愉悦的事情。假如你所想的与我截然不同，那么对你来说它就意义甚微。假若我们能够以某种方式超越这种我们通过传统、传说、迷信以及各种各样的幻想建立起来的荒谬的关系，或许就可以更加自然地去理解彼此了。

我想要说的内容十分简单，至少在我看来是如此，不过当这些想法和感受被诉诸语言文字的时候，就会变得复杂起来。如果你带着自己特有的偏见、迷信和屏障来理解我试图要表达的内容，而不是尝试着把那些有碍于充分觉知的歪曲从你的心灵里清除干净，那么我们之间的交流就会更加的困难。充分的觉知，本身就可以带来一种富有判断力、饱含情感的态度。

正如你们所知道的那样，此次夏令营的举办目的，不在于倡导左翼或右翼的理念，也不是为了给任何社团或意识形态做宣传。我知道这儿有许多人定期来参加夏令营，目的是为了给他们的社团、他们的国家主义、他们的教会摇旗呐喊。所以我很认真地请求你们不要沉溺于这种游戏，我们相聚于此是为了更加严肃的目的。那些想要玩这种消遣的人，有大把的机会可以到别处去。至少在这里，让我们努力去探明每个人的所思所感，尔后或许便可以开始去理解那些在自己身上与周遭所上演的混乱跟仇恨了。

我们每个人都面临着许多的问题：比如一个人是否应当高举和平主义的大旗，抑或他的和平主义该走多远；比如一个人是否应当为自己的国家而战；比如社会与经济的难题；比如有关信仰、行为和感情等问题。我不会给出某个能让这些问题迎刃而解的法子，不过我想要去做的，是指出某种解决这些问题的新方法，以便在你们直面这些有关国家主义、战争、和平、剥削、信仰、爱的问题时，能够从一种真实的观点出发，从而充分地迎接和应对它们。

所以请不要在这些演说之初就期待着马上能解决你们所面临的种种难题。我知道此时的欧洲俨然就是一所精神病院：在那里，一方面倡导着和平，一方面又在积极备战；一方面强调着边界和国家主义，一方面又在高谈阔论所谓的人类统一；一方面谈论着上帝、谈论着仁爱，一方面仇恨的种子又在四处蔓延。这并非仅仅只是世界的问题，同时也是你自己的切身问题，因为你就是世界。

要想应对这些难题，你就必须不受任何的限定，必须拥有充分的自由。如果你受到了任何形式的束缚，也就是说，如果你怀有任何形式的恐惧，那么你就无法去解决这些问题中的任何一个。只有当你处于不受限定的自由的状态，真理方会出现。意即，只有当你身处这种自由之中，你才能够真正地做你自己，才能够处于真实的状态。所谓一个人身心的完整，指的是不受任何的限定。倘若你怀有任何形式的疑问、欲望和恐惧，那么这些东西就会制造出一个受限的心灵，从而妨碍了许多问题得到最终的解决。

我想要解释一下用什么方法来摆脱局限和恐惧获得自由，如此一来你才可以始终做你自己，才可以理解所有的状况。这种无所畏惧的状态是可能实现的，在这一状态中会有狂喜、实在与神。除非一个人充分地、彻底地挣脱了恐惧之网，否则问题只会有增无减，逐渐变得令人窒息，没有任何意义与目的。

这就是我想要说的：即真理只存在于不受限定的自由之中。所谓一个人身心的完整，彻底地做自己，指的便是不受任何的限定。只有不受局限，方能揭示出实在。

那么做自己是什么意思呢？我们能否始终都做自己呢？除非一个人做着自己真正热爱、彻底热爱的事情，他才能够始终处于正常的、真实的状态。当你在做着某件你会情不自禁地把整个身心都投入其中的事情时，你才会是真实的，你才是在做你自己。又或者当你彻底地爱着某个人的时候，在那一状态下你才是你自己，不怀有一丝恐惧，没有任何的阻碍。在这两种状态下，人才是彻底忠于自己的。

所以一个人必须要探明他究竟爱做什么。我明确地使用了“爱”这一字眼。你究竟热爱的是什么呢？你会把整个身心投入其中的事情是什么呢？你并不知道。我们不知道做什么是明智的，做什么是愚蠢的。而生命的整个过程，就是去探明何为明智、何为愚蠢。你不可能在眨眼之间就搞明白这个问题。

可是一个人该如何去探明该问题呢？关于何为明智、何为愚蠢——此问题究竟是被机械地发现，还是被自发地探明呢？当你带着整个身心去做某件事情的时候，当你不怀有任何挫败感或恐惧感、没有一丝局限的时候，你在这一行动的状态下就是在做自己，你不会去考虑任何外在的限定。我认为，假若你能够进入到这种状态，当你在行动中忠于自我的时候，你就能步入探明真理和神之后的狂喜之境。

这种状态究竟是被机械地获得、培养起来的，还是自发出现的呢？我将会解释一下我所说的机械的过程指的是什么。一切由外部施加的行动都必定会成为习惯性的，必定是机械化的，因而也就不是自发的。你能否依靠传统弄明白什么才是做你自己吗？

请允许我在这里稍微跑题一下。我想说的是，我们会在随后的会谈期间好好讨论一下这些理念的，就像我们去年所做的那样。我们将努力触及不同的观点——不是彼此争论，而是以友好的方式去探明我们每个人对于这些问题有何想法。在第一场演说里头，我想要简单概括一下在我看来生活的真正过程到底是什么。

假如你以任何方式受到传统影响的话，你能够做自己吗？又或者你能否通过实例、通过感知发现自我呢？

问：什么是感知？

克：通过某种感知，通过某句格言——比如凡分裂的即是恶，凡统一的即是善——仅仅依靠恪守某个原则，你能够做你自己吗？依照某个模式或理想来生活，严格地加以遵循，打坐修行，这么做能够让你发现自我吗？实相可否通过训练或者意愿而被感知到呢？也就是说，通过展开智性上的努力，通过抑制、控制、训练、指引、强迫思想来按照某个方向发展，你能够认识自我吗？你可否凭借行为模式来实现对自我的认知呢？也就是说，预先设想某种生活的模式、善的模式、理想的模式，永远遵照该模式，依照它的指示来扭曲你的思想与感受，把你所认为的恶抛置一边，严格遵循你所认为的善，这么做你就可以认识自我了吗？这一过程会向你揭示出你的本来面目吗，无论该面目是怎样的？你可以通过强迫来探明自我吗？这种依靠意志力、依靠训练来无情地克服困难的做法——这种征服与抗拒，这种抑制与屈从，便是一种强迫。

所有这一切都是在运用意志力，我认为这是一种理性的过程，是机械化的。你可以通过这些方式——这些机械化的方式来认识自我吗？所有的努力，机械化的或是运用意志力的努力，都会成为习惯性的。通过形成习惯，你或许可以创造出某种状态，达至某个理想，你可能会认为这就是忠于自我的状态，然而由于这种状态来自于理性的努力或者意愿的努力，所以它完全是机械化的，因而也就不是真实的。这一过程能够让你认识自我、认识你的本来面目吗？

于是便会有其他的状态，自发的状态。只有当你没有察觉的时候，当你没有在进行考量的时候，没有展开保护的时候，没有不断留意着去防卫、转化、征服、控制的时候，当你不怀有任何期望去观察自己的时候，也就是说，当心灵没有任何关于自己的先入之见的时候，当心灵处于开放的状态，不着手准备去迎接未知的时候，你才能够认识自我。

倘若你的心灵有所准备，那么你显然就无法去认识未知，因为你就处于未知的状态。假如你对自己说："我是神"或者"我只是社会影响力的集合抑或许多特性的综合"——假如你对自己抱有任何的先入之见，你就无法去认识未知，认识这一自发的事物。

所以，只有当理性处于不受保护的状态，当它没有在保卫着自己，当它不再害怕自己，才会出现自发的状态，而这一切只能够从内部发生。

也就是说，自发必须是崭新的——未知的事物，不可度量的事物，富有创造力的事物，那必须被表现、被热爱的事物——在这种事物中，没有任何意愿在展开着理性上的努力，在进行着控制与支配。若你观察自己的情感状态，就会发现那些极为欢愉、格外狂喜的时刻都不是预先安排好的，它们会神秘、隐蔽、不知不觉地出现。当它们消失的时候，心灵就会渴望重新拥有那些时刻，渴望重温它们。于是你便告诉自己说："如果我能够遵循某些法则，形成某些习惯，以这种方式而非那种方式来展开行动，那么我就可以再次拥有那些狂喜的时刻了。"

自发的状态与机械化的状态之间，总是会爆发战争。在我看来，我所说的内容是全新的，不可以被扭曲以迎合你的那些偏见：比如高等自我与低等自我、暂时与永恒、自我与他者，诸如此类。不幸的是，我们大多数人都几乎摧毁掉了这种自发性，这种对于未知事物怀有的欣喜之感。单单这种富有创造力的欢愉，就能够带来睿智的行动。我们孜孜不倦地通过世世代代的传统、基于意志力的道德以及强迫，培养出了机械化的生活观。我们用一些听上去十分美妙的字眼来称呼它，然而从本质上来说，这种生活态度完完全全是机械化的、刻板的、理智层面的。训练、暴力、征服、抵制、局限的过程——所有这些是单纯发展智力的结果，其根源则在于恐惧。机械、刻板的生命态度，在我们的生活里头处于压倒性的支配地位，我们的文明和道德就是建立在它的基础之上。在心灵处于静止和忘却状态的罕有时刻，就会自发地萌生出对于未知事物的欣喜之情。

我认为，当你处于这种自发的状态，你就能够去认识真理和实在，就能够去展开睿智的行动，而不是那种源于道德的考量或意愿的行动。

各种形式的道德与宗教戒律，许多社会与伦理制度的强加，都只是来自于小心翼翼培养起来的一种机械化的生活观。这种对于生活的态度，破坏了自发性并且导致了真理的毁灭。

不要采取任何方法——因为所有的方法都必然是机械化的——你就能够去探明自身存在的真相了。一个人无法用任何方法来强迫自发性，没有哪种方法可以提供给你自发性，一切方法都只会产生出机械化的反应。没有任何训诫、规范能够让你在面对未知事物的时候自发地萌生出欢愉。你越是强迫自己做到自发，自发性就越会撤退，越会变得隐蔽和模糊，越是无法被理解。然而当你去遵守训诫、模式、理想，去追随领袖、榜样的时候，你就正是在这么做的。你必须以无为的姿态来着手该问题，而不要想着去捕捉未知与实在。

大家是否都察觉到了这种理智、意愿的机械化的过程呢？正是这一过程破坏掉了自发性与真实。你无法马上做出回答，不过你可以开始去思考智性、意愿，尤其要感受到它所具有的破坏性。只有当理性允许自己脱下所有保护的外壳，你才可以领悟到意愿的本质是虚幻的，而不是通过任何形式的强迫或者想要获取、想要认知的渴望。

只有当你满怀热爱之情，你才能够认识自我，这便是生命的整个过程。当爱是依赖性的时候，你无法做你自己。当它仅仅是自我满足的时候，它就并不是爱，尽管它可能是相互的。当有抑制存在的时候，它就不是爱；当它仅仅是达到某个目的的手段时，它就不是爱；当它停留于感官享受的时候，它就不是爱。当爱听命于恐惧的时候，你无法做你自己，于是那以诸多方式表现自身的事物就是恐惧而非爱，虽然你可以将其称作爱，从而把恐惧给掩盖起来。恐惧无法让你做你自己。理智只是指引、控制着恐惧，但永远无法摧毁恐惧，因为理性正是恐惧的原因所在。

由于恐惧无法令一个人忠于自我，那么他该怎样来克服这种恐惧呢？我指的是各种各样的恐惧，而不是某种具体的恐惧。一个人如何挣脱这张巨大无比、他可能察觉到又或者没有察觉到的恐惧之网呢？倘若你没有意识到恐惧，那就请你察觉到它。察觉到你的思想和行动，不久你就会意识到恐惧了。假若你意识到了恐惧，那么你该如何去摆脱它的束缚呢？你打算凭借意志力来使自己走出恐惧的泥沼吗？抑或恐惧会开始自发地、自愿地消除掉吗？机械化的过程或者意愿的过程，只会把恐惧藏得越来越深，只会保护它，小心翼翼地克制住它，只允许那些受到控制的道德的反应。在这些受控的行为模式之下，恐惧必将一直继续下去，这是意愿的机械化的过程及其训练、渴望、控制等带来的必然结果。

除非一个人使自己摆脱了机械化的过程，否则就不可能会有自发性与真实。对于实在的渴望，无法带来实在，因为那火焰是从内部喷发出来的。

深刻观察到意愿的过程，与它共处，不要想着去摆脱掉它，只有这样才可以让你从机械化的过程中解放出来。你审视着机械化的生活观，与此同时又渴望去摆脱它、改变它、转化它。当欲望属于意愿本身的时候，你如何能够去转化意愿呢？

你必须察觉到意愿的整个过程，察觉到这一机械化的过程，察觉到该过程的争斗、逃避和痛苦。就像农夫在收获之后会让土地休耕一段时间一样，所以你也得让自己安静下来，以无为的姿态着手，不去怀抱任何的期望。要做到这一点并非易事。如果你渴望获得真实，你就会机械地让自己处于安静的状态，就会强迫自己去抱持否定的姿态，于是你所收获的就只有恐惧。正如我说过的那样，这种富有创造力的虚无是无法以迂回的方式被求得的——它必定发生。事实是，它并非源于组织化的道德，因为基于意志力的道德并非是真正的道德。

我们有许多的难题，个人的、社会的，依靠理性或意愿无法解决这些问题。只要意愿的过程以任何形式继续着，那么就必然会有混乱与痛苦。你不可能通过意愿去认识自我，实在也不会通过意愿到来。

（在奥门的第一场演说，1938 年 8 月 4 日）

恐惧是自发性的绊脚石

你们可能记得我曾一直试图解释自发性与机械化的行动这二者之间有何区别。机械化的行动是基于意志力的道德，而自发性则源于一个人自身存在的深度。这个上午我将要谈谈与此相关的一两个问题，尔后让我们展开一番探讨。

我指出，任何形式的恐惧都会制造出习惯，从而妨碍了不受限定的自由。只有在自由的状态中才会有真实，而只有真实才能带来自我的完整。恐惧是自发性的绊脚石。

思考何谓自发，或者去判断谁是自发的、谁不是，思考自发性具有哪些特性、特点，这些做法相当的荒谬，而且也是不可能的。当一个人处于正确的内心状态时，他就会明白什么是自发，什么是真实。一旦你真正做自己的时候，你就能够凭借自己的力量懂得何谓自发了。判断他人，看看他是否是自发的，意味着你拥有一套关于自发性的标准，而这是荒唐可笑的。判断何谓自发，表明心灵仅仅只是在对自身的习惯及道德模式做出机械化的反应。

所以说，思考什么是真实、什么是自发、什么是自我，只是一番徒劳，只是在浪费时间。这类思考只会导致幻觉。让我们把关注点放在揭示实在所必要的条件上面吧。

那么何谓正确的状态呢？没有所谓内在状态与外在状态的界分，我之所以会进行内在和外在的划分，只是为了便于观察，为了更加清楚地理解。实际上并不存在这种划分。

正确的内心状态，本身便能够带来外在状态的变化、改善以及根本上的转变。仅仅从外部着手来创造正确的状态，这种做法只会流于表面化，对于理解真理和神意义甚微。

一个人必须要了解什么是正确的内在状态，但不能够是出于任何外在的强迫或是权威。内在的深刻改变，总是可以睿智地应对外在的状况。让我们一劳永逸地充分领悟到内在必需发生转变是何等的重要，而不要仅仅只是依赖于外部环境的改变。内在的动机和意图，始终都在改变和控制着外部，单靠控制外在是无法从根本上改变动机跟欲望的。

假如一个人内心宁静平和、情感充沛、没有一丝贪婪，那么他显然就无需法律来强制他去和平待人，无需警察来管理和规范他的行为，无需制度习俗来让他保持道德。

我们已经给外在赋予了太多重要意义，我们通过制度、习俗、法律、警察、军队、教会等手段维持着一种其实并不存在的所谓和平。我们希望通过强制和管束、通过用暴力来对抗暴力等做法便可以创造出一种和平的状态。

假若你真正深刻地认识到了这一点，就会懂得，解决诸多生活难题的方法，不是进行内在和外在这种界分，而是应该把二者统一起来。

所以，要想做自己，要想实现自发性，需要怎样的内心状态呢？首先必需的内心状态，是必须停止这种形成习惯的机械性。那么在这种机械性的背后是怎样的动力呢？

在回答此问题之前，必须首先探明我们的思想和感受是否只是习惯、传统的产物，是否遵循着理想和原则？如果我们真正睿智、诚实地思考该问题，那么大多数人都会发现，我们的所思所感，通常来源于各种标准化的模式，无论这些模式是理想还是原则。

渴望获得确定感，使得这种机械化的习惯及其动力得以持续下去。这整个的机械系统，比如传统、模仿、榜样、建立某个未来、树立某个理想、达至完美、取得成就，全都是渴望获得安全。发展出各种各样被视为必需的特性，都是为了获得保证，为了赢得成功。

欲望给我们的思想提供了一种虚幻的持续性，心灵依附于这种持续性，它的行动仅仅只是去遵循模式、理想、原则以及建立起习惯。于是经验从来都不是崭新的、新鲜的，从来不是愉悦的、富有创造力的——于是死去的事物、过去便具有了格外的重要性。

现在让我们举几个例子来理解一下我所说的是什么意思。以国家主义的习惯为例，如今国家主义、民族主义正变得越来越强大和残酷。国家主义，难道实际上不就是一个人所怀有的错误的爱吗？一个骨子里头的民族主义者、国家主义者，永远都不会是一个完整的人。对于国家主义者来说，国际主义俨然是一个谎言。许多人坚称一个人可以一方面是国家主义者，一方面又不属于任何国家。其实这根本是不可能的，只是心灵玩的一个把戏罢了。

依附于世界的某个部分，将会妨碍对于整体的热爱。由于制造出了国家主义这个虚幻的、非自然的问题，于是我们开始用军备、仇恨和界分来为国家主义的必要性及持续性摇旗呐喊，试图以此去解决该问题。所有这些方法都必然是愚蠢的、错误的，因为问题本身就是一种幻觉和歪曲。让我们好好理解一下有关国家主义的问题，以便我们在一个充满了残忍的管制、精神错乱的世界上至少可以保持健全的心智。一个人对自己国家怀有一种组织化的热爱，怀有一种管制化的仇恨与情感，这难道不是因为宣传、领袖、既得利益而被培养起来和强行施加的吗？这种所谓的对祖国的热爱，之所以会存在，难道不是因为它以种种迂回的方式在滋养着个体的自我中心主义吗？一切强制和满足，都必然会制造出机械化的习惯，而这些习惯又必定会同个体自身的完整与情感发生着不断的冲突。偏见、仇恨、恐惧，必然导致界分，而界分又无疑会滋生出战争——不仅是同自我的交战，而且还有人与人之间的战争。

倘若国家主义仅仅是一种习惯，那么一个人该如何是好呢？不去拥有一张护照，并不能让你摆脱国家主义的习惯。仅仅展开一些表面化的行动，并不能让你的内心不去残酷地信奉所谓种族的优越性。当你面对着国家主义的情绪时，你会作何反应呢？你是否觉得这些情绪都是必然的，觉得你必须经历国家主义才能迈入国际主义，觉得你必须经历残忍的阶段才能步入和平之境呢？你的理由是什么？抑或你是否完全不去展开任何理性的分析，而是仅仅去跟随那面国家主义的大旗，去随波逐流，因为成千上万的人都在干着这件荒唐事情呢？你们为什么全都如此沉默不语？可是当你们与我讨论神、轮回转世或者仪式等问题时是何等的热切啊！

国家主义的问题正在敲打你的大门，无论你愿意与否，你会作何答复呢？

问：难道不可以把国家主义视为一种相对于地方主义的进步，因而也就是迈向国际主义的第一步呢？

问：显然这是一样的。

问：我发现国家主义是一种扩展的地方主义。

问：先生，在我看来，您或许过于强调了国家主义者的立场。我认为，今天世界上某些地方的国家主义情绪要比五十年前少了许多，随着时间的流逝，国家主义的情绪在越来越多人那里可能会日益地减少，国际主义可能因此有了更多的机会。我觉得最为重要的是民众当中的那些温和分子能够有时间来加强他们的国际主义思想和情绪，假如可能的话，要去阻止那些会把当前文明中的精华与糟粕一同扫除掉的爆炸。

克：问题在于，你能否在任何时候都通过暴力——无论你把它叫做地方主义、国家主义还是国际主义来达至和平呢？和平能否经由缓慢的阶段便可以获得呢？爱，无关教育或时间。最后的战争是为民主而战的，我相信，我们的备战要比从前更甚，人们的自由更少。请不要沉迷于单纯的智力上的争论。你要么认真对待你的所思所感，对其展开深刻的思考；要么满足于表面的理性上的解答。

假如你认为自己在寻求着真理或是在世界上建立一种真实、正确的人际关系，那么国家主义就非正途，因为这种充满感情与友谊的人际关系是无法用枪炮建立起来的。倘若你怀有深深的热爱，就不会存在一个或多个的问题了。只会有一种存在状态，那便是爱，爱的状态中可能是一个，但不会排除多个。但如果你告诉自己说通过对一人的爱便会有对众人的爱，那么你所思考的根本就不是爱，而只是爱的结果，而这实际上是一种恐惧。

让我们举另外一个例子，那就是习惯形成过程的机械性，这种机械性破坏了富有创造力的生活。你必须焕然一新方能理解真实。

看看我们的待人之道这个问题吧。你可曾注意过你自己是如何待人的吗——你认为某个人高人一等，于是你便对他极为敬重；你觉得某个人低人一等，于是你便对他抱以无礼的轻视和冷漠？你是否留意到这一情形呢？（**是的**）在此次夏令营中，这种待人之道是显而易见的：你如何对待我，你如何对待某个营员或是那些帮助管理夏令营的人；你如何对待一个有头有脸的人，你如何对待某个平民；你对有钱人尊敬无比，但你不会对穷人怀有同样的尊敬，等等。这难道不是源于单纯的习惯，源于传统、模仿，源于对功成名就的渴望，源于让自身的空虚获得满足的习惯吗？

请只去思考这一点，认识到心灵是如何在习惯中存在和继续的，虽然它声称自己应该是自发的、自由的。假如你显然是在逃避思考的话，那么你听我的演说又有什么用处呢？你们再一次陷入了沉默，因为这在你们的生活里头是一件极为稀松平常的事情；所以你们对于解决该问题感到有些紧张，因为不愿意太过彻底地袒露自我。

如果这种习惯存在——它只是一种习惯，而非一种蓄意的、有意识的行为，少数情况除外——当你意识到该习惯的时候，倘若你真的热爱生活的整个过程，那么它就会消失不见了。但如果你兴趣索然，你就会听我说，你可能理性上兴奋一两分钟，但你会继续原来那种方式。不过对于你们当中那些怀着浓厚兴趣的人，那些热切地想要认识真理的人，我要说的是：观察这种习惯或任何其他的习惯是如何制造出了一个记忆的链条，这一记忆之链变得越来越坚固，直到只有“我”存在。这种机械系统便是“我”，只要该过程存在，就不可能获得拥有爱与真理之后的狂喜。

让我们再举一个例子——禅修。我发现你们开始有了兴趣。国家主义、我们对待他人的方式、爱、禅修——所有这些都是同一个过程的一部分，它们全都来自于一个根源。不过让我们一个一个加以探究，以便更好地理解它们。

你们或许会同我谈论有关禅修的问题，因为你们多数人是在以这种或那种方式实践着这个被称为禅修的事情，不是吗？（有答是，有答不是）有些人是，有些人不是。你们中那些做过禅修的人，你们为什么会去禅修呢？而你们当中那些没有做过禅修的人，又为何不去禅修呢？那些不去做禅修的人，他们的动机是什么？要么他们的态度是某种彻底的不加思考和冷漠，要么他们担心卷入到这种无价值的事情中去，要么他们害怕袒露自我，要么害怕获得某些新的、不方便的习惯，等等。那些做禅修的人，其动机又是什么呢？

问：自我中心。

克：你是把这个词当做一种解释提出来吗？我也可以给你一个非常好的解释，但我们正努力想要超越单纯的解释。单纯的解释，往往只会让思考止步。我们要怎么去谈论这个问题呢？我们在袒露自我，我们在帮助彼此去探明自己的本来面目。你就像是我的一面镜子，而我则是你的一面镜子，没有任何的歪曲。但倘若你只是给出一个解释，只是抛出几个字眼，那么你就让这面镜子变得模糊起来，从而妨碍了清楚的觉知。

我们要努力去探明，为什么我们要做禅修以及它的意义是什么。你们当中那些做过禅修的人，之所以会如此，大概是因为觉得自己需要某种平衡与澄净，想通过自我冷静的方法来应对生活的种种难题。于是你便为了这一目的留出了一些时间，你希望在这期间接触到某种真实，这种真实有助于指引你去度过当日。难道不是这样子的吗？（是的）在这期间，你开始训练、克制自己，或者在这一整天里头，你训练自己的思想和感觉，你按照所谓禅修时刻的既定模式来展开行为。

问：不对。我认为禅修是迈向解放自我的一个步骤，它只是一步。

克：显然你和我所说的是一个意思，只不过你是用自己的语言来表达罢了。你能够通过训练来解放思想、解放情感吗？这就是这位提问者所提出的问题。一个人能否通过自我训练来达到自发的状态、来理解未知和真实呢？训练意味着某种模式，这种模式在进行着塑造，而真实的事物必定是未知的，无法通过已知来获得。

问：我觉得我之所以会禅修，是因为我想要认识自我，是因为我害怕我自己，是因为当我仇恨邻居的时候我会恨我自己，我希望认识自我以便保护自己。我讨厌我的邻居，我又爱他。我讨厌他，因为他对我的习惯、我的存在构成了威胁。我爱他，因为我需要他。我是一名国家主义者，原因是我害怕那些越过边境的入侵者。我尽一切可能来保护我自己。

克：你声称你之所以做禅修是为了保护自己。（是的）这么说固然没错，但我们应当对有关规范、约束的问题展开更为深入的探究，不单单是外部世界通过各种组织化的道德制度、通过某些社会体制所施加的规范、约束，还包括由欲望发展出来的规范、训练。

由外部、由社会、领袖等施加的规范、约束，必然会破坏个体的圆满。我认为这是显而易见的事情，因为这种规范、约束、强迫、遵从，仅仅只是把个体的恐惧及其诸多的幻觉这一不可避免的问题给暂时地搁置了起来。

自我约束、自我规范有许多的理由，你会渴望以各种方式来保护自己：通过功成名就，通过努力变得更加聪明、更加高贵，通过寻找到某位上师，通过变得更有道德，通过遵循某些原则、理想，通过对于真理、爱的渴望，等等。所有这一切都表明恐惧在起着作用，那些高尚的、冠冕堂皇的理由，只不过是为了掩盖你内心的恐惧罢了。

你告诉自己说："为了触及神，为了探明真实，为了让自己与绝对、与宇宙相联系"——你知道所有这些说法——"我必须开始训练自我。我必须学会更加专注。我必须展开洞察，培养某些美德。"当你宣称着这些事情的时候，当你进行着自我训练的时候，你的思想与情感会发生怎样的情形呢？

问：您的意思是它是一种自我颂扬吗？

问：我们在形成习惯。

克：假设一个人构想出了某种关于何为善的模式，抑或该模式是通过传统、教育所施加的，又或者一个人得知凡进行界分的便是恶；如果一个人通过禅修、通过自我施加的训练所追求的就是这种生活行为的理想和模式的话，那么他自己的思想与情感会发生怎样的情形呢？一个人或用暴力的手段、或用亲切的方式来强迫它们去遵从，从而建立起了一种新的习惯以取代旧的。难道不是这样子的吗？（是的）所以理性、意志都在控制和塑造着自我。之所以渴望去保护自己，是出于恐惧，而恐惧会把真实排拒在外。规训的方式正是恐惧的过程，由所谓的禅修制造出来的习惯会破坏自发性，会妨碍我们去揭示未知的事物。

问：难道没有可能形成一种不会丧失自发性的爱的习惯吗？

克：习惯属于心灵、属于意志，它只会克服恐惧而不会将其消灭掉。情感是崭新的，富有创造力，充满了生机，因而无法被制造成习惯，无论意志多么努力想要支配和控制情感。

心灵、意愿及其依附、欲望和恐惧，导致了自身跟情感之间的冲突。爱，并非痛苦的根源。心灵的恐惧、欲望和习惯，滋生出了痛苦，滋生出了嫉妒的苦闷与幻灭。心灵制造出了冲突和痛苦，它带着它那想要获得满足的意愿，找到了各种理由、原因、借口和逃避，给它们起了各种名字——比如超然、比如客观的爱，诸如此类。我们必须了解习惯形成的整个机械化的过程，而不要去问自制、模式或理想哪一个是最好的。如果自制是协调，那么它就不是通过强迫或是任何体系方法来实现的。个体必须认识自身那深刻的复杂性，而不要仅仅只是求助于某种模式来达至圆满。

不要有所规范、克制，不要去遵循模式或者单纯的理想，而应该察觉到习惯形成的过程。你应该意识到心灵一直都困在那些旧的窠臼之中，同时还要意识到心灵一直都想要制造出新的窠臼。认真地对这一问题展开检验，或许可能会有更大的混乱与痛苦，因为自制、规范、道德法则，其作用都只是压制住那些暗藏的欲望和目的。当你投入整个身心，充分认识到了这种混乱与痛苦，不去想着逃避，那么真实就会自发地显现出来了。不过你必须怀有爱，必须被这种混乱和痛苦激发出热情。你必须用自己的心去热爱，而不是用别人的。

如果你开始对自身加以检验，会发现将发生一种奇怪的转变：在最为困惑、混乱的时刻，会出现一派澄明；在最为恐惧的时刻，会萌生热爱。你必须在不运用意志的情形下去自发地领悟到这一点。

我认真建议你们去对我所说的话展开一番检验，那么你们就会开始懂得习惯究竟是以怎样的方式摧毁着富有创造力的觉知。不过这件事情不是心怀希冀就可以达成的，也无法被培养而成，无法刻意求得的。

（在奥门的第二场演说，1938 年 8 月 6 日）

恐惧是形成习惯的根源

我一直努力解释一个人能够真正做自己所需要具备的正确的内心状态指的是什么，也就是说，只要存在形成习惯这一机械性，那么一个人就无法真正做他自己。一切习惯都必然会妨碍清楚的感知，必然会把一个人自身的完整给遮蔽起来。这种机械性已经发展成为了一种逃避的手段、一种隐蔽的过程，从而将一个人自身的混乱与不确定给掩盖了起来。之所以会发展起这种机械性，目的是为了掩盖一个人自身的行动、工作惯例以及职业上的例行程序实际上并无任何意义可言，抑或是为了逃避空虚、悲伤、失望，诸如此类。

我们正试图通过形成各种习惯来逃避、逃离无知和恐惧，习惯——理想的习惯与道德的习惯，会对它们起到抵制作用。当你感到不满跟痛苦的时候，理性就会机械地带着那些解答、阐释以及试验性的建议自动显现出来，逐渐地成形，最终变成了思想的习惯，于是痛苦和疑问也就被遮掩了起来。

所以恐惧便是形成习惯这一机械性的根源所在，我们必须要了解它的整个过程。了解的方法，便是要懂得我的意思指的并不是仅仅从理性上认识该过程，而是说应当察觉到它是一种正在发生的真实的过程，它并非只是流于表面，而是在一个人的日常生活中实实在在地上演着。了解，是一种自我揭示的过程，不是仅仅客观地、机械地察觉，而是应该将其视为我们生命的一部分。

要想认识这一通过习惯来进行逃避的机械性的过程，我们就得首先弄清楚那暗藏着的动机——那驱动着我们去展开某些行为的动机，紧随这些行为而来的便是我们所谓的经验。只要我们没有明白作为逃避之因的机械性其背后的动力是什么，那么单纯地去思考逃避便是毫无价值的。

经验是一种累积和剥露的过程，是一种揭示以及强化旧有习惯的过程，是打破和建立我们所谓的意愿。经验要么会让意愿得到强化，要么会常常把意愿给摧毁掉；经验要么会强化那些有目的的欲望，要么会把我们已经储存的欲望给破坏掉，结果只是创造出了新的欲望。在经验的过程中，意愿会逐渐地形成。

不存在神的意愿，有的只是平凡、普通的欲望的意愿——想要功成名就，想要获得满足，想要出人头地。这种意愿是一种抗拒，它是恐惧结出的果实，恐惧在指引它、进行着选择、证明其合理性、对其加以规范和训练。这种意愿并不是神性的，它同所谓的神性意愿没有冲突。然而正是由于它的存在，才会出现痛苦与冲突，因为它是因恐惧而生出的意愿。光明同黑暗之间不会存在冲突，有一方存在的地方，另外一方就不会出现。无论我们多么希望给这种意愿披上神性的外衣，赋予它一些夸张的原则和名称，这种意愿就其本质来说都是恐惧和欲望的结果。

有些人察觉到了这种源于恐惧的意愿及其所有的置换和组合。或许有一些人意识到了这种意愿是基于恐惧，并且试图通过沿着它的诸多表现来加以追寻，从而将它给摧毁掉，可惜这么做只会制造出另外形式的意愿：摧毁一种抵制，只会制造出另外一种抵制。

所以，在我们开始去探寻用规范和约束、用形成新的习惯等方法和途径来压制恐惧之前，必须首先要了解那存在于意愿背后的动力。我已经解释过我所说的“了解”指的是什么意思：这种了解并非是一种理性的、分析的过程；它不是为专家所特有，我们必须要在每日的行动、在日常的关系里头来理解它。也就是说，假若我们实现了彻底的觉悟，那么生活的过程就会向我们揭示出这种意愿、这种习惯的作用，揭示出这一恶性的循环正在制造着一个接一个的抵制。我们用各种名字来称呼它——理想、爱、神、真理，诸如此类。

意愿背后的动力便是恐惧，当我们开始意识到这一点的时候，习惯的机械性过程就会干预进来，提供新的逃避、新的希冀、新的神灵。当心灵开始妨碍对于恐惧的认识时，正是在这个时候必须要意识到不可以撤退，不可以被理性所提供的那些东西给弄混乱了，因为心灵是如此的微妙和狡猾。当只有恐惧存在，不怀有任何想要逃避的希望，那么在最黑暗的时刻，在被恐惧包围处于彻底孤寂的时刻，便会有光明照射进来，将那恐惧驱散。

无论我们怎样尝试着用各种形式的自制、行为模式来摧毁恐惧，结果却只会制造出其他形式的抗拒，而我们正是被困在了这种习惯当中。当你询问如何摆脱恐惧、如何克服习惯，你实际上是在从外部着手，从理性着手，所以你的问题也就没有任何意义。你无法通过意愿来消除恐惧，因为意愿脱胎于恐惧。你也无法用“爱”来摧毁恐惧，因为一旦爱是为了摧毁而被使用，那么它就不再是爱，而是改名更姓的意愿罢了。

问：烦您解释一下什么是“定”？那些达到过入定境界的人，坚称该状态是可以真正实现的。可“定”难道不就是一种自毁吗？不就是一种人为方式的最终结果吗？难道不就是完全丧失了一切有生命力的活动吗？您指出了做自己的必要性，然而这只是一种自我扼杀，不是吗？

克：任何在一种理性的或理想的状态中导致局限、抵制以及扼杀自我的过程，对于富有活力的生命来说都是一种破坏。这是显而易见的。也就是说，如果一个人怀有某种爱的理想——所有的理想都必定是理性的，因而也就是机械化的——他努力去实践该理想，把爱变成一种习惯，他当然会达至某种明确的状态。然而这并不是爱的状态，仅仅是一种智性上的收获。

所有人都在试图追逐这一理想，印度教教徒有他们的做法，基督徒以及其他的宗教信徒们也用各自的方式在追逐该理想。恐惧制造出了理想、模式、原则，因为心灵寻求获得满足。当这种满足受到威胁的时候，心灵就会逃向该理想。恐惧制造出了模式，因此让思想和欲望得以塑形，渐渐地破坏了自发性，破坏了未知与创造力。

问：我最大的恐惧，便是他人或者我自己的生活会遭到破坏。

克：难道每个人不正在以各自的方式破坏着他自己的人生吗？我们难道没有在摧毁着自己的完整吗？由于自身的欲望和局限，我们正在破坏着自己的生活。因为掌控了他人，因为能够去破坏自己的生活，所以我们便开始去扭曲他人的生命，无论这个人是个孩童、经济援助者还是邻居。

我们被迫去遵从那些政治的、宗教的制度与习俗，无论愿意与否。所以这位提问者所指的究竟是哪一种类型的破坏呢？是有意去歪曲一个人自身的生活呢，还是用强大的制度、习俗来扭曲他的生命呢？我们的本能反应，会是声称各种大大小小的制度、习俗正在腐蚀着我们的生活。一个人的反应，就是把责任怪罪到外界、怪罪到环境头上。

换种方式来说好了，我们身处在一个充满了管制与强迫的世界上，那些政府以及宗教组织施展着各种聪明的伎俩来削弱个人——那么一个人该如何是好呢？他要展开怎样的行动呢？我想知道你们当中有多少人认认真真向自己提出过这一问题。有些人或许已经意识到了所有这一切的残忍性，并且加入了那些许诺说会改变这些局限的团体或组织。可是在改变的过程中，党派或团体组织已经发展到了相当大的比例，成为了重中之重。因此个体也就再一次地被困在了这一庞大的机械系统之中。

我们怎样去解决这个问题呢？是从外部着手呢，还是由内部展开？并不存在外部与内部这样的划分，可是仅仅改变外部并不能够带来内在的根本性变化。如果你察觉到你正在破坏着自己的人生，那么你如何能够去求助于某种制度、某个机构或者外部模式来助你一臂之力呢？

假若你深切感受到任何形式的暴力都只会导致暴力，那么虽然你不可能去终止战争，但你至少可以成为一个心智健全的中心，就如同疾病蔓延时的一位医生。所以，同样的道理，倘若你充分领悟到你是以怎样的方式在破坏着自己的生活，这一觉知便会开始把那些被歪曲的事物改正、澄清过来。这样的行为，不是逃避。

问：我们应该回到过去吗？我必须察觉到我曾经的面目吗？我是否应当知道我的业呢？

克：通过觉知，过去与现在都会被揭示出来，这并不是某种神秘的过程。不过，当你努力去认识现在的时候，过去的恐惧与局限也都会得以揭示。

“业”，是一个梵语词汇，其动词意味着行动。围绕着“种豆得豆、种瓜得瓜”这一中心理念创造出了一套行动的哲学，但是我们现在不需要去探究此问题。我们发现，任何脱胎于赏罚观念的行动都必然是局限性的，因为这样的行动来自于恐惧。行动要么会带来澄明，要么会导致混乱，这取决于一个人所受的条件限定。如果一个人所受的教育是推崇成功，那么无论是在这儿还是在所谓的精神之域里，都必然会有对奖赏的追逐及其恐惧和希冀，而这便会让一切行动、一切生活都受到局限。尔后生活就会成为一种学习的过程，一种不断积累知识的过程。我们为什么要储存这种所谓的知识呢？

问：我们的内心难道没有某种行动的标准吗？

克：现在我们触及到了问题的根本所在："我们是否必须依靠标准来生活，无论是外在的标准还是内在的标准？"我们很容易就可以认识到外在的标准是一种强迫，因此会妨碍个体的圆满。我们求助于某种内在的标准，每个人通过行动和反应，通过价值判断、欲望、经验、恐惧等等建立起了这一内在的标准。那么这个在不断变化着的内在标准是以什么作为基础的呢？它难道不是基于自我保护的欲望及其诸多的恐惧吗？这些欲望和恐惧，制造出了一种行为模式、道德模式，而恐惧便是那永恒不变的标准，它在不同的情形下呈现出不同的形式。有一些人会在"生命只有一次"这句理性原则里去寻求庇护，其他一些人则去寻求神的爱来作为慰藉，其实这同样是一种理性的方法，他们把这些变成了自己日常生活的模式与原则。基于意志的道德并非是真正的道德，而是恐惧的表现。

（在奥门的第三场演说，1938 年 8 月 8 日）

只有一个根本的问题存在

我们每个人都有属于自己的特殊问题。有些人关心的是死亡、对死亡的恐惧以及来世会发生什么；有些人则在自己的工作中倍感孤独，于是就去寻求某种方法来克服这种空虚；有些人背负着巨大的痛苦；有些人每天做着例行公事，并因此对工作心生厌倦；其他一些人则面对着关于爱的难题，对爱的复杂性感到困惑不已。怎样才能够去解决所有这些问题或者是每一个人所特有的问题呢？是只有一个问题呢，还是有许多个别的问题呢？这些问题是一个一个地来解决呢，还是我们应当对每个问题追根溯源，从而汇总到一个问题上头来呢？是否只存在一个问题，通过颇费周折地对各个问题追根溯源，我们就可以汇总到一个问题上头来吗？假如我们理解了这一问题的话，是否就可以将所有的问题迎刃而解了呢？

其实只有一个根本的问题存在，它表现为了各种不同的方式。我们每个人都意识到了某种困难，我们想要与该困难搏斗。当一个人解决自身困难的时候，他或许最终会走到中心问题上来。然而在到达中心问题的过程中，心灵会变得疲惫不堪，它获得了许多知识、公式、准则和标准，实际上这些东西只会阻碍心灵去认识那一中心问题。我们当中有些人努力去对每一个问题追根溯源，在审视和分析的过程中，我们展开着学习，积累着所谓的知识。这种知识逐渐成为了公式、准则、模式。经验向我们提供了记忆和价值理念，它们指引和约束着我们，所以必然会局限我们。

正是这些自我保护的标准和记忆，这种被储存起来的知识，这些公式与准则，妨碍了我们去领悟那一根本的问题，从而也就妨碍了我们去解决该问题。如果我们遭遇了某种富有生机的体验，但却努力用那些刻板、沉闷、丧失活力的记忆及价值观念去理解它，那么我们就只会破坏它，将它吸进那死气沉沉的过去的累积之中。

要想解决生活的难题，你就得拥有一颗鲜活的、崭新的心灵，就得实现新生。生命、爱、真实，这些事物从来都是崭新的。要想理解它们，就需要具有鲜活的心智。爱，始终都是新的，然而这种新鲜被机械化的理智以及它的复杂性、焦虑、嫉妒等给破坏掉了。

假如我们焕然一新的话，那么是否每一天都将是一次新生呢？又或者我们是否仅仅只是在用意愿、用习惯、用价值观念发展着抵制的能力呢？

我们只是在用各种不同的、微妙的形式强化着抵制的意愿。因此，从表面上看来，经验似乎给了我们重生的自由，焕然一新的自由，其实它并没有让我们获得解放，相反，它进一步地局限了我们，进一步地绑缚了我们，把我们同那些毫无生机的过去的累积、同那些被储存起来的知识束缚在了一起，实际上这些知识只不过是无知和恐惧罢了，而这一切妨碍了、破坏了经验所具有的那种解放性的力量。

如何重生或者焕然一新——这便是根本的问题所在。你能否通过公式、准则、通过信仰而焕然一新呢？认为你可以借助模式、理想、标准来实现新生，这种想法难道不是荒谬吗？强加的或者自我施加的规范和约束，能够带来心灵的重生吗？这同样是不可能实现的，不是吗？你能否凭借标语口号、陈词滥调、制度习俗，凭借对他人的崇拜而焕然一新吗？或许暂时可以，当你聆听我的教诲时，你会觉得不可能通过某种方法、通过某个人等途径来获得新生。

那么什么才能够让我们焕然一新呢？你是否领悟到了新生是极为必要的呢？要想认识生活及其所有复杂的难题，要想认识真实、认识未知，就必须得有不断的死亡与新生。要不然的话，你就会用那些死气沉沉的累积去应对新的问题、新的经验，而这么做只会束缚住你，只会带来混乱与痛苦。

我们面对着这些累积的记忆、准则、信仰和价值理念，它们不断地充当着一面盾牌，充当着一种抵制和抗拒。倘若我们试图仅仅通过意愿、自制来移除这些抵制、这些安全措施的话，那么心灵就不是在新生。幸而我们拥有一种力量，一种唯一可以解放我们、可以让我们获得新生的力量，那便是爱——这种爱，无关理想，无关准则，而是人与人之间的关爱。可是我们用基于意志力的道德将这种爱给围困了起来，因为我们怀有想要获得满足的欲望以及它的恐惧。于是爱就变成了破坏性的，将我们束缚住，而不是让我们获得解放和新生。

我们在自己的日常生活里头看到了这一束缚和痛苦的过程。只有在日常生活中，在它的关系和冲突中，在它的恐惧和欲望中，你才能够开始洞察到爱所具有的那种令人新生的力量。这种爱并非是情绪，因为情绪无法做到充分地、深切地感受，因而也就无法从根本上予以改变了。

问：我想要知道的是，为什么我有时候会太过懒散，以至于无法实现鲜活与崭新呢？

克：你之所以会感觉懒散，或许是因为缺乏适当的饮食。不过，拥有一个健康的体魄——这是否就能确保心灵获得新生呢？你可以是安静的，显然也是懒散的，但却又是格外富有活力的。

问：我们是否必须要很努力才能实现新生呢？

克：你无法带着那些死气沉沉的过去的负累来获得新生。意识到了这一点，于是你便认为自己必须要展开努力来摆脱掉这些负累。由于被困在了混乱与困惑之中，你觉得若是想要从中解脱出来，你就得约束、克制自己，就得努力去克服它，否则混乱将会越来越多并且持续下去。这就是你所表达的意思，对吗？或者你努力保持静寂，努力去观察，目的是要寻找到克服这种混乱与冲突的途径和方法。或者你理性上感兴趣的只是观察而已——不过我们无需去关注这所谓的理性。你要么会接受混乱、争斗，要么会努力去战胜痛苦，不过这二者都意味着要付出努力。假若你审视一下展开这番努力的动机，就会发现你渴望不遭受痛苦，渴望逃避，渴望获得满足，渴望保护自己，诸如此类。努力去克服，努力去认识，努力去转变成我们想要成为或者认为自己应当成为的样子。所有这类努力实际上难道不是在产生一系列新的习惯来取代旧的吗？旧的习惯、旧有的价值观念，没有给予你理想、范式和满足，于是你就努力去建立起新的理想、范式，建立起一系列新的习惯、价值观念和满足。这种努力被认为是值得的、高尚的。你正在努力依照某种预先构想好的公式、准则、模式来成为某个样子或者不去成为某个样子。所以不可能会有新生，有的只会是旧的欲望以一种新的形式存续下来，并且不久就会制造出混乱与痛苦。于是一个人会再一次运用意志力来战胜这种冲突和痛苦，结果他也就又一次地被困在了这一努力的恶性循环之中，无论是努力去探明痛苦的根源，还是努力去战胜痛苦。

你努力想要通过探明恐惧的原因来克服恐惧。你为什么会渴望去发现恐惧的根源呢？这难道不是因为你不想受苦、害怕受苦吗？所以你希望用此恐惧来压制彼恐惧，如此一来所有的恐惧就都会被战胜了。可惜这只是天方夜谭。

你是否努力去探明欢愉的原因呢？如果你这么做了的话，欢愉就会不再，残留的只有关于欢愉的记忆和习惯。

问：当我们审视愉悦的时候，愉悦便会消失。所以，同样的道理，通过分析，恐惧也会消失不见。可是为什么并未如此呢？

克：欢愉是自发的、无需寻求的，不请自来的。当心灵对它进行分析以便去培养欢愉的情绪抑或是再次捕捉它的时候，它就不再是欢愉了。然而恐惧却并不是自发的，除了那些突然的、无法预见的事件以外。不过心灵一直都在它那对于满足、对于确定感的欲望中孜孜不倦地培养着恐惧。所以，如果你努力想要通过探明恐惧之因来摆脱恐惧的话，那么你就仅仅只是在掩盖恐惧，因为努力与意志力有关，而意志力则是由恐惧所制造出来的一种抵制。

倘若你用整个身心充分理解了这一过程，那么在痛苦的火焰中，在你不去渴望逃避、不去渴望征服的时候——在这种混乱和困惑之中便会出现一种崭新的觉知，它是从那片恐惧的泥土里自然而然萌生出来的。

（在奥门的第四场演说，1938 年 8 月 10 日）

新生必须是自发的

我一直努力阐明新生、重生必须是自发的，而不是努力的结果。

我们应该首先去思考一下有关欲望的问题，尔后才能弄清楚努力究竟是道德的还是不道德的，是重要的还是并不重要。在对欲望的认知过程中，每个人都将凭借自己的力量去探明努力对于心灵的新生、重生来说究竟是道德的还是不道德的。假如一个人不怀有任何欲望，那么也就不会展开任何努力。所以我们应该了解努力的过程，了解那蕴藏在努力背后的动力，而这一动力往往是欲望，无论你愿意给它起怎样的名字——比如我们身上的正义、善、神、高等的自我、诸如此类——但它依然是欲望。

欲望总是指向某个事物，它总是依附性的，因此也就总是会产生恐惧。在依附的过程中总是会有不确定感，从而滋生出了恐惧。欲望无法单独存在，它必定总是与某个事物有关联，你可以在你的日常生活、心理反应中观察到这一点。欲望总是依附性的，同某个事物相关联，唯有爱才不会依赖他物。

有想要出人头地的欲望，有想要获得成功的欲望，有不想遭受痛苦的欲望，有寻找幸福的欲望，有爱人与被爱的欲望，有探明真理、实相、神的欲望。有想要出人头地的积极欲望，也有不想功成名就的消极欲望。

如果我们有所依附，那么就会有烦恼和痛苦，我们由此学到——我们所谓的学到——依附会带来痛苦。于是我们渴望不去依附，努力去培养消极的个性，做到超然。欲望推动着我们去做这个，不去做那个。

我们熟悉想要变得如何如何这种积极的、肯定的欲望，以及不想变得如何如何这种消极的、否定性的欲望。欲望不是情感，欲望源于一颗始终在寻求满足的心灵，它的价值观是建立在满足之上的。想要获得满足，便是一切欲望背后的动机。心灵一直都在寻求着以任何代价来获得满足，假若它在一个方向遭受到了阻挠和挫败，便会寻求着从另一个方向来达到自己的目的。一切努力、心灵所有指导性的力量，均在于想要获得满足，所以满足成为了心灵的一种机械化的习惯。当你怀有深沉的情感、真切的爱，这个时候不会有对欲望的依附，也不会有对于满足的探寻。

为了获得满足，心灵发展了自身抵制与不抵制的技巧，也就是意愿。当心灵发现满足的过程当中会有痛苦，它便开始培养无所欲、无所求、超然世外的姿态。于是，积极的意愿和消极的意愿一直都在运作着，一直都在寻求满足。想要获得满足的欲望，制造出了意愿，而意愿通过自身不断的努力维系着自己。只要有意愿存在，恐惧就必然常常尾随其后——害怕不能够得到满足，害怕无所收获，害怕不会功成名就。意愿与恐惧总是相伴而行。结果你就会再一次去展开努力，以便去克服这种恐惧，而心灵也就被困在了这个不确定感的恶性循环当中。意愿跟恐惧总是手牵手并肩而行，意愿通过记忆维系着从满足到满足的持续性，而记忆赋予了意识即“我”以持续性。

意愿和恐惧，只是心灵想要获得满足的机械性。因此欲望完完全全属于心灵，心灵便是欲望的本质所在。对满足的不断寻求建立起了习惯，由心灵所刺激的感觉，并不是感情。

但凡努力是来自于想要获得满足的意愿或者不想要得到满足的意

愿，那么它就必然始终是机械化的、习惯性的，因而无法带来新生。即使在心灵探究痛苦的根源时，它基本上也是在这么做的，因为它想要逃避，想要消除那些不能令人满意的事物而得到让人满意的。

心灵被困于其中的整个过程，便是无知。意愿通过努力获得满足、通过各种途径和方法来维系着它自己——这种想要获得满足的意愿，必须自愿停止，因为任何为了终止满足而付出的努力，都只是另外一种方式的获得满足。

所以这种满足的过程、满意的过程在不断地上演着，而所有的努力都只会强化这一过程。认识到一切努力都是出于想要获得满足的欲望，因而也就是源于恐惧本身，那么一个人该如何让这一过程终结呢？即使想要让此过程终结的欲望，也是脱胎于渴望获得满足的意愿。怎样摆脱欲望的束缚，这个问题本身也是由欲望所推动的。

如果你充分感受到了无知的整个过程，那么你就不会去寻求某种方法来摆脱欲望和恐惧了。于是你也就不会去寻找任何方法，无论该方法多么令人憧憬，多么充满希望。没有任何方法、体系、路径可以达至真理。当你理解了一切方法的全部内涵，那么这种认识就会开始自发地去消除那寻求获得满足的欲望和恐惧了。

只有满怀深刻的感情，才不会去渴望得到满足。爱，并不依赖于满足和习惯。然而欲望的意愿一直都想要把爱变成一种机械化的习惯，或者试图通过道德法制、通过强迫等手段来控制它。因此心灵带着它那想要获得满足的意愿不断展开着战斗，试图去控制、去支配爱。而这种战斗的胜利方往往是心灵，因为爱与自身没有冲突，所以也就与其他事物没有冲突。只有当欲望及其恐惧的意愿自发、自愿地终止——不是通过强迫，不是通过许诺有所奖赏——一个人方能迎来全部身心的重生。

问：我能否相信或者信仰这种爱呢？抑或这是否同样是一种自我保

护的方法呢？

克：信仰难道不是心灵在其中寻求满足与庇护的另一种避难所吗？你或许对爱怀有信仰，而另外一个人则信仰上帝，诸如此类。所有这类信仰都是心灵的固定模式。任何庇护、任何依附，无论其名称为何，都必定是一种自我保护和满足，因而也就是恐惧的结果。

一个人洞察到了周围那令人惊骇的残酷、彻底的混乱跟暴行，于是他便在理想、信仰抑或某种形式的慰藉中去寻求庇护，结果他也就躲进了幻觉之中。然而现实同幻觉之间的冲突必将继续下去，直到幻觉战胜了现实，抑或是现实冲破了一切防护、一切逃避，并且开始显现出自身的深刻涵义。

问：您只是在坚持主张个体的圆满，这么做难道不是将社会问题置于一旁吗？始终同社会联系在一起的个体，如何能够成为唯一重要的元素呢？您为什么如此强调个体呢？

克：没有个体，何来社会？这一社会实体并非是独立于个体而存在的，社会便是一个人与他人之间的关系。社会是个人化的，但是它已经变成了一部具有自己生命、仅仅在利用个体的独立机器。社会成为了一个单纯的机构，通过舆论、道德法则、既得利益等手段控制和支配着个体。由于机构、制度从来都不是重要的，只有个体才是重要的，所以我们应该考虑个体的圆满。单单改变环境无法带来个体的圆满，不管这种改变是何等的巨大。单纯地改变外部，不会带来人的深刻圆满，只会产生机械化的反应。这种个体与环境的界分是刻板的、机械化的、错误的。当每一个人从根本上认识到了这一点的时候，个体就能展开充分的行动，不是作为单纯的、机械化的社会的产物，而是作为一个完整的人。

问：这显然要历经数个世纪方能实现，不是吗？所以我们现在难道

不应该去制定新的社会法则与条件吗?

克:我们如何带来这种大家全都渴望的变化呢?要么凭借武力,要么每一个个体开始意识到根本变革的必要性;要么通过强迫、革命、统治,要么通过个体对现实、对实相的觉知。

倘若我们想要创造一个充满了道德体系、法则与强加的单纯机械化的世界,那么暴力就已足够——各种各样的武力。但如果我们想要和平与兄弟友爱,想要以爱为基础的人际关系,那么任何形式的暴力都不可能成为正途。你无法用暴力带来和平与爱,而只会导致更多的暴力。暴力是复杂而微妙的,除非个体挣脱了它那或明或暗的支配,否则就不可能有和平,不可能有持久的兄弟友爱。

问:那么我们是否应该让那些残酷的人继续大行残忍之道呢?

克:为了救赎人性,你是不是就该首先去毁掉人类呢?这是否就是你所问我的问题呢?因为你抱持着某些意识形态、某些信仰,个体是否就应该对它们作出牺牲呢?不,我的朋友们,我们并不想去帮助世界,我们只希望把某种意识形态、某种信仰、信念强加于他人。我们希望盛行的是观念的暴政,而不是爱。

每个人都在追逐着自己的问题,或者是自己关于人类的理想,或者是自己对于政府的理念,或者是自己对神的信仰,诸如此类。但如果正在聆听我讲话的你们从根本上领悟到了我话中的真意,那么你们就会去关注那些根本的问题了——关注欲望及其恐惧和努力,因为正是它们妨碍了个体的圆满与新生。

(在奥门的第五场演说,1938 年 8 月 12 日)

源自欲望的“爱”无法克服恐惧

我一直努力去阐明恐惧那易成习惯的机械性，正是它摧毁了新生，而新生本身便能够带来真实。渴望获得满足，制造出了恐惧和习惯。正如我所解释的那样，欲望与爱是两种截然不同的过程——欲望完全属于心灵，而爱则是一个人全部身心的完整表达。欲望这一心灵的过程始终都与恐惧相伴，而爱则摆脱了恐惧的束缚。欲望必定会一直滋生出恐惧，而爱在任何时候都没有恐惧，因为它属于一个人的整个身心。爱无法征服欲望，原因在于爱是一种无所畏惧的状态。只有当欲望及其恐惧以及想要获得满足的意愿终止的时候，你才可以体验到爱的状态。爱无法战胜恐惧，原因在于恐惧就和欲望一样是属于心灵的，爱则完全属于不同的特性、特征与维度。

我们大多数人试图去做的,便是用欲望或者用我们所谓的“爱”——实际上是另外一种形式的欲望去战胜恐惧。你无法用爱来克服恐惧。指望凭借我们所谓的情感、爱这一另外的力量去克服恐惧，这是无法实现的，因为想要克服恐惧这一欲望本身就是源于欲望、源于心灵，而非源于爱。也就是说，恐惧是欲望、满足的结果，想要战胜恐惧这一欲望，其本质便是满足。正如大部分人凭借自己的力量所探明的那样，不可能用爱去克服恐惧。一个满怀欲望的心灵，无法摧毁自身的组成部分，这也正是当你谈论着要“摆脱”恐惧时你试图去做的事情。在你询问“我该怎样摆脱恐惧，我该怎样应对各种形式的恐惧”时，你仅仅是想要知道如何用彼欲望来战胜此欲望，而这么做只会让恐惧永远存续下去。当你试图用一个欲望克服另一个欲望的时候，你仅仅只是在向恐惧卑躬屈膝。欲望只会把自己修复、重塑成新的模式，但它依然还是欲望，依然还会滋生出恐惧。

我们知道我们现在的思想和道德习惯都是建立在个人的安全与所得之上的，于是也就建立起了一个我们用自己的欲望使其得以维系的社会。由于意识到了这一点，有一些人试图去制造出新的习惯、新的美德，他们希望建立起一个崭新的社会，一个不以获取为基础的社会。然而欲望却依然以不同的方式存续着，除非我们认识到了欲望本身的整个过程，否则单纯去改变外在的条件、价值理念是毫无意义的。

把欲望的形式从旧的变为新的，这么做只是在修复心灵，因为它依然属于欲望，于是也就往往成为了恐惧的根源，所以我们必须要认识心灵本身的过程。就像我们所知道的那样，心灵难道不是为了生存、满足、自我保护、抵制和抗拒而发展起来的一个工具吗，因而也就是恐惧的工具？让我们暂不去思考心灵是神这一最高道德指引的工具，因为所有这类假设都只是传统的设定抑或只是希冀而已。心灵从本质上来说是恐惧的工具。理性、结论、行动均源自于欲望——它们的价值观和道德是建立在想要生存下去、想要得到满足的意愿之上的。于是心灵、思想就把自己分成了许多个部分，分成了意识与无意识、高等与低等、真实与虚幻、善与恶。也就是说，寻求获得满足的心灵，把自己划分为了诸多部分，每个部分都与其他部分有着冲突，然而对每个部分以及整体的根本追逐则是各种形式的自我满足，所以心灵一直都在产生着自身的恐惧。

有各种各样的恐惧：担心自身的未来，畏惧死亡，害怕责任，诸如此类。因此心灵一直都在试图通过信仰、希冀、幻觉、知识、理想、模式来让自身获得安全。已知与未知之间展开着不断的争斗：已知属于过去，是被累积的事物，是习惯；未知则是不确定的事物，无法被征服的事物，是自发的，富有生命力的。

过去一直都在试图去征服未来，习惯则着手把未知变成习惯性的，如此一来恐惧就可以停止。结果便会有欲望的不断冲突，而恐惧始终是此刻的、当前的。过程便是去吸收，去确定，去得到满足。当无法实现这些的时候，心灵就会去求助于那些令人感到满意的解释、理论和信仰。因此死亡、未知就成为了已知，真理、不可征服的事物就可以企及了。

所以心灵是一片战场，欲望、恐惧、价值观念不断在这片战场上展开着搏杀和争斗。无论它怎么努力想要去摧毁恐惧，也就是摧毁它自己，都将是一番徒劳。心灵中渴望摆脱恐惧的这一部分，始终都在寻求着满足。而它渴望借此使自身获得解放的那一部分，则已经在过去成为了一种获得满足的手段。因此，满足，是努力去摆脱那已经满足的事物；恐惧，是努力去克服那已经成为恐惧的工具的事物。欲望在其探寻满足的过程中制造出了恐惧，欲望试图去克服那一恐惧，殊不知它自己便是恐惧的根源。单纯的欲望无法摧毁它自己，恐惧无法克服它自己。心灵为了使自身摆脱欲望和恐惧所做的一切努力，全都脱胎于欲望，结果心灵也就被困在了它自己那不断展开努力的恶性循环之中。

我们必须深刻理解心灵自身的内在本质，这种理解不是一天之内就可以实现的，它需要充分察觉到我们的整个存在。就像我说过的那样，心灵是各种欲望、价值观念和希冀相互争斗的战场，心灵为了使自己摆脱它们所展开的任何努力，都只会让冲突不断加剧。只要欲望以任何形式继续着，那么就必然会有争斗存在。当一种欲望歧视另一种欲望，一套价值观念轻视另一套价值理念，一种理想瞧不起另一种理想的时候，这种冲突就必将继续下去。欲望、选择的这种差别性对待的力量必须要终止，只有当一个人从本质上认识到、感受到了理性所展开的盲目的努力，上述情形才会出现。深刻观察这一过程，不怀有任何欲念，不去做任何评判，不抱有任何偏见，因而也就没有任何欲望，这便是觉知的开始。单单这种觉知本身，就可以把心灵从它那破坏性的恐惧、习惯与幻觉中给解放出来。

然而对于我们大多数人来说，困难之处就在于要去洞悉那些实际上推动了欲望和恐惧的情感形式——因为这类情感对爱具有破坏性，它们妨碍了充分的觉知。

问：欲望和兴趣是一样的吗，就像我们现在对它们的认识那样？

克：如果兴趣仅仅是欲望的结果，仅仅是出于想要有所得、想要获得满足、想要成功，那么兴趣就跟欲望是一样的，从而会破坏那富有创造力的生命。

问：如果我并不渴望做到在心态上无所欲求，那么我如何能够达到无所欲求的境界呢？

克：先生，这也正是我在今天上午一直谈论的问题。你为什么想要达到无欲无求的状态呢？难道不是因为你凭借经验发现欲望充满了痛苦，它带来了恐惧，制造出了冲突抑或残酷的成功吗？于是你便渴望处于一种无欲无求的状态，这是可以实现的，不过这是一种属于死亡的状态，因为它仅仅是恐惧的结果。你希望挣脱一切恐惧的束缚，所以你就把无所欲求的状态作为了一种理想、模式去追求。然而这一理想背后的动机却依然是欲望，因此也就依然源自于恐惧。

问：心灵是否就是生命本身呢？因为一个人无法把生命划分为心灵

和情感。

克：正如我曾经解释过的那样，心灵只是变成了各种形式的自我保护的工具，它把自己划分成了情感同思想。生命没有对心灵进行划分，情感也没有使自己与心灵分离开来，但是心灵由于自身的欲望而把自己分成了不同的部分。心灵发现，通过处于无所欲求的状态，它便不会遭受到痛苦。它依靠经验和知识领悟到，无欲无求或许可以带来终极的慰藉，它希望这一慰藉便是真理、神，等等。所以它努力不去怀有任何的欲念，因此也就把自己划分成了不同的部分。

问：当一个人有了孩子的时候，是否就有可能做到无欲无求了呢？

克：先生，你的这番话是什么意思呢？这是一个你必须要去面对的问题，这是一个我们大家全都得去面对的问题。就像我所说的那样，心灵始终都在用各种形式寻求获得满足。

于是必要性也就成为了一种满足的手段，这一点用各种方式得到了体现——贪婪、权力、地位、诸如此类。一个人难道没有可能在无欲无求的状态下生存于世吗？你会在自己的日常生活中探明这一问题。请不要把需求同欲望分离开来，这是一种了解欲望的错误的方法。当你出于自负而把需求赞美为手段的时候，欲望就会开始了复杂的无知的过程。假如你单纯地强调需求并且以此为原则，那么你就会再一次地从一个极其不理智的观点出发来解决欲望的问题。但如果你开始去思考欲望的过程，思考那滋生出了恐惧与无知的欲望本身，需求便将拥有重要价值了。

问：请给我们谈谈您在如何教育孩子这个问题上有何高见，抑或您在这方面有什么着重想要强调的吗？

问：问题并不在于孩子，而在于我们自己，我们才是问题所在。

克：你的意思是我们应该首先解决自身的问题，尔后才可以去谈如何教育孩子对吗？这难道不是一种片面之见吗？教育孩子，难道不是一个极为复杂的问题吗？你希望帮助孩子成长，让他们的能力得到充分的发展，但由于并没有足够的教师和学校来实现这一目标，因此教育就成为了一个令人头疼的难题。你作为一名家长，或许心中怀有一些明确的想法，认为应当帮助孩子培养起睿智的判断力，教育他们在任何时候都要处于自发的状态，都要做自己。然而不幸的是，在学校里头，国家主义、种族仇恨、领导、传统、榜样，所有这些错误的价值理念都被灌输进了孩子的头脑里，这同你在家里面对孩子进行的教育可谓是背道而驰，甚至可能因此而让你前功尽弃。所以说，你要么不得不去开办一所你自己的学校，在那儿不会给孩子们灌输所谓的种族偏见、国家主义、榜样、宗教迷信、信仰——这意味着教师必须得是一个理性而睿智的人，可这样的人却是极为少见的。要么你不得不把孩子送到那些已经存在的学校里头，然后指望着在家中培养起孩子的睿智与判断力，从而抵御他在学校中所学到的那些愚蠢和有害的观念。但是通常来说你并没有时间去这么做，又或者你十分富有，所以你雇佣保姆来照看你的孩子们。

这是每一位父母都必须要根据自己的能力来应对的复杂问题。然而不幸的是，由于他自己的恐惧、迷信和信仰，所以这个问题往往又难以得到解决。

问：*至少我们可以在家里给孩子提供一个正确的环境。*

克：即使如此也还是不够的，不是吗？因为舆论的压力十分的强大。当大多数孩子都穿着某种制服或者扛把木枪的时候，如果有一个孩子不去这么做的话，他就会感到自己与大家格格不入。所谓的国家会对个人提出要求，政府及其庞大的力量会迫使个人去遵从某种模式，去背起武器，去杀戮，去在战场上送命。于是便会出现另外一个机构，那就是组织化的宗教，它通过信仰、教义等手段，同样也在试图把个体给摧毁掉。结果个体在实现自身的圆满方面也就继续遭遇着挫败。这是我们整个生活的问题，它无法通过单纯的解释和断言来解决。

（在奥门的第六场演说，1938 年 8 月 14 日）

PART 06

美国 1940 年

战争的深层原因

世界一直都处在痛苦和混乱之中，一直都面临着争斗与痛苦的问题。当这种冲突、这种痛苦影响到了我们自己，或者此刻正在周遭上演，我们便会有所察觉。战争的问题以前便存在着，然而我们大多数人都没有关注这个问题，因为战争似乎离我们十分遥远，并没有切身影响到我们每个人。可是如今战争就站在我们的门外，大部分人的思想都被战争所占据。

当一个人关心战争的问题时，那么他势必就会生出以下疑问：比如对此应当采取怎样的立场和行动，诸如此类。尽管我并不打算去回答这一问题，不过或许我们可以一起讨论一下某个更为深刻的问题，因为战争只是人们内心的混乱、争斗、仇恨、对抗的外在反映。我们应当讨论的问题、那个一直都存在着的问题便是——个体与其同他人也就是同社会的关系。如果我们能够认识这个复杂的问题，那么或许就可以避开那些最终导致战争爆发的原因了。战争是一个信号、一个征兆，无论它多么残酷和病态；无视战争的深层原因，单纯地去应对这一外在的表现，这么做只会是一番徒劳，不会有任何收获。一旦我们从根本上改变了那些原因，也许便能够带来一种不会被外在环境所摧毁的和平。

我们大多数人都容易以为只要依靠法律法规、依靠单纯的组织或领导，战争与和平的问题以及其他人类所面临的难题就可以得到解决了。由于我们不想对生活里的这种内在与外在的混乱单独负上责任，所以便会去求助于权威、团体和集体行动。通过这些外在的手段和方法，一个人或许可以得到暂时的和平，然而只有当个体认识了自我，认识了自己与他人的关系即认识了社会时，他才能够拥有持久的、永远的和平。和平是内在的，不是外在的。除非个体——个体即世界——明确地着手去改变自己内心那些导致了混乱、痛苦、仇恨等负面情绪的原因时，和平与幸福才会出现。我想要讨论的是这些原因，以及如何深刻、持久地改变它们。

我们周围的世界正处于不断的变化、变迁之中，痛苦和悲伤永无休止地上演着。在这种变化和冲突当中，是否会有不依赖于任何环境的永久的和平与幸福呢？无论个体身处于怎样的环境里头，都能够发现、孕育出这种和平与幸福。在这些演说期间，我将会努力去解释一下怎样从我们自身展开试验，以及如何把思想从它那自我施加的局限当中给解放出来。可是每个人都必须要展开检验，必须要认真地、奋发地生活，而不能仅仅只活在表面化的行动与话语当中。

这种认真的检验必须要从我们自身、从我们每一个人开始做起。仅仅去改变外部的环境，内心却没有发生深刻的变化，结果只会是一番徒劳。因为个体、社会、一个人同他人的关系，便是整个社会的结构。假如个体不去怀有一颗宽容的心灵，假如他残忍无比、争强好胜，那么我们就无法建立起一个和平的、理性的社会。个体在与他人的关系里头缺乏仁爱之心、没有情感、不去体谅他人，他就必然会制造出冲突、对抗和混乱。社会是个体的延伸，社会是我们自身的投射。除非我们领悟到了这一点，深刻地认识了自我，从根本上转变了自我，否则仅仅去改变外部是无法给世界带来和平的，也无法带来快乐的社会关系所必需的那种宁静。

所以让我们不要只是想着如何去改变外在环境；若我们的整个注意力都转向了个体的转变、自身的转变、我们与他人关系的转变，就将会而且必然会带来外部环境的变化。假如我们毫无宽容之心、满怀仇恨、贪婪无比，如何能够让兄弟友爱之情洒满全世界呢？如果我们每个人都为强烈的欲望所驱动，力求获得成功，在各种事物中寻求幸福，那么很显然我们就必定会建立起一个无序、残酷和充满破坏力的社会。要是我们大家在这儿深刻理解和认同了这一点的话——即世界便是我们自己，我们是怎样的，世界就是怎样的——我们就可以开始去思考如何让自身发生这种必要的改变了。只要我们在这一根本性的问题上没有达成共识，而仅仅是求助于外部环境带给我们和平与幸福，那么环境就显得无限的重要起来，而实际上它并没有那么重要。我们创造了环境，但自身却没有发生根本性的变化，那么环境就成为了一座让人无法忍受的监牢。我们依附于环境，想在它里面寻找到安全和自我认同的持续性，因而也就会抵制思想和价值理念的一切改变。但生活处于不断的变化之中，所以那始终静止不变的欲望与那居无定所的真实之间便会爆发不断的冲突。

人是万事万物的度量尺，如果他的观念被歪曲的话，那么他所思考的和创造的，必然会走向灾难和痛苦。个体由自己的所思、所感建立起了社会。我个人认为世界便是我自己，我所做的事情给这个世界带来了和平或痛苦，也就是给我自己带来了宁静或悲伤。只要我没有实现对自我的认知，我就不可能给世界带来和平，因此我现在所关注的便是我自己——不是自私地只关心自己，不是仅仅为了获得更多的幸福、更多的感觉、更大的成功而去改变自己——因为，只要我尚未认识自我，我就一定会活在痛苦和悲伤之中，无法发现一种持久的宁静与幸福。

要想认识自我，我们就得首先怀有兴趣去发现自我，我们就得对自己的思想与情感的过程保持警觉。我们的思想和情感主要关注的是什么呢？关注的是人、事以及观念，这些便是我们感兴趣的根本所在——人、事物、观念。

为什么这些东西在我们的生活里头会显得如此重要呢？为什么这些外物——财产、房子、衣服、诸如此类——在我们的生活中占据着如此主导的地位呢？究竟是因为我们需要它们呢，还是因为我们出于自身心理上的幸福而依赖于它们呢？我们全都需要衣服、食物以及一个遮风挡雨的庇护所，这是显而易见的。但是为什么它们会显得这般重要呢？这些事物的价值与意义之所以会被夸大，是因为我们出于自身的康乐而在心理上对它们怀有依赖感。它们填满了我们的空虚，它们给予了我们社会声望，它们给我们提供了获取权力的手段。我们之所以看重它们，是为了用它们来达到目的，而不在于它们本身所具有的意义。我们需要食物、衣服和栖身之所，这些都是自然的本能，不会让人误入歧途；然而当我们为了自身的满足而对它们怀有依赖的时候，当这些东西成为了心理上的必需品的时候，它们的价值和重要性就会被无限地夸大——于是我们便会为了获取而展开争斗和冲突，便会用各种手段来拥有这些我们所依赖的东西。

你问问自己这样一个问题：我是否为了自己心理上的快乐和满足而去依赖这些事物呢？如果你认真地想要去解答这个看似简单的问题，那么你就会探明你的思想与情感的复杂过程了。假若这些外物是一种物质上的必需，你便会理性地限制它们，它们也就不会像成为一种心理必需品的时候那样具有压倒一切的重要性了。如此一来你便能开始去了解感觉和满足的本质，因为心灵若想要认识真理，就必须得挣脱这类束缚。要想让心灵摆脱感觉跟满足，你就应该从那些你所熟悉的感觉着手，认知的正确基础就在于此。感觉有自己的位置和作用，一旦你真正认识了感觉，它就不会像现在一样被错误地扭曲了。

许多人以为，若世上的事情都得到了很好的组织，如此一来大家全都丰衣足食，那么就将出现一个快乐、和平的世界。可我担心的是，假若我们每个人没有理解它们的真正涵义，这番美好的景象就不会出现。我们之所以会依赖这些外物，是因为内心极为贫瘠，于是便用这些东西来掩盖自身的贫乏，结果这些外在的累积、这些表面的财富就会变得格外的重要起来，以至于为了它们我们宁可去撒谎、去欺骗、去打仗、去彼此摧残——因为这些事物是获取权力与自我荣耀的手段。没有理解内心贫乏的本质，仅仅去改变组织，去实行所谓的平均分配，无论这么做多么必要，都只会制造出其他获取权力和自我荣耀的途径跟手段。

我们大部分人都关心这些外物，而认识我们与它们之间的正确关系则需要智慧与理性。不是禁欲、苦行，不是想要有所得，不是摒弃世俗的享乐，也不是累积物质财富，而是自由地、理性地洞察到这些所需，但又不会去依赖它们。一旦你认识到了这一点，就不会再有放弃时的悲伤，也不会再有争抢好斗的痛苦。一个人能否审视、认识到自己的需求与心理上依赖外物这二者之间区别何在呢？你在这一个钟头之内是无法回答这个问题的，你能回答的，只有你是否始终保持热切与真诚，你的目的是否坚定和清楚。

显然，我们可以开始去探明自身与外物之间的关系。这一关系是以贪婪为基础的，难道不是吗？可是需求什么时候变成贪婪了呢？难道不是当思想洞察到了自身的空虚、无价值的时候，贪婪便开始给外物赋予了一种远远超过其固有价值的重要性，结果也就导致了对它们的依赖吗？这种依赖或许能够产生出某种社会凝聚，然而在它内部却始终存在着冲突、痛苦与瓦解。我们应该清楚地了解思想的过程，我们可以做到这一点，条件便是我们得在自己的日常生活中察觉到这种贪婪以及它那令人惊恐的结果。洞察需求和贪婪，能够帮助我们给自己的思想奠定正确的基础。这种或那种形式的贪婪，永远都会导致敌对、残忍的民族仇恨以及隐蔽的野蛮。假如我们没有理解和领悟贪婪，那么如何能够去认识那超越了种种争斗与痛苦的真实呢？我们必须从自身开始做起，从我们与外物、与他人的关系开始做起。我之所以要把外物放在前面，是因为大多数人都关心这些东西。对我们来说，它们具有无比的重要性。战争就是围绕这些外物展开的，我们的社会观、道德观便是以它们为基础的。倘若没有认识贪婪的复杂过程，那么我们就无法理解实在。

问：我们目前迫在眉睫的危险，便是即将被卷入战争之中。为什么不给我们一些有关如何抵制战争的切切实实的建议呢？

克：实际上只有一场战争，那便是我们内心上演的战争——正是内心的战争才带来了外部世界的战火硝烟。我只关心那些在我们内心上演的战争。如果我们可以认识并且理性地超越内心的战争，那么或许将能给世界带来一派和平。我之所以用的是“或许”，是因为只有当我们每个人的内心处于安宁的状态，世界上才会有和平。只要一个人认真地、理性地察觉到了这一点，他就能够拥有这种内心的宁静。导致仇恨的冲突就存在于你自己的身上，所以这首先是你自己的问题。倘若你正在着手解决它，你就会知道什么是宁静了。仅仅拥有一些由他人提供的建议或指导——关于你在这种或那种环境下应当怎么做的建议和指导——是不会带来和平的。伟大的智慧与深刻的认知，不是单纯的断言，不是盲目地认同某种理论，而是不断的觉知，不辞辛劳地以高度的敏锐和审慎展开质疑，这将会在我们的内心营造出持久的和平。所以我们的首要任务是从自身做起，因为世界便是我们自己的延伸。我们努力想要改变环境，但却没有从根本上改变中心；我们关注着外围，但却没有认识到真正的中心。当内心宁静的时候，世界便能够迎来和平。

问：请您更加详细地解释一下您所用的“感觉”一词究竟是何涵义呢？

克：生活的过程，从某种程度上来说就是感觉：看、尝、触摸、思考，等等。如果我们通过感觉来寻求愉悦，或者用感觉来增加满足，那么思想就会沦为欲望的奴隶。在占有与被占有的过程当中会产生某种心理上的满足感，当占有的感觉得到满足的时候，思想便会去寻找其他形式的感觉和愉悦，结果欲望不断地改变着自己的满足目标，直到真实被视为一种愉悦的形式,这种愉悦被希望是永久的。不断渴望更多、更大的感觉，必然会带来痛苦和悲伤。一个人不会时常意识到这一点，他渴望在某个理念、某个人或者某个事物的身上获得一种持久的满足与终极的安全感。这种对于终极状态的渴望，来自于一系列的满足与失望，然而渴望永恒却依然是一种感觉和满足。假若我们每个人都能够理解感觉的过程以及对事物的愉悦，就会意识到，当需求成为了获得更大满足的手段——我们就将领悟到，对于这种更大满足的追逐便是贪婪。这一智慧的洞察或者觉知，会让感觉受到自然的限制，不会产生控制的冲突。所以，如果我们试图去寻求真实、和平与幸福，但却并未深刻地、充分地认识到感觉和欲望的过程，那么我们能够寻找到的只会是愉悦和欲望的结果，因而也就不是真实的，尽管我们可以将其称作为永恒。

问：要想以最无私的心态去认识自我，哪种方法才是最为明智的呢？

克：你是不是认为有两种认识自我的方法：一种是自私的，另一种则是无私的？你只是认识了你自己，既不是自私的，也不是无私的。如果你试图自私地认识自己，你就压根儿没有实现对自我的认知，因为你的整个存在都是出于自我。若你告诉自己说："我必须无私地认识自己"，那么你就预先设定了一个条件，你在确立一个可能完全错误的概念。所以，要想认识自我，你就得探明自己的本来面目，不要因为自私或无私的念头而怀有偏见。认识自我，你必须制造一面明镜，毫无偏差、精确无误地映照出你的本来面目。我们不想依靠自己的力量去创造这种不怀任何偏见的自省的能力，因为我们关心的是判断和改变。改变，取决于我们成长的背景。假若我们是宗教信徒，那么我们就会依照自己的那些宗教理念与教义去改变自己；假若我们从社会层面来进行思考的话，则会根据社会的道德去改变自身。然而要想清楚地、全面地认识自我，我们就得洞悉自己的本来面目，不抱任何的偏见，不展开任何谴责。不带一丝成见、清楚地洞察，要求始终保持警觉；要求处于一种特殊的、机敏无为的状态，而这又需要耐心与审慎。不过这么做并非易事，因为我们大多数人都在自己的感觉和欲望的驱使之下丧失了自制力。我们想要在自己身上保留、储存那些愉悦的事物，同时抵制那些不愉悦的事物。这种想要保持、继续的欲望以及想要去排拒的欲望，不会带来对自我的认知。可是一旦你清楚地认识了自己，没有任何的歪曲，那么你就能够开始去探明为什么会有歪曲发生了。尔后你便可以着手去发现原因，而这么做又得要求敏锐的警觉以及认真的目标。在认识自我的过程中，心灵不应该因为渴望得到一个结果而负累不前，无论这种渴望是何等的隐蔽。如果你寻求某个结果，那么你就不会去关注于认识自我的过程，你追求获取、成就、成功，而这种追求有它自己的痛苦和回报。要想实现对自我的认知，你的心灵必须一派澄明，没有一丝恐惧，不为任何希望所累。

问：一个人如何能够实现自我的转变，同时又不会产生任何的抗拒呢？

克：改变自我这一理念，暗含了一种预先构想的模式，妨碍了有判断力的认知。倘若你预先构想好了自己想要成为的样子或者应当如何如何，那么显然你对于自己本来面目的洞察就不会具有判断力，因为尔后你所关心的只是遵从或者排拒。我们希望成为这个或那个样子，所以也就无法真正严肃地去审视自己的本来面目，于是当你在本来面目与应有面目的关系中想要去做改变的时候，你就注定会有所抵制，因此也就压根儿不会出现根本性的转变了。

让我们想一想我们是否预先构想出了自己的应有面目，而不要去关注那必须要在我们身上发生的改变。因为怀有这些先入之见，所以我们的注意力应当转向探究如何以及为何会出现这些预想才对。假若我们认真探究，将会发现恐惧制造出了各种模式、预先设想好的对自我以及应有面目的看法。如果没有这些先入之见的话，你会是什么样子呢？由于怀有了这些对于自己应有面目的概念与想象，于是你便努力去获得它们，而这只会扭曲你对自我的认知，结果也就产生了抵制。但如果你可以正视自己的本来面目，那么就能够出现根本性的转变，而这种改变是无法通过比较产生出来的。一切比较性的变化，都只是一种抵制中的改变而已。

问：为孩子们建立学校如何呢？这是当前所急需的。

克：不单单是当前有这种需要，而且任何时候都如此。当我们有了自己的孩子，当周围的环境变得严峻起来，这一需要就会显得格外重要和急迫了。对那些思想周全的人们来说，环境一直都是严峻的。如果父母、监护人自己都处于混乱的状态，那么他们如何能够建立起那种可以让孩子们不受混乱、仇恨与无知的干扰、健康成长的学校呢？显然，这又回到了那个老的问题上头来：你基于自身的利益建立或者帮助建立起了那些学校，它们或许可以培养出一代新人，他们不再为恐惧和仇恨所困，所以你难道不应该从自身开始着手吗？

（在加州欧加橡树林的第一场演说，1940 年 5 月 26 日）

贪婪是导致冲突的主要原因

我想对今天第一次上这儿来的人简单说一说我们上个周日所谈论的内容。你们当中那些急切地想要跟进演说的人，请多少耐心一点，因为我们正试图用言语来尽可能完整地绘出一幅有关生活的图画。我们必须了解这整幅图画，了解对于生活的全部态度，而不要仅仅只是关于它的一部分。

我上周谈到说，除非作为个体的我们培养出了那一能带来宁静的智慧，否则这个世界上就不可能会有和平或幸福可言。有许多人以为，只要改变了外在环境便可以给世界带来和平，而无需去思考自身的内在本质，无需清楚地认识到自身的目的，无需自身那富有创造力的认知。也就是说，他们希望世界上洋溢着兄弟友爱之情，尽管其内心饱受仇恨、嫉妒、欲望等负面情绪的折磨。除非那作为世界之组成部分的个体能够带来自身的根本性转变，否则就不会有和平出现。对于那些展开过深刻思考的人们来说，这一点是显而易见的。

我们发现，尽管千百年来人们都在宣扬着仁慈、兄弟情谊和友爱，然而我们的周遭仍是一片混乱与无序。我们很容易就被困在了仇恨和敌对的漩涡之中。我们以为，只要改变了外部症状就可以实现人类的团结统一。和平，不是由外部带来的，它只能来自于内部。这需要我们抱以极大的热切与专注，不是专注于某个单独的目标，而是专注于去理解生活的复杂难题。

我认为贪婪是导致我们的内心与世界处于冲突之中的一个主要原因——贪婪，以及它的恐惧，它对权力和支配地位的欲望，无论是社会的还是理智的或情感的。我们试图在需求和贪婪之间做出区分。我们需要食物、衣服和栖息之所，可是当我们由于渴望权力、社会声望而无限夸大了这些外物的价值时，这种需要就会变为贪婪，成为我们生活里的一股巨大的心理驱动力。除非我们消除了这一在我们的意识中制造出冲突或抵触的根本原因，否则单纯地寻求和平只会是一番徒劳。尽管我们依靠立法可以获得表面的有序，但对于权力和成功的欲望将会不断干扰那把社会整合在一起的粘合剂，从而破坏掉社会的秩序。要想带来内心的宁静，继而带来社会的和平，就必须得认识这种由欲望所导致的意识里的重要冲突。而要想实现认知，就得有所行动。

有些人觉得世界上的冲突是由贪婪引起的，是由个体通过财产来主张权力和统治所引起的，因此他们建议说个体不应当拥有这些获得权力的手段，而要想实现这一点，就得通过革命、通过国家对财产的控制——所谓的国家，指的是那种权力的支配掌握在少数人手里的国家。你无法依靠法律、法规来摧毁人性的贪婪，你或许可以通过强制来消灭某种形式的贪婪，但贪婪必然会采取其他的形式，从而再一次地制造出社会的无序。

于是有些人就会认为可以借助理性或情感的理想范式、借助宗教的教义和信条来消除贪婪跟欲望，但这一愿景依然无法实现，原因在于我们无法通过模仿、效忠或爱来克服贪婪。对于由贪婪所导致的冲突来说，忘我并非是一剂效力永久的良方。各种宗教都为了鼓励人们放弃贪念而提供了种种补偿，然而现实并不是补偿。追求获得补偿，是把冲突的原因即贪婪、欲望移到另一个层面上去，可是冲突和痛苦却依然存在着。

个体渴望通过立法建立起社会秩序或者友好的人际关系，渴望寻找到实在。宗教许诺说，只要放弃了贪婪，作为补偿，我们便会探明实在，于是个体就被困在了这种渴望之中。然而，正如我曾经指出来的那样，贪婪无法通过法律、法规或者强迫而被摧毁掉。要想重新领悟有关贪婪的问题，我们就得充分认识到，仅仅依靠社会的法律、法规来约束人们不起贪念，或者用我们发展起来的宗教的补偿观念来促使人们放弃贪婪，这两种做法都是十分荒谬的。如果你不再去寻求宗教为了让我们放弃贪婪所许诺的补偿，抑或如果你不去错误地寄望于通过立法来对抗贪婪，那么你就将开始认识一个可以彻底消除欲望的不同的过程，不过这要求你具有坚持不懈的毅力，要求你怀抱严肃认真的态度，要求你不去诉诸感情主义，不在智力上耍任何的诡计。

世上的每一个人都需要食物、衣服和栖息之所，可为什么这种需求已经变成了这样一个复杂而痛苦的难题呢？难道不是因为我们之所以会使用这些东西，是出于心理上的目的而非单纯的需求吗？贪婪，便是要求获得满足和愉悦，我们把这些生活的必需品当作了获取贪婪的手段，从而赋予了它们过多的重要性和价值，远远超过了它们实际上所具有的价值。只要一个人是基于生活上的需要才使用这些东西，并没有在心理上依赖它们，那么他就一定会对需求加以理性的限制，而不是基于单纯的满足。

在心理上依赖这些外物，本身就代表着一种社会的不幸和冲突。由于内心贫瘠，由于心灵、精神上的困乏，所以一个人才会通过占有各种外物的方法来让自己变得充实起来，结果也就使得复杂的要求和问题日益增多。仅仅依靠社会的法律、法规或是展开禁欲、苦行，而没有从根本上解决内心的贫乏状态，是无法解决贪婪、欲望的问题的。如何从根本上克服贪婪，而不要只是在外围解决一些表象呢？思想怎样才能挣脱欲望之网呢？我们认识到了贪婪的原因——渴望获得满足、满意——但是如何来消除贪婪呢？通过运用意志力吗？那么是哪一种意志力呢？征服的意愿、克制的意愿、摒弃的意愿吗？怎样让思想从贪婪中解放出来，这个问题本身不就是一种世间的贪婪、欲求吗？

由于思想是贪婪的产物，因而也就是短暂的，所以无法理解永恒。那可以理解不朽的事物，同样也应该是不朽的。只有通过暂时方能认识永恒。也就是说，源于贪婪的思想是暂时的，无论它创造出了什么，都必然也是暂时性的。只要心灵被困在暂时之中，被困在贪婪的循环之内，那么它就不可能超越、战胜自己。当它努力想要去战胜自身的时候，它便制造出了更多的抵制，并且越来越深地困于其中。

假若冲突的产物始终处于欲望的领域之内，那么如何消除贪婪，同时又不会制造出更多的冲突呢？你或许可以通过运用排拒的意志力来克服贪婪，但这并不会带来认知与爱，因为这种意志力是冲突的产物，所以也就无法使自身摆脱贪婪的束缚。我们意识到自己是贪婪的，在占有的时候会获得满足感。满足感充斥在一个人的生命中，不断地膨胀着。你为什么需要同它展开搏斗呢？如果你满足于这种扩充、这种膨胀，那么你就不会有意识上的问题。满足能否始终是完整的呢，它难道不是一种不断变化的状态吗，难道不是在一种满足实现之后又会去渴望获得新的满足吗？

于是思想就被困在了自身那张无知和痛苦的网里面。我们发觉自己被贪婪牢牢束缚住了，我们还察觉到或者说至少从理性上认识到了贪婪所产生的影响。那么思想如何把自己从它那自造的欲望中给解放出来呢？只有通过不断的警觉，通过认识到贪婪本身的过程。要想实现认知，不能仅仅运用片面的意志力，而是需要展开试验的方法，因为试验才是充分的、完整的。这种实验的方法就存在于我们日常生活的行动之中。当你敏锐地察觉到了欲望和满足的过程时，你就能充分地接近生活，就能实现专注，这并非是选择的结果，而是一种真正的身心的完整和充实。

假若你保持了思维的警觉，你便会敏锐地观察到欲望的过程，你便会懂得在这种观察中人会渴望做出选择，会渴望加以合理化，然而这种渴望依然是欲望的一部分。你必须敏锐地洞察到欲望的微妙之处，通过展开试验，你能获得充分的认知，而这种认知本身就可以从根本上把思想从欲望的束缚中解放出来。一旦你实现了这种洞察，就会有不同的意愿或者认知，它不是冲突的意愿，不是摒弃的意愿，而是神圣的完整。这种认知便是贴近现实，它不是源于想要有所得，不是源于有所欲求和冲突。这种完整、这种认知，会带来和平与宁静。

问：既然真实情况是个体是社会的产物，社会也是构成它的个体的产物，既然社会组织的变化影响了绝大部分个体，那么强调改变社会之必需性与强调改变个体之必要，这二者难道不是同等重要的吗？由于世界上的灾难的主要原因都是来自于社会组织的运作失常，因此过于强调个体必须改变自身难道没有危险吗，即使这种改变最终是必要的？

克：社会是什么？难道不就是个体与他人之间的关系吗？倘若个体自己是无知的、残忍的、充满了欲望和野心，那么由这样的一个个个体所构成的社会，其面貌实际上就是他们自己的投射。这位提问者似乎建议说应当改变个体之间的冲突性关系，也就是社会及其诸多的组织。我们都明白社会的改变是何等的必须与重要。战争、饥饿、对权力的无情追逐，等等——我们对这些十分熟悉了，有些人热切地想要改变这种种的状况。你打算怎样去改变它们呢？通过把许多或者少数几个给世界带来不和谐的人给消灭掉吗？谁是这许多人或者少数人呢？你和我，我们在不在这之列呢？每个人都被牵涉到了其中，因为我们全都满怀贪念、占有欲旺盛，全都渴望权力。我们希望给社会带来秩序，然而我们如何才能实现这一点呢？你是否真的以为只有少数人才需要对社会的无组织、对这些战争和仇恨负上责任呢？你打算怎样去除掉他们呢？如果你消灭了他们，那么你所使用的正是他们曾经用过的手段，于是你就让自己也沦为了仇恨与残忍的工具。仇恨无法用仇恨来摧毁，无论你多么希望把自己的恨意掩藏在那些听上去冠冕堂皇的话语之下。手段决定了结果，你不能够为了拥有和平与秩序而去杀戮。要想拥有和平，你必须首先在自己的内心营造出和平的心境，如此一来你与他人的关系即社会才能够处于和平之中。

你指出应当更多地去强调改变社会的组织。或许可以实现表面的变革，但显然只有当个体自己发生了变化，才可以带来根本的转变或者说持久的和平。你或许会说这需要耗费很长的时间。你为什么要关心时间的问题呢？你满怀热切之情，你希望得到立竿见影的结果，你所关心的是结果而非方法和途径，于是你匆忙草率地行事，结果也就成为了空头支票的玩偶。你是否觉得当前的人性——这种人性是无数世纪以来的虐待、无知和恐惧的产物——可以在一夜之间发生改变呢？少数几个人或许能够在昼夜间改变自我，但一个已经成形的社会则不会如此。这并不意味着说要把问题搁置起来，而是说一个思想清楚、直接的人是不会去关心所谓的时间长短的。

社会组织可以是独立的机械系统，但它必须要被我们来管理和操控。是我们创造出了它，我们对它负有责任，只有当作为个体的我们不去助长普遍的仇恨、贪婪和欲望，我们才能够不去依赖它。当我们渴望去改变世界的时候，总是会遇到对立面——形成或赞成或反对的群体，而这只会进一步产生转变中的敌对、猜疑和争斗。除非出现了普遍的仇恨或恐惧，否则不可能达成一致，一切源于恐惧和仇恨的行动，都必将使得恐惧和仇恨越变越多。只有当个体自愿地、理性地同意展开思考，不怀有任何仇恨、贪婪和欲望，才能带来持久的秩序与和平。只有这样，你的内心才会生出富有创造力的宁静，你与他人的关系也就是所谓的社会才会迎来和平。

这需要付出艰辛的、有方向性的关注，不能诉诸感情。然而由于大多数人都是懒惰的，因此我们指望社会组织可以奇迹般地发生改变。所以我们屈服于感情主义而不是展开清晰的思考，我们考虑的是自我断言、果断的侵占，因为我们已经把宗教变成了一种感情至上的事物，对于那些至关紧要、最为严肃的事情，比如宗教和现实，我们拒绝展开具有判断力的、审视性的思考，结果我们自然也就对这个世界上的各种事物变得残忍和具有破坏性了。

问：感情怎样可以得到控制呢？

克：让我们了解一下这一控制感情的问题。我们所说的控制指的是什么意思呢？控制包含什么呢？我们发现有一种双重的力量在我们的思想过程里头运作着，一方面渴望去拥有、渴望去抓住，另一方面则是渴望不去抓住、不去拥有。难道不是这样吗？思想里头有事物本身以及希望它成为的样子——被称为善的愉悦的事物与被称为恶的不愉悦的事物。所以这双重的过程之间便会有不断的冲突，一个试图通过自制、断言、排拒等手段来征服另外一个。因此控制的想法里头就总是会有这种二元性。思想把自己划分成了两个过程——一个是令人感到愉悦的过程，另外一个则是不会让人感到愉悦的过程——思想在自身内部制造着冲突，它努力想要用各种方法、范式、排拒、专注等来克服这种冲突。所以问题的关键，并不在于如何去控制，而在于我们为什么会制造出这一二元化的过程并且依附于它？是什么让一个一开始怒火中烧的人后来发现愤怒的痛苦从而学着去控制自己呢？是什么让一个一开始心狠手辣的人后来要努力培养慈悲心肠呢？当我们洞悉了这一二元性的过程，便能够唤醒充分的、彻底的觉知，而这种觉知本身就可以消除掉抵制的冲突。是什么使得我们的生活和思想如此支离破碎、杂乱无章呢？为什么我们在自己的思想过程中制造出了这种二元性呢？

就在你感到愤怒的那一刻，不会存在其对立物的反应，我们仅仅只是愤怒而已。尔后则会出现我们对它的全部反应，这取决于我们先前的状况，我们据此来控制自己，训练自己不要愤怒。通过运用意志力，我们放弃了对愤怒的抵抗，可这并不意味着说怒火就此烟消云散了，我们只是把愤怒给掩盖了起来，所以二元性依然存在着。那么我们为何会愤怒呢？原因有很多，也许是因为我们社会的或经济的安全受到了威胁，又或者是出于某种生理上的原因。我们只是想着要去摆脱愤怒，却没有充分地理解导致愤怒的生理或心理原因，继而能够理性地、彻底地洞悉它们。仅仅只是摆脱愤怒，这相对来说是容易办到的，但却并没有把愤怒的根源彻底消除掉。可如果你充分察觉到了引起愤怒的种种生理上和心理上的原因，同时不去渴望摆脱愤怒，那么在这种充分的觉知中，愤怒、影响和原因全都会消散开去，让位给了一种只有经验可以揭示的特性。一切克服都是某种形式的无知与暴力，唯有认知方能让思想挣脱束缚。

问：“世界是个体的延伸，你即世界。”请您更加详细地解释解释这句话的涵义好吗？

克：通过试验的方法，一个人会发现，人是万事万物的度量尺；又或者，他认同权威，主张有另外一种测度标准超越于人之上，那就是神，或者你可以选择用其他名称来称呼。过去的世界就是现在的世界、今天的“我”，同时也是未来的世界、明天的“我”。过去是我们的祖先，是以前几代人的世界，以及他们的无知、恐惧等等。过去限制了现在，限制了今天的“我”，同时又产生出了未来，产生出了明天的“我”。我们每个人都是这一累积的过去，当下以及当下的反应与体验，都同过去结合在一起。个体是各种影响与局限的产物，一个人同他人的关系创造出了世界——价值理念的世界。世界是一种社会的、道德的、精神的结构，是以我们创造出来的各种价值观念为基础的，不是吗？世俗世界以及所谓的精神世界，都是由我们这些个体通过自己的恐惧、希冀、欲望等等所创造出来的。我们看到这个为仇恨所充斥的世界如今正在收获它的恶果。这个满是恨意的世界，出自我们的父辈、他们的先祖以及我们之手，于是无知也就模模糊糊地延伸进了过去。它不是单独形成的——它源于人类的无知，它是一种历史的过程，不是吗？作为个体的我们与我们的父辈合作，我们的父辈又同他们的祖先合作，开始了这一仇恨、恐惧、贪婪的过程。只要我们每个人都沉溺其中，那么作为个体的我们也就全都参与到了这个满是仇恨的世界里头。

因此世界就成为了你自己的一种延伸。如果作为个体的你想要去消灭掉仇恨，那么你就必须停止仇恨。要想熄灭仇恨的火焰，你必须使自己摆脱各种或明或暗的仇恨。只要你被困于其中，你就是这个无知与恐惧的世界的一部分。所以世界就是你自己的延伸——是你自己的复制与繁殖。世界无法脱离个体而单独存在，它可以是作为一个理念、作为一个国家、一个社会组织而存在，然而要想实施该理念，要想让这个社会的或宗教的组织运作起来，就必须得有个体。他的无知、他的贪婪、他的恐惧，维系了这个无知、贪婪和仇恨的结构。如果个体发生了改变，那么他能否影响世界呢——影响到这个充斥着仇恨与贪婪的世界呢？首先要保证的，要加倍保证的是，你，作为个体的你，不去仇恨。那些心怀恨意的人，没有时间来展开思考——他们被自己强烈的兴奋及其结果给吞噬掉了。他们不会去聆听平静的、审慎的思索，他们因为自身的恐惧而失去了自制力。你无法帮助这些人，除非你遵照他们的方法，也就是强迫他们去倾听，然而这种强迫毫无作用。无知必会带来痛苦。不管怎样，你在听我的教诲，因为你没有受到直接的威胁，但如果你遭受了直接的威胁，或许你就不会如此了，不会思虑周全了。只要你欠缺思考，只要你被无知、仇恨和贪婪牢牢困住，世界就会是你自己的延伸。然而当你是认真的、深思熟虑的、有所洞察的，那么你不仅会摆脱掉那些导致了痛苦和悲伤的丑陋的根源，而且在觉知中你还能获得一种身心的完整与充实。

（在加州欧加橡树林的第二场演说，1940 年 6 月 2 日）

关系就是一种自我揭示的过程

我在上周一直试图去阐释清楚贪婪与需求之间的区别。如果我们没有理解这二者有何不同，那么就永远会面临选择的冲突。我们可以用另外一种不同的方法来解决欲望与需求的问题，而不必如惯常所做的那样采取控制、排拒、选择的做法。这个方法便是去认识贪婪的过程，去察觉到欲望。由于内心的贫乏，于是我们渴望通过积累和占有来让自己获得充实，因而也就赋予了外物不相称的价值。在察觉的过程中，你将深刻领悟到为什么会出现这种心理上的贫瘠，为什么会缺乏富有创造力的充实，继而也就挣脱了贪婪及其冲突的束缚。在察觉的过程中，当你在内心展开探究，试图去理解自己为了获得满足和愉悦而对这些外物存有心理上的依赖，倘若你去展开试验，就会洞察到有一种不同的意愿——不是想要展开相互冲突的抵制的意愿，而是渴望去认识完整、认识整体的意愿。要想展开试验，一个人就得察觉到欲望和贪婪，不是理论上去认识，而是要在我们日常生活的关系与行动中去洞察。只有当我们的内心真正步出了贪婪的泥沼，而不是仅仅在外部的关系与行动中做到不存贪念，才能出现和平以及无私的行动。

我们一直试图去理解自身对于外物怀有的欲望，现在不妨去探究一下我们同他人之间的关系。一旦认识了这一复杂的问题，生命的充实便会展现于我们的眼前。

所有的存在难道不就是一个关系的问题吗？存在，即意味着处于关系当中。我们的关系里充满了冲突，不单单是人与人之间的冲突，而且还包括个体与社会之间的矛盾。毕竟社会便是个体与大众之间的关系，它是个体的延伸和投射。假若个体没有理解他同那些与其有着直接关联的人或物的关系，那么他的行动就将带来冲突——个人的以及社会的冲突。关系里头有冲突存在，同时还有想要把自己隔离起来的渴望，以及想要从某种令人感到痛苦的关系中抽身出来的渴望。这种隔离的表现形式，或者是接受新的愉悦的关系以取代旧的关系，或者是让自己退缩到理念的世界中去。假如生活是由一系列最终会导致个体隔离的事件所组成的，那么关系便是指向这一目的的手段。可是一个人无法退却，因为一切的存在都是一种关系。所以，除非他认识到了这一点并且摆脱了那些导致自身冲突的原因，否则冲突必然会一直存在下去，无论他身处何处，也无论外在环境是怎样的。当一个人处于冲突之中的时候，他会渴望慢慢把自己给隔离起来，他会把这称作为真实、统一、爱，诸如此类，可这种隔离的想法只是在逃避现实罢了，只有处于关系当中，你才能够去认识现实。关系里会有冲突，与此同时，思想正寻求躲避这种冲突。一个人或许会发现诸多逃避的方法，然而冲突的根源却依然存在着。

为什么人与人之间会有冲突存在呢？是什么原因导致了这种冲突呢，为什么即使是那些声称爱着彼此的人们之间也会有矛盾呢？所有的关系难道不就是一种自我揭示的过程吗？也就是说，在关系的过程中，你揭示着自我、发现着自我——你的一切状况，丑陋的、愉悦的，全都展露了出来。如果你有所洞察，关系就会如一面镜子，把你的思想与情感的各种状态越来越多地呈现出来。倘若我们深刻地领悟到关系是一种自我揭示的过程，那么它就将具有一种不同的意义了。可是我们没有把关系理解为一种揭示的过程，因为我们不愿意把自己的本来面目给展露出来，结果便会有不断的冲突。我们在关系中寻求着满足、愉悦和慰藉，假若出现了任何深刻的对立或阻挠，我们便会努力去改变自己的关系。所以关系很容易就变成了一种自我隔离的过程，而不是一种不断觉知的进步的行动。欲望之路，通往的是自我隔离和局限。

当我们在关系里仅仅去寻求获得满足的时候，就无法实现富有判断力的觉知，然而只有在这种敏锐的觉知中，任何的适应或理解才是可能的。所以关系里的责任并不是建立在满足之上的，而是建立在理解与关爱之上。我们在人的关系中找不到满足，就经常试图在理论、信仰、概念的范畴内去确立它。因此爱也就仅仅成为了一种激情、一种感觉，一个理想化的概念，而不是一种在人际关系中被领悟的真实状态。由于人际关系里存在着冲突、痛苦，于是我们努力把爱理想化，称它是无限的、普遍的，这么做只是在逃避现实罢了。彻底地去爱，没有任何恐惧，没有一丝占有的欲望，这需要深刻的觉知和领悟。而只有当思想摆脱了欲念和占有的时候,才能实现这种状态。只有在这个时候,才会有完整的爱。

如果我们在毫无恐惧的情形下认识到了自身关系里的冲突跟痛苦的原因，就能拥有身心的完整，这种完整，不是单纯的心怀宽广，也不是诸多美德的集合。我们希望通过爱上帝来实现爱人类，可如果我们并不懂得如何去爱人，那么又怎样能够去爱真实呢？所谓爱人类，指的便是爱真实。我们发现爱另外一个人是如此的痛苦，有许多复杂的难题都牵涉其中，以至于我们以为热爱某个理想会更为简单、更容易获得满足，可这只是一种理性的感情主义，并不是爱。

我们依靠感觉来让所谓的爱得以持续下去，当这种满足停滞不前的时候，我们就会试图在其他的关系里寻找到新的满足，所以我们在人际关系中最常追求的是欲望的满足。如果你没有理解欲望，那么你就无法拥有爱的完整。而要做到这一点，依然需要持续的、深刻的觉知。要想认识这种完整，我们就得开始察觉到欲望是一种贪婪和占有。尔后我们便能理解欲望的复杂本质，于是我们不仅将会摆脱贪婪的束缚，而且还可以拥有完整，超越了理性及其抵制的完整。

倘若我们在面对事物的时候可以做到这一点，那么我们或许就能够领悟一种更为复杂的欲望，即存在于人类的关系里的欲望。我们必须从自己日常所接触的那些人与事着手，而不要从渴望、希冀、幻想的最高点开始。如果我们无法深刻理解这些人和事，就无法认识实在，因为实在存在于对环境、对人和事的认知之中。环境是我们与人和事的关系的产物，若结果是建立在欲望及其满足之上，那么逃避它而去寻求真实，便是去建立起其他形式的满足和幻觉。真实不是欲望的产物，因欲望而被制造出来的事物都是暂时性的，只有通过持久的事物方能理解永恒。

问：有时候很难去区分人的本能需求与心理上对于获得满足的渴望，难道不是这样子的吗？

克：的确很难区分。要做到这一点，必须得实现清楚的觉知，察觉到一切正在出现的欲望的过程。当你充分认识到了它们的时候，人类的本能需求就将受到理性的控制，而不会被过度地强调了。但是你看，我们每个人都没有兴趣去了解欲望的过程。我们的热切程度，还不足以去探明我们是否可以区分人类的本能需求与心理的欲望。一个人可以凭借富有判断力的洞察、凭借耐心的探寻去发现这一点，可是他人对这一问题的认知，于你而言并没有多少价值，你必须依靠自己的力量去认识它。假若你声称自己会把对于外物的需求限制在最低的程度，那么你就不是在理解欲望这一复杂的问题，你仅仅是对获得某些结果感兴趣，而这么做则是在另外的层面上去寻求满足，可这并不能解决那些由欲望所导致的问题。

我们在这儿努力要去做的，是去认识欲望的过程，而不是给欲望确立边界。一旦你理解了欲望，你就会自然而然地去对事物加以限制，而不会通过运用意志力来预先决定进行限制。正是欲望赋予了事物与其真正价值不相称的重要性，那些被夸大的价值是建立在心理需求之上的。假若一个人内心贫乏，那么他便会在外物的身上去寻求满足，于是财产、名望、家族就会变得格外重要和急迫起来，从而带来了社会的无序。只要一个人没有解决由贪婪所导致的冲突，那么仅仅去限制事物就不会带来社会的秩序，也不会带来挣脱欲望之网后的宁静。贪婪无法依靠社会的法律、法规而被消除掉。你或许可以在某些方向限制它，但如果欲望依然是人类行动的动机，那么即使这些限制也会被攻克的。各个宗教为了劝导人们放弃对世俗之物的贪欲，提供了各种补偿论，可这仍然是欲望。要想不受欲望的束缚，一个人就得耐心地、有策略地、不带任何偏见地认识欲望的复杂过程。

问：您在上周日指出，若我们可以探明为什么自己会愤怒，而不是试图去控制愤怒的话，那么我们就能摆脱愤怒获得自由了。我发现，假如我的舒适、我的观点、我的安全等等受到威胁的时候，我就会怒气冲冲。可为什么当我听到某个我不认识的人遭受到了不公正，我也会愤愤不平呢？

克：我确信，我们全都尝试过压制住怒火，可不知为何这么做似乎并没有能够让怒火熄灭。是否可以有另外一种方法来化解掉愤怒呢？正如我在上周日所指出来那样，愤怒可能源于生理上的或心理上的原因。一个人之所以会生气，或许是因为他遭受到了挫败，他的防御性反应被制服住了，他小心翼翼建立起来的安全正在受到威胁，诸如此类。我们对于愤怒全都十分熟悉。一个人该如何去理解和消除愤怒呢？倘若你认为你的信仰、理念、看法是最为重要的，那么当受到质疑的时候，你就注定会做出暴力的反应。假如你开始质疑它们对于一个人理解生活是否真的是必不可少的，而不是去依附于信仰、观念，那么，由于认识到了愤怒的原因，因此愤怒便会终止了。于是一个人开始消除掉了自身的那些抵制，正是这些抵制滋生出了冲突与痛苦。而这再一次要求你必须极为认真，必须坚持不懈。我们习惯出于社会学的、宗教的原因或者为了方便而控制自己，然而要想根除愤怒，需要深刻的洞察以及坚定的意志。

你说当你听到不公正的时候便会心生怒火。这是否是因为你爱人类，因为你心怀慈悲呢？慈悲和愤怒可以并存吗？当有愤怒、仇恨的时候，能否有正义存在呢？或许你一想到普遍的不公正和残忍，就会感到愤愤不平，然而你的愤怒并不能改变不公正与残忍，相反只会造成危害。要想带来秩序，你自己就得做到关心他人、心怀慈悲。任何源于仇恨的行动，只会制造出更多的仇恨。哪里有愤怒，哪里就不会存在正义。正义与愤怒，这二者无法携手同行。任何情况下的愤怒，都是缺乏理解与爱，它始终是残酷和丑陋的。假如其他某个人行为不义，那么你带着仇恨与偏见会做些什么呢？这种不义的行为，不会因为你的愤怒和仇恨而被清除掉。

实际上你所关心的并非是不公正——假如你关心的是不公正的话，你就永远不会愤怒了。你之所以会心生怒火，是因为仇恨与愤怒中有一种情感的满足——你通过仇恨和愤怒感觉自己充满了权威。如果我们的人际关系里头有慈悲、宽恕、慷慨和仁爱，那么怎么可能还会有残忍跟仇恨呢？若我们心中没有爱，怎么可能会出现秩序与和平呢？当我们自己最需要去改变的时候，我们却在渴望去改变他人。残忍、不公正的不是他人，而是我们自己。要想认识到这一点，我们必须实现不断的觉知。问题出在我们自己身上，而不是他人身上。我要告诉你的是，当你审视着自己内心的愤怒，当你开始去察觉到它的原因跟表现，那么在这种觉知的过程中，你就将拥有一颗满怀慈悲与宽恕的心灵。

问：当我彻底摆脱暴力的时候，我的行动也能够脱离暴力，这可能吗？举个例子好了：假如我遭到了袭击，出于自卫，我杀死了对方，那么我的行为本身也是暴力的一部分。若我拒绝杀死对方而让自己被其杀死的话，我难道不还是暴力的一部分吗？所谓摆脱暴力，是否更多的指的是一种态度而非行动呢？

克：倘若我们可以领悟仇恨、渴望去伤害他人、报复、恐惧等的主要原因，那么我们便能够认识各种形式的暴力的问题。一旦我们理解了这一点，就会自发地懂得怎样去应对那些仇恨我们的人、那些想要用暴力来对付我们的人了。我们的整个注意力，应当放在理解自身的恐惧、仇恨、傲慢或者党派偏见上面，而不要放在我们对于指向自己的暴力应当如何应对上面。当我们在自己的日常生活中认识到了这一点的时候，由他人所引发的问题就不会再具有多大的意义了。理解了欲望、嫉妒的主要问题，以富有判断力的姿态不断洞察你的思想、你与他人的关系，如此一来你便可以解决外部的暴力问题了。

问：要想实现充分的觉知，要想怀有一颗柔韧的、具有适应力的心灵，就必须得有爱的感受。一个人无法通过努力来感觉到爱或者实现充分的觉知，所以他该如何是好呢？

克：举个例子，当我们去认识自己的心理欲望和本能需求的时候，与之有关的努力是什么呢？要想深刻领悟到一切心理依赖，无论是对物还是对人的依赖，都将带来社会的和个人的冲突与痛苦，要想了解是什么复杂的原因导致了冲突以及想要摆脱它的渴望，所需要的，并不是单纯的想要获得自由的意愿，而是在我们的日常生活中做到不断的觉知。如果这种觉知来自于渴望获得某个结果，那么为了实现觉知所展开的努力只会产生出更多的抵制和冲突。一旦你萌生出了认知的兴趣，觉知便会形成，然而你不可以通过单纯的意愿与控制来人为地制造出这种兴趣。

倘若你只是为了没有冲突而去赋予事物以真实的价值，你就会活在一种幻觉的状态中，因为你并没有领悟到那滋生出了冲突与痛苦的欲望的过程。

（在加州欧加橡树林的第三场演说，1940 年 6 月 9 日）

关系是建立在信赖之上

在过去的三场演说当中，我试图阐释清楚如何用试验的方法来解决贪婪的问题。这种方法既不是排拒，也不是控制，而是去理解贪婪的过程，这种理解本身就可以让你永远挣脱贪婪的罗网。只要一个人为了自身心理上的满足和充实而去依赖于外物，那么贪婪就会继续下去，从而导致社会与个人的冲突跟无序。觉知本身就能够让我们摆脱贪婪和欲望的束缚，正是它们给世界带来了如此多的灾难。

我们现在要思考一下个体之间的关系的问题。如果我们懂得了是什么原因导致了个体与个体之间、个人与社会之间的冲突，那么这种觉知就可以帮助我们摆脱占有欲。现在呢，关系是建立在依赖之上的，也就是说，一个人为了自身心理的满足、幸福、康乐而去依赖他人。我们普遍没有认识到这一点，但如果我们认识到了的话，就会假装自己并没有依赖他人，抑或试图人为地让自己摆脱这种依赖。让我们在这儿再一次地用试验的方法来解决这个难题吧。

对于我们大部分人来说，自己同他人的关系都是基于经济上的或心理上的依赖。这种依赖制造出了恐惧，滋生出了我们内心的占有欲，导致了矛盾、迷信和挫败。经济上对于他人的依赖，或许可以通过法律、法规以及适当的组织管理来予以消除。然而我要特别提到的是对于他人的心理上的依赖，这种依赖源于渴望获得个人的满足、幸福等等。一个人在这种占有性的关系中感到了充实与活力，他觉得自己那微小的生命之火因为他人而燃烧得更加旺盛了。所以，为了不失去这种身心完整的根源，他便会害怕失去他人，结果也就出现了占有的恐惧及其所导致的一切问题。因此，在这种心理依赖的关系里头，必然总是会存在有意或无意的恐惧和迷信，它们经常会暗藏在那些听上去冠冕堂皇的词语的背后。这种恐惧的反应，使得一个人会一直用各种渠道去寻求安全和充实，抑或躲进理念、理想中去，把自己给隔离起来，又或者为了得到满足而去寻找替代物。

尽管一个人对他人有所依赖，但他仍然会渴望不受侵犯，渴望身心的完整。关系中的复杂难题，就在于如何在没有依附、没有矛盾和冲突的状态下去爱他人，如何克服想要把自己隔离起来的渴望，如何克服想要逃避冲突之因的渴望。倘若我们为了自己的幸福而去依赖于他人、社会或环境，那么它们对我们就会变得不可或缺。我们依附于它们，我们会激烈地反对任何改变，因为我们出于自身的心理上安全感和慰藉而去依赖它们。虽然我们或许在理性上明白生活是一种流动和变化的过程，必须不断地改变，然而我们在情感上或者情绪上却依附于那些既定的、给人以慰藉的价值观念，所以在变化与对于永恒的渴望之间便会有不断的斗争。能否终结这种冲突呢？

没有关系就不会有生活，然而我们把个人的占有性的爱作为关系的基础，结果也就让生活变得如此的痛苦不堪。一个人能够一方面去爱人，一方面又不去占有吗？你会发现，真正的答案，并不存在于逃避、理想、信仰之中，而在于去认识依赖和占有的原因。假如一个人能够深刻理解自己与他人的关系这个问题，那么我们或许就可以认识和解决我们与社会的关系的问题了，因为社会只是我们自己的延伸。被我们称作为社会的环境，是由过去的无数代人创造出来的。我们接受它，是因为它有助于维系我们自己的贪婪、占有和幻觉。在这种幻觉中，不会有统一或者和平。依靠强制和立法带来的单纯的经济上的统一，无法让战争终结。只要我们没有认识个体的关系，那么我们就不可能拥有一个和平的社会。既然我们的关系是以占有性的爱为基础的，因此我们必须要在自己的身上察觉到它的产生、它的原因以及它的行为。一旦你深刻察觉到了占有的过程以及它的暴力、恐惧和反应，你就能获得一种完整的、充分的认知，单单这种认知本身便可以让思想摆脱依赖和占有。我们只有在自己的内心才能寻找到关系中的和谐，而不是在他人的身上或者在环境当中寻找。

在关系中，矛盾的主要原因便是自己、自我，自我是一切欲望的中心。如果我们可以领悟到，最为重要的，不在于他人是如何行动的，而在于我们每个人是怎样行动和反应的，以及能否从根本上深刻理解这种反应与行动，那么关系就将经历一场彻底的转变。在与他人的关系中，不仅有身体上的问题，而且还有各个层面的思想与感受的问题。只有当一个人自己的内心处于和谐的状态，他才能够与他人和平相处。一个人在关系中需要牢记于心的重要事物是他自己而非他人，这并不意味着说他必须得把自己给隔离起来，而是指他应当在内心深刻理解冲突与痛苦的根源。只要我们基于自身心理上的安康而在理性上或情感上依赖他人，那么这种依赖就必定会带来恐惧并由此滋生出痛苦。

要想认识关系的复杂性，你就得思虑周全、格外耐心，并且抱持认真和热切的态度。关系是一种自我揭示的过程，一个人在这一过程中探明那些暗藏的痛苦的原因。这种自我揭示，只有在关系里才会实现。

我之所以强调关系，是因为当我们深刻认识了它的复杂性的时候，我们就能实现觉知——这种觉知超越了理性和情感。假如我们把自己的认知仅仅建立在理性之上的话，那么在这种觉知中就会有隔离、骄傲以及爱的缺乏。若我们把觉知单纯地建立在感情之上，觉知就不会具有深度——只会有一种转瞬即逝的多愁善感，而不会有爱。只有在这种觉知中，才会出现行动的完整。这种觉知是非个人化的，无法被摧毁。它不再听命于时间。如果我们无法从每日的贪婪及关系的问题中获得觉知，而是在意识的其他领域里寻求这种觉知与爱，那么我们便将活在无知和幻觉中。

假如没有充分认识到贪婪的过程而仅仅去培养仁慈、慷慨，就只会让无知和残忍永续下去。假如没有彻底地理解关系而仅仅去培养慈悲、宽恕，就只会导致自我隔离，只会沉溺于各种隐蔽的骄傲。当你充分地认识了欲望的时候，你就会心怀慈悲与宽恕了。被培养起来的美德，并非是真正的美德。这种觉知要求敏锐的、持之以恒的洞察，要求付出艰辛的努力，要求心灵具有适应能力。仅仅依靠特殊的训练来进行控制是极其危险的，因为这种做法是片面的、不完整的，因而也就会流于肤浅。如果你怀有兴趣，那么你自然而然地就会去专注，而专注又将开出觉知之花。通过观察、通过质疑日常生活里的行动和反应，你就可以唤醒这种兴趣了。

要想领悟生活这一复杂的难题以及它的冲突和痛苦，一个人就得实现完整的觉知。只有当我们深刻理解了欲望的过程，才能拥有完整的觉知。欲望，目前是我们生活里的主要力量。

问：在谈到自我揭示的时候，您的意思指的是向自己揭示自我呢还是向他人揭示自我呢？

克：一个人经常会向其他人展示他自己，然而重要的，究竟是去正视自己的本来面目呢，还是去向他人展现自己呢？我一直努力在解释，一切关系就像是一面镜子，在这面镜子当中，我们可以清楚地洞察到那些曲和直，它提供了敏锐审视所必需的焦点。但是正如我所阐释的那样，倘若我们因为偏见、观念、信仰而被蒙住了双眼的话，那么我们就无法不带任何偏见地、清楚地审视了，无论这一关系是多么的深刻，结果关系也就不是一种自我揭示的过程了。

我们主要的关注点是：究竟是什么妨碍了我们去实现真正的觉知？我们之所以无法有所洞察，是因为我们对自身、对自己的恐惧、理想、信仰、希冀、传统所抱持的看法——所有这些都如同一张张面纱。我们没有认识到这些歪曲的根源，而是试图去改变或者坚持那被感知到的事物，于是也就制造出了更多的抵制和痛苦。我们主要的关注点，不应该是去改变或接受那被感知到的事物，而应该是去察觉导致这种歪曲的诸多原因。有些人或许会说他们没有时间去察觉，他们太忙，会提出各种各样的理由。然而这并不是时间的问题，而是兴趣的问题。假如他们怀有兴趣的话，那么无论他们所忙碌的是什么，都能够着手去展开洞察。寻求立竿见影的结果，会让完整的认知变得无法实现。

问：您在过去的演说当中好几次都用到了“训练”这个词。对我们许多人来说，所谓训练，是与控制联系在一起的，因此最终会导致刻板、僵化与毫无生气。您能否对这个词语进行一下解释呢？是否应该把这个词语理解为不屈不挠的意志、机敏、警觉、适应性和柔韧性呢？

克：我们之所以会去控制自己，是否是出于恐惧呢？我们控制自己，是不是为了不受伤害、为了获得某些结果和奖赏呢？我们控制自己，是因为想要去寻求更大、更多、更为持久的满足和权力吗？假如果真如此的话，那么自制就必然会导致僵化和毫无生气。单纯的自制，最终会带来理解与爱的缺乏。那些仅仅依靠意志力来实现自制的人，将会见识到这么做有何恶果的。

我想要谈一谈觉知，它超越了一切理性和情感。在这种觉知的过程中，你自然而然地就会具有一种极富活力的适应能力，你会展开敏锐的洞察，你的心灵将会拥有无限的柔韧性和包容度，然而单纯的控制并不能带来觉知。如果我们试图去培养美德，那么它就不会再是美德了。美德，是理解与爱的副产品。那些贪婪之徒或许可以凭借意志力来训练自己不要心存贪念，可这样一来他们也就没有认识贪婪的过程，因此也就无法走出贪婪的泥沼。他们以为通过集合诸多的美德，自己就可以达至圆满，他们想要把生命最大程度的完整与圆满限定在美德的范畴之内。要想实现觉知，就必须得有清楚的目标。这种目标不是由他人来建立的，当一个人理解了自己与人、与物的关系，自然就会目标明确了。这种试验性的方法带来了觉知，这种觉知，不是单纯的控制的结果。假如你能以热切而认真的态度持之以恒地展开探究，那么你就会自然地有所克制，同时不会有任何恐惧，不会有膨胀的欲望。这种觉知，不是片面的、局部的，而是完整的、充分的。通过不断察觉到那些或明显或隐蔽的贪婪的问题，你的心灵便能拥有一种敏锐的、确定的适应能力。就像我说过的那样，这种心灵的柔韧和包容，是理解与爱的副产品。

问：一个人该如何培养美德呢？

克：一切培养起来的美德，都将不再是美德。理解与爱才是最为重要的，而美德则位居次要的地位。责任、勇气、仁慈，作为美德，都与它们自己的对立面十分相似。所以，倘若没有理解和爱，它们就会被滥用，从而成为严重危害的一个根源。我们以责任这一美德为例。责任，可以而且也正在被残忍地、悲惨地予以滥用。没有理解和爱，美德就会变成野蛮跟残忍的工具。我们大多数人都被美德局限住了，由于它们不是来自于深刻的思想与理解，因此我们当中那些受到很大限制的人就会被狡猾和有野心的人所利用。仅仅去培养贪婪的对立面而没有认识到它的本质，这么做并不能够让我们摆脱贪婪。要想挣脱贪婪的罗网，就得认识欲望的过程。在认识的过程中，我们将发现美德会自然而然地形成。所以说重要的是去认识，尔后你的心中自然会充满慈悲。

问：您所说的“依赖自己”指的是什么意思呢？

克：组织化的宗教没有让我们去依赖自己，因为它们教育我们通过他人，通过救世主、上师、理想化的人性，通过仪式、牧师等来获得救赎。现代的思想趋势坚持主张集体行动是最为重要的，于是也同样鼓励我们在心理上不要去依赖自己。传统、群体或他人的权威，无论多么伟大，都无法带来心灵的重生。如果我们抱持大众的心理，那么就不可能去依赖自己，而自我依赖本身便能够帮助我们去理解实在。然而，一旦这种自我依赖变成了每个人为了自己而展开的个人主义的行动，就会存在重大的危险。由于当前的社会结构是这种个人主义的、侵略性的行动的结果，所以我们对它的反应便是集体主义，便是对国家的崇拜。只有当每个人在心理上实现了自我依赖的时候，才能出现真正的协作性的集体行动。只要个体在其关系中是贪婪的、占有性的，是为了自己心理上的充实而去依赖信仰、教义，那么受到经济需要的推动而展开的集体行动，就只会让他在充满个人主义色彩的对权力和成功的欲望中变得更加狡猾和隐蔽。

我们认为自我表现是一种创造力，我们强烈渴望去表现自己，于是自我表现就变得极为重要。我将努力说明与自我依赖有关的几个问题，如果可以的话，我们必须充分认识在所有这一切里面所蕴含的潜在涵义。当我们为了自己的认知、自己的希冀而在心理上去依赖他人、依赖某个团体、某位领袖的时候，那么在我们身上会发生怎样的情形呢？难道不会制造出恐惧吗？抑或，由于害怕，我们难道不会去依赖他人以求得自己的康宁吗？结果恐惧在这两种情况下都被滋生了出来并且继续了下去。然而只要有恐惧，无论是有意的还是无意的恐惧，就无法实现对于生活的理性认知。恐惧只会滋生出恐惧，于是无知也就会继续存在下去。除非一个人展开了艰辛的洞察，否则将无法认识和消除掉这种恐惧。

假若你觉得理解和爱可以由他人提供给你的话，那么权威与信仰就会变得格外重要起来，于是教义便将取代自我依赖的认知。只要有教义存在，心智就必然会是狭隘和肤浅的。信仰、教义的冲突，导致了不宽容和残忍。从心理的深层涵义来说，若你追逐补偿性的宗教或者世间的承诺跟奖赏，你就会去排拒和否定对于自我的依赖。只有当你彻底依赖自己的时候，当你完全不去依靠任何救赎者的时候，你才能够拥有理解和爱。主，是平静、智慧与实在。同样的，如果你仅仅为了自己社会生活的康宁而去依赖某个群体或组织，那么你就会沦为单纯的工具，被那些狡猾的、野心勃勃的人玩弄于股掌之间。这并不意味着说社会组织不应当存在，真要如此的话会是十分荒谬的，而是指只有当个体在心理上实现了深刻的自我依赖，才会有为理性所认可的真正协作性的社会组织。

我们是过去的产物，假如我们仅仅只是表述了这个理念，而没有以富有判断力的姿态去认识到它的话，那么这种自我表现或者行动就只会让无知与冲突继续下去。我们现在所怀有的理念，一部分是来自于那些构想出了它们的其他人，一部分则源于当前的行动和反应。它们是欲望、恐惧、占有以及贪婪的结果。由于我们关注于自我表现，所以我们应该问一问自己，那个在表现着自身的事物究竟是什么。如果我是名印度教教徒，那么我就会抱持某些信仰、教义、社会约束，我就会继承某些东西，这些继承的事物，源于我的父辈们的欲望、获取、恐惧、成功，其间我还加入了自己那些受限的经验和知识。倘若我试图尽可能充分和富有创造力地表现自己，那么我将表现的是什么呢？显然，我难道不会去重复过去的受限的思想和感受吗？或许会做些修改与变化，我认为这些过去的所思所感就是我自己。

表现自我，对于我们大部分人来说似乎显得格外的重要。我们努力想要依照时间和空间来表现自己，由于没有深刻认识到那个正在表现自己的事物究竟是怎样的，所以我们注定会制造出混乱、痛苦、敌对和竞争。换言之，无知在表现着它自己，制造着更多的无知。如果在它的某个表现中受到了阻挠，我们便会试图用暴力、愤怒或者其他冲动的行为来战胜那一抵抗。当源于无知的自我在最大的范围内表现自己的时候，若其行动是来自于它自己的话，那就必然会制造出自身的束缚与痛苦。若没有理解自我表现的全部涵义，那么自我依赖就只会更多地表现为以个人为中心的、狭隘而无知的行动。

无知的恶性循环，只会制造出更多的无知，除非我们开始冲破这一恶性的循环，否则自我依赖就不可能让我们摆脱痛苦获得自由。但若想认识无知与痛苦的这种持续性，每个人就必须做到彻底地依赖自己，从而能够去探究欲望、恐惧、倾向、记忆等等。单纯的自我表现并不是创造力，要想具有真正的创造力，一个人就得认识自我的过程，从而挣脱其束缚。通过认真地洞察那个在表现着自己的事物究竟是什么，我们就会开始认识过去的受限的原因，而过去则控制着现在。在这种艰苦的觉知中，我们便将摆脱无知的根源。真正的自我依赖，并不是以强烈地表现自我为目的的，只有当你理解了欲望的过程以及它那局限性的价值观念、恐惧、希冀，你才可以实现真正的自我依赖。于是自我依赖可谓是意义重大，因为一个人通过展开艰苦的洞察，将会拥有身心的完整和统一。

（在加州欧加橡树林的第四场演说，1940 年 6 月 16 日）

思想的根源是欲望

在过去的四个周日里，我们一直试图理解我们所说的贪婪究竟是何涵义，以及认识一些与关系有关的问题。我们把欲望划分为了贪婪、占有性的爱以及对信仰的依赖，然而事实上并不存在这种划分。我们之所以要做出这样的划分，是为了更加充分地认识欲望。存在的只是一个复杂的欲望的统一体，人为对它进行划分，纯粹只是为了方便而已。我们认为欲望有三种表现方式：世俗、占有性的爱以及渴望个体的不朽。或许你们当中的一些人曾经仔细思考过有关欲望的问题，并且已经懂得了我话语里的涵义，也觉察到了欲望是如何在关系中表现自身的。当然，这里头牵涉了许多的问题，例如谋生。以人道的、理性的方式来谋生，看起来似乎是不可能的，因为社会组织是以个人的获取为基础的，可是，除非我们自身的意识发生了彻底的改变，否则不可能指望带来体制的根本变革。要想让这一必需的变化发生，作为个体的我们就必须得放弃对自身的兴趣，必须得放下对自我的执着。因为，正像我努力阐释的那样，个体即世界——他的活动、他的思想、他的感情和冲突，造就出了外部的环境。环境，不是别的，正是他自己的投射。由于在当前情况下想要高尚地、诚实地谋生似乎是不可能的，所以当务之急是要认识贪婪的过程，从而让思想摆脱掉那些让我们的生活扭曲的心理欲望。

各种限定局限住了思想，使其处于不断的冲突之中。要想超越这些限制，我们就得认识在我们同他人、同社会的关系里所表现出来的欲望。我曾经解释过，这种认识，既不能依靠单纯的控制，也不能依靠单纯的克制或排拒，而是得通过不断的觉察欲望的过程。想要做到这一点，需要付出艰辛的努力，需要耐心以及不断的警觉。当你积极地去意识到欲望的过程时，你会发现，想要去占有人和物的欲望，将经历一场根本性的变化。我也曾努力解释过，贪婪的表现制造出了一个看重物、财富、物质与来世的社会，于是也就从某种程度上导致了分离性的冲突、种族对抗和战争。

我们还发现欲望是怎样在关系中表现为了感觉、满足和占有的。占有不会成为爱，因为它是恐惧的结果。我们对欲望的过程无知无觉，于是恐惧和痛苦便趁机渗透进了我们的整个生活中。想要获得愉悦和满足的欲望，必然会带来对他人的占有——由此制造出了恐惧与痛苦并使其继续下去。只要心存惧怕，你就无法实现觉知，无法拥有一颗慈悲心。除非我们解决了个人的关系的问题，否则不可能去应对我们的社会问题。因为社会不是别的，正是个体的延伸，是其思想与行为的延伸。

所以说，欲望通过世俗、通过占有性的爱得以表现出来。当思想因为贪婪以及名为爱、实为占有性的渴望而受到局限的时候，那么显然就必定会有痛苦和冲突。为了逃避这种冲突与痛苦，我们发明出了各种信仰和希冀，我们想象它们可以持久地存续下去，从而让人感到满足，殊不知它们仍然是由欲望制造出来的，所以只是短暂的，无法持久。

我们的观念、信仰、希望，是如此深植于我们的内心，以至于它们避开了我们审慎的观察。但如果没有理解它们的原因和来源，你就无法获得真正的觉知。只要我们的观念、信仰来自于无知和恐惧，那么我们的生活与行动就必然是受限的，必然会一直处于冲突和痛苦中。然而无知却很难被根除掉。

我们思想的基础是什么呢？心灵的源起为何呢？你们当中那些曾经对贪婪展开过检验的人，将会察觉到它的过程以及欲望的各种表现。你们同样还会意识到是什么导致了占有性的爱。我们或许也可以凭借自己的力量、用同样的方法去探明自己每日的思想过程根源于何处。仅仅去控制思想的诸多表现，无法揭示出它的真正根源。

我们思想过程的基础、根源究竟是什么呢？探明这一点格外重要，不是吗？假若一棵树的树根患了病或是腐烂了，那么修剪它的枝枝叶叶又有什么价值呢？同样的，在我们去关注自己思想的种种表现和变化之前，难道不应该首先去探明它的根源吗？当我们依靠深刻的觉察真正认识了它的根源时，我们人类的思想就将从幻觉与恐惧的桎梏中解放出来了。每个人都必须凭借自己的力量去发现这一根源，而这一重要的觉知将会从根本上改变思想的过程。

我们思想的根源，难道不就是欲望吗？我们所谓的心智、意识，难道不就是欲望的结果吗？通过感知、接触、感觉和反思，思想把自己划分为了喜欢和讨厌、憎恨和喜爱、痛苦和愉悦、优点和缺点——划分成了一系列的对立面，从而成为了一种冲突的过程。这一过程，正是我们意识的内容，是被我们称作为心智的无意识和意识。由于被困在了这一过程中，由于害怕不确定、害怕终止与死亡，于是每个人就会渴望永恒与持续。我们试图用财富、名声、家庭、种族来建立起这种持续性，同时又因为心怀疑问地察觉到了它们是不安全的，所以我们再一次通过信仰、希冀，通过神、灵魂、不朽等理念去寻求这种持续性和永恒。

由于累积了各种经验，累积了许多的记忆和成就，结果我们使自己与它们相认同，然而我们的内心始终都饱受不确定感的折磨，同时对死亡充满了恐惧，因为万事万物都会走向衰败，都会流逝，处于不断的流动、变化之中。所以，有些人开始说服自己应当彻底摒弃尘世的享乐以及无情的自我膨胀。其他一些相信灵魂不灭的人则变得十分警惕和焦虑，终日活在恐惧之中，担心将来会遭到惩罚，抑或是希望来世能够得到奖赏。这个所谓的来世，也许是在天国，也许是在尘世的下辈子。

有各种想要获得不朽、奖赏和成功的隐蔽的欲望。思想深切地、积极地关心着自身或隐或显、各种形式的持续性。在占有、在关系、在理念中让自我得到持续，我们的大部分生活难道不就是被这个所占据着吗？我们渴望获得确定感，可是欲望一直都在制造着无知与幻觉，并且建立起了信仰和权威的工具，这些信仰同权威声称会进行赏罚。追逐自我，将会通往死亡。

欲望便是我们思想的基础，它制造出了自我。思想表现为了世俗、占有性的爱以及对于自我存续的信念。假如思想有意或无意地被自己以及自己的表现所占据，那么在它的身上会发生怎样的情形呢？它将会局限住自己，因此也就把自己看得太过重要。于是，被自己以及自己的表现所占据的思想就必然会产生混乱、冲突与痛苦。由于被困在了自己的那张网里面，所以它试图逃避到未来里去，又或者逃避到那些确保会立即忘却的行动中去——所谓的社会服务、对于国家或个人的崇拜、种族的和社会的对抗，诸如此类。结果思想在自己那张欲望和逃避的网里头也就越陷越深。只要思想全神贯注于自身的个体的重要性与持续性，那么它就无法察觉到自己的过程。

我们怎样才能实现觉察呢？警觉地、不带任何偏见地观察心灵的运作，不立刻予以纠正，也不对它加以控制、排拒或评判。此刻热切地想要去展开评判和纠正，这么做并非是出于觉知，而是源自欲望和恐惧。一旦你理解了欲望的过程，那么自我就将发生根本性的深刻转变。觉知超越了单纯的理性或情感。现在，心智沦为了欲望以及那些日益膨胀的欲求的工具。假如你为了理解和爱而去单独地依赖任何一方，你就会继续活在无知和痛苦中。

问：您所说的“检验”指的是什么意思呢？

克：假如我们有意或无意地仅仅去寻求结果，那么我们就不是在检验。假如我们只是让自己去适应古代的或现代的某个模式，就无法去对自身的思想与情感展开检验了。我们或许会认为自己是在检验，但倘若我们的思想受到了影响、被局限住了，比如说为某个信仰所囿，就不可能去进行检验。大多数人都对自己所受的局限茫然不觉。通过敏锐的警觉，通过洞察到那些局限了思想的原因，我们便可以实现觉知，而真正的尝试就存在于这种觉知之中。思想为什么会受到限定呢？由于感到不确定，由于恐惧，所以它便去依附那些确定的事物、明确的结果和成果。这些确定的事物和结果，或者来自于那些被它视为伟人的人，或者源于它自己的确定的记忆。也就是说，思想从已知转移到已知，从一种确定性转移到另一种确定性，从一种确信转移到另一种确信，从一个替代物转移到另一个替代物。实相并不属于已知。一旦心灵沦为了欲望的工具，那么被构想出来的事物就不可能是真实的。欲望总是会滋生出无知，而痛苦也就紧随其后。真正的检验，并非是指努力去发现未知，而是指认识到那让思想依附已知的力量和原因。当你始终深刻地、耐心地去理解这一过程的时候，便会出现一种超越了单纯的理性与情感的新元素。

问：对于暴力，我应当持怎样的立场呢？

克：用暴力能够终止暴力吗？用仇恨能够消除仇恨吗？如果你对我怀有恨意，那么我反过来也会对你记恨于心；如果你对我暴力相向，那么我也会以同样的方式去对待你。这便是结果——更多的暴力、更多的仇恨、更多的痛苦，难道不是这样子的吗？除了这之外还会有其他的结果吗？仇恨会引发仇恨，歹意会产生歹意。在我们的关系中，无论是个体的关系还是社会的关系，这种报复的想法，只会滋生出更多的暴力、更多的敌视，此番情形何其经常。

复仇的念头在全世界肆意蔓延着。你能否用其他的态度来对待暴力呢？当使用暴力的时候，我们会感到自己充满了力量。套用商业上的说法——仇恨里的分红又多又快。个体由于内心怀有仇恨，由于渴望去以牙还牙、去采取暴力的行为，所以也就制造出了现存的社会结构。我们周围的世界，因为仇恨那狡猾的、有目的的力量，于是处在了一种充斥着仇恨与暴力的狂热状态。除非我们自己摆脱了仇恨，否则很容易就会被那残忍的潮流席卷而去。倘若你走出了仇恨的泥沼，你就不会提出一个人应当对仇恨的诸多表现形式采取何种态度这样的问题了。一旦你深刻认识到了仇恨本身，而不是仅仅察觉到了它的那些狡猾的表现，那么你就会懂得，仇恨只会引发仇恨。当你的内心怀有恨意的时候，你会对他人的憎恨有所回应，既然世界便是你，因此你注定会对它的恐惧、无知和贪婪做出反应。如果你的思想为自我所囿，那么你显然一定会去憎恨，会复仇心切地展开行动。贪婪和占有性的爱必将滋生出歹意，倘若思想没有使自己从它们的桎梏中解放出来，就一定会不断地上演仇恨和暴力的行为。正如我曾经指出来的那样，我们的信仰与希冀都是欲望的结果，当它们受到质疑的时候，我们便会生出怨恨与愤怒。一旦你认识了仇恨的原因，你的心中就能长出宽恕和仁慈的花朵。通过不断的觉察，你就会拥有爱与理解。

问：热爱大师难道不是十分自然的事情吗？我们无需任何分析就可以发自本能地知道他们对我们的反应会让我们的爱充满生机，因为我们是一体的。这并不是努力想要去膨胀自我，因为爱便是生命本身。

克：有两种类型的大师或导师——一种类型是学生在生活的层面与他们有着直接的接触，另一种类型则是学生被认为要同他们间接地接触。那些与学生有着直接接触的老师，会在帮助和引导学生的时候对其展开观察。这对学生来说极为艰巨和困难。如今“上师”与学生之间没有直接的、身体上的接触，除非是和那些自称是媒介的人。这种关系有它自己的赏与罚，在此关系里，心灵可以无限地欺骗自己。

这位提问者想要知道，我们对于上师的热爱是否并不会让我们的爱充满生机。当你不知道怎样去爱人类的时候，你为什么要去寻找某个大师来热爱呢？你为何声称自己与大师同为一体，而不是与人类结合为一呢？热爱某个理想、某位大师、某个神灵、某个国家更为容易一些，不是吗？因为我们可以在想象中按照自己的希冀、恐惧和幻觉把他们给制造出来。去热爱某个理想、某个遥远的形象更加方便，因为在这个理想、形象与我们自己之间，不会有任何不快的、个人的反应。要知道，正是这类不悦的反应，给我们的人际关系带来了无尽的痛苦。这种爱并非是真正的爱，它只是被智力创造出来，尔后被唤作了“爱”。由于一个人没有同大师有着直接的接触，于是他必然会去依靠某个媒介，或者去依靠他自己的所谓的直觉。依赖媒介，将会破坏理解与爱，并且会让心灵受到进一步的局限。所谓的直觉则危害甚大，因为它或许只是一种自我欺骗的愿望。

那么，你为什么想要去依靠媒介或是直觉呢？是为了学着不心存贪念，不怀有歹意，学着慈悲待人吗？当只有通过人际关系才能去唤醒理解和爱的时候，你为什么想要去考虑某个遥远的理想呢？当我们爱着他人的时候，我们的激情、我们那占有性的爱以及嫉妒就会被激起。我们在这种关系里面发现了痛苦与冲突，由于无力去解决这种苦痛，所以我们就试图去逃避它。

我们不知道如何去爱人，因此便去爱某位上师、某个理想、某个神灵。不过你或许会说，爱上师也就等同于爱人类，爱最高的存在也就等于爱那低等、卑微的生命。可惜这番美好的说辞与景象通常并不会发生。这难道不奇怪、复杂和虚假吗？如果我们无法做到在爱他人的同时没有一丝占有、没有不断的冲突和痛苦（这些都是我们如此熟悉的），如果我们没有认识这一切的话，那么如何指望去理解和热爱其他的事物呢，尤其是当这里头还有极大的自我欺骗的可能时？爱是从哪里开始的呢——是从爱神灵、上师、理想开始呢，还是从爱人类开始呢？当我们对自己个人的偏见、种族敌视、国家仇恨和经济冲突洋洋得意的时候，怎么可能会有爱存在呢？当我们把主要的心思都放在了自己的安全、自己的成长、自己的安宁上面的时候，我们怎么可能会去爱他人呢？这种所谓的爱理想、上师、神灵，都是罗曼蒂克的、虚幻的。我并不觉得一个人懂得了这一切的残酷性。对于上师、理想的崇拜，是一种对偶像的盲目崇拜，会破坏理解与爱。

爱与理解并不是理性的产物。爱不可以被人为地划分成对神的爱和对人的爱。如果它能够被如此划分的话，那么它就不再是爱了。要彻底地、充分地、完整地去爱，不要想到自我，如此一来你才可以让自己真正地摆脱恐惧。只要有恐惧存在，就必然会有种种形式的逃避与忘却。

问：如果您的孩子遭到了袭击，那么您会怎么做呢？

克：我对于假设性的问题不作回答。一个人对暴力会做出怎样立即的反应，这得取决于他的心灵所受的限定。假若你被限定着以暴力来对抗暴力的话，你便会采取暴力的行动。但如果你觉察到了暴力的原因跟过程，那么你的行动，就将取决于你的觉知的深度以及你的理解和爱的充分性。我们的问题是：思想能否清除一个人内心里的暴力的中心？通过不断的洞察与认知，这是可以实现的。倘若暴力突如其来地袭向了你，你会知道要怎么做。然而单纯地去推测一个人在未来会如何行动，只会是一番徒劳。我们大部分人都对自己的存在状态无知无觉，我们不假思索地去行动，于是痛苦也就向我们袭来了。

问：一个人在自我表现遭受挫败的情况之下还可以做到信赖自己

吗？自我揭示，难道不是信赖自己的一部分吗？

克：在我们如此重视自我表现之前，必须凭借自己的力量去探明那在我们身上表现着自身的事物究竟是什么。如果我们认识了那个渴望表现自己的自我的本质，就不会遭遇任何挫败了。过于看重自我表现，会带来挫败跟沮丧。个体通过自身所受的条件和限定表现着他自己，他坚称这种限制便是他的自我表现，其实这种局限只是痛苦和挫败。那个在我们的日常行为里不断寻求表现的事物是什么呢？难道不就是权力、成功、满足等不同形式的欲望吗？

我认为关系是一种自我揭示的过程。倘若思想在毫无阻碍的情况下让自己在行为以及关系的相互作用里去洞察它的过程，那么你就会开始认识冲突与痛苦的根源了。这种觉知，便是真正的依靠自己。除非一个人充分理解了欲望的过程以及它那自我保护的恐惧——在与他人或社会的关系中，经常会显示出这种欲望及其恐惧——否则自我表现只会变成人与人之间的障碍。这种充分的觉知，需要你怀有浓烈的兴趣，需要你具有敏锐的洞察力，而这便是真正的冥想。

（在加州欧加橡树林的第五场演说，1940 年 6 月 23 日）

觉知萌生于洞察的那一刻

我打算跟新来的人简短地概括一下我在这段时间里所说的内容，所以你们当中那些曾定期参加会谈的人必须要有一点儿耐心了。

在过去的五周里头，我们一直尝试着去理解关于贪婪和关系的问题。我努力想要去说明这样一个定律：只要一个人对物、对财富存有心理上的依赖，他就必然会是贪婪的，于是也就导致了个体和社会的诸多问题。人的本能需求并非是贪婪，然而一旦外在事物具有了一种心理上的意义和重要性，那么它便是贪婪。思想深陷于贪婪的泥沼之中，它怎样才能够步出这片泥沼获得自由呢？仅仅摒弃或是排拒世俗的享乐，并不能带来这种自由，只有当你充分理解了欲望的过程，你才可以获得自由。理解，不是控制或抑制，而是一种凭借富有洞察力的觉知去超越理性与情感的过程。

在分析完了贪婪及其复杂性之后，我便去探究了人际关系的问题。正如我们大多数人都察觉到的那样，在这种关系里面充满了无休无止的冲突。我试图去阐明，关系是一种自我揭示的过程——通过与其他人的接触和联系来揭示自己。也就是说，如果我们允许的话，他人可以帮助我们去看到自己的本来面目。但倘若我们为了自己身体或心理上的满足和幸福而去依赖他们或是利用他们的话，就会拒绝去揭示自我。因为，依赖的情形是由恐惧所引起的，而这又会滋生出占有性的爱。在这种恐惧的状态中，不会有自我揭示，也不会有对自我的认知。关系是深刻的，它需要不断的调整与适应，假若一个人总是去寻求满足和确定感，他就无法做到不断的调适。只要个体没有理解自己与他人的关系以及关系中为什么会有冲突存在，那么他同社会的关系就必然会带来矛盾及对抗性的行为。社会便是个体的延伸。

上个周日，我们明白了对理念的依赖制造出了信仰、教义、信条和仪式，继而导致了人跟人之间的界分与对抗。思想能否始终摆脱一切依赖呢，无论是对过去的依赖还是对未来的依赖？依赖表明心怀恐惧，从而妨碍了去认识实在。当思想为了自己的安宁而去依赖人或物的时候，就一定会有恐惧存在。正是恐惧，滋生出了幻觉和痛苦。同样的，当一个人去依赖他为自己创造出来的各种信仰和理想的时候，就会阻碍对于人际关系的理解以及人类的统一。我们发现这种过程通过社会和宗教的界分一直都在世界上运作着，每个团体都急切地不惜以任何代价想要保持自己的单独特性，并且渴望去改变其他的团体，抑或是去战胜它们对自己的安全进行的抵制。结果世界就被各种信仰、理想、教义和信条撕得四分五裂。就像我在上周所解释的那样，始终在寻求安全感的思想，从一个固定模式转移到另一个固定模式。可是在每一个固定模式中都存在着不确定性，然而它希望的是终极的确定性，所以它创造出了某种理想化的现实、某位神灵，以获得最终的满足。为了对抗已知的背景，心灵试图去发现未知，因此也就制造出了二元性。心灵已经成为了一座储存经验和记忆的仓库，它是过去及其传统与累积的确定性，局限了现在，也因此局限了未来。思想背负着这个重担，努力想要去理解未知。已知的事物，不是实在。

我们的思想源于何处呢？很显然，难道它不是从欲望、从那日益膨胀的渴望开始的吗？感知、接触、感觉，带来了反射，于是欲望便产生出了这些令思想深陷其中的渴求。尔后开始了对立面——令人愉悦的事物同让人感到痛苦的事物，短暂的事物同永恒的事物之间的冲突。我们的意识，被困在了痛苦和愉悦、否定和认同、自我和非我等对立面的冲突之中。我们意识的内容，无论是精神层面的还是情感层面的，便是由这些二元的、矛盾的价值理念所组成。在我们看来，意识的内容便是我们的整个存在。

观察自身的思想过程，你会发现它源于恐惧或其他，源于欲望、情感、希冀，源于感觉到哪些事物是属于我的，哪些不是。换言之，思想为欲望所奴役。这种依赖性的思想，将自己划分成了高等的与低等的，划分成了意识与潜意识，于是在这二者之间便展开了冲突。被潜意识影响的意识，制造出了一种能力，我们将其称为智识——洞察的能力、辨别的能力、选择的能力。被社会、宗教所施加的记忆、传统、价值，以及个人的经验，影响着我们的洞察。我们日常生活里的思想，都被传统的创造物、传统的持续性以及传统的变更所占据着。想消除现有的冲突，想阻止它的出现，想创造出一种没有冲突的状态，想战胜任何现有的痛苦，想让未来不会再出现任何悲伤，想发现持久的和平——这就是我们大部分人所怀有的渴望，不是吗？正在萌生的渴望的意愿以及它的冲突和痛苦，想要去抑制或去排拒的意愿，放弃的意愿——这种种形式的意愿，都依然是在欲望的局限之内。

如果一个人可以领悟所有这些形式的意愿的全部涵义，以及它们在生活和行动中是如何出现的，那么，通过深刻的、富有判断力的觉察，他就能够获得觉知。这种觉知，不是来自于单纯的控制、排拒或者放弃。只要你深刻地察觉到了各种形式的欲望的过程，你就能自然而然地实现觉知了。这需要你怀有强烈的兴趣，有了兴趣，你便会自发地去专注了。觉知，不是一种奖赏，它萌生于洞察的那一刻。

萌生的渴望及其各种层面的记忆，高等和低等的界分，不同类型的意愿，构成了我们意识的内容。智识，即洞察、选择的能力，被过去所影响着。倘若我们仅仅依赖这种能力去实现理解和爱的话，那么我们的理解与爱便将受到局限。

实在，无论一个人选择用怎样的名字来称呼它，对我们大部分而言，都是智识或情感的产物，所以必然是幻觉。但如果我们可以敏锐地洞察到欲望的过程，那么觉知就会自然而然地出现了。这种觉知，不是病态的自我反省，而是一种敏锐的、欢愉的感知和洞察，其中不再会发生选择的冲突。当理智及其恐惧，还有它所受到的诸如区分为我的和别人的、好处和坏处、失败和成功等局限——开始把自己放到了我们人类问题的解答之中，便会出现选择的冲突。我们必须要察觉的事物便是各种形式的欲望，我们应该去理解这种欲望，而不是对它予以否定或排拒。仅仅依靠否定或排拒，思想是无法使自己从恐惧及其局限当中解放出来的。

问：我们怎样去唤醒智慧呢？

克：显然，这是一种错误的提问方式，不是吗？你要么是醒着的，要么不是。暗含在这个问题里的潜在想法，难道不是认为你从根本上来说是睿智的，真实或神存在于你的内心深处，你身上的这种永恒的智慧将会指引与塑造你的人生吗？与此同时，由于你被困在了无知和痛苦当中，那么你如何能够始终清醒地意识到它的美与鼓励呢？

哪里有黑暗，哪里就不会有光明。只要有无知存在，你就无法拥有理解或爱。如果你是神，你便不会遭受痛苦。你不会害怕，不会残忍和贪婪。然而你在受苦，你充满了恐惧，所以这一定是虚幻的。宣称你不会受苦因为你是真理或神，是在自欺欺人，是活在幻觉之中。

敏锐的、富有判断力的觉察，本身就可以唤醒智慧。当你察觉到了你的环境时，你就会开始去认识环境的中心即你自己，你会看到你是怎样使自己与它分离开来的，从而在“我”与“非我”之间开始了一种二元化的冲突的过程。通过这种觉知，你便将开始理解是什么原因导致了你的偏见、你的恐惧、你所怀有的国家和种族的对抗以及你的欲望。一旦你努力去认识环境，你就是在做你自己，你就成为了一个调查者。你发现自己是受限的，那么思想如何从自身的局限当中挣脱出来呢？除非你敏锐地洞察到了自己贪婪的过程、占有性的爱以及对于自身能够持续的渴望，思想才可以摆脱它的局限。这种艰苦的洞察，带来了自身的觉知。

问：我可以怀有什么希望呢？

克：这位提问者的意思，难道不是在问："对我来说，未来会有什么呢？"一个人寻求在未来得到庇佑，于是他便在想象、空想与虚幻中创造出了一种他一直都在渴望和追求的状态，与此同时他还对原来的状态抱有一丝怀旧的情感。希望代表着未来。也就是说，一个人在自己的渴望和野心中遭受到了挫败，他被围困在了这个充满了残酷的争斗与痛苦的世界里，所以他便憧憬一个幸福、宁静的未来状态。未来会有某种超越了所有这些短暂状态的庇佑吗？

时间是连续不断的过去、现在和未来。希望，来自于被过去所影响的现在，它关注着未来。对于未来的展望，意味着把现在搁置到了一旁。憧憬未来，是对现在的否认。当你关心未来的时候，你必然会怀有一些关于它的令你感到满意的理论——比如你将会成为什么样子，又或者你不会变得如何，诸如此类。你一定会创造出一些理论，从而帮助你去战胜现在以及它的痛苦和恐惧。于是一个人便开始去拖延，然而憧憬未来其实是在逃避现实。又或者，假如你没有去展望未来，你就会希望能够立马改变现在。假如你所关心的是可以在现在获得庇佑，你就必定会草率行事，必定会难以平静下来，必定会急切、迅速、不假思索地去接受那些断言和保证，以便获得你所渴望的事物。时间的这些层面，无论是拖延还是匆忙，都会带来幻觉。

不管是为了希望而去憧憬未来，还是为了马上获得圆满而去指望现在，都会制造出错觉，继而带来了许多的痛苦。庇佑始终都是在当下，它从来都不会是在未来。即使在未来，也总是一种当下的状态。如果你无法理解现在，那么你在未来也不会认识它。假若我们现在没有理解，怎么可能在未来实现理解呢？假若我们现在没有敏锐的洞察，怎么可能在未来意识到它呢？庇佑始终是在当下，要想认识它，需要怀有不断的兴趣以及展开坚持不懈的洞察。宁静、和平始终是在当下，然而一个人若想去认识它，那么他就不应该去关心所谓的时间问题。思想必须使自己摆脱那连续不断的过去、现在和未来，在这种自由中，“当下实相”便将是不朽的、永恒的。庇佑并非是一种奖赏。一个人必须要做到警觉、要有所洞察，要处于一种不断觉知的状态，要懂得某种想法或某个词语的涵义，而不要让其就这样流逝而过。这种觉察的状态便是幸福，它不会被自我反省、病态的分析弄得混乱不已。庇佑始终在当下，要想认识它，一个人就得挣脱时间的捆绑。

问：您相信因果报应和轮回转世吗？

克：我听到你们当中有些人发出了呻吟。为什么呢？是因为你们已经十分了解因果与轮回的问题了，还是对它感到无比厌烦抑或是累了呢？

问：不是。

克：现在，让我们去彻底探究一下这个问题吧，因为我觉得理解它是十分重要的，原因在于我们大多数人都有意或无意地从轮回、永续、个人的不朽等层面来进行着思考。让我们先来谈一谈因果报应即“业”这个概念好了。这是一个梵文词汇，基本涵义是指行为、做、工作。如果思想受到了束缚和局限，那么一切源于它的行为也同样会被约束与限定。一粒橡树的种子可以变成一株橡树，即种子可以长成未来的大树，一个原因也必然会产生出某种效果、结果，我们可以在自己的日常生活中体验到这一点。我们在对某件事情并不理解的情况下便去贪婪或邪恶地行事了，这自然会带来相应的后果。假若你心怀恨意，其结果便是更多的仇恨与暴力。如果思想是狭隘的、自私的，哪怕它有所修正和变化，它也一定会始终制造出更多的无知和局限，它无法去逃避其结果。结果总是可以依照我们的认知以及思想的完整性来被改变或修正。一个原因或许不会必然地产生出某个确定的、预料的结果，因为总是会有各种因素和影响倾向于去更正或改变结果。除非思想深刻地、充分地认识了原因以及自己受到束缚的过程，否则它不可能逃避自己那受限的行为。

假设某个人是名印度教教徒——他所表达出来的思想，受到了一个印度教教徒的信仰与传统的限制，是累积的欲望、无知、恐惧和方便的结果。当这种思想在行动中表达着自身的时候，那么该行为便会让思想受到进一步的局限。赏罚被引入到了这种极为严峻和简单的事实当中，目的是要威慑所谓的错误行为。倘若一个人是良善的——善取决于思想的局限，而非认知——那么在将来或是来生，他就会得到相应的奖赏。如果他并非善类，他就将受到相应的惩罚。这种赏罚的恐惧元素，摧毁了理解与爱。只要思想为赏罚、得失、成败所影响，它就无法去认识那寻求着奖赏、躲避着惩罚的欲念了。除非思想没有去认同和依附任何自身的创造物、任何自身那萌生的欲望，它才能够去认识自己的过程。要想让我们的思想摆脱有关赏罚的想法，需要展开真诚、热切的觉察。在这种觉察的过程中，每个人都将发现自己那独特的受限形式。仅仅探明原因，并不是觉知。源于觉知的行动，本身就可以让思想不再受到局限。

轮回转世的观念，指的是那个被视为精神存在的“我”即灵魂的重生——这意味着一种永恒的状态——抑或作为人身上的各种外壳，以掩盖起真实。这个“我”被认为是永续的，会一次又一次地重生，直到它达至完美、真实与解放。我们将会努力去理解这一概念，但并不会对该理论予以谴责，所以请不要采取防御的姿态。

假如你觉得自己是一种精神实体或实在，那么这意味着什么呢？难道不是指一种永恒的、不灭的状态吗？倘若它是永恒的，它就没有任何生长，因为凡是能够成长的事物皆非永恒。倘若灵魂是一种精神存在，超越了一切身体的限定，远离了那个被唤作“我”的事物，那么“我”就不具有任何重要性。既然如此，为什么我们还会如此拼命地依附于它呢？为什么我们还会被困在它的永存、它的活动、它的欲望、它的成就以及它那膨胀的欲望中呢？所以当我们声称存在着一种独立于一切影响和限定的精神实体的时候，这种观念显然就只是一个幻觉，不是吗？如果这种精神实体一方面超越了我们、居于我们之上，可另一方面又存在于我们的身上，如果它不会受到污染，如果不会有任何东西添加到它的身上，那么我们为何还要努力去理解它呢？为何还要努力去让自己变得更加完美呢？假若这种精神存在被认为是爱、智慧和真理，那么它怎么会被混乱的黑暗、被这种暴力与仇恨、被对于自我需求的病态的追逐给团团包围住呢？但它的确是。这并不意味着说我是在否定真实，只有认识了幻觉，你才能够理解真实，而不是通过制造出幻觉。我们接受了这个脱离“我”的精神实体的概念，因为这一理念十分令人满意，可以给予我们巨大的慰藉。

那么这个“我”是什么呢？我们发现性格的持续、“我”是和另一个“我”不同的。就像我曾经说明过的那样，受限的思想必定会继续给自己制造出进一步的局限。“我”，不仅仅是某种有着自身名称的物质形式，而且还存在一个超越了其外在表象的心理上的“我”。这个“我”是什么呢？一个先前所受影响与局限的代表，出生在某个家庭，隶属于某个团体、某个种族，有着自己的偏见、仇恨、迷信、恐惧、诸如此类。这些恐惧和限定是在无知同欲望中出现的。这些局限从父亲那里准确无误地传到了儿子身上，直到我也成为了父亲的模样、继承了过去的一切。

问：这可真有趣。

克：你说这很有趣。如果你明白了其中的涵义，你就会理解它的真正意义，而不仅仅是理性上感兴趣了。我的父亲也就是我自己。我的父辈们所抱持的信仰、理念，全都传到了我的身上，它们同现在的行为与反应结合在了一起，变成了现在的“我”。于是性格被保存和持续了下来——今天的我，在未来会轮回转世变成另外一个人。假如一个人不去多愁善感，也不去怀有错误的情感和成见，他便可以领悟到我这番话里的深刻涵义和实相——即我们的祖先，通过他们的欲望、恐惧和希冀，制造出了某种思想的模式。从某种程度上来说，这种思想在我们的身上延续了下来。这些想法与今天的一切结合在了一起，共同创造出了那一狭隘的、受限的思想，即“我”。这个“我”，这种无知，这个我自己，将会在未来作为另外一个人而存续下去。所以世界、人类，便是我自己。如果我，即世界、你，不假思索地展开行动，那么我就一定会让无知及其结果、恐惧和仇恨变得越来越多并且永续下去。因此，我的所作所为十分的重要，这不是从赏罚的层面来考虑。可是当我深切地关注于我的轮回、我的不朽、我的成就和痛苦等体验的持续，那么这种关注就必然会带来错误的、欠缺思考的结论。“我”是一种受到限定的、有限的状态，所以它是不真实的。真实，是一种摆脱了自我的状态。

我们大部分人都容易以为原因和结果是循环往复的，假如它在过去是这个样子的，那么它在现在也一定会是这样，在未来也一样。然而事实并非如此，因为总是会有不断的变化发生，从而改变了结果。如果思想认识到了过去的影响和局限，探明了它们的结果，它便可以在现在转变自身，不必为过去所捆绑。依靠深刻的觉察，思想能够在现在让自己挣脱过去的束缚。例如，某个印度教教徒或是基督徒，他有着自己的社会和宗教背景，他活在一种受限的状态中，因此也就活在痛苦之中。他把这种痛苦归咎于因果报应，认为是过去的业力所致，而不去归咎于自己的欠缺思考。是懒散、这种自负的形式，使得我们依附于自己的过去。庇佑不属于过去或将来，而是在当下，因为那些凭借愉悦的洞察实现了觉知的人们，会因此摆脱无知的原因即欲望的羁绊。

一旦你认真地去思考我所说的话，那么你自己的真诚与热切就会带来觉知。如果你不把它同你的日常生活相联系，知识就会毫无价值可言。只要我们为了自己个人的幸福而在世俗层面、在心理上去依赖那些外物，只要我们的爱是占有性的，只要我们的思想因为信仰和恐惧而举步维艰，那么生活就会变得日益痛苦。在欢愉的、艰辛的觉察中，思想使自己摆脱了自身的局限。宁静与和平，来源于自我依靠、不断练习的觉知。

（在加州欧加橡树林的第六场演说，1940 年 6 月 30 日）

觉知始于兴趣

世界，处于混乱、冲突和深深的悲伤之中，尤其是在现在这个时候。一个人可以创造出某个理论化的概念，主张世界应当如何如何，并且试图使自己去适应该理念，可这么做最后并不会有助于我们去认识生活的复杂难题，尽管或许可以让我们的痛苦得到暂时的缓解。智识，是一种洞察、探明的能力，一旦它受到了限制，就像现在这样，那么理论上的憧憬便将毫无用处。当如此多的人为仇恨、冷酷无情的野心所困，作为个体的你，至少能够让自己摆脱掉这些原因，并且帮助着去创造一个更加幸福与健全的世界。要知道，正是仇恨和欲望制造出了这么多的灾难跟不幸。假若你怀有拯救世界的渴望，你就必须从自己开始做起，因为世界便是你自己。当前世界的情形，是被我们每一个人有意或无意制造出来的。为了从根本上改变它，我们就得审慎地、理性地指导自己的思想和心灵去展开彻底的转变。我觉得，假若我们没有深刻理解这一点，而是仅仅试图去建立起某种更好的经济或社会制度，那么我们所做的努力就无法创造出一个更为健全和快乐的世界。除非个体的内心是和谐的、安宁的，否则他必定会在自己与他人的关系即与社会的关系里表现得粗鲁、无礼。

我们一直试图去认识是什么在我们的内心继而在我们的周遭制造出

了混乱和不幸。当我们对于外在事物存有心理上的依赖时，我们所赋予它们的不相称的价值便会滋生出贪婪。如果我们心理上并不去依赖那些外物、财富的话，那么人的各种需求就不会腐化我们的思想与感受了。只要我们同他人的关系是占有性的，就必然会有冲突，因为一旦存有身体和心理上的依赖，便会出现冲突。我解释过世界是如何因为个人及团体对于信仰、教义、理论的依赖而被打碎得四分五裂的，无论这些信仰、教义和理论是政治的、社会的还是宗教的。之所以会有这些信仰与教义，是因为每个人都渴望获得安全，不仅是经济上的安全，还包括心理和精神上的安全。

于是我们便生活在了一个四分五裂的世界里，这个世界，充满了各种种族、社会、经济、国家和宗教的界分。我们意识到了这一点，尔后该怎么做才好呢？我们如何冲破这个由贪婪、占有性的爱以及个体的不朽所构成的恶性循环呢？能否彻底地突围而出，而不会落入其他隐蔽形式的贪婪、权力和占有呢？如何着手去根除掉如此之多的痛苦与幻觉的根源呢？我们必须有所洞察，必须思考周全。

我想解释一下我所说的觉察指的是什么意思。我们必须认识自我。那么怎样才能做到这一点呢？办法便是怀有兴趣，也就是说，当你兴趣盎然的时候，你自然就能全神贯注，而这种专注又会萌生出意愿。专注，指的是将一切精力、能量都集中在某个我们感兴趣的事物上面。例如，如果我们的兴趣在于赚钱以及金钱所能赋予的权力，又或者当我们被某本书、某种富有活力的行动所吸引的时候，自然就会全神贯注在那个事物身上了。假如你怀有兴趣，你就会萌发意愿。一旦你兴致寡然，你就会思想涣散，就会出现欲望的矛盾。觉察的开始，便是因兴趣而自然生出专注，在这种专注里头，不会有任何欲望与选择的冲突，于是也就能够去认识各种相互对立的欲望了。只要思想正在寻求着某个确定的结果，那么就会有排拒或集合，从而导致不完整，这可不是我所谈论的觉察。

若你寻求着结果抑或试图去达至某种你所认为的和平、真实或解放的状态，你便无法去理解自身存在的整个复杂的过程。觉察，指的是去认识那些有意和无意的欲望的全部过程。一旦你开始了觉察，你就可以认识什么是真实。真实，不是某个结果或完成，而是实现觉知。在觉知的过程里，比如以贪婪为例，你便会意识到何为真实。这种觉知，并非来自于单纯的理性或情感，而是源于洞察，源于思想和行动的完整。

当我们有所洞察的时候，便可以认识那在自己身上运作着的二元化的过程——欲望和无欲，膨胀的欲望和抑制的欲望。萌生的欲望有自己的意愿形式。专注于这些萌生的欲望以及它们的活动，制造出了一个充满了竞争与界分的世界，使得人们无止境地去追逐世俗之物，以占有为目的去爱他人，并且渴望个体的不朽。认识到了这些导致痛苦和悲伤的欲望所带来的结果及其意愿的形式，你就会想要去克制。于是萌生的意愿与想要克制的意愿这二者之间便会爆发冲突。这种冲突要么会带来认知，要么会导致混乱与无知。萌生的意愿与想要抑制的意愿，便是二元性的根源所在，这是无法被否定的。

虽然对立面拥有相似的共同的原因，但我们不能够忽视它们抑或将其搁置一旁，我们应该去理解它们，继而摆脱对立面的冲突。我们心怀嫉妒之情，尔后意识到了冲突和痛苦，于是就试图去培养它的对立面，但却并未因此挣脱嫉妒的束缚。培养对立面的动机十分重要，如果是因为想要去逃避嫉妒的争斗与痛苦，那么它的对立面就和它自己是同样的，所以也就无法摆脱嫉妒获得自由。但如果你深刻地思考了嫉妒的内在原因，察觉到了它的各种形式及其驱动力，那么在这种觉知中就能拥有不受嫉妒约束的自由了，同时也不会制造出它的对立面。在觉察的过程中形成的专注，并非来自于利己主义抑或病态的自我反省。正如我说的那样，感兴趣并不等于富有创造力，拥有创造力方是幸福。当你展开洞察的时候，自然而然就会因为兴趣而去专注了。一旦你认识了欲望的过程以及它那所谓的积极的意愿和克制的意愿，便会拥有一种身心的完整，这种完整并不是智识的创造物。智识，即洞察的能力，是觉知的工具，而非结果。觉知，超越了一切理性与情感。

问：对于这场可怕的欧战，抱持什么态度才是最好的呢？我们依靠思想能够做些什么呢？我感受到了这场战争的恐怖与痛苦。我能够逃离它吗？如果我不参与其中的话，那么我是否就可以躲开战争了呢？您在您的谈话中是否思考过当今的世界形势呢？

克：我们经常错误地以为世界的混乱与不幸是由某个单一原因造成的，以为只要克服了这个原因，我们便能够给世界带来秩序和幸福了。生活是一个复杂的过程，我们应该拥有广泛而深刻的觉知，方能领悟到生活的广阔性。战争，源自于我们在所谓的和平时期里的日常生活，源自于我们的获取，源自于我们通常对自己的同伴所持的态度。在日常生活中，我们争强好斗，富有侵略性，抱持着国家主义、民族主义等理念，有很强的报复心，一味地追逐一己的私利，如此一来必然会以战争告终。我们的理性与感性，受到过去的影响与限制，从而滋生出了今天仇恨、敌对和冲突的反应。由于在理性层面无法做到清楚的洞察，所以我们才会倍感困惑和混乱。之所以无法展开富有判断力的觉察，是因为过去的影响与限制已经使得我们的思考能力变得迟钝了。除非思想摆脱了过去的影响和限定，否则争斗、战争、痛苦与悲伤将会继续下去。除非我们自己的生活不再是好斗的、贪婪的，除非我们在心理上不再去寻求安全感，不再把世界打碎成各个阶级、种族、国家、民族和宗教，否则就永远都不可能迎来和平的那一天。

虽然表面上这种屠杀可能会停止，但是，除非我们热切地、努力地指导着自己的心智去认知，从而摆脱想要有所得的心理根源——占有性的爱——以及自我的持续，否则必然始终都会有争斗和不幸。和平源于内心，而非来自于外部。要想认识和平，需要展开深刻的思考，需要怀有高度认真的态度。

你询问说，假如你不去参与战争的话是否就可以逃避它。你如何能够使自己远离战争呢？因为你便是战争的原因。你为什么会同这场正在上演的战争有关呢？要么是因为你的关系牵涉其中，要么是由于你在情感上为其所困。如果你的关系牵涉其中，那么这种悲伤是可以理解的，但若你仅仅是感情上陷于其中，那就是欠缺思考了。如果你仅仅使自己摆脱这种形式的兴奋，你就毫无疑问地会去转向其他形式的兴奋。所以说，除非你弄明白了自己为什么会庸俗地、可耻地依赖感官，依赖这种对于兴奋的不断寻求，否则你会始终找到其他形式的兴奋和满足。原因是深刻的，你必须理解它，方能摆脱它的浅薄。

若你在日常生活的关系中争强好胜、渴望有所得，寻求着此生或来世的心理上的安全，那么你就甭指望说只要心中怀有对于和平的渴望，你便能够拥有和平。你必须认识冲突与痛苦的主要根源，然后将其消除掉，而不能单纯地诉诸外部以获得和平。可是你看，我们大部分人都如此的懒散。我们太懒惰了，以至于无法掌握自己以及认识自己。懒散其实是一种自负，由于懒散，我们以为其他人会为我们去解决这个问题，从而带给我们和平，又或者以为我们应当消灭掉那少数几个引发了战争的人。当个体的内心处于冲突的状态，他就必然会制造出外部的冲突，只有他才可以带来内心的和平，继而带来世界的和平，因为他便是世界。

问：我们应该克制着不去担负起新的责任，以便没有理由去怀有新的欲望吗？

克：显然这得取决于一个人如何使自己卸下旧的责任。如果他没有充分认识过去的责任，仅仅只是逃离了它们的话，那么担负起新的责任就只是旧的责任以不同的方式在继续着。我能够以后再解释这个问题吗？

问：当然可以。

克：我们认为的新的责任，实际上是过去的责任在不同的状况下的继续。所以说，在一个人担负起新责任以前，他必须得思考一下自己是如何完成了那些旧责任的。倘若他没有如此，而仅仅是因为愤怒、因为不假思索或者因为顽固而逃离了旧的责任，那么他就不得不去好好地想一想为什么他要担负新的责任了。承担新的责任，或许只是对于感觉、慰藉的渴望在继续着，因为旧的欲望没有得到彻底的认识和解决。欲望始终都在寻求着进一步的表现与扩展，单纯地承担起新的责任，无法让欲望满足，因为欲望、渴求是没有止境的。但如果你通过洞察欲望的涵义和根源从而认识了欲望的过程，那么你就可以凭借自己的力量去知道是否要担负新的责任了。自然，我没法告诉你应该怎么做，不过你能够依靠自己的力量去寻找到确定的答案。

问：请告诉我们您对神的看法好吗？

克：我们为什么想要知道神是否存在呢？倘若我们能够深刻理解这个问题的意图，定会受益匪浅。无论是有神论还是无神论，都会妨碍我们去认识实相。信仰与理想，源于恐惧。恐惧让思想受到了局限，为了逃避冲突，我们求助于各种形式的希望、刺激、幻觉。实相是真实的、直接的体验。如果我们依赖他人的描述，实相便会不再，因为凡是可以被描述的事物皆非真实。若我们从未曾尝过盐，那么任何关于盐的味道的描述都是毫无价值的。我们必须要自己去品尝它，方能知道其滋味。我们大多数人都希望知道神是什么，原因是我们太过懒散，还因为依赖他人的经验要比依赖自己的认知简单得多。这么做还会在我们身上培养出一种不负责任的态度，尔后我们大家必须要去做的，便是模仿他人，按照某种模式抑或他人的经验来塑造我们的生活。我们以为，通过学习榜样便能达至理想状态。要想认识那最高的存在，就必须得摆脱过去、现在与未来的时间的延续，必须得摆脱对于未知、失败、成功的恐惧。你之所以会问这个问题，要么是因为你想把你心中的神的形象同我的做一番比较，继而支撑你自己；要么是想对我展开一番谴责，而这将会导致面红耳赤的争辩以及在观念中裹足不前。这么做，无法带来觉知与理解。

神、真理，抑或其他你对实在的称呼，是无法被描述的。凡是可以被描述的事物，皆非真实。探究神是否存在，只会是一番徒劳，因为只有当思想摆脱了自身的局限和欲望，实相才会出现。如果我们是在有神论或者无神论的教育下长大的，那么思想便会受到影响。习惯是一代一代形成的。无论是有神论还是无神论，都会妨碍我们对于神的认知。如果被信仰所限定，那么你所拥有的任何同你的信仰相一致的体验，都只会进一步强化你之前所受的各种限定。继续受限的思想，不会带来对实相的认知。当我们出于自身的经验而去宣称神是存在的或者并不存在，那么我们便是在继续与重复着那些为过去所影响的经验。若我们没有认识束缚的原因，经验就无法给予我们智慧。只要我们继续去重复某种被我们称作为经验的影响，那么这种经验就只会让我们受到更大的局限，从而使我们无法摆脱局限获得自由。正如我在自己的谈话中所指出来的那样，心灵是欲望的结果，因此它是短暂的。当心灵构想出了某种关于神或真理的理论，它就必定会成为自身观念的产物，所以它就不是真实的。一个人必须要察觉到各种形式的欲望、恐惧。凭借不断的探究与洞察，你便将获得一种崭新的觉知。这种觉知，不是智识或情感的产物。要想认识实相，你就得坚持不懈地展开认真的觉察。

问：我们当代的耶稣或基督教的问题，其意义是什么呢？

克：我们当前的时代情形是怎样的呢？是混乱、仇恨、恐惧、贪婪和战争。怎么解决所有这一切呢？究竟是有某个基督教的、印度教的或佛教的解决办法呢，还是只有一个真正的解决之道呢？各个宗教以及各个教义团体，都认为只有自己才拥有解决当前混乱与无序状态的良方。各个宗教及其理论体系和神职人员之间都在相互较着劲。解决当前混乱的办法，就存在于你自己的身上，而不是在别人那里。通过依赖自我，你便可以带来内心的安宁，继而带来世界的和平，因为世界便是你自己的延伸。没有哪位领袖能够给予你和平与宁静。重要的，是去认识你自己的思想与行动是怎样制造出了当前的混乱与不幸。只有当你自己实现了自我依赖以及富有判断力的洞察，你才能够摆脱这种不断反复出现的痛苦和混乱。

问：实相与我自己之间是否存在着某种关系呢？

克：难道你不是在满怀希望地暗示说实相和你自己之间应当有一种关系吗？你相信实相或神或其他你愿意叫的称呼，因为无知而被遮蔽住了，于是你便去询问这种无知同实相之间有何关系。无知与明白之间能有任何关系吗？这些被认为隐藏了实相的遮蔽物、外壳究竟是什么呢？这个正在提出该问题的“我”是什么呢？难道不就是把自己划分为了高等与低等、精神与肉体的“我”的某种形式、某个名字、某些特性和记忆吗？所有这些便是“我”。

你想知道这个“我”同实相之间是否存在着某种关系。什么是实相呢？你并不知道，但是你对它怀有某种希冀、渴望。已知、“我”，与未知之间能否有关系呢？只有通过认识自我，你才能够探明“我”与实相之间是否存在着关系，而不是通过假设或断言这二者有某种关系。显然，假若“我”是短暂的，就像我们可以从日常生活中观察到它是暂时的那样，那么短暂的事物与那永恒的事物之间有何关系呢？没有关系。当你彻底理解了“我”的过程以及它的短暂性，当你不去依附它的时候，你便将认识实相。“我”便是这些欲望、贪婪、占有性的爱以及对今生或来世的不朽的渴望。一旦你展开了热切、认真的洞察，欲望的过程就可以被改造成和平。这可不是理论上的憧憬，而是切实可行的。

问：您指出我们每时每刻都应该保持警觉和洞察，您说这种警觉与反省是不同的。那么您能否解释一下它们有何区别呢？

克：觉察跟反省，这二者有所不同。反省是一种自我分析，在这种自我分析中，思想根据欢愉和痛苦、奖赏和惩罚去衡量自身的行动与结果，于是便形成了某种判断、某种模式。也就是说，思想在检验、分析了过去的行为之后，试图用现在的行动去实践它所学到的东西，从而决定在将来要如何行动。当你分析自己的时候，去观察会发生些什么。你总是在分析某个过去的行为，你无法分析正在发生的行为。如果你做了某件导致痛苦或冲突的事情，你就会希望去认识它，以避免重蹈覆辙。所以当你这么做的时候，你是努力以现在的意图去理解某个过去的行为、某个已经死亡了的行为，并且希望可以产生出某个将来的结果。意即，在这种反省的过程中，思想被结果、被应当如何行动所占据。

觉察则不同。在觉察中，存在的只有当下——也就是说，在觉察中，你明白了过去的影响过程，它控制着现在，改变着未来。觉察是一种完整的过程，而非界分的过程。例如，倘若我有所觉察，那么是什么让我提出那个问题的呢？倘若我有所觉察，我便能够明白是什么运作着的力量迫使我去询问那个问题了。尔后我就会意识到各种形式的恐惧——我的祖先们的恐惧，是他们创造出了神的概念并将其传给了我，我把他们的理念同自己现在的反应结合在了一起，修改了或者说改变了关于神的概念。如果我展开觉察，便会完全领悟过去的整个过程，认识到过去对于现在和将来的影响。

假如一个人有所洞察，他便将懂得自己关于神的观念是如何因恐惧而滋生出来的。又或者可能有某个人，他有过关于实相或神的最初体验，并将其告诉了另外一个人。而这个人出于贪婪，于是把这个体验说成是自己的，结果刺激了模仿的过程。觉察是一种完整的过程，而反省则是不完整的。反省的结果是病态的、痛苦的，但觉察却是欢愉和热情。

问：您会建议人们冥想吗？

克：这完全取决于你所说的冥想意指为何了。这个问题牵涉甚广。你是否曾经展开过所谓的冥想呢？也许你们当中有些人做过这种或那种形式的冥想。也许当你遇到了某个迫切需要解答的人生问题时，你曾进行过深刻的反思，这种行为可以被认为是一种冥想。不断去凝思某个理念，这么做有助于去消除其他想法的干扰，如此一来你便能够学会全神贯注，这同样也可以被看做是一种冥想的形式。你想要唤醒某些所谓的超自然的能量，因为你希望拥有这些能量之后你就可以获得更多的觉知，这类实践也能够被视为是一种冥想。

坚持不懈的警觉和洞察，勤于思考，便是冥想的开始。因为，若没有以真正的洞察为基础，那么单纯的专注以及其他形式的所谓的冥想，都将会变得危险，而且不会具有任何深刻意义。就像我曾指明的那样，当你有所洞察的时候，你就能发现心灵在寻求着某个结果、结论，它渴望有所得，渴望安全。追逐某个预先设定的结论，这就不再是冥想了，因为思想尔后被困在了自己的幻象之网里。

让我们更加充分地思考一下冥想的过程。让四处游走和动摇的思想固定下来是非常困难的，它从一个感觉的对象转移到另一个感觉的对象，从一种兴趣转移到另一种兴趣。在这个过程里，一个人意识到思想是极其容易波动的、是高度敏感的。思想从一套理念游走到另外一套理念，或者是出于兴趣，或者仅仅是因为它很懒散和漠不关心。如果思想只是控制自己不去游走，它就会变得狭隘、局限、具有破坏性。假若思想对于游走颇感兴趣，那么单纯地控制自己就是毫无用处的，因为这么做无法揭示它为什么会对挥霍自身的能量感兴趣。但如果你有兴趣去探明为何它要到处游走的话，你就会开始有所洞察了，于是也就会自发地、自然而然地做到专注了。所以说，首先你得观察到思想在东游西荡，然后了解它为什么会如此。当思想察觉到自己是懒散的、懒惰的，它就已经在开始活跃起来了，然而单纯地控制思想是无法带来富有活力的行动的。

一旦你怀有了兴趣，你自然便会去专注，而不是单纯的控制，如此一来你就将开始发现思想处于一种不断模仿的过程，它一直都在游走于自己那诸多层面的记忆、规则、例子；或者，由于在专注的时候获得了某种刺激性的感觉或经验，它使自己得到了休息，并且试图去赋予过去的感觉以生机，然而它这么做只会削弱自身富有活力的过程；或者，思想远离日常生活，努力发展各种特性，以便控制它的日常行为，于是生活便失去了其固有的意义，而标准则会变得格外重要起来。

于是所有这一切就都仅仅只是接近于冥想，而非富有创造力的冥想。如果你在自己的日常活动中去觉察——在你说话的时候，在你走路的时候，在你赚钱或找乐子的时候——当你热切地展开洞察，那么在这种觉察中，你便会开始拥有理解和爱，而这种理解和爱，并不听命于理性与情感。因此，冥想是一种行动中的觉察的过程。冥想必须源于生活的真实，如此一来冥想便是一种自我解放的过程。冥想并不是接近某个模式。依靠意志力、选择可以让心灵静止下来，这么做或许可以得到某种平静，但这种平静是死寂的、没有活力，只会让人变得无精打采，这并不是冥想。然而对于选择的认知则是冥想，这是一个非常微妙和艰辛的过程，此过程里有平静，但却没有丝毫的倦怠无力或满足。冥想中必须要有机敏的、努力的洞察。冥想是一种完整的过程，而不是一系列以实相为终点的达成。

问：饮食跟精神活动或智识有何关系？

克：当然，关系很多。认识实在，并不必然取决于一个人所吃的食物种类。他可能是个素食主义者，但却凶残、迟钝；也可能是个肉食主义者，但却极为睿智。如果一个人饮食过度，就说明他缺乏思考。适度的、理性的饮食，对于敏锐的思想来说是必需的。吃得太少，同样会让心灵变得迟钝。在我们的谈话中不动怒，不轻视，不冷酷，不顽固，不阿谀奉承，也不接受谄媚——这些可要比考虑我们该吃些什么重要得多。最重要的则是你的想法和感受。食物的清洁，并不等于思想的清洁。我们又一次错误地从外部去着手，指望着能够借此理解内心的宁静状态，而仅仅依靠环境的改变是无法实现内心的和平的。我们希望通过自制、排拒，通过模仿、隔绝等手段来拥有心灵的安宁；我们从外围开始，憧憬着创造内心的和平与慈悲，然而我们应该从中心地带去开始——从那个滋生出了冲突和痛苦的中心开始。我们必须觉察欲望的过程及其外部的表现。一旦我们洞察了这些，就会自然而然地有所克制了。这种克制，不是出于恐惧而被强行施加的。

（在加州欧加橡树林的第七场演说，1940 年 7 月 7 日）

以完整的方法解决问题

我们大家都意识到，当前，在周围的世界以及我们自己的身上，存在着令人惊骇的混乱与痛苦。对于这个问题，必须要有一个彻底的解决办法。某些团体和思想流派主张说，只有他们的灵丹妙药才能够解决该难题。对于生活的复杂性来说，任何局部的、片面的疗治方法，无论多么不花力气、多么符合逻辑，其结果都必然会带来其他的并发症。让我们看一看是不是真的没有办法寻找到一种彻底的解决之道，来应对这个涉及经济、心理与精神等各方面的问题。我们应该尽可能充分地理解这种争斗和痛苦，而不要因为某种体系方法的限制而只能做到局部的认识；我们应该拥有一颗能够把此问题当作一个整体来对待的自由的心灵。

必定有某个原因，导致了我们自己身上以及我们与他人的关系即社会处于混乱和不幸之中。如果我们能够认识到根本原因所在的话，那么或许这个问题就可以被一劳永逸地解决了。

关于冲突和痛苦的问题，我们想思考一下两种不同的解决方法。这种划分是人为的，仅仅出于方便。一种方法是从外部着手，另一种方法则是从内在开始。假若我们试图完全从外部着手去解决这一争斗与痛苦的问题，那么我们就无法认识它；假若我们仅仅从内在去应对的话，也无法理解此问题。我们把生活划分成外部的与内部的，可能只是为了清楚起见，然而要想理解生活的复杂难题，我们就得拥有完整的认知。

在我所有的谈话里头，我都一直在努力阐释必须要以这种完整的方法来解决我们日常关系的问题。这里所说的日常关系，不单单是我们同他人的关系，还包括我们与自己所做的工作、所抱持的理念的关系。当我们努力想要从外部来解决生活的难题，就像我们现在所做的那样，那么不久我们便会意识到，必须要有彻底的社会和经济的变革，必须要根除掉那些障碍——种族的、民族的、经济的障碍。我们还领悟到必须要摆脱宗教的藩篱，摆脱它们各自的教义和信条，因为正是这些教义与信条，导致了各个团体与其他团体处于一种敌对的竞争状态。组织化的宗教使得人与人分隔开来，而并没有让人类携手统一起来。假如我们从外部来解决这一生活的难题，就一定会去强调制度、习俗，强调立法，强调国家的重要性，结果会带来各种危险。尽管国家的行为或许可以暂时地给出令人满意的结果，然而从它的本质来说却极有可能会带来腐化与残忍。由于某种意识形态，人会把他人当作牺牲品。

这种从外部着手的解决方法，有可能会让一个人迷失在了某种意识形态、效忠的行为或国家之中。在无意识当中，他会希望自己的痛苦、焦虑、责任和冲突都能通过这种忘却而消失不见。然而，尽管他尝试着把自己贡献给外部世界，但“我”却仍然存在着，还有“我”那个人化的、受限的欲望、希冀、恐惧、激情和贪婪也都继续存在着。一个人或许可以在国家中忘却自己，可是只要“我”依旧存在着，那么国家就会变成一种新的工具，让“我”借此得到进一步地膨胀，让“我”获得荣耀，而狡猾的思想也会再一次带来新的无序和不幸。因财富而展开的争斗，主要是为了财富所给予的权力，只要有这个“我”存在着，那么对于权力的寻求便会一直继续下去。竞争、争斗，从外部表现了一个人内心的欲望、嫉妒以及对成功的推崇。

还有一种方法则是从内部着手去解决痛苦和冲突的问题——那便是

去克服那些令人际关系即社会充满了冲突的原因。我们试图用一个原因来克服另一个原因，用一个替代物来战胜另一个替代物，于是思想也就被困在了自己那张邪恶的巨网中。我们努力想要用单纯的断言，逻辑的、理性的结论来移除冲突的原因。我们崇拜神或者某个理念、某种模式，以便可以忘记自我，通过牺牲和爱来摆脱我们日常的那些争斗。

有一种观念认为，个体是一种精神存在。通过不断的宣称和控制，他便可以训练思想与情感去遵从某种理念，便可以使自己与那一精神存在相认同，从而逃避在日常的关系和行为里的冲突，于是模式、信仰就会变得比认识生活更为重要。宗教团体之间一直都在较着劲，它们的领袖是从劝导对方改宗皈依的层面来思考的，所以无法联合起来。在传统、逃避和崇拜的重负之下，始终都存在着“我”以及“我”的世俗之气、占有性的爱、对于自身不朽的渴望。

虽然我们可以努力在信仰和教义中做到失去自我或忘记自我，然而在这番努力的背后却有着对于身心完整的强烈渴望。如果没有彻底理解这种欲望，而是单纯地增加或改变信仰和教义，那么只会是一番徒劳。

对于我们的痛苦和冲突的问题，有一种完整的解决方法，此方法并不是建立在教条主义或理论之上的。当我们完全从核心出发来解决问题的时候，便能发现这一方法。也就是说，我们必须在“我”与他人、与行动、与信仰的关系中去认识“我”的过程。当“我”的过程自愿转变时——理性的、健全的转变，而非在任何强迫下发生改变——便能够彻底解决我们的冲突和痛苦了。由于多数人都不愿意将思想集中在核心的根本改变上面，所以法律法规、制度习俗便迫使我们去适应某种外在的模式，指望着由此可以实现社会的和谐，然而这么做并不能根除冲突和痛苦的原因。强迫无法带来认知，无论这种强迫是源于外部还是内部。

一旦我们理解了欲望的过程，便可以彻底解决冲突和痛苦的问题了。要想认识欲望的过程，不能依靠单纯的控制和反省，而是必须察觉到我们日常的思想与行动中的各种欲望的表现。也就是说，必须洞察贪婪、占有性的爱以及对个体永续的渴望，尔后你就将拥有充分的觉知，而不会再有选择的冲突。这需要你展开检验的方法以及抱持热切的专注。由于大多数人都很懒散，所以环境的影响以及外部的各种强加，比如价值观念、传统、舆论便控制着我们的生活，继而绑缚了我们的思想。

除非我们实现了彻底的认知，从而超越了欲望的过程，否则，无论外部计划得何等周密与有序，这种内在的过程将会始终战胜外部，带来无序跟混乱。不管社会与经济的状况被安排得多么审慎与健全，只要个体的思想是获取性的、占有性的，寻求着自身今生或来世的安全，那么这些安排妥当的社会秩序就会不断被瓦解。内部一直都在征服着外部，除非我们超越了欲望，要不然表面上安排合理的社会秩序只会是一番徒然。

作为个体的我们必须指导自己的思想走向自由，在这种自由的状态中，不再会感到“我”，这是一种摆脱了自我的自由。只有当我们认识了欲望的过程即想要有所得、占有性的爱以及渴望个体的不朽，才能走出小我获得自由。因为世界便是个体的延伸或投射，如果个体求助于权威和立法以带来自己内心的巨变，那么他就会被困在这种欠缺思考的恶性循环里头，无法获得任何解放。

思想应该依靠不断的、敏锐的洞察来使自己挣脱世俗的羁绊，应该辨明贪婪和需求；思想应该使自己摆脱占有性的爱，应该完整地去爱，没有一丝恐惧，不去想到自我；思想应该使自己不再通过财富、家庭、种族，或者通过“我”的持续来渴望个体的不朽。欲望以这三种复杂的方式表现着自己。只要欲望是行为的动机，就无法实现和平及人类的统一。当思想没有因为想要有所得、占有性的爱以及渴望个体的延续而受到限定，便能做到真正的无私与超然。单单这种无私和超然，就能带来一种健全与幸福的社会秩序。这取决于我们每个人，我们大家都应积极地、富有判断力地觉察到自我的各种表现，从而将思想从自身的束缚当中解放出来。

问：冥想中的持续努力，能否带来充分的洞察？

克：倘若没有真正的洞察，而仅仅是专注于某个理念或美德，那就只会导致思想的贫瘠与爱的毁灭。洞察，来自于不断地意识到我们日常的思想、言谈和行为。假如缺乏这一真正纠正性的元素，冥想就会变成一种逃避，就会成为幻觉的根源。如果没有理解与爱，那么任何形式的冥想都必定带来幻觉。如果没有实现真正的洞察，那么任何形式的冥想都只是在逃避现实罢了。

当我们展开洞察的时候，会发现思想一直都在让自己去接近某种模式、某个记忆或者某段过去的经验，它在拿自己同某种观念或标准做着比较。虽然心灵可以排拒外部的模式、标准、价值观念，但它也可能去依附自己所谓的经验；若没有真正的洞察，那么这种经验就会让狭隘的、偏见的思想得以继续。除非心灵摆脱了其束缚，否则冥想只会进一步强化自己的局限。因此，思想必须敏锐地觉察到日常的想法、言谈和行为，从而让自己挣脱桎梏获得自由。这种自由，便是真正的冥想的开始。

当思想一直忙于去接近某种模式、标准的时候，它便会去关心成果、成功，于是也就无法做到真正的洞察，因为渴望有所得是来自于恐惧，而恐惧会妨碍真正的洞察。恐惧无法带来觉知，不过，一旦你深刻地意识到了我们日常生活中的恐惧的根源，你就会萌生出兴趣，继而有所洞察了。有了兴趣，自然而然便会予以专注，不会再有相互对立的欲望之间的冲突。我们强迫自己在兴致寡然的情况下做到专注，于是这种专注便是人为的、痛苦的，不具有任何深刻意义。强迫或单纯的控制，无法带来觉知，只有坚持不懈、满怀热切地去洞察我们日常的思想和活动，洞察我们的言谈和工作，方能实现觉知。冥想必须来自于这种觉察。培养所谓的超自然力量、培养入定的能力，都没有太大的重要性。没有真正的洞察，仅仅专注于形象、标准和理想，不会带来觉知。心灵那富有创造力的静寂，对于认识实相来说是极为必需的。

问：您的处境很幸福，友人们向您提供了您的全部所需。而我们则不得不去挣钱养家糊口，不得不跟世界做斗争。您怎么能够理解我们并给予帮助呢？

克：我们每个人都必须同某种环境作斗争。每个人都有他自己的局限和倾向，不管他处于怎样的生存环境当中。嫉妒他人，并不能帮助我们去理解自己生活的痛苦与悲伤。嫉妒，是我们与生俱来的传统的一部分，是我们社会结构的一部分。只要我们屈服于自身的局限，就无法去理解别人。无论我们发现自己身在何处，如果我们热切地尝试着去认识自己的环境，把思想从我们的倾向与受限的经验中解放出来，就可以把生活当作一个整体来理解，同时也不会被我们所处的环境的偏见、传统和价值观念所囿了。

不管我们的生活处于何种环境，都必须得认识并超越它。思想应当去深入探究自身意识和潜意识的状态，应当使自己摆脱那些影响同绑缚，因为正是这些影响和束缚导致了它的自私、贪婪、占有欲及残忍。我们应在自己日常的思想、行为与活动中去认识真理。嫉妒别人是愚蠢的，因为别人就是我们自己。

问：在您最近的一次谈话中，您强调了行动的重要性。那么我的所作所为是否是极为重要的呢？

克：我指出，如果思想为记忆、传统、偏见、过去所囿，那么任何源于它的行动都只会制造出更多的无知与痛苦。假如一个人从某个种族或宗教的层面来思考问题的话，这种思考就必定是有限的、隔离的。倘若作为个体的我们心智健全、思考审慎，便能够着手去把思想从那些导致局限的原因中给解放出来。尔后一个人的所思、所为就会是至关重要的了。只要他的行为是缺乏思考的，他就会增加局限和痛苦并使其永续下去。但如果他怀有兴趣并因此而专注的话，那么通过洞察过去及局限的原因，他便可以使思想摆脱绑缚。这需要认真和热切的态度，需要完整的觉察。你即世界，所以，你个人的行为或无为，要么会增多无知，要么则可以有助于消除无知。

问：我怀有野心和欲望，我是否该消灭掉自己的意图呢？

克：假如你的意图是源于自我扩张的渴望，是有意或无意地想要达到此目的，那么野心就是必然的。这种野心，表现出了对于个人成功的渴求，因此势必会导致反社会的行为以及关系里的痛苦。一个人必须领悟到野心所暗藏的涵义。所谓野心，是指强烈地渴望个人能够与众不同，能够有所成就。这种野心一旦被付诸行动，就会变得富有竞争性以及冷酷无情。我们如此重视自我表现，却没有充分地、深刻地理解那一正在被表现的事物。在现代社会中，野心勃勃地想要表现自我，并不会被看作是反社会，甚至还会受到推崇。这种形式的野心，备受那些在精神领域怀有野心的人的谴责。也就是说，他们责难世俗之气，但自己却同样渴望其他领域的成功、成就。这两种野心，都表明了“我”、自我的扩张。

因此，除非我们懂得了自我表现的涵义、目的及行为，否则单纯地去追求、渴望某个理想，只会变成一种隐蔽形式的自我扩张。除非我们明白了欲望的内在涵义，否则单纯的外在的法律法规、宗教许诺，都无法抑制对于个人的权势、地位和成功的渴望。当你敏锐地意识到了欲望的过程以及它那诸多的野心和意图，你不但会生出克制的意愿，而且还会拥有觉知与理解，而这个时候，你那富有创造力的表现就不再是属于自我的了。

问：我想要把自己的一生都投身到唤醒人们对自由的渴望之中。您的著述、演讲，似乎是最有裨益的。又或者，一个人是否应当发展自己的技艺呢？

克：在我们去唤醒他人之前，必须得确定自己是清醒着的、是警觉的。这并不意味着我们应该坐等自己获得自由。当我们开始认识并超越了思想的局限时，我们便会是自由的。一个人在开始向他人宣扬觉知与自由之前——这个是太容易了——他得从自己开始做起。我们应该着手让自己摆脱自身思想的琐碎与狭隘，而不是让其他人转变为我们特有的局限形式。

问：如果我没记错的话，您曾说我们必须处理内心贫瘠的问题。那么一个人怎样才可以解决这一难题呢？

克：一个人为什么要去累积各种事物、财富等东西呢？一个人内心贫乏，所以才会努力想要通过世俗之物来充实自己，而这种自我的充实，给社会带来了无序和不幸。由于意识到了这一点，因此某些国家和宗教流派便禁止个人占有财富，要求个人摒弃世俗享乐，然而这种内心的贫瘠、这种痛苦的贫乏却依然继续存在着，它必须要被填满。于是思想便在其他方向寻求和渴望充实。如果我们通过财富的占有并没能寻找到充实的话，就会试图在关系或理念中寻求，结果也就导致了各种各样的幻觉。只要心中怀有欲念，就必然会有这种痛苦的心灵的贫瘠。我们没有理解欲望的过程及原因，而是努力去应对结果即内心的贫乏，所以便会迷失在了它的错综复杂之中。当思想意识到累积的充足是何等荒谬的时候，它便能够开始去摆脱由于担心不完整而给自己累积的各种占有物了。完整、完全，并不是把自我扩张的各个部分给集合起来。只有通过理解和爱，方能实现身心的完整与健全。

问：您能否再次解释一下觉察与自我分析之间的关系吗?

克：我想我在上个周日已经解释过这个问题了，不过那是一个礼拜之前的事情了。

对多数人来说，要做到半小时以上满怀兴趣的专注并非易事。许多人还急于做笔记，结果更是增加了这一困难。除非他们是专家，否则无法一边专注地聆听，一边做好笔记。这些演讲的内容会被印制出来的，所以聆听要比记笔记更加重要。如果你是在兴致勃勃地听一个朋友讲话，你是不会去做笔记的。

这些演讲的目的，不是提供某种思想方法，而是希望帮助我们每个人去认识自己，去洞察到我们的日常行为和关系，从而自然而然地意识到我们的偏见、恐惧及欲望。依靠这种觉察，自然便会因为兴趣而做到专注，从而萌生出克制的意愿。这种意愿并非源于单纯的恐惧和控制，而是来自于觉知。

（在加州欧加橡树林的第八场演说，1940 年 7 月 14 日）

贪婪的结果是使人受到局限

观念、意识形态和理论，把这个世界划分得四分五裂。只要我们依附于它们，无论是以何种形式，就不可能达成认同，因为它们会让我们欠缺思考和固执己见。只有当我们凭借自己的力量让思想摆脱了它们及经验的束缚，才可以达成一致。假如我们的思想遭到了歪曲，那么我们就无法实现认同。真实的、直接的经验，不会导致争辩。要想能够拥有创造性的经验，我们就得丢掉自身思想与情感上所受的诸多束缚以及局限性的影响。我们会利用这次相聚于此的机会来尝试着去丢掉那些束缚和影响，而做到这一点的前提，便是我们每个人都必须要觉察和理解那些创造出了我们的背景即“我”的组成部分，这是至关重要的。

我们应该先认识物质，尔后才能对其予以改变。物质便是我们存在的理性与情感的状态，还包括宗教的、艺术的、科学的、身体的情况。任何形式的局限，都必定会妨碍身心的完整。想要展开这种尝试，需要智慧的深度与广度。所谓智慧，便是去发现那最为重要的事物以及有能力去拥有它。

如果一个人在知识的路上有所追求——“我必须知道些什么？”——那么他就会去屈从权威，结果也就一定会滋生出恐惧以及各种形式的偶像崇拜，于是各种各样的上师、导师、媒介、牧师就会成为必需。这条道路是智慧之路，假如行动是出于单纯地追求知识，那么它就必然是模仿性的，不会具有解放的力量。在这种情况下，行为必须去遵从某种预先设想的知识模式，因此也就妨碍了直接的体验。但倘若我们问自己这样一个问题:“我能够做些什么？”——那么直接的经验便是知识，而这种知识并不是一种局限性的过程。由知识而来的行动也就不是模仿性的，因而具有解放的力量。去追求“我能够知道什么”，破坏了自立。然而去追求“我能够做什么”，则会产生出自我信赖，这对于理解实相来说是至关重要的——“关于生命、人、事物、理念，我可以做些什么”。

贪婪的诸多形式，使得人与人之间相互抵制、对抗，从而导致了分裂和争斗。平衡与协调，对于身心的完整来说是必不可少的。仅仅去控制或者排拒欲望的对象，并不能让思想挣脱贪婪与嫉妒的羁绊。只有理解了欲望的过程，只有觉察到了这一过程，思想才能够使自己不受欲望的束缚。觉察，并不是单纯的分析或自省。冥想是满怀兴趣的专注，是觉察，这种觉察的过程中，不会再有对立面的冲突。

贪婪滋生出了嫉妒和仇恨，局限是嫉妒的结果。我们的社会结构，是建立在嫉妒与局限之上的。社会划分的一个主要原因，便是嫉妒以及对于成功的渴望。每个人都在模仿那个居于自己之上的人，我们当中有许多人都渴望跻身于社会的特权阶层。这种模仿的过程，导致了世代相传的社会划分。

在所谓的精神领域里，也存在着同样的态度和行为。我们在精神领域中，总是会从取得一级一级的进步这一层面来思考问题。这种态度源于贪婪和嫉妒，从而导致了局限，并且滋生出了恐惧。认为某一天你将会成为一位上师或者更为高等的生命存在，这种想法，就跟认为你有天会变成爵士或公爵是一样的。这是可憎的，不会让一个人的思想变得高尚起来。

贪婪和嫉妒会膨胀，会愈演愈烈，然而一旦摆脱了贪婪与嫉妒的束缚，就不会再有这种膨胀了。外部、外围也许会有发展或演变，但实相则不会。不受贪婪和嫉妒约束的自由，不是渐进的，你要么摆脱了它们获得自由，要么没有摆脱其束缚。这种自由，不是发展或演变的结果。如果我们把需求同贪婪、欲望、嫉妒彻底区分开来进行理解的话，那么社会与个人的冲突就会停止，思想也将摆脱世俗之物的羁绊。

我对自己的需求能够做些什么呢？当我们问自己这样一个问题："思想怎样从中心而非仅仅从外部来使自己摆脱贪婪？"的时候，便能够寻找到答案了。首先，一个人必须得意识到或者说察觉到自己是贪婪的、善妒的、喜欢效仿他人的；然后还要洞察到其对立的反应。也就是说，洞察到那极为强烈的想要萌生欲望的意愿，这些欲望是经过一代又一代人培养起来的，所以具有一种十分强大的势能。此外还需要意识到想要去克制、排拒的意愿，这种意愿同样也是经由道德与宗教的律令培养起来的。我们的心灵是这两种相互对立的力量——欲求与无欲无求搏杀的战场。我们指望通过追求和培养对立面的做法便可以超越一切的对立面，指望通过培养对立面所达到的状态依然是在对立面的内部，尽管一个人或许会觉得他所达至的状态已经超越了对立面。

存在着善与恶、贪婪与无贪欲这种二元性。假如一个人是贪婪的，那么培养贪婪的对立面并不能使他摆脱贪婪。培养某种事物的对立面，并不能让思想超越该事物。只有当思想不再被困于这些对立面、这种二元性之中，只有当思想能够在没有对立面的反应的情形下理解实在，它才可以使自己从对立面的束缚中解放出来。也就是说，假如一个人心怀嫉妒，那么培养嫉妒的对立面并不会让思想走出嫉妒的泥沼。但如果我们没有对嫉妒做出对立的反应，而是能够去认识嫉妒本身的过程，我们就能永远挣脱嫉妒的捆绑了。不受贪婪的约束的自由，存在于中心，而非仅仅来自于外部。这一经验才是真正严谨的，而一切对立面的经验则是不严谨的。

所有比较性的变化，都是一种抵制中的变化；所有比较性的思想和行动，都无法让思想摆脱其局限性的影响。不受贪婪、嫉妒、局限的束缚，并非来自于单纯的外部的改变，而是来自于认识并超越那想要将欲望付诸行动的意愿。这种认识和超越，会带来内心持久的变革。与他人的关系将自己划分为了肤浅的和深刻的，划分为了表面性的接触与满怀兴趣和情感的接触——虽然并非真的存在这种划分。

爱被恐惧、占有欲和嫉妒给围困住了，被接受与获取到的特定倾向给围困住了。我们必须要意识到这些障碍，我们可以在关系中最为强烈、深刻地察觉到它们，无论这关系是浅还是深。在关系里，通常来说，“我”构成了中心，行动是由这一中心产生出来的。假若思想因为党派偏见、仇恨、阶级偏见、宗教、种族等等而受到歪曲的话，心灵就无法怀有慈悲。

倘若允许的话，所有的关系都能成为一种自我揭示的过程。然而我们大多数人都没有去探明自己的本来面目，因为这种探究是痛苦的。一切关系中都存在“我”与“他人”，这个“他人”，也许是一个人，又或者是许多人、社会、世界。

如果一个人从属于社会的话，那么在最广泛、最深刻的意义上来说，他能够具有个性吗？ 社会又是什么？社会便是因为必要性、方便、感情、贪婪、嫉妒、恐惧、标准、价值观念、模仿而联合在一起的大众，也就是说，社会便是主要出于欲望而联系在一起的大众以及他们特殊的组织、制度、习俗、宗教和道德。倘若一个人生来便是一名印度教教徒的话，那么他就会在某种社会与宗教的环境及其特殊的教义和成见下被教育长大。只要他的身上一直保留着作为一名印度教教徒所受到的各种限定，他就会有意识地使自己与某个种族、某个阶级、某套价值理念相认同，因此他就并不是一个真正的个体。尽管在那个被叫做印度教的局限条件之内，他可能努力去获取、去创造；尽管他可能怀有某种实用的目的，赋予了独立、功效、重要性的意义，然而在它那受限的影响的圈子内，不会有真正的个性。

世界被划分成了这些不同形式的限定性的群体，划分成了印度人、英国人、德国人、中国人等等，每一个群体都在对抗、杀戮或强迫其他的群体。只有当一个人不与任何特殊的限定进行认同的时候，才能够具有最高意义上的真正的个性。社会的冲突，存在于那些把自己从大众、从某种认同中解放出来的人与那些仍然从属于某个群体的人之间。那些逃离了特定影响与局限的人们，不久之后，要么会被神化，要么就是锒铛入狱，或者受到忽视。

关系是一种自我揭示与解放的过程。在局限的循环内去探究灵魂、实相、神、不朽是徒劳无功的，因为这些字眼、形象和理念属于一个充满了仇恨、贪婪、恐惧和欲望的世界。当一个人已经使自己从社会、团体、种族、家庭中解放出来，从一切隔离性的局限中解放出来，他就成为了一个完整的人，今天折磨着各个国家民众的那些难题，也将彻底失去其意义。只要一个人隶属于特定的群体、阶级、宗教，那么他的心中就不会有爱，世界就必然会有敌对和战争。

社会以及那些继承的、获得的倾向，影响和局限着个体的思想。这些倾向在或浅或深的关系中被揭示出来。假如意识到了它们，而不是仅仅展开自我分析，那么思想便能够使自己获得解放，同时又不会落入其他形式的狭隘和琐碎之中。这需要兴致盎然的警觉以及清楚的洞察。这种洞察并不是比较性的，并非是选择的结果。智识、欲望的工具，本身是狭隘的、受限的，因此它所选择的事物必定同样也是局限的。

我们出于自身肉体的生存而需要各种事物，这种需求是自然的，没有任何害处。然而一旦这些外在的事物变成了心理上的必需，那么贪婪、嫉妒、模仿就会开始出现，继而会带来冲突以及其他不正常的欲望。如果我们“需要”人们,就会依赖他们。这种依赖表现为占有、恐惧和控制。当我们就像利用那些无生命的事物一样有意或无意地利用人们来满足自己的欲望,以获得慰藉或安全,就不会再有真正的人际关系了。尔后关系，无论是深还是浅，就不再是一种自我揭示或解放的过程。

对于我们所面临的诸多人类的难题，爱是唯一永恒的解决方法。不要人为地把爱划分为对神的爱和对人的爱。存在的只有爱，然而爱被各种障碍给围困了起来。如果没有爱，慈悲、宽恕、慷慨、仁爱就无法存在。没有爱，一切美德就会变得残忍和具有破坏性。仇恨、嫉妒、歹念，妨碍了思想与情感的完整，而只有在这种完整里才会有慈悲和宽恕。

如果我们允许的话，关系会像一面镜子，折射出我们存在的全部状态。可是我们并没有允许如此，原因是我们想要把自己遮掩起来，因为展露自己是痛苦的。在关系里，假若我们有所洞察的话，那么无意识的状态和意识的状态都会被揭示出来。当我们把人当作必需品来利用的时候，当我们依赖他们的时候，当我们占有他们的时候，这种自我揭示便会停止。多数情况下，关系都被用来掩盖我们内心的贫乏，我们试图用彼此依附、彼此谄媚、彼此局限爱等做法来填满这种心理上的贫瘠。关系里存在着冲突，但是我们并没有去认识冲突的原因，继而超越它，而是努力想要逃避冲突以及在其他地方寻求满足。

我们就像利用事物那样，利用自己与他人、与社会的关系，来掩盖起自身的浅薄。一个人如何去克服这种肤浅呢？所有的克服从来都不会是超越性的，因为凡是被克服的事物都只会改头换面成为另一种形式罢了。

当我们努力用财富、用对成功的推崇甚至用美德来克服内心的贫瘠，就正好暴露了这种心灵的贫乏。于是外在事物、财产就具有了重大的意义；于是阶级、社会地位、国家、种族优越感就变得格外重要起来，并且不惜任何代价得以维系着；于是名声以及名望的持续就会变得至关重要。又或者我们试图用理念、信仰、教条、想象来掩盖这种心灵的空虚，于是他人的看法、善意和经验就具有了强大的力量；于是仪式、牧师、上师、救世主就显得必不可少起来，从而破坏了自立；于是权威便受到推崇。结果，对于自己本来面目的恐惧制造出了幻觉，心灵继续着贫瘠的状态。但倘若一个人在自己身上强烈地觉察到了这些迹象，不仅是在意识的状态里，还包括无意识的状态中，那么，依靠艰苦的洞察便会出现一种不同的状态，一种不再会有心灵的贫瘠的状态。而克服浅薄则只会让你继续处于浅薄之中。

自我分析与觉察是两码事：自我分析是病态的，而觉察却是充满欢愉的。自我分析是在行动过去之后进行的，由于这种分析，心灵创造出了某种未来的行动被迫要去遵从的模式，因此也就导致了思想与行为的僵化。自我分析是死气沉沉的，而觉察却是生机勃勃的。自我分析只会带来模式的制造与局限，因此也就没有摆脱绑缚、摆脱挫败的自由。觉察发生在行动的那一刻，如果一个人有所觉察，那么他就会充分认识行动的原因和结果，将其视为一个整体来对待，就会理解模仿性的恐惧的过程及其各种反应等等。这种觉察让思想挣脱了那些局限它和控制它的原因与影响，同时又没有制造出更多的束缚，于是思想也就具有了深刻的适应性，富有了生机。自我分析或反省发生在行动之前或之后，所以就会为未来做着准备，会限定了它。觉察则是一种不断解放的过程。

我们应当从“我能够做些什么”而不是“我能够知道什么”来展开生活。“我能够知道什么”这条道路，通往的是对权威的崇拜、恐惧和幻觉。

然而一旦理解了“我能够做些什么”，就将拥有自立，而自立本身便能够带来智慧。

我们的思想过程源于何处呢？我为什么会认为自己是个别的呢？我真的是个别的吗？在我们能够超越自己的本我之前，必须首先认识自己。那么我是什么呢？我可以凭借自己的力量去认识这一点吗？还是必须得依靠他人才能获得这一认知呢？依靠别人，便是沉溺于观念之中，对观念、信息的接受，是以好恶为基础的，这会带来幻觉。我真的是个别的吗？抑或存在的只有某种主要欲望或恐惧的变化呢，它以各种不同的方式表现着自己？同一个基本的欲望、无知、仇恨、恐惧、情感以不同方式的表现，是否会令我们真的不同、真的个别起来呢？只要我们表现着无知，无论有怎样的不同，我们从本质上来说就都是一样的。那么为什么我们要把自己划分到国家、阶级、家庭中去呢？为什么我们要关心我们的灵魂、我们的不朽、我们的统一呢？只要我们依附于这些无知、恐惧的个别的表现，就永远不会有持久的人类的统一和团结。

个别、单独只是一种幻觉，毫无价值可言。在意识当中认为自己是个别的、不同的，便是将自己与那一基本的无知相认同。依附于自己的成就、工作或是灵魂，便是继续活在幻觉中。我们是什么？我们是我们的父母的结果，他们就跟他们的父母一样，受到气候以及社会与心理价值观念的影响同限制，这些价值理念是以无知、恐惧、欲望为基础的。我们的父母把这些价值观念传到了我们这里，我们是过去的产物，父辈们的信仰、理念、希冀，与现在的行为和反应结合在一起，构成了我们的思想。我们重视幻觉，努力想要在它里面寻找到统一、希望与爱。幻觉永远都不会带来人类的统一，也不会唤醒爱，而爱本身就能够带来和平。爱无法被遗传，但如果我们能够摆脱自身的偏见、恐惧、贪婪和欲望的话，就可以体验到那广阔无垠的爱了。

我们关心着物、人以及个体的持续——以各种方式的持续；通过外物、财产、家庭、种族、民族获得持续，通过理想、信念、教义获得持续。渴望个体的不朽，滋生出了恐惧和幻觉，导致了对于权威的崇拜。当你不再以各种形式去渴望获得个体的不朽，你就会迈入一种充满生机的永恒的状态。

我们的心灵是什么？我们的思想过程是什么？我们意识的内容是什么？它们是如何被创造出来的？感知、接触、感觉、思考，产生出了喜欢和讨厌、依附和不去依附、自我和非我的过程。心灵是欲望的产物，过去与现在的行为和反应联合在一起，影响并限制了智识，即进行洞察与选择的能力，于是洞察的工具本身也被歪曲了。思想必须使自己摆脱过去，摆脱那些出于自我保护的本能而累积的事物；理智必须纠正自己那些无节制的歪曲。

我们的思想根源于何处？——看见、接触、感觉、思考。喜欢和讨厌、愉悦和痛苦、许多结伴而行的对立面，都是思考的结果。渴望自身的持续，同时又否定他人的持续，便是思考的一部分。感觉和欲望，控制了我们的大部分思考。我们的思想受到了过去一代又一代人的影响和限制，他们有自己的痛苦、欢乐、欲望、逃避、对于死亡的恐惧、对自身持续存在下去的渴望，他们创造出了各种理念、形象、符号，这些东西给了他们希冀与保证。他们把所有这一切都遗传给了我们。当我们使用“灵魂”这个词语的时候，这个被他们所创造出来的词语，传达出来的是对永续存在的渴望，是对某种超越了肉体、物质的短暂而永恒存在的事物的渴望。因为我们同样也渴望确定、安全和永续，我们依附这个词语以及它所代表的一切。所以我们的意识——不仅包括意识，而且还有潜意识——是一个储藏着种族、过去一代又一代人的想法、价值观念、形象和符号的仓库。过去、隐蔽的动机、记忆、暗藏的欲望，控制着我们每日的思想与行为。这一切里面没有自由，只有被恐惧所制造出来的持续的模仿。

意识里面有两种相互对立的力量在运作着，它们制造出了二元性——欲求和无欲无求，痛苦和愉悦，想要实施的欲望和想要抑制的欲望。本能、动机、价值理念、偏见和激情，控制并指挥着意识。意识里头是否有某个部分是不受过去污染的呢？我们的意识中是否有某种原初的、没有被污染的东西呢？我们是否无法让思想摆脱过去，摆脱本能、符号、形象，以便去认识那一不会被腐蚀、被约束的事物呢？

已知无法认识未知，死亡无法理解生命，光明与黑暗无法共存。神、实相，无法通过已知而被认识到。过去连同现在依照各种影响模式所展开的行动和反应，构成了我们的本来面目，它们局限住了思想，我们试图依靠这种局限去认识那一超越了一切短暂性的永恒之物。思想能够使自己摆脱个人、摆脱“我”吗？思想能够更新自身，让自己可以去直接的体验吗？假如它能够做到这些，那么它便可以去认识那永恒之物了。

意识的内容是什么？——意识和潜意识的倾向、价值观念、记忆、恐惧等等。过去以及那些暗藏的原因，控制着现在。尽管意识受到了限定，但我们身上难道就没有某种力量、某种事物是不受局限的吗？假设存在着某种不受限定的力量，便是我们过去影响的一部分。许多个世代以来，我们就是这样子被教育长大的，那便是认为、相信、希望存在着那一不受限定的事物。这种传统、这种记忆，是我们种族遗传的一部分，是我们的无知的一部分。不过同样的，仅仅去否认它，并不会让我们凭借自己的力量去探明是否存在着该事物。无论是断言还是否认，是相信还是不相信我们的身上存在着某种未被污染的精神性的存在，存在着某种不受限定的事物，都会妨碍我们去探明真实。

欲求和无所欲求之间，想要萌生欲望的意愿同想要克制欲望的意愿之间，会有痛苦与冲突。我们全都意识到了这种冲突。

如果我们没有认识到自身背景的组成部分，没有认识到我们的倾向和局限的根源，那么经验就只会让这些限制得到进一步的增强。然而一旦我们在每日的思想和行动中觉察到了它们，经验就能成为一种解放性的力量了。

对于我们所面临的各种人类的难题，把问题搁置一旁或者试图寻求某种立竿见影的解决方法，都无法让思想挣脱束缚。搁置问题，意味着缺乏思考，这种懒散的做法会制造出令人感到慰藉的理论、信仰以及更多的复杂性和痛苦。假若思想关心的是当下，关心的是我们只有此生这种想法，那么便会有不安宁、仇恨和肤浅，从而破坏了觉知。可如果我们不去想象某个未来，也不去依附于过去，我们就能认识到那正在流动的每时每刻的全部意义，于是“当下实相”也就将不朽。

大师、上师、老师，都无法帮助你去让思想挣脱它那自我施加的束缚与痛苦。仪式、牧师、组织，都无法让思想从它的依附、恐惧和欲望中解放出来。这些人和组织，或许可以强迫思想进入到某种崭新的模式里头，塑造它。然而只有当思想展开富有判断力的觉察以及信赖自己，它才可以让自身获得解放。

超感觉的感知、洞察力、超自然的力量，无法让思想摆脱混乱与痛苦。我们的言谈和行动，源于我们的思想与动机，敏锐地觉察到它们，便是永恒的理解与爱的开始。仅仅依靠自制、克制、自我惩罚或者摒弃世俗的享乐，都不能够让思想获得解放。然而，不断的洞察以及让心灵具有高度的适应能力，却可以带来澄明和力量。只有当你意识到了无知的根源，只有当你认识了欲望的过程以及它那些二元的、独立的价值观念，你才能够摆脱痛苦获得自由。这种富有判断力的觉察，应该从我们与人、与物、与理念的关系开始，从我们自己那些暗藏的想法以及日常的行动开始。

我们的思考方式，要么会让我们的生活完整，要么则会让它充满矛盾与失衡。一旦你意识到了欲望及其复杂的过程，就会实现觉知，觉知又会带来客观、超然的心态与内心的平静。这种心灵的超然和宁静，本身不会终结。在这样一个疯狂买卖的世界里头，经济是建立在欲望的基础之上的，除非思想坚持不懈地去洞察，否则贪婪和嫉妒将会带来诸如占有、依附、竞争等一系列混乱和冲突性的难题。我们自己的想法与动机，要么会给我们的关系带来和谐，要么会让关系变得混乱跟痛苦。这取决于每个人是如何处理自己同他人或社会的关系的。永远都不存在所谓的与世隔绝，不管一个人或许多么渴望把自己给隔离起来。关系始终都是连续不断的，所谓生存，即意味着处于关系之中。

波动的、动摇的思想很难稳定下来。单纯的控制，无法带来觉知。兴趣本身便可以产生出自然的、自发的调整跟控制。如果思想去洞察自己的话，就会发现它从某个浅浅的兴趣转移到了另外一个兴趣上。仅仅从一个兴趣抽身而出，然后试图去专注于另外一个兴趣，这么做并不会带来理解与爱。思想必须意识到自己各种兴趣的原因，一旦认识了这些原因，就会自然而然地生出兴趣，就会专注。而那最具智慧、最为真实的事物，便存在于这种兴趣和专注之中。

思想从确定性转移到确定性，从已知转移到已知，从一个替代物转移到另一个替代物，所以它永远都不会是静止不动的，它始终在追求，在游走。心灵的这种喋喋不休，破坏了那富有生机的理解与爱，然而理解与爱是无法被求得的。当思想觉察到了自身的过程，觉察到了自己的欲望、恐惧、替代物、借口和幻觉，便会出现理解和爱了。依靠不断的、富有判断力的觉察，思想自然会变得富有生机和创造力，会平静下来。在这种静寂中，你将能够感受到那难以估量的极乐。

我们都有着各种各样的自身的问题，我们渴望去解决它们，这种渴望只会妨碍我们对于问题的认知。我们应该展开可贵的、客观的觉察，这种觉察本身就能够带来认知与理解。当死亡令我们陷入巨大的悲痛时，我们便会急切地想要去战胜这种痛苦，于是就去接受那些理论、信仰，希望可以从中寻找到慰藉，尽管这么做或许能够暂时地得到满足，但却并不会让思想摆脱悲伤。痛苦只是被掩盖了起来，其原因依然继续存在着。同样的，当一个人感觉沮丧和挫败的时候，他应该去认识那个感到沮丧的事物是什么，而不是渴望获得充实和圆满。只要心存欲念，就一定会遭遇沮丧和挫败。我们焦虑万分地努力去实现自身的理想和抱负，去让自己变得充实起来，而没有去理解欲望的深刻涵义，结果挫败和沮丧的痛苦也就将继续啃噬着我们的心灵了。

这些讨论，目的并非是为了智力上的消遣。我们共同展开讨论，是为了梳理我们的思想，以便能够更加敏锐、更加客观地去应对那些日常生活的难题。如果思想希望使自己从那些自我施加的束缚和影响中解放出来，只有通过客观、超然的应用，通过艰苦的、富有判断力的洞察，而不是去遵循这种或那种信仰、意识形态、领袖、团体。

因为不完整，所以一个人便会去渴望完整，这种完整，其实只是一种替代物罢了。但如果他认识了不完整的原因，那么这一认知便会让其获得自由。这之后他所感受到的狂喜，是无法用语言描述出来的，也是没有任何东西可以比得上的。我们必须从低处开始，然后一步步爬高，我们必须由近及远。

我们大家都不得不生活在这个世界上，无法逃离它。我们必须认识这个世界，而不要躲进那些虚幻的慰藉、令人鼓舞的理论以及魅惑的梦想中去。我们便是世界，我们应该理智地、富有创造力地去认识它。我们创造出了这个为破坏性的仇恨所充斥的世界，各种信仰、意识形态、宗教、恼人的祭仪、领袖及其追随者、经济屏障和国家主义，已经将这个世界变得四分五裂了。我们用自己的欲望、恐惧、野心和无知制造出了这个世界。我们自己必须从根本上予以改变，摆脱这些束缚，这样才能够有助于去创造一个真正健全和幸福的世界。

让我们快乐地生活，没有依附，不去心怀妒意；让我们关爱他人，没有占有，不去对他人怀有歹意；让我们不要把自己划分进那些狭隘的、冲突性的群体中去。凭借自身艰苦的、不断的觉察，我们的思想便可以从受限转变为完整了。

（在宾夕法尼亚州埃丁顿塞罗比讨论的笔记，1940 年 9 月 9 日至 21 日）

PART 07

美国 1944 年

关键是找到对于自我的富有创造力的认知

处于如此多的混乱与痛苦之中，最为关键的，是要寻找到对于自我的富有创造力的认知。因为倘若没有实现这一认知，那么一切关系都将成为不可能。只有凭借正确的思考，才可以实现认知。无论领袖还是某套新的理论或蓝图，都无法带来这种富有创造力的觉知。只有靠我们自己展开正确的努力，方能获得正确的认知。

那么如何才能找到这种重要的觉知呢？身处于这纷飞的战火、这无尽的混乱与不幸之中，我们该从哪里入手去探明真实呢？凭借我们自己的力量认识到应该如何正确地去思考战争与和平、经济与社会的状况、自己与他人的关系，这难道不是至关重要的吗？显然，正确的思考与正确的或受限的思想是有所不同的。我们或许可以模仿性地在自己内心产生出正确的想法，但这种想法却并不是正确的思考。正确的或受限的思想，是缺乏创造力的。然而当我们懂得如何独立地展开那富有活力、充满生机的正确的思考，便可能带来一种更为快乐的崭新的文明了。

我想在这些演说期间逐步阐明我所认为的正确思考的过程，以便我们每一个人都能真正具有创造力，而不是仅仅在一系列价值观念或成见中固步自封。那么我们该如何凭借自己的力量去探明什么才是正确的思考呢？没有正确的思考，就不会有幸福。没有正确的思考，我们的行为、活动、情感，就会缺乏根基。要想探明正确的思考，其途径不是去阅读书籍，去参加一些会谈和讨论，或是仅仅去聆听某些人对于何为正确思考所发表的看法，而是必须通过我们自身的努力。

一旦你认识了自我，便能展开正确的思考了。若没有认识自我，就不会有正确的思考。不了解你自己，你的所思所感就不可能正确。一切认知的基础，都在于了解自己。假若你能够探明自己思想与情感的原因，并且基于该探明知道了如何去思考、去感受，那么这便会是觉知的开始。没有认识自我，累积理念、接受信仰和理论就将缺乏根基；没有认识自我，你就会永远被困在不确定之中，永远为情绪、为环境所左右；没有认识自我，你就无法正确地思考，这是显而易见的。如果我不知道自己的动机、意图和背景，不知道我个人的想法和感受是什么，那么如何能够去赞成或反对他人呢？如何能够去评价或建立自己同他人的关系呢？如果我不了解我自己的话，如何去发现生活中的事物呢？认识自我，是一项巨大的任务，要求你不断去观察，要求你展开冥想性的觉察。

这便是我们的首要任务，该任务甚至位居战争与和平、经济与社会的冲突、死亡与不朽等问题之前。这些问题将会出现，它们注定会出现，然而一旦我们认识了自己、了解了自己，那么这些问题就将得到正确的解决了。所以，那些真正热衷于这些问题的人，必须从他们自己开始入手，这样才能够去认识世界，因为他们正是这个世界的一部分。不理解你自己，你就无法去认识整体。

认识自我是智慧的开始。自觉，是经由个体对自我的探究而培养起来的。我并不是把个体同大众对立起来，这二者并非是对立的。作为个体的你便是大众，你是大众的结果。如果你深刻探究的话，将会发现，我们身上既有多个，也有那特殊的一个。这就犹如一条流动不息的河流，它留下了一些小小的漩涡，我们将这些漩涡称作为个体，但他们是这条永不停息流动着的河流的产物。你的思想和感受，那些理智和情感的活动——它们难道不就是过去的结果吗，不就是我们所谓的大众的产物吗？你与你的邻居的所思所感，难道不相似吗？

所以，当我谈到个体的时候，我并不是把他与大众对立起来。相反，我希望清除掉这种对立。大众与作为个体的你之间的这种对抗性的敌对关系，制造出了混乱、冲突、无情与痛苦。但如果我们能够认识作为个体的你是怎样神秘地、切实地成为了整体的一部分，那么我们就将愉快地、自发地使自己不再去渴望获得完整、获得成功，不再想要去欺骗、压迫他人，不再想要对他人残酷无情，不再渴望成为一名追随者或领袖，于是便能以截然不同的态度去对待有关生活的问题了。重要的是去深刻地认识到这一点。只要我们把自己看作是脱离整体的个人，为了个体而去对抗、阻碍、牺牲大众，或是为了大众而去对抗、阻碍、牺牲个体，那么由这种冲突性的敌对关系所带来的一切问题，就不会得到任何愉快的、持久的解决，因为它们是源于错误的思想同感受。

当我在谈论个体的时候，我并不是把他放在跟大众对立的位置上。我是谁？我是一个结果，我是过去的产物，是一系列因果的产物，我源自于过去，源自于过去的无数层面，源自于一系列因果。既然我是整体、过去的产物，那么我怎么能够与这一切相对抗呢？如果作为大众、作为整体的我，如果我没有认识自己（这里所说的认识，不仅指的是认识那个客观的、肌肤之外的我，而且还包括认识那个主观的、肌肤之下的我），那么我如何能够认识他人、认识世界呢？认识自我，需要你适当地保持超然的姿态，并怀抱宽容。若你不了解你自己，你便不会认识其他的任何事物。你或许怀有重要的理想、信念和构想，但它们不会成为现实，只会沦为虚幻。因此你必须认识自我，尔后才能理解现在，继而通过对现在的理解去认识过去。从已知的现在，你将发现那些暗藏的过去的层面。这种发现具有解放性，富有活力与生机。

认识自我，需要适当地、客观地、冷静地去探究我们自身，去探究作为一个完整生命体的自己——探究我们的身体、我们的感受、我们的思想。它们不是分离的，而是相互关联的。只有当我们把这个生命体视为一个整体来理解的时候，才可以去超越和发现那些更加巨大、更加重要的事物。但如果没有实现这一重要的觉知，没有为正确的思考奠定正确的基础，那么我们就无法着手去达至更大的高度。

我们每个人的身上都要拥有这种去发现实相的能力，这是至关重要的，因为那被发现的事物具有解放性、富有创造力，因为那被发现的事物便是真实。也就是说，假若我们仅仅去遵从某种模式、某种我们的应有面目，抑或是向欲望低头，那就势必会产生出冲突性的、令人困惑的结果，然而在探究自身的过程中，我们则会踏上一段自我发现的旅程，并从中获得欢乐。

确定性存在于否定的思想与感受中，而不是在肯定的思想和感受中。我们以肯定的方式来假设自己是什么样子的，或者在他人的想法抑或自己的构想之上去积极地培养起我们的观念，于是就会去依赖权威、依赖环境，并由此希望建立起一系列正面的、积极的理念和行为。但如果你加以审视的话，将会发现否定中有认同，否定性的思考中存在确定性。否定性的思考，是最高形式的思考。一旦你在否定中发现了真正的否定与认同，你便能够进一步去建立起肯定了。

发现存在于自我认知中。自觉是一种艰巨的过程，因为起点和终点都在我们自己身上展开。在我们的外部寻求幸福、爱和希望，只会带来幻觉与悲伤。要想在内心寻找到幸福、宁静和欢乐，需要你认识自我。我们被世界当下的压力和要求奴役着，被所有这一切推着走，我们把自己的全部精力都耗费在了这些事情上面，所以没有时间去研究自己。要想深刻地意识到我们的动机，意识到我们渴望有所得、渴望变得如何如何，需要坚持不懈地展开内心的觉察。如果没有认识自我，那么经济与社会变革的表面性的规划，无论多么必要和有益，都将无法带来世界的统一，而只会制造出更大的混乱跟痛苦。

我们当中有许多人都认为这种或那种形式的经济改革将会给世界带来和平，或是认为社会革新抑或某个压倒了所有其他宗教的专门的宗教能够给人类来带来幸福。我相信这个国家里头大约有八百甚至更多的宗教派别，每一个都争强好胜，都试图去劝诱其他宗派改宗。你觉得彼此争斗的宗教能够给人类带来和平、统一与幸福吗？你觉得某种专门的宗教，无论它是印度教、佛教还是基督教，能够给人类带来快乐吗？又或者我们是否应该把一切专门的宗教都抛置一旁，然后凭借自己的力量去探明实相呢？当我们发现世界正在遭受炮弹的轰炸，并且感受到了这里面的恐怖，当世界因为各个宗教、国家主义、种族、意识形态而被弄得四分五裂的时候，用怎样的方法才可以解决所有这些难题呢？我们不能够仅仅苟活于世，抱着垂死的心态，憧憬着善会从天而降。我们不能够指望由别人来带给人类幸福与和平，因为人类便是我们自己，便是我们每一个人。疗治这一切混乱与痛苦的良方，除了靠我们自己，还能有其他法子吗？要想找到真正的解决之道，需要拥有深刻的思想和感受，我们中很少有人愿意来解决这种不幸与痛苦。如果我们每个人都认为这个问题根源于内心，而不是仅仅无助地被驱赶在这条布满了令人惊骇的混乱和不幸的路途上，那么我们就可以找到一个简单而直接的解决方法了。

在探究和认识自我的过程中，会出现澄明与秩序。只有在自我认知中才会有澄明，而自我认知会培养起正确的思考，正确的行为又会紧随正确的思考之后到来。假若我们展开了自我觉察，并因此培养了自我认知，继而带来了正确的思考，那我们就将在内心竖起了一面镜子，这面镜子会毫不歪曲地映照出我们所有的思想和感受。做到如此的自觉是相当困难的，因为我们的心灵习惯于四处游走，习惯于注意力分散。它的游走和分神，源于它自身的兴趣，并且是其创造物。一旦你理解了这些——而不是仅仅将它们搁置起来——你就会实现自我认知以及正确的思考了。认可、谴责或比较，都无法带来觉知，要想拥有觉知，需要包容，而非排他。

问：在我与世界的关系中，我的权力是什么呢？

克：这个问题很有趣，也颇具有启发性。这位提问者似乎把自己放到了同世界对立的位置上，然后询问自己说在与世界的关系中他拥有何种权力。他与世界是分离的吗？他难道不是世界的一部分吗？远离了世界，他还有任何权力可言吗？若他将自己给分离开来，那么他能够认识世界吗？若他一味去重视和强调局部，那么他能够去理解整体吗？局部并非是整体，但如果想要认识整体的话，局部就不可以把自己与整体对立起来。在认识局部的过程中，整体也将获得认知。当个体处于和世界对立的状态时，他便会去声张自己的权力，但为什么他应当把自己放在同世界对立的位置上呢？把世界区分为我与“非我”，这种对立的态度，将会妨碍认知。他难道不就是整体的一部分吗？他的那些难题，难道不就是世界的问题吗？他的冲突、困惑和痛苦，难道不正是他那或远或近的邻居所面临的吗？当他实现了自我觉察的时候，便会懂得自己是整体的一部分，他是过去及其恐惧、希冀、贪婪、渴望的产物。这个产物在自己与整体的关系中寻求着某种权力。只要他是嫉妒的、贪婪的、无情的，那么他会拥有任何权力吗？只有当他不把自己看作是一个个体，而是当成一个结果，当成整体的一个组成部分，他才会认识到自由。这种自由里面没有任何对立面，没有任何二元性。但如果他属于世界以及它的无知、残忍、纵欲，那么他便不可能拥有远离世界的关系。

我们根本不应当使用“个体”这个词语，也不该使用“我的”、“你的”等词语，因为它们从根本上来说不具有任何意义。我是我的父亲和母亲的产物，是国家及社会环境的影响的产物。假如我把自己跟世界对立起来，就不会实现认知，对立面的结合不会带来理解。但倘若我有所觉察，观察到了二元性的各种形式，那么我就能开始感受到摆脱了对立面的自由。世界被划分成了许多的对立面，被划分成了白与黑、善与恶、我的和你的，诸如此类。二元性里头不会有任何理解，每一个对立面都有自身的对立物。我们的困难，在于重新思考这些问题，从一种截然不同的观点思考世界和你自己，安静地观察，既不认同，也不进行比较。他人的想法与现在联系起来，共同制造出了你所思考的那些想法。真正的独特性，在于去探明什么是真实，在于活在这一探明中。这种探明会带来独特性、欢愉和解放，这是你在对财富、名声、身体的特性以及倾向的骄傲中不会寻找到的。真正的自由源于对自我的认知，一旦你认识了自己，就能展开正确的思考。通过自我认知，你就可以去探明真实，而这一探明本身便能让我们的无知和痛苦终结。

依靠自我觉察以及自我认知，你就将寻找到和平，而不朽便存在于这种宁静之中。

（在加州欧加橡树林的第一场演说，1944 年 5 月 14 日）

摆脱对立面的冲突

在上个周日，我试图去阐明什么是正确的思考以及怎样去展开正确的思考。我指出，除非自我觉察、自我认识到了所有的动机、意图和本能，否则思想与感受便没有真正的基础，而倘若缺乏这一根基的话，就不会有任何正确的思考。自我认识是觉悟的开始。我们如此，世界也是如此。也就是说，如果我们是贪婪的、嫉妒的、争抢好斗的，那么我们的社会就将是贪婪的、嫉妒的、好斗的，继而会导致不幸与战争。我们是怎样的，世界的状况便会是怎样的。要想带来秩序与和平，我们就得从自身开始入手，而不是从社会、国家着手，因为世界便是我们自己。认为每个人都必须首先认识自己、改变自己，如此一来才可以去帮助世界，这种想法并不是自私。除非你认识了自己，否则你无法去帮助他人。依靠自我觉察，一个人将会发现，整体就存在于他自己的身上。

倘若我们想要建立起一个健全的、幸福的社会，那么就得从自己而非他人开始着手，不能从我们外部去着手。我们不应该去看重名声、标签、术语——这么做只会导致混乱——而是应该让心灵摆脱掉这些东西，应该冷静地、客观地审视自我。除非我们认识了自我，继而超越了自我，否则便会有各种形式的排他、唯我独尊。我们在周围以及自己的内心发现了那些排他性的欲望和行为，这种欲望跟行为会令关系变得狭隘和肤浅。

我们必须觉察到自己正在展开的努力是哪一种类型的，尔后才能知道应当做出何种的努力去认识自我。我们现在的努力，不就是表现为不断地努力变成某种东西吗，不就是表现为努力着从一个对立面逃避到另一个对立面吗？我们活在一系列行为和反应的冲突之中，活在欲望和无所欲求的冲突之中。我们努力想要变得如何如何，而非努力不去变得如何如何。若能够认识到这一点，或许我们便可以超越它，并且发现一种截然不同的生存状态了。我们的内心究竟是怎样生出了这种善与恶、希望与恐惧、爱与恨、“我”与“非我”之间的冲突的呢？之所以会有这些冲突，难道不就是因为我们渴望变得如何如何吗？这种渴望表现为了纵欲、世俗或是去寻求个人的名望或不朽。当我们试图去变得怎样怎样的时候，难道不会制造出对立面来吗？除非我们理解了这种对立面的冲突，否则所有的努力就只会带来各种变化着的痛苦的状态。因此我们必须运用正确的方式去超越这一冲突，错误的方法将会导致错误的结果，只有正确的方法方能带来正确的结果。如果我们希望世界和平，那么就得使用和平的手段，但我们似乎一直都在使用着错误的方式，指望着由此可以带来正确的结果。

除非我们认识了这一对立面的问题及其冲突和不幸，否则我们所做的一切努力就只会是一番徒劳。只要我们去展开自我觉察，便将观察和认识到冲突的根源，即渴望变得如何如何。但如果我们去认同、接受、排拒或比较，那么觉知便会停止。保持冷静客观的态度，就一定可以深刻地理解欲望并予以超越。一个为欲望、二元性所困的心灵，是无法去认识实相的。心灵应该处于极为静寂的状态，你无法用任何技巧来诱使、训练或强迫心灵步入到这种静寂之中。只有当你理解了冲突，心灵才能迎来宁静。你无法强迫冲突停止下来，你无法凭借意愿让冲突结束。你或许可以将冲突遮盖、掩藏起来，但它却会一次又一次地出现。一种疾病应该被治愈，仅仅去治疗其症状是毫无用处的。只有当我们觉察到了冲突的根源，理解并超越了它，才可以体验实在。所谓觉察，指的是尽可能广泛地、深入地去彻底思考和探明那些对立面，既不接受，也不排拒，展开一种不做任何选择的觉察。在这种充分的觉察中，你会发现将出现一种崭新的意愿或感觉，一种不是由对立面所引起的崭新的觉知。

若思想与感受被困在了对立面之中，正确的思考便会停止。一旦你意识到了自己的所思所感、行动和反应，就会发现它们为对立面的冲突所困。当一种思想与感受出现的时候，去充分地思考它、探究它，不做任何认同。只有当你不去否定、排拒、接受或比较的时候，才能实现这种充分的觉察。依靠这一充分的觉察，你就能发现一种摆脱了一切对立面冲突的生存状态。

你将会发现这种富有创造力的觉知，正是这一觉知使心灵挣脱了欲望的罗网。在这种充分的觉察中，没有任何“变成”以及它的希冀与恐惧、成就与失败、自我封闭的痛苦和愉悦；正是这一充分的觉察让思想与感受挣脱了无知跟痛苦的束缚。

问：怎样才能学会真正的专注呢？

克：这个问题牵涉到很多方面，所以一个人必须得有些耐心，必须聆听关于该问题的全部内容。什么是真正的冥想呢？它难道不就是自我认知的开始吗？若没有认识自我，会有真正的专注、正确的冥想吗？除非你开始去了解你自己，否则就不可能展开冥想。要想实现对自我的认知，你就得展开冥想性的觉察，而这又要求某种特别的专注——不是那种排外性的专注，当我们大多数人以为自己正在冥想的时候，往往都会沉溺于这种排外性的专注。正确的冥想，指的是认识自我以及一个人所面临的不确定、悲伤、痛苦等一切的问题。

我假设我们中有些人曾经展开过冥想，抑或试图去做到全神贯注。

当我们努力想要专注的时候，会发生怎样的情形呢？许多想法会涌现出来，一个接一个的，拥挤不堪，不请自来。我们试图把自己的思想集中在一个对象、念头或感觉上面，试图排除掉所有其他的想法和感受。通常认为冥想需要这种专注或集中的过程。这种排他性的方法势必会失败，因为它保留了对立面的冲突。此方法或许可以暂时地取得成功，但只要思想和感受里面存在着二元性，那么专注就一定会带来狭隘、固执和虚幻。

对思想予以控制，不会带来正确的思考。仅仅去控制思想，并非是正确的冥想。显然我们必须首先得弄清楚为什么心灵从根本上来说处于一种游走的状态。它之所以要么四处游走，要么不断地进行着重复，是兴趣或习惯使然，抑或是由于懒散，又或者是因为思想和感受没有使自身获得完整。假如是基于兴趣的话，那么你就无法去让它顺从，尽管你或许可以取得暂时性的成功，但思想会重新回到自身的兴趣，因此也就会继续它的游走了。所以你必须追逐那一兴趣，彻底地思考它、探究它——充分地——继而理解该兴趣的全部内容，哪怕它是琐碎平凡、愚不可及的。假若这种游走是源于习惯，那就会非常具有指示性，它表明你的心灵被困在了单纯的习惯和思想模式里头，因此也就根本不是在思考，难道不是这样子的吗？一个为习惯或懒散所困的心灵，说明它是在机械化地运作着，缺乏思考能力。若没有思考能力，那又有何价值可言呢，哪怕受到了良好的控制？一旦思想是重复性的，这就表明思想和感觉没有让自己获得充实。除非做到了充实，否则思想会继续这种重复性。尽管你觉察到了自己的思想与感受，但你会发现存在着普遍的干扰、煽动。一旦意识到了干扰的原因，你就能实现自我认知以及展开正确的思考了，这二者便是真正冥想的基础。没有认识自我，没有觉察自我，就不会有冥想。没有冥想，就不会实现自我认知。

一旦认识了自己，便能实现真正的专注。你可以凝神在某些高尚的事物之上，完全为其所吸引，但这并不会带来觉知，并不会让你去发现实相。这么做或许能够带来仁慈或某些值得拥有的特性，可最终只会让幻觉得到进一步的强化。一个被困在对立面中的心灵，是无法理解整体的。你应当让自己的思想与感受去自由地流动，去认识它的每一个波动、每一个时刻，而不是去发展排他性的、狭隘的过程。尽可能充分地、深刻地去思考它、感受它、探明它。尔后你将发现，这种觉察会带来充分的专注，会带来冥想。这种冥想，不再是一种变成，而是存在。不过，要做到一整天而不是仅仅只在某个时间段里头去展开这种充分的觉察，则是颇为艰苦的。你应该奋发，应该勇于尝试，因为冥想不是来自于翻阅书本、参加会议或者遵循某种技巧，而是必须通过自我觉察、自我认知方能实现。冥想的真正涵义,具有无比的重要性。这种自我觉察的过程，不应该被局限在一天中的某些时段里头进行，而应该是持续地、不间断地展开。这种冥想与觉察，会带来深刻的静寂。在这静寂之中，会有实相。心灵的静寂，不是源于排他，源于专注，源于把所有的思想和感觉都搁置一旁，然后全神贯注于让心灵安静下来。你可以强制性地让心灵宁静下来，然而这只是一种毫无生气的静寂，是一种丧失活力的呆滞不动，在这种状态下，是无法发现实在的。

问：一个人怎样才能够摆脱掉那些干扰自己的问题呢？

克：若想认识问题，我们就得把全部的注意力都放到它的上面。意识以及潜意识，或者说内在的心智，必须参与到对问题的解决中。然而不幸的是，我们大部分人都试图去表面性地解决问题，也就是说，只用心智的很小一部分即我们所说的意识、只用智识去参与问题的解决。我们的意识或者思想和感受就像是一座冰山，它的大部分都深藏在海面之下，只有一小部分露在外头。我们熟知它的表层，但这只是一种充满困惑的熟悉，对于它的大部分，对于那深藏的潜意识、那内在的部分，我们却很少去觉察。又或者，假如我们去觉察的话，它就会通过梦境、通过偶尔的暗示而被我们意识到。然而我们却依照自己的偏见、依照我们那始终受限的智能去解读、去翻译这些梦境和暗示，于是那些暗示便失去了其深刻、纯粹的涵义了。

倘若我们想要真正认识自身的问题，那就得首先尽可能充分、睿智、客观、广泛地去思考、去探究意识表层中的混乱，从而将其给扫除掉。一旦心灵以开放、警觉的姿态去清除意识里的混乱，它便能够显现自身了。当意识的诸多层面的内容被聚集和吸收的时候，只有在这个时候，问题才会不再出现。

让我们举个例子好了。大多数人都是在国家主义的精神下被教育长大的，我们被教育着去热爱自己的祖国而敌视其他的国家，被教育着去认为我们的同胞要比他国的人民更加高贵和优越，诸如此类。这种优越感或者说骄傲，自孩提时代起就被深植在了我们的心灵之中，我们认可了它，我们伴随着它生活，没有任何抗议或责备。让我们从所谓的意识的表层去认识这个问题及其更为深刻的涵义吧。首先，我们因为环境的影响而接受了它，并且为其所限定。此外，这种国家主义的精神满足了我们的空虚。宣称我们属于这个或那个种族、国家，滋养着我们那琐碎、渺小和贫乏的自我，使得自我如同船的风帆一样鼓胀着，我们随时准备着为了自己的国家、种族、意识形态而去反抗、杀戮他人或者被致残。我们与那被我们视为更加伟大的事物相认同，希望借此自己也能够变得更加伟大起来。可我们仍然保持着贫乏的状态，它只是一个写着“庞大”、“有力”等字眼的标签罢了。基于经济上的目的，或者出于仇恨和恐惧，这种国家主义精神被利用着去把一个民族统一起来以对抗其他的民族。所以，当我们意识到了这个问题及其涵义的时候，便会发现它的结果，那便是战争、苦难、饥饿和混乱。我们推崇局部，这实际上是一种盲目崇拜，于是也就排拒了整体。排拒人类的统一，导致了无休无止的战争、残酷、经济与社会的界分和专制。

我们理智上认识到了所有这一切，我们用那个被叫做意识的表层认识到了这一切，然而我们依然为传统、舆论、便利、恐惧等等所困。除非意识的深层得到了揭示和理解，否则我们将无法摆脱民族主义、爱国主义等疾病的侵蚀。

所以，在审视该问题的时候，我们清除了意识的表层，而意识的深层能够流入表层里去。不断的觉察——观察国家主义或任何其他障碍的每一个反应、每一个刺激——使得这种流动变得更为强烈。必须广泛、深刻地去思考、探究每一个反应，无论是多么细微的反应。不久你就将发现，问题被迎刃而解了，国家主义的精神也逐渐消亡了。所有的冲突和痛苦都能够通过这种方法得到认识和解决——此方法便是尽可能广泛地去思考和探究该问题，从而清除意识的表层，一旦进入到了这种澄明、这种宁静之中，那些深层的动机、意图、恐惧等等就都会显露出来了。当它们出现的时候，去审视它们、研究它们，如此一来你便能深刻地、彻底地去理解并解决冲突和痛苦了。

问：请您谈谈“否定中存在着确定性”这一观点。您谈到了否定的思想和肯定的思想，您是否指的是：当我们抱持肯定的姿态时，我们所说的是毫无价值的，因为它们是褊狭的、迂腐的、自以为是的；然而当我们采取否定的姿态时，我们就会对思想抱持开放的态度，因为我们扔掉了传统，于是便能够去探究崭新的事物？又或者您是指，我们应该确定没有对错的选择，否定意味着变成妥协的一部分呢？

克：我曾指出，否定中会有确定性。让我们详细阐述一下这一观念吧。当我们去观察自己的时候，会发现我们处在一种自相矛盾的状态，在欲望和无欲无求、在爱与恨之间挣扎着。由这种自相矛盾所带来的思想和行为，被看是肯定的、积极的。然而当思想与自身矛盾的时候，它还会是正面的吗？由于所受的宗教训练，我们明确地知道自己不应该去杀戮，可我们发现，一旦国家有需要，自己则会去支持杀戮或者为其寻找理由。一种想法否定了另一种想法，所以根本就不存在所谓的思考。在一种自相矛盾的状态中，思想停止了，存在的只有无知。因此让我们去探明自己究竟是在思考呢，还是活在一种思考已经停止的自相矛盾的状态里。

假如我们对自身展开探究，会意识到自己活在一种自相矛盾的状态中。这样的状态，怎么可能是积极、正面的呢？因为那个与自身矛盾的事物，并不处于一种存在的状态。倘若没有深刻地认识自我，如何能够去做出认同或反对、断言或否定呢？在这种自相矛盾的状态里，怎么会有确定性呢？处于这种状态中的我们，怎么可以去宣称说自己是对的还是错的呢？我们无法去假定任何事物，不是吗？然而我们的道德、我们积极的行为就是建立在这种自相矛盾之上的，所以我们马不停蹄地忙碌着：一方面渴望和平，一方面却又制造着战争；一方面渴望幸福，一方面却又制造着痛苦；一方面爱着别人，一方面却又怀着恨意。如果我们的思想是自相矛盾的，那么实际上我们也就并没有在思考。要想实现觉知，只有一种可能。觉知的状态，没有所谓的“变成”。这一状态或许看起来是消极的，但这里面却存在着最为高等的可能性。

谦逊源于否定，若不谦逊待人，就不会有任何觉知与理解。以无为的姿态实现觉知，我们将开始发现能够去做出明确的认同，于是也就可以去拥有更加重要的关系以及展开最为高等的思考。当心灵处于一种富有活力的空寂状态时——不是在它积极地去指引的时候——便会有实相存在。一切伟大的发现，均源于这种富有创造力的空无。只有当自相矛盾停止的时候，才会出现这种富有生机的空寂状态。只要心怀欲念，就会有自相矛盾。所以，不要以肯定的姿态去展开生活，不幸的是，我们大多数人正是这么做的，要知道，这种做法只会带来许多的痛苦、残忍和冲突，对于这些我们已经十分熟悉了。为何不以无为的姿态去迎接生活呢？这种无为，并非是真正的消极。

当我在使用“肯定”和“否定”这两个词语的时候，我并不是在把二者对立起来。一旦我们开始去理解我们所谓的肯定即实际上源于无知的肯定，就会发现，否定中存在着一种确定性。当我们试图去认识自我、“我”、“我的”那始终矛盾的本质及其积极的欲望、排拒、追求、死亡，心灵便会进入到一种宁静的状态，一种富有活力的空寂的状态。它不是来自于肯定的或否定的行为，而是一种非二元性的状态。一旦心智处于宁静之中，处于一种富有生机的空寂之中，就只会有实相存在了。

问：您指出，一个以愤怒来面对愤怒的人，也会变得怒火中烧。您的意思是否是说，当我们以残忍作为武器去残忍地对抗他人时，我们也变得跟敌人一样呢？——可如果我们不去保护自己的话，歹徒就会把我们给打倒在地啊。

克：显然，你会变成你所对抗的事物。（我们是否应该也解释一下这个呢？好吧。）若我心怀愤怒，而你也用愤怒来对待我，那么会出现怎样的结果呢？——更多的愤怒。你会变成我。若我心生嫉妒，而你也用嫉妒来应对我，那么这就意味着，你同样也会心怀妒意，不管你可能觉得自己这么做是多么的正当。若我生性残忍，而你也用残忍的方法来战胜我，那么你也会跟我一样变得十分残酷。千百年来，我们都是在这么做的。很明显，除了以牙还牙、以血还血，还有着另一种应对。如果我用暴力的手段去平息自己内心的怒火，那么我就是在用错误的方法以期达到正确的结果，于是也就不再有正确的结果。这里面没有对愤怒的理解，更没有对愤怒的任何超越。我们应当怀抱宽容的心态去研究和认识愤怒，而不能够通过暴力的手段去克服它。愤怒或许是由许多原因造成的，倘若没有理解这些原因，你便无法去躲避愤怒的束缚。

我们已经通过把自己变成敌人而制造出了敌人、歹徒——这种方法不会让敌意终结。我们必须去理解敌意产生的根源何在，然后不再去用我们的思想、感觉和行为滋养它。这是一项颇为艰巨的任务，它要求展开不断的自我觉察以及拥有理性的适应力。因为我们是什么样子的，社会、国家便会是怎样的。敌人、朋友，都是我们的思想和行动的结果。我们要为敌意的滋生负上责任，所以更加重要的，是去关注敌人和朋友，因为正确的思考会让界分终结。爱，会超越敌友。

（在加州欧加橡树林的第二场演说，1944 年 5 月 21 日）

欲望导致了二元分裂对立

在第一场演讲中，我曾试图说明，只有认识了自我，才能够实现正确的思考。若没有正确的思考，你便无法知道什么是真实。若没有认识你自己，没有认识你的关系、你的行为，那么你每天的生活就会缺乏真正的根基。我们活在一种对立与矛盾的状态中，任何源于该状态的思想和行动,都不会是真实的。我们首先必须认识自己,尔后方能去认识世界,认识我们的行为以及同他人的关系。当个体把自己放在跟大众对立的位置上，他便会在无知、恐惧中去行动，因为他是大众的结果，他是过去的产物。假如我们希望去认识某个事物的话，就不能够把自己给隔离起来，或者置于该事物的对立面。

在第二场演说中，我们稍微谈及到思想把自己置于对立面中，因此也就制造出了二元性。在我们开始关注自己每日的思想和行动之前，应当认识到这一点。假如我们没有理解是什么导致了这种二元性，导致了像“你的”、“我的”这类本能的对立，便无法认识我们的冲突的涵义。我们在自己二元性的生活及其不断的冲突——欲望与无所欲求、天堂与地狱、国家与公民、光明与黑暗中去展开觉察。二元性难道不是由欲望所导致的吗？在想要“变成”的意愿中,难道不是也同样存在着不想“变成”的意愿吗？在肯定的欲望里，同样也会有否定，于是思想和情感就被困在了对立面的冲突之中。由于这些对立面的存在，所以你无法躲开冲突和痛苦。

如果没有理解二元性，那么想要“变成”的欲望就只会是一番徒劳的努力。只要我们能够领悟有关欲望的问题，就不会再有对立面的冲突了。欲望是一切无知和痛苦的根源，即使你摒弃了欲望，也无法摆脱无知跟痛苦的束缚。不是单靠意愿就可以把欲望抛置一边的，因为意愿也是欲望的一部分。你也无法通过排拒而将欲望搁置一旁，因为这种排拒其实是对立面的产物。只有觉察到了欲望的诸多形式及表现，才能够消除欲望；只有耐心地去观察和认识欲望，才能够超越欲望。在觉知的火焰中，欲望将会被燃烧殆尽。

让我们去审视一下想要拥有美德的欲望吧。若你怀有邪恶的意识，那么会有美德存在吗？你把自己放在跟邪恶对立的位置上，你就能够变得有德行了吗？又或者美德其实是一种不为对立面所困的状态呢？一旦你摆脱了对立面的束缚，美德便会显现。究竟慷慨、仁慈、爱这些美德是和贪婪、嫉妒、恨相对立的呢，还是说，爱是某种超越了一切矛盾的事物？把我们自己放到跟暴力对立的位置上，就能迎来和平了吗？抑或，和平是一种超越了对立面的事物呢？真正的美德，难道不就是不去“变成”吗？美德，挣脱了欲望的罗网。

我们必须依靠不断的观察去意识到二元性这一复杂的问题，不要去纠正，而是去理解。因为，倘若我们不知道如何去培养正确的思考，继而能够展开正确的努力，便会不断地发展出对立面及其永无休止的冲突。

对立面的冲突能够带来正确的思考吗？还是说，一旦你去思考、探究，继而认识了对立面的根源即欲望，便能展开正确的思考呢？只有当思想和感受能够观察自身的行为与反应，既不去接受，也不去排拒或者比较，才能摆脱对立面；从这一觉知中便会出现一种不固守在对立面中的新的感受、新的觉受。为二元性所困的思想和感受，是无法去认识那永恒的事物的。所以，在思考之初，我们便应该为那能带来正确结果的正确的努力和途径打下正确的基础，因为错误的方式只会通往错误的结果。错误的方法，任何时候都不会把我们带往正确的结果，只有正确的方法才能产生出正确的结果。

问：我发现，要实现对自我的认知是一件极为困难的事情。那么我该如何着手去认识自己呢？

克：一个人应当把认识自我置于其他一切事情之上，这难道不是十分重要的吗？原因在于，倘若我们没有实现对自我的认知，便无法去认识其他的一切，因为认知的根基就存在于我们自己身上。一旦我认识了自己，就可以去认识我与他人、与世界的关系了，因为整体便存在于我的身上、存在于每一个个体的身上，我是整体、过去的产物。这种对于认识自我的关注，或许乍看起来会显得有些自我中心和自私。但如果你对其加以思索，将会发现，我们每个人是什么样子的，世界、国家、社会便是何种面貌。要想让环境发生彻底的变革，每个人就得从自身开始做起。当他认识了自己并因此改变了自己的时候，他就一定会让国家、环境发生根本性的必需的变革。一旦我们意识到并且理解了这一事实，便能带来思想与情感的革新。世界就是你自己的外在投射，你的问题便是世界的问题。你若不存在，也就不会有世界可言。你是什么样子的，世界就会是什么样子的。假如你善妒、贪婪、充满敌意、争强好胜、残忍、排他，那么社会、国家也就会呈现出同样的面目。

之所以探究你自己会是如此的困难，那是因为你极其复杂。你必须怀有巨大的耐心，不要昏昏欲睡地去认同，而是应该保持警觉，应该能够客观地去展开观察和探究。去研究你的内在、你私人化的东西，使其具象化，这是格外困难的事情。我们大多数人都忙碌不堪，内心混乱、困惑，四处游走，被许多相互冲突的欲望撕扯着，不停地在进行着否定和断言。

怎样才能研究和理解这部如此复杂的机器呢？我们无法去仔细地研究一部快速移动、高速运转的机器。只有当它慢下来的时候，你才可以着手去对其展开探究。只要你能够放慢自己的思想和感受,你便可以去观察它，这就如同在一部慢动作的电影里，你能去细究一匹奔跑或跨栏的马的运动一样。如果你让机器停止不动，你就无法去认识它，那么它就仅仅只会是一个没有生机的事物。如果它运作太快，你就无法去跟上它。但若想详细地去探究它、彻底地认识它，它就得放慢速度，就得轻微地旋转。同样的道理，心灵必须跟上思想与感受的每一个运动。要想没有任何阻力的去观察自身，它就得慢下来。仅仅去对思想和情感予以控制，去让它急刹车，其实是在浪费认识它所需要的精力。尔后思想同感受就会更加关注于去控制、操纵每一个想法、感觉，而不是去对其展开思考、探究和理解。

你是否一直都试图去思索、探究每一个想法和感受呢？这是何其困难的事情啊！因为心灵在四处游走着，没待结束某个想法或感觉便游走开去了。它从一个对象跳跃到另一个对象，犹如一个时而被驱赶到这里、时而被驱赶到那里的奴隶。如果心灵无法使自己慢下来，那么它就不能去探明自身所思所感的内在涵义。对心灵的游走进行控制，会让其变得狭隘和琐碎，于是思想和感受就会被消耗在了检查、抑制上面，而不是被用于研究、审视和认知。心灵必须使自己放慢下来。那么怎样才能够做到这一点呢？假使心灵强迫自己慢下来，就会出现敌对，从而导致更多的冲突和复杂性。任何形式的强迫，都会抵消掉它所做的努力。觉察到每一个想法与感受是十分费劲和困难的；意识到那些微小的、琐碎的事物，然后任其行事，察觉到那些重要的，然后敏锐地、深入地追随它的脚步，要做到这样是一项颇为艰巨的任务，需要投以格外的专注。

我想提议一个方法，不过并不是要把它弄成某种严格的体系，唯一的技巧、途径，或是令人厌烦的惯例、责任。我们懂得怎么去写日记，在晚上写下一天里头所发生的林林总总的事情。我并不建议我们应当写一种回顾性的日记，而是应该努力在一有时间的时候便去记下每一个想法和感受。如果你努力去这么做的话，会发现，即使要做到这一点也是非常困难的。当你去记录自己的所思所感时，你只能写下一两个想法，原因是你的思维太过迅速、没有条理、四处游走。你无法记录下全部的所思所感，因为你有其他的事情要做，所以你会发现，无需多久，你意识的另一个层面将会做着记录。当你再一次有空来记录的时候，所有那些你没有刻意去留意的思想和感受都将被“记住”。因此到一天结束的时候，你已经尽可能多地写下了你的所思所感了。当然，只有那些认真的人才能做到如此。一天结束时，看着你在一天当中所记录下的内容。这种研究是一门艺术，因为它可以带来觉知。重要的是你如何去研究自己记录下来的所思所感，而非仅仅只是把它们给写下来。

一旦你将自己与你所记录的内容对立起来，你就无法去认识它们。也就是说，假如你去接受、排拒，去进行评判或比较，你便无法去领悟被记录下来的一切思想和感受的涵义，因为认同会妨碍它们的流动。但倘若你只是去审视它们，暂且不做任何评判，那么它们便会显示出自己的内在涵义了。去观察、审视它们，不做任何选择，没有一丝恐惧，也不去流露好感，要做到这样绝非易事。于是你便学习着去放慢自己的思想和感受，然而这同样很难。以宽容、客观的态度去观察每一个想法、感觉，不做判断，不展开不当的批评，如此一来你便将拥有深刻的觉知。这种觉知不是在醒着的时候培养起来的，而是在你睡觉的时候。接着你会发现，直率与诚实将显现而出。

尔后你便能够去跟随思想和感受的每一个运动。因为，这里面所牵涉的，不单单是认识意识的表层，还包括去认识意识的诸多暗藏的层面。所以，通过不断的自我觉察，你将实现更为深刻与广泛的自我认知。这是一本由许多卷册组成的书籍：结尾便蕴藏在开头。你无法为了早一点获知结局而去跳过某个段落、某一页，因为贪婪或无知无法带来智慧。当你勤勉地去阅读那本认识自我的书册——你必须不间断地去阅读，而不是只在某个特殊的时刻才去翻阅它——智慧方会显现。显然，这意味着你得不间断地工作，意味着你得保持警觉。这种警觉，不仅是被动的，而且还是一种不断的探究，不去渴望得到某个结果。这种被动或者说无为本身，其实是一种主动和积极。最高等的智慧与极乐，将会伴随心灵的静寂而来。

问：我感到非常的沮丧。我该怎样去克服这种情绪呢？

克：当今的世界，充满了如此多的杀戮、混乱与痛苦，自然会让人感到沮丧了，不是吗？

那么，当我们处于高潮或低谷的时候，是否应该去学习呢？我们活在高高低低的起伏之中，有时会攀上人生的巅峰，有时则会坠入阴冷的谷底。当攀上了巅峰之时，我们是如此的振奋，浑身都洋溢着幸福、喜悦或者一种充实感，会把那些低潮、阴影统统抛之脑后。欢愉不会成为一个问题，幸福不会去寻求得到解决，在这种充实、完整的状态中，不会去渴望觉知。然而这种状态并不会持续，我们寻求它，想要记住、抓住和比较。只有当我们身处低谷的时候，才会出现冲突、混乱跟痛苦。于是我们便会想要逃开，渴望再一次攀上高峰。然而我们无法依靠欲望达至高峰，因为欢愉是不请自来的。幸福本身不会终结，它会出现在更加广泛和深刻的觉知中。

但如果我们试图去认识冲突和痛苦，就能开始了解与该冲突和痛苦相关的自己了——我们是怎样迎接它或逃避它的，是怎样谴责它或为其开释的，是怎样使其合理化或对其进行比较的。在这一过程中，我们将会认识自我，认识我们的虚伪、逃避、托辞。你或许可以暂时地逃避沮丧，但它会一次又一次地逮到你。但如果我们努力去理解它，而为了理解它，则必须观察与其相关的所有反应——我们是如何努力想要避开它的，如何努力想要找到它的替代品——那么我们便将发现，渴望去克服沮丧，表明并没有认识沮丧。觉察到渴望的原因及涵义，便会获得更加广泛与深刻的觉知。在这种觉知中，不再会有沮丧、自艾自怜和恐惧。

问：您谈到过国家。您能否对此做一番更为详细的阐释呢？

克：你是什么样子的，你的国家便会是什么样子的。假如你善妒、易怒、追求权力和财富，那么你就会建立一个与你有着同样面目的国家、政府。如果你在家庭、城镇或团体里寻求着尽可能多的权力和统治地位，你便会制造出一个压迫民众、残忍无比的政府。如果你争抢好斗、极为世俗、你便会带来一个因为暴力而组织起来的社会，其价值观念是建立在感官之上的，从而最终导致战争、灾难和暴政。一旦你按照自己的欲望帮助着建立了一个社会、国家，它就会成为一个独立的实体，控制你、对你发号施令。然而它便是我们、是你、是我，是这些用自己的邪念、贪婪、世俗制造出了它的人们。你是什么样子的，国家便会是什么样子的。

现存的组织化的宗教，必定而且也确实变成了国家的一个合作伙伴，因此也就失去了其真正的功能——那便是去指引、教导以及始终支持实相。在这种合作关系里，宗教成为了压迫与界分的另一种手段。如果你，这个对国家的建立负有责任的个体，没有认识自己，那么你怎样能够去让国家这部机器发生必需的变革呢？除非你实现了对于自我的认知，并因此使自己摆脱了感官享乐、世俗以及对名声的渴望，否则你将无法让国家发生根本性的深刻变革。除非你从根本意义上做到了虔诚，而不是隶属于某个组织化的宗教，否则你的国家将会是不虔诚的，从而要为战争、经济灾难、饥饿和压迫负上责任。假如你是一个国家主义者，怀有种族主义偏见，具有分离倾向，那么你就会制造出一个充满了敌对、压迫与苦难的国家。这样一个国家，永远都不可能是虔诚的，它越是强大，就会越邪恶。我并非是在某种特殊的意义上或者依照任何教义、信条、信仰来使用“虔诚”这个词语的，而是指过一种不寻求感官刺激、不追逐世俗享乐的生活，不去贪图个人的名声或不朽。

不要让我们被印度教教徒、佛教徒、基督徒、伊斯兰教徒或是美国人、德国人、英国人、中国人这些词语、名称、标签弄得困惑不清。宗教超越了所有的名称、教义、信条，它是认识至高存在的途径，美德不属于任何国家、种族或某种特殊的宗教。我们必须使自己不受名称、标签的束缚，摆脱其混乱与敌对，努力通过最高的道德去探寻实相。尔后你便会实现真正的虔诚，从而让你的国家也变得如此，于是世界上将只有和平与光明存在。如果我们每个人都能够认识到统一只会存在于正确的思考中，而非存在于单纯表面化的经济规划中——当我们做到了虔诚，超越了对个人不朽及权力的渴望，对世俗和感官享乐的渴望——只有这个时候，我们才会意识到和平与爱的内在智慧。

问：*您是否仅仅是在教授一种更为深奥的心理学呢？*

克：我们所说的心理学指的是什么意思呢？难道不是指对于人类心灵、对自我的研究吗？假如我们不了解自己的构成、自己的心灵，自己的思想和感受，那么如何能够去认识其他的事物呢？你对自己一无所知，怎么能够知道你所思考的是正确的呢？若没有认识自我，你就无法认识实在。心理学不是以本身为目的的，而是一种开始。在探究自我的过程中，将为实在的结构打下正确的基础。你应该拥有根基，然而它不是以本身为目的的，它不是结构。假使你没有奠定正确的基础，便会出现无知、幻觉和迷信，正如它们存在于当今的世界一样。你必须以正确的手段打下正确的基础。你无法用错误的途径获得正确的结果。探究自我，是一项十分困难的任务。没有认识自我，没有正确的思考，就无法去认识终极的实在。如果你没有觉察并因此没能认识自相矛盾、混乱以及意识的各个层面，那么你用什么来作为根基呢？你没有实现自我认知，你的构想、信仰、希冀便没有任何意义。

认识自我，需要抱持超然、客观的姿态，需要敏锐、坚定和洞察力，不采取教条主义，不去断言，不去排拒，不去进行比较，因为这些做法会导致二元性以及混乱。你应该成为自己的心理学家，你应该对自己进行观察，因为一切认知和智慧都源于你自己。没有人能够成为指导你的专家，你必须凭借自身的力量去探明，继而解放你自己。其他人无法帮助你去挣脱无知与痛苦的羁绊，你制造出了自己的痛苦，所以说，除了你自己以外，没有任何救赎者。

问：在心灵生出某个想法的那一瞬间，去觉察该想法出现的原因，只要不断地去展开这种觉察，真实的自我便会显露出来。我这么说，是否领悟了您的教诲呢？

克：如果我们假设存在着一个真实的自我以及一个虚幻的自我，那么我们就无法认识实在。情形是这样子的：我们并没有踏上一条发现之旅，你难道没有看出这一点吗？要想有所发现，思想和感受就不应该受到任何假设或信仰的阻碍——它们是绊脚石。要想有所发现，就必须不受任何约束，必须处于一种时刻警觉但却无为的状态。他人的认知，对于探明真理毫无价值。真理应该是由你自己来发现的，他人无法给予你，也无法带给你智慧。真理不是一种奖赏，不是某种实践的产物，也不能被假设或构想出来。假若你去构想它，便会与其失之交臂。你的假设，只会把真理给遮蔽起来。凭借不断的觉察，你将发现自我的真实面目。这一发现至关重要，因为它能够让思想摆脱无知与痛苦，获得解放；你在旅途中的发现，而不是你对正误对错的声言与拒绝，将会解放你。发现一个人的思想和情感是如何被主义、信念所挟持，发现对立面的冲突的重要性，开始觉察到贪欲、俗务、对自我持续的渴望，这将会让你从无知和痛苦中解放。自我觉察，会带来自我认知以及正确的思考。没有认识自我，便无法实现正确的思考。

问：您是否是说，正确的思考是一种不断觉察的过程，而正确的思想则只是静止不动的？为什么正确的思想不等于正确的思考呢？

克：正确的思考，是一种不间断的过程，它源于自我发现、自我觉察。这一过程没有源起，也没有结束，因此正确的思考是永恒的。正确的思考，不受时间的影响，不为过去、记忆所囿，不为公式、构想所限定。它来自于不受恐惧和希望所束缚的自由。倘若没有认识自我，便无法实现正确的思考。

正确的思考是富有活力与生机的，因为它是一种不断去发现自我的过程。正确的思想则是一种受到限定的想法，它是一种结果，是被构想、整理出来的，是某种模式、记忆、习惯、实践的产物。它是模仿性的、累积性的、囿于传统的。它通过恐惧和希冀，通过贪婪和变成，通过权威和模仿塑造着自己。正确的思想和感受超越了对立面，然而正确的或受限的想法却受到对立面的压迫。对立面的冲突是静止不动的。

正确的思考，源于怎样去思索，而非思索什么。可是我们大部分人都被训练过或者正在训练着自己去思考什么，也就是说在限定的层面上去进行思考。我们的文明，是建立在思考什么之上的，组织化的宗教、政治党派及其意识形态等等，告诉了我们应该去思考什么。宣传不会带来正确的思考，它只是告诉你该想些什么。

依靠自我觉察，你便能探明模式、模仿、习惯以及受限的思想。这种觉知，将会把思想和感受从束缚、从无知中解放出来。不断的觉察以及认识自我，会带来正确的思考，尔后便会出现实相那富有生机的静默。渴望安全感，会导致受限的思想。寻求确定性便是去发现它，但这并非是真实的。最高的智慧，源于心智那富有活力的静默。

（在加州欧加橡树林的第三场演说，1944 年 5 月 28 日）

要体验未知就必须超越自身

在过去的三场演说中，我一直都在努力阐释，源于自我认知的正确思考，无法通过他人来获得（无论那个人是多么的伟大），也无法通过任何书本来获得，而是必须得依靠自我发现的体验，依靠那富有创造力、具有解放性的自我发现。我试图说明，由于我们的生活是一系列的争斗和冲突，因此，除非我们理解了正确的努力，否则我们不会带来澄明与和平，而只会制造出更多的冲突与痛苦。如果没有认识自我，那么在对立面之间进行选择，就必定会带来更多的无知与悲伤。

我不知道我对于对立面之间的冲突这一问题解释得有多么清楚，因为，除非我们深刻认识了它的原因和结果，否则无论我们展开多么热切和艰苦的努力，都将无法摆脱自身的混乱与悲伤。然而，不管我们如何去构想或是认识那被我们唤作神或真理的事物，都无法去理解未知，除非心灵本身变得与它一直试图去感受、去体验的那个事物同样广阔和不可度量。要想体验那不可度量、不可知的事物，心灵就必须超越自身。

思想和感受之所以有局限，是基于自身的原因，是因为那想要“变成”的渴望，这种欲望是为时间所囿的。由于欲望想要与记忆认同，所以便制造出了自我、“我”、“我的”。它就像是一个演员，扮演着不同的角色以适应不同的场合，然而其本质却始终是一样的。除非我们认识并消除了这种欲望、即我们无知和悲伤的根源，否则二元性的冲突将会继续存在下去，而我们为了摆脱这一冲突所做的努力，也只会让我们陷入到更多的冲突之中。这种欲望通过纵欲、世俗，通过追求个人的永生，通过权威，通过神秘、奇迹表现着自身。只要心灵是自我、是欲望的工具，就必然会有二元性及冲突。这样的心灵，是无法去认识那不可度量的事物的。

自我、“我”以及“我的”的意识，是因为欲望而被建立起来的，是被一系列过去的想法、感受以及现在所受到的过去的影响建立起来的。我们是过去的产物，我们的存在是以过去为基础的。我们意识的诸多相互关联的层面，都是过去的结果。我们要通过活生生的现在去研究和理解这个过去，要通过现在的数据去揭示过去。在探究自我及其根源即欲望的过程中，我们将开始理解无知和痛苦的过程。仅仅去抗拒欲望，仅仅去反对它的诸多表现，并不能让你超越欲望，而只会使你继续活在欲望之中。抗拒世俗，仍然是世俗的行为。但如果你认识了欲望的方式，就不会再有对立面的专制、拥有和不去拥有、优点和缺失。假若我们去深刻探究欲望，对其展开仔细的思索，觉察其更为深刻和广泛的涵义，并因此开始去超越它，那么我们便能唤醒一种崭新的、不同的能力，这一能力不是由欲望或对立面的冲突产生的。依靠不断的自我觉察，你就能够去观察和研究自我，不予以任何认同，不做任何评判。通过这种觉察，自我意识的诸多层面就可以获得揭示与认知。认识自我会带来正确的思考，这种思考本身就能够让思想和感受摆脱欲望以及它那许多相互冲突的痛苦。

问：对自我的认知，是否会带来问题和理念的变化呢？一个人能够懂得国家主义是怎样形成的：教育、迫害、空虚、强加，然而国家主义者依然还是会抱持国家主义的姿态。想要去改变、去理解该问题的意愿，

无法真正消除掉这一问题。所以，在这种思想过程中认识到了原因之后，下一步该怎么办才好呢?

克：使自己认同于某个种族、某个国家或是某些意识形态，会带来安全感、满足感以及讨人喜欢的自负。推崇过去，而非推崇整体，滋生出了敌对、冲突与混乱。假如你清楚地、理性地去思考、探究该问题，不是去审视单纯的理念，而是去审视你对它们的反应，那么，当你认识了国家主义的全部涵义，秩序与澄明便会步入我们每日所运作的意识的表层之中了。为了实现这一点，我们就必须意识到国家主义的全部涵义——它是如何把实为一个整体的人类划分得四分五裂的，它是如何滋生出了敌对情绪和压迫的，它是如何鼓励了人们去占有财富与家庭的，它是如何通过组织去局限思想和感受的，它是如何制造着经济的屏障以及贫穷、战争和不幸的——这是十分重要的。

当你深刻理解了国家主义的涵义，便能给意识带来秩序和澄明，而在这种澄明之中，那些暗藏的、被储存起来的反应就会显露出来了。一旦你勤奋地、理性地去探究这些显露出来的事物，那么整个意识就可以摆脱国家主义这一疾病的侵蚀了。尔后，你并不会变成一个国际主义者，实际上，国际主义者仍然主张着分离主义以及推崇过去，不过，你将会意识到统一以及非国家主义，将会摆脱那些标签和名称的束缚，摒弃种族与阶级的偏见。

同样的过程能够被用来解决我们所有的问题——那便是尽可能广泛地、自由地去对问题展开思索和探究，尔后让意识变得有序与澄明。如此一来，在觉知的伴随之下，意识便可以对那些显现出来的原本暗藏的、内在的推动和指令做出反应了——于是也就能够让问题得到彻底的解决了。除非我们探寻到了、揭示出了记忆的诸多层面，并且充分理解了它们的反应，否则问题将会持续下去。但如果意识没有清除掉该问题，就将无法展开这种探寻、探究。我们很难做到不去彻底认同该问题，因为认同妨碍了思想与感受的自由流动，认同意味着去接受或排拒，意味着去进行评判或比较，这么做将使得我们的认知被歪曲。要让思想与感受摆脱任何问题、任何障碍的制约，这可不是一时半会儿就能完成的事情。自由，要求外在与内在的觉察，外在准备好了去接受内在的反应。这种不断的觉察，会让自我认知更为深入和广泛。一旦你认识了自我，便可以自由地展开正确的思考。只有认识了自我，才能够去理解继而消除掉那些问题与束缚。

问：我是一个身体上闲不下来的人。一旦我闲下来，就会觉得时间漫长，无所适从。那么我该如何去打发自己的时间呢？

克：我们大部分人都为感官价值所困，我们周围的世界被组织着去增加和维系这些价值理念。我们在其中越陷越深，就这样缺乏思考地慢慢老去，被外部的活动弄得筋疲力尽，心灵却怠惰而贫瘠。外部那些嘈杂的活动不久必将走向终结，于是我们便意识到了生命的孤独与贫乏。为了不去面对这种痛苦和恐惧，有些人便继续不停地活跃在社会、组织化的宗教、政治、商业等领域，为自己的忙忙碌碌及喧闹寻找着正当的理由。对于那些无法继续外部活动的人们来说，则会出现垂垂老矣时该干些什么才好的问题。他们无法突然就变得内心活跃起来，他们不知道那意味着什么，他们的整个生活都抗拒着心灵的活跃。他们怎样才能够实现内心的觉察呢？

在过了一定年纪之后，让我们不妨说大约是在四十岁或四十五岁吧，或者还要年轻一些时，在你变得过于老迈之前，便遁世消隐，这将是个明智之举。假如你的退隐，并非仅仅是为了享受感官所累积的果实，而是为了寻找自我，为了展开深刻的思索和感受，为了修行，为了发现实相，那么将会发生怎样的情形呢？或许你可以把一直行走在那条感官、世俗之路上的人类给拯救出来，同时还能去除掉他们的残忍、诡诈和悲伤。因此可能会出现这样一群人，他们摆脱了世俗及其认同和要求，于是也就具有了指引和教诲的能力。由于不受世俗的羁绊，他们将不会有任何权威，任何重要性，所以也就不会被拖进它的愚昧和灾难中去。一个依然受制于权威与地位的人，是无法去指引和教导他人的。一个活在权威中的人，会去认同自己的地位、自己的重要性、自己的工作，结果也就被层层束缚住了。要想认识真理的自由，就必须不受经验的制约。如果出现了这样一群人，那么他们就可以创造出一个崭新的世界、崭新的文明。

对于一个即将迈入老年的人来说，开始去质疑自己那空虚的生活，说明他至少已经有所觉醒了。某天，有一对夫妇前来看望我。两人就职于一家获利颇丰的工厂，他们都是老年人了。谈话期间，考虑到他们年事已高，我自然而然建议说他们应当退休了，然后去思考人生，去过一种崭新的生活。结果两人面露惊讶之色，问道："什么？"

你们或许会哈哈大笑，然而我担心，我们中大多数人其实跟那两位老人是一样的。对于绝大部分人来说，思考和探寻是沿着某种教条或信仰的窠臼在展开，遵循陈规，被认为是虔诚的、理性的举动。只有实现了自我认知，才能开始正确的思考。对理念、事实的认知，只是无知的延伸，并不能带来正确的思考。但倘若你开始去认识自己，无论你是两鬓斑白的老者还是生机盎然的年轻人，你便将发现那伟大的、不朽的珍宝。不过若想有所发现，则需要你展开坚持不懈的觉察，需要你去进行调整、适应和应用——觉察你的每一个想法与感受——如此一来，你就能发现生命的财富了。

问：我们怎样才能够真正认识自我，认识我们那无限的充实，同时又不会首先发展出一种完整的、彻底的感知？否则，由于我们那有限的思想领悟力，我们只会部分地理解原因那无穷的流动，我们在它的秩序

中活动着，我们真正的意识存在便在其中。

克：当你还在推崇过去的时候，怎么能够认识整体呢？若你是琐碎的、局部的、有限的，你如何能够去认识那无所束缚、没有局限的事物呢？渺小，无法去领悟伟大，然而渺小可以不再渺小。当你明白了是什么导致了局限和片面，继而予以了超越，你就能够去认识整体，认识无限了。通过已知，可以认识未知。然而思索那不可知的事物，便是单纯地去排拒局限和琐碎，于是所有的思索都会妨碍我们去领悟实在。

着手去认识你自己，在对自我的认知中，你将发现无穷的充实。从已知、从琐碎开始，从那为恐惧、信仰、性欲、歹念所束缚的局限、混乱和渺小开始。心灵之所以会是琐碎的、片面的，原因在于它是无知的产物。这样的心灵如何能够去认识整体呢？答案当然是否定的。假如思想和感受挣脱了欲望的罗网，并因此免受无知与痛苦的侵扰，只有在这个时候，它才可以去认识整体。当我们的思想和感受是一种结果的时候，当它为时间所囿的时候，怎么可能去认识偶然呢？对于这一点，显然无需多做解释。不过，如此多的人被困在这种幻觉之中，所以我们必须首先洞察到、感知到整体，把关于它的工作假说作为一个开始，尔后才能够去认识局部。要想洞察整体，要想认识无限的实相，受限的心灵就得冲破那些局限着自己的屏障。从一个细小的、狭窄的开口望出去，将无法窥见那广阔无垠的苍穹。我们试图通过自己思想和感受的小孔去感知全部，结果所看到的，必定会是狭小的、局部的、不完整的。尽管我们声称自己渴望去认识整体，但却依附于那些琐碎的事物，执着于“我”和“我的”。依靠自我觉察，你将能够认识自己，继而培养正确的思考，这种思考本身便可以让我们摆脱自身的琐碎与悲伤。当心灵不再喋喋不休，当它不再装腔作势，当它不再想要去紧紧抓住某物或者去变成，当它处于彻底的静寂之中，那么在这种富有生命力的空无里，便会有整体，便会有那自存的事物。

问：您相信这世上有恶存在吗？

克：你为什么会问我这样一个问题呢？你难道对此无所觉察吗？它的行为难道不明显吗？它的悲伤难道不沉重吗？除了我们每个人以外，还有谁会制造出邪恶来呢？除了我们每个人以外，还有谁需要对此负上责任呢？由于我们创造出了善，无论这善是多么少，所以我们也创造出了恶，无论这恶是多么巨大。善与恶都是我们的一部分，同时也都独立于我们而存在着。当我们怀着贪婪和仇恨去狭隘地、嫉妒地思考和感受，就会让恶愈演愈烈，尔后它便会转向我们，将我们撕成碎片。这一有关善恶的问题，这一冲突性的问题，自我们制造出了它的时候，便一直伴随我们左右了。这种欲望与无所欲求、爱与恨、占有与放弃，已经成为了我们的一部分。我们不断地制造着这一二元性，而思想和感受也就被困在了这种矛盾对立之中。只有当思想与感受认识到了问题的根源即欲望的时候，才可以去超越善以及它的对立面。一旦理解了优缺点，就能摆脱二者获得自由了。对立面无法被融合在一起，只有消除了欲望，方能超越对立面。我们必须通过意识的各个层面，尽可能广泛地、深入地去思考和体验每一个对立面；通过这种思考与体验，便能唤醒一种崭新的觉知。这种觉知，不是欲望的产物，也不会为时间所囿。

世上有恶存在，这恶是我们促成的，正如善也是我们创造出来的一样。人类似乎更多是因仇恨而联结起来，而非因善而团结在一起。一个睿智之人能够认识到善与恶的原因，并且通过觉知让思想和感受从该原因中解放出来。

问：上个周日，我从您的演说中了解到，我们并没有从我们的工作、家庭和活动中腾出时间来对自身展开探究。这似乎跟您先前的言论有矛盾，因为您之前曾说一个人能够在他所做的一切事情中有所觉察。

克：很显然，你是从在自己所做的一切事情中有所觉察开始的。可是当你如此觉察的时候，会发生什么呢？如果你日益去追求这种觉察，你便会独自一人，但并非与世隔绝。没有任何事物会一直处于隔绝的状态，存在，即意味着与其他的人和事发生关联，无论你是独自一人生活还是同许多人在一起。然而一旦你开始在你所做的任何事情中都去展开觉察，你便将开始去研究自身，开始去越来越多地洞察你那些内在的、隐秘的思想与感受、动机、恐惧，诸如此类。自我觉察越多，你的自我回忆也就会越多，你就会越发静寂，你的觉察就会越发纯粹和彻底。我们如此忙碌于家庭、工作、朋友以及社会事务，以至于几乎无所觉察，年迈和死亡悄悄地朝我们爬过来，我们生活在空虚之中。假若你在自己日常的关系与活动中去展开觉察，你便会开始让思想和感受摆脱无知与悲伤的根源。觉察内心以及那些表面的行动和反应，自然就不会再感到分神，感到心烦意乱，继而必定会过上一种简单的生活。

问：*您是否觉得您将会回到那些大师的身边去呢？*

克：这位提问者相信并憧憬着那些大师，所以他希望让我也成为其同道中人。或许他认为，一旦认可了他的信仰，我就将重返大师的身边。

我们不妨理性地去审视一下这种对于大师的信仰吧，但不要使自己去认同它。对于某些人来说，这么做并非易事，因为他们极为赞成这一信仰。不过让我们努力做到尽可能开放地、自由地去思索、体验该问题吧。那些认为生命开始于某个你同他没有直接接触的人们，你们为什么需要大师呢？你可能会说，他们如同指向实相的路标。如果他们真是路标的话，那么你为何要停下脚步而去对他们顶礼膜拜呢？你为什么要去接受路标、中介、使者、作为中间人的权威呢？你为什么要去建立那些围绕他们的组织和团体呢？假使你正在寻求真理，为什么还会有烦扰他们的这些东西呢？为什么还会有排他性的组织和秘密会议呢？原因难道不在于，对着路旁的神龛顶礼膜拜，一再地徘徊逗留，从中获得慰藉，要比踏上一条探寻和发现的漫长旅途更为容易也更为愉悦吗？没有人能够带领你达至真理之域，无论是大师，还是神，抑或是他们的使者。你必须独自一人去艰难地跋涉，去探寻，去发现。

一位你与其有着直接接触的老师则是另外一回事，尽管这也有其自身的危险。然而，想象着同那些你并未直接接触的人有着接触，或者是经由他们那些假定的代理人、使者而与其进行接触，实际上只会招致迷信、压迫以及其他严重的阻碍。崇拜权威，便是排拒真理。权威会遮蔽人的双眼，会让理性之花枯萎凋谢，会平添人的傲慢和愚蠢，会滋长不容异说和界分。

大师究竟能够告诉你些什么呢？他应该教导你去认识自我，停止仇恨，心怀慈悲，探寻实相，任何其他的教诲都将无甚重要。没有人可以提供给你某种技巧或某套准则去帮助你认识自我。如果你拥有某种技巧或准则，并且加以遵循，你就无法认识自我。你所认识的，将是某套准则的结果，而非你自己。要想实现对于自我的认知，你就必须在内心展开探寻和发现。某种技巧、实践或习性的结果，并不具有创造力，而是机械化的。他人无法帮助你去认识你自己，倘若没有认识自我，也就不会认识实相。这种对于大师的探寻，源于世俗的鼓动。一种超感官的价值理念，依然属于这个世界，所以便是无知和痛苦的根源。

尔后有人可能会问："那么您所做的又是什么呢？您难道不就是一个路标吗？"如果我是一个路标，你们聚集在这路标的周围，献上鲜花，建立一座圣祠，并且展开与其相伴的各种愚行，然后它便会彻彻底底沦为了愚蠢，对成熟之人而言全无价值。我们努力要做的，便是学习着如何培养起正确的思考——只有通过自我认知，才能实现正确的思考。最高的智慧，便是以正确的思考为基石的。没有人可以带给你这种认知，然而你自己必须要觉察到你的一切所思所感。因为，起点和终点、生命的全部，都存在于你自己的身上。最高的智慧，只能被发现，无法被构想出来。

要想阅读过去，你就得认识当下的自己，因为，只有通过现在，方能揭示过去。那把开启实相之门的钥匙，就在你自己的身上。没有人可以把它提供给你，因为它原本便是属于你的。通过自身的觉察，你就能开启那扇门。只有依靠自我觉察，你才可以阅读那本厚厚的、内容充实的自我认知的书册，因为在它里面，有暗示，有机遇，有屏障和阻碍，尽管它们会有所妨碍，但仍将带领你走向永恒。

（在加州欧加橡树林的第四场演说，1944 年 6 月 4 日）

发展美德是自我的庇护所

正如我在上周日所解释的那样，除非我们理解了欲望所牵涉的各种问题，否则就无法解决我们日常生活里的冲突和悲伤。欲望主要表现为三种形式：纵欲、世俗享乐以及个人的永生——即满足于感官享受，渴望获得成功与财富，渴望拥有权势与名声。假如我们去分析这种对于感官满足的渴望，会意识到这种欲望是多么的贪得无厌，它令心灵备受折磨，并且会不断提出越来越多的要求，结果也就必定会带来不幸和冲突。当我们去对世俗展开审视，将发现它会导致永无止境的争斗、混乱和悲伤。渴望个体能够获得永生，其实源自于幻觉，因为自我是一个产物，是被创造出来的。而被创造出来的事物，永远都无法去认识偶然与不朽。

欲望的方式极为复杂，消除欲望也绝非易事，它是我们的不幸、困惑、混乱和冲突的根源。若不终止欲望，便不会有和平；若不彻底消除欲望，思想和感受便会备受煎熬，生活就将沦为一场丑陋的争斗。欲望，是一切自私、一切无知的渊薮，是挫败、沮丧和无望的导火索。不超越欲望，就无法拥有幸福，无法获得那富有生机的宁静。

渴望获得感官的享受与满足，表明了内心的贫瘠。渴望累积财富，创造出了一个充满了竞争和残酷的世界。感官的价值理念以及对于个体永生或个人权力的欲求，必定会产生出权威、神秘和奇迹，从而妨碍了我们去探明实相。暴力同战争，源于那些世俗的欲望。只有当我们理解并超越了各种形式的欲望，才能迎来和平与安宁。

假如我们没有认识到这一主要的动机，而仅仅只是去培养美德，那就只会使自我得到进一步的强化。自我便是无知与痛苦的根源，它扮演着不同的角色，培养着不同的美德，以便让自身获得满足。我们必须要了解欲望的这种易变化的特性，了解它那狡猾的适应性以及自我满足的保护方式。发展美德，成为了自我的庇护所。然而，让思想和感受挣脱欲望的罗网，才是真正的德行。摆脱欲望的束缚便是美德，它就像是一架梯子，而不是以本身为终点的。没有美德，没有摆脱欲望的羁绊，就无法拥有觉知，无法获得宁静。把美德作为某个对立面来培养，依然会增强自我，因为所有的欲念、所有的渴望，都是单一的、有限的。由于它是单一性的，所以无论你多么努力想要让它变得高尚，变得有德行，它仍然将是受限的、渺小的，从而导致了冲突、敌对和痛苦，它永远都是没有生命力的。

所以说，只要存在着任何形式的欲望的种子，便会有痛苦、贫穷和死亡。如果我们只是去发展美德，而没有认识欲望，就无法让心灵步入那富有创造力的静寂之境，而这种心灵的静寂之中会有实相存在。若我们没有理解欲望的细微之处，仅仅只是让自己去适应我们的环境，就无法给我们同家人、同邻里、同世界的关系带来和平，因为欲望的工具即自我，依然是主角。怎样才能够让思想和感受免受欲望的束缚呢？只有通过觉察，通过研究和认识自我及其行动，方能走出欲望的泥沼获得自由。要想实现认知，就得把一切排拒、认可、评判、比较统统抛到一边。当我们展开觉察的时候，将探明什么是诚实，什么是真爱，什么是恐惧，什么是简单的生活，以及有关记忆的复杂问题。

一个不确定的心灵，一个自相矛盾的心灵，无法懂得什么是真率、公正和诚实。诚实需要谦逊，只有当你意识到自己正处于自我矛盾的状态，意识到了自身的不确定，才能够做到谦逊。只要怀有欲念，只要对价值理念、行动、关系存在着不确定感，就会有自相矛盾与不确定。一个怀有确定感的人，是固执的、欠缺思考的。一个自以为知道的人，实际上是无所知的。一旦你察觉到了这种不确定，显然你就会培养一种超然、客观的心态。客观、公正，便是谦逊的开始。很明显，这是梯子的第一级。阶梯的这个第一级，必然会受到磨损，因为你如此频繁地踏上它。当一个人有意识地想要做到超然，他便不再是不偏不倚的了。但如果一个人去关注欲望及其方式，那么他就会在不必争取美德的情况下自然而然地变得有德行了，他在不去努力寻求客观公正的情形之下便实现了客观与公正。若没有实现客观的觉察，便无法拥有觉知与宁静。

问：撇开这么做不知道会浪费多少纸张的问题，您难道真的是在主张我们应当记下每一个想法与感受吗？

克：我在某一天曾建议说，为了认识自我，我们就得有所觉察，为了研究自我，思想和感受就得放慢下来。假若你去察觉自己的所思所感，会发现它们是何等的迅速——不连贯的想法和感觉，一个接一个地涌现，四处游走，到处分散——你无法去观察、审视这样的混乱。我提议说，要想带来秩序和澄明，就应当记录下每一个想法与感受。这部高速转动的机器必须要放慢下来，如此一来我们才可以去观察、研究它，因此写下每一个想法和感受或许会有所帮助。就像在一部慢动作的电影里头，你能够看到每一个动作，同样的道理，当你让快速运转的心灵放慢下来的时候，你就可以观察每一个或琐碎或重要的想法了。琐碎的想法会通往重要的想法，所以不要因为它的琐细而予以漠视。既然存在着琐碎的想法，就说明心灵是琐碎的，漠视它，并不能让心灵的琐碎和愚蠢减少分毫。采取漠视的做法，会让心灵一直处于狭隘和渺小的状态。不过，只要你去觉察它，认识它，便能让心灵拥有伟大的充实了。

倘若你们中有人曾经试图记录下自己的所思所感，就像我在几周前建议的那样，就会知道，要记下每一个想法和感受是何等的困难。你不仅要使用无数纸张，而且还没法记下自己全部的想法和感受，因为你的心灵活动太快，太过分神。但如果你有意去记录下每一个想法跟感受，无论它是多么的琐碎和愚蠢，多么令人感到羞耻或愉悦，那么，不管你一开始取得的成功何其之少，不久以后你都会发现将有神奇之事发生。你没有时间去写下每一个想法和感受，因为你必须把注意力放在其他的事情上面，但是你将发现，意识的某个层面会记录下你的每一个想法与感受的。虽然你并没有直接留心着去做记录，然而你内心其实是有所觉察的，当你再一次没有时间去记录的时候，会发觉内心觉察的记录都将浮现出来。如果你去查看一下自己记录下来的内容，你会看到自己不是在责难就是在赞同，不是在为某物开释就是在做着比较。这种认可或排拒，阻碍了思想和感受的自由流动，因此也就把觉知挡在了门外。假使你不去进行谴责、开释或比较，而是努力去冥想、去理解，那么你会发现，这些所思所感揭示出了某种更为深刻的事物。于是你便开始打造了一面镜子，这面镜子，可以原原本本地折射出你的思想与感受。通过观察它们，你就会认识自己的行为同反应，继而能够更加广阔和深入地去认识你自己了。你不但理解了当前刹那的行为和反应，而且还有过去的，现在的这些行为和反应正是源自于过去。为了做到这一点，你应该处于彻底宁静的状态，应该独自一人。可惜社会并不允许你这样，你必须与众人在一起，必须不惜任何代价地活跃于社会、政治、经济等外界领域。倘若你独自一人，你就会被贴上反社会或古怪的标签，又或者你害怕一人独处。然而在这种自我觉察的过程中，你将探明许多有关自己的问题，因此也就更多地认识了世界。

不要把这种记录当作是一种新的方法或技巧来对待。去尝试一下吧。然而重要的是去觉察每一个想法和感受，继而实现对自我的认知。你必须踏上这段发现自我的旅程，你的发现，并不依赖于任何技巧——实际上，技巧是发现之旅上的绊脚石——这种发现具有解放性，富有创造力。重要的，不在于你的决心、结论、选择，而在于你发现了什么，因为它会带来觉知。

如果你不想做记录，那么就去觉察每一个想法和感受，其实后者更加的困难。例如，假若你心中怀有恨意，去觉察你的愤恨。觉察它，便是去觉察它的根源，它为何以及是如何被储存起来的，它是怎样塑造着你的行为和反应的，怎样与你如影随形的。显然，去觉察愤恨、敌对，意味着去觉察所有这一切甚至更多。很难在一瞬间实现如此彻底、如此广泛的觉察，但如果你做到了，就会发觉，不久，愤恨便会有所改变了。倘若你无法做到这样的觉察，那就记录下你的所思所感，学会以持久的客观、冷静的态度去对它们展开研究，渐渐的，你将发现自己思想和感受的全部内容。这种发现、这种觉知，便是具有解放性和变革性的因素。

问：您在上周曾经提议说，当一个人到了四十五岁左右的时候就应当遁世归隐。您真是这个意思吗？

克：我的这番建议的确是认真的。几乎我们所有人，直至死神降临，终日为俗世所困，根本没有时间去展开深入的探寻，去发现实相。遁世归隐，使得教育及经济制度的彻底变革成为必需，难道不是吗？假如你退休了，你便会感到措手不及，感到迷失与孤独，不知道自己该做些什么才好，不知道怎样去思考。你或许会去组建有着新的信仰、徽章和标签的新团体或组织，于是也就再一次地活跃于外部世界，做着一些变革，而这些变革又会需要进一步的变革。然而我所指的并非如此。若要遁世归隐，你必须做好了准备，那就是从事正确的事情，创造出正确的环境，建立起正确的国家、树立正确的教育，等等。假如你已经做好了这样的准备，那么在任何岁数从喧嚣的俗世中退隐而去，都是自然而然的事情，不存在所谓的反常。你抽身而退，置身于深刻而纯粹的觉察之中，去发现真实，去帮助着改变那顽固不化、满是冲突的社会和国家，而不是走向孤立与隔绝。所有这一切都意味着一种截然不同的教育，意味着我们的社会及经济秩序的一场剧变。这样一群人将会彻底脱离权威，脱离政治，脱离所有那些给人与人之间带来战争与敌对的因素。一块石头可以指引河道，所以，一个小的数字也能够指引文化的进程。显然，任何伟大的事物都是以这种方式来造就的。

你或许会说，我们大部分人都不可能遁世，无论内心多么渴望如此。自然，不可能所有人都能遁世，但你们当中有些人是可以做到的。独自一人生活，或者处在一个很小的团体里头，需要相当的智慧。但倘若你真的认为这么做是值得的，你就会着手去做，不是将其视为一种摒弃世俗享乐的惊人之举，而是把它看作是一个有思想的人自然会去做的睿智的行为。至少应当有人不属于某个团体、种族，或是不属于某个专门的宗教、社会，这是何等重要啊！他们将会创造出人类真正的兄弟情谊，因为他们正在探寻真理。要想不受外在财富的束缚，就必须得觉察到内心的贫瘠，这种觉察会带来无法言说的充实感。文明的河流，或许可以凭借少数觉醒的人而改变其河道。这些人并非是那些陌生者，而是你和我。

问：很多时候，问题是如此之重要，以至于它们需要从外部以及个体的认知这两个方面同时着手来予以解决，难道不是吗？比如，日本向中国输入大量致命的鸦片？这仅仅是诸多形式的剥削中的一种罢了，实际上，我们要对这些剥削负上责任。我们是否能够采取某种非暴力的方法来制止这一可怕的进程呢，还是必须得等待个体的自觉呢？

克：某个群体会剥削另外一个群体，从而导致剧烈的危机，这种情形已经成为周期性的了。无数世纪以来，此番景象一直都在上演着——

一个种族统治、剥削、屠杀另外一个种族，后者则陷入被压迫、欺骗和穷困潦倒之境。如何才能解决这一难题呢？是只有通过外部的立法、组织和教育来进行调整呢，还是通过认识到那些引发了外部的混乱与不幸的内在原因呢？没有认识外部，你便无法领悟内在。假如你仅仅试图去制止一个种族对于另外一个种族的剥削或压迫，那么你也将会变成剥削者、压迫者。如果你采取邪恶的手段，以求达到正义的结果，那么结果会因为手段而改变。所以，除非我们深刻地、持久地领悟到这一点，否则单纯去以暴易暴、以恶抗恶，只会滋生出更多的恶，于是变革也就一直会需要进一步的变革。我们以为已经懂得了这一显而易见的道理，然而我们却允许自己因为恐惧、宣传等等而被其对立面给说服，实际上，这也就意味着我们并没有理解它的真相。

作为个体，作为民族、国家之一部分的个体，你或许无法去改变他人，但你可以去改变自己。你能够用暴力的手段、经济制裁等方法来制止一个国家对他国的剥削，然而，又有什么能够保证说，那个终止他国之暴行的国家，不会也变得残酷无情、对其他民族施加压迫呢？没有人可以保证这一点。相反，当一个国家或个人以恶抗恶的时候，自己也会变成他所反抗的对象。你可以建立起一个表面化的外部体系，通过优秀的立法去进行控制和检查，但倘若没有善意，没有手足之情，那么内心的冲突和贫瘠便会爆发，从而带来混乱与无序。单纯的立法，无法阻止西方列强去压榨东方世界，或者反过来不让东方民族去盘剥西方社会。可是，只要我们，无论是个人还是处在群体之中，去认同这个或那个种族、国家、宗教，就必然会有战争、剥削、压迫与饥饿。只要你让自己去认可界分，去认可那张荒谬之极的界分的长清单，诸如美国人、英国人、德国人、印度人等等，只要你没有意识到人类的团结和关系，就必然会有大规模的屠杀和悲伤。一个仅仅由法律来指引和控制的民族，就像是一朵假花，看起来美丽无比，里面却空空如也。

你或许会说，世界不会坐等个体的觉醒或者等待一小部分人觉醒之后来改变它的进程。是的，它会继续自己那盲目的、固定的行进方向。然而，一旦我们每个人能够摆脱界分、世俗、个人的野心及权力的束缚，世界便将苏醒过来。只要他实现了觉知，只要他心怀慈悲，残忍与无知便会走向终结。只有当个体觉醒了，才有希望可言。

问：我想去帮助和服务他人。最好的方法是什么呢？

克：最佳途径，便是着手去认识自己、改变自己。这种想要去帮助和服务他人的渴望，其实隐藏着骄傲与自负。如果你心中怀有真爱，你便会去服务大众。只有在虚荣心的驱使之下，你才会大声叫嚷着说自己想要去帮助别人。

假如你希望去帮助别人，你就得认识自己，因为你便是他人。从外在来说，我们或许是不同的——肤色各异，黄的、黑的、褐色的或是白色的——然而我们全都为欲望、恐惧、贪婪或野心驱使着，我们的内心极为相似。倘若没有实现对自我的认知，你如何能够知道他人的需要呢？倘若没有认识你自己，你便无法去理解他人、服务他人。没有认识自我，你就会在无知中展开行动，从而制造出痛苦。

让我们好好思考一下这个问题吧。在贪婪和战争的推动之下，工业化正在全世界范围内迅速传播着。工业化或许会带来就业，养活更多的人口，但更大的后果又是什么呢？一个在技术方面高度发展的民族，会出现怎样的情形呢？他们会更加富有，会拥有更多的汽车，更多的飞机，更多的机械装置，更多的电影，更大、更好的房子。可是，作为人类的他们又会遭遇什么呢？他们会变得越来越残忍无情，越来越机械化，创造力和生机却日渐减少。暴力必定会四处蔓延开去，尔后政府便会成为暴力的组织。工业化或许可以带来更加良好的经济状况，但也会伴随着令人惊骇的后果！——贫民窟，白领同蓝领、雇主同苦工、资本主义同共产主义之间的敌对，以及正在世界各个地方蔓延的混乱的商业。我们开心地声称工业化将会提高生活水准，将会消灭贫穷，将会带来就业、自由、尊严，等等。富人和穷人之间的界分，有权有势的人与寻求获得权势的人之间的界分——这种永无止境的界分和冲突将会继续下去。工业化的结果会是什么呢？西方世界已经发生的情形是怎样的呢？那就是战争、革命、不断受到破坏的威胁以及彻底的绝望。谁会帮助谁？谁又会服务谁？当你周围的一切都遭到破坏的时候，那些有思想的人一定会去探究更为深层的原因，不过，只有极少的人会去这么做。当一个人被炸弹炸出了自己的屋子时，一定会对原始人极其嫉妒的。你的确能够给那些所谓的落后民族带去文明，不过是以怎样的代价啊！你可以服务他人，但是应该去想想附带的后果。可惜很少有人意识到了灾难那更为深层的原因。你无法摧毁工业化，你无法废除掉飞机，但是你可以彻底根除掉那些导致其滥用的原因。滥用的根源，就存在于你的身上。你能够将它们根除，这是一项十分困难的任务；由于你不会去面对该任务，你试图让战争变得合法化，你拥有盟约、国际安全组织，诸如此类，然而贪婪、野心却支配着它们，于是战争与劫难也就必然会接踵而至了。

要想帮助别人，你就得认识你自己。那个他人，跟你一样，也是过去的产物。我们全都彼此相互关联着。假如你的心灵因为无知、歹念、色欲而病入膏肓，那么你就一定会传播这种疾病和黑暗。假如你的心灵健康而完整，你就会去把光明与和平的种子洒向人间。否则，你便会推波助澜地去制造出更大的混乱与不幸。认识自我，需要耐心以及不断的觉察。自我是一本很厚的书，你无法在一天读完。不过，一旦你开始去阅读，你就得逐字、逐句、逐段地阅读，因为全部就蕴藏在这些字句之中。它的开始，便是它的结尾。如果你懂得如何去阅读的话，就将发现那至高的智慧。

问：只有在醒着的时候才能够展开觉察吗？

克：你越是去觉察自己的所思所感，就会越意识到你的整个存在，于是睡眠时间也会变成对醒着时候的一种强化。即使是在所谓睡着的时候，意识也依然在运作着，对这一点我们知道得很清楚。你相当彻底地去思考某个问题，却没能解决，你只好把问题一直带到了睡眠时段，这是我们经常使用的一个术语。到了早上，我们发现问题变得更加清晰了，而我们也似乎知道该怎么办了，或者懂得了从某个新的视角去看待，从而有助于问题的解决。这种情形是如何发生的呢？我们可以将其归因于神秘，胡乱地解释一通，然而究竟发生了什么呢？在所谓的睡眠中，意识的浅层处于安静状态，或许也因此具有了接纳能力。它曾经对问题焦虑不已，被弄得疲惫不堪，现在它则是静寂的，消除了紧张与压力，于是也就能够洞察到意识更深层面的暗示和推动。当你醒过来的时候，问题似乎变得更加清晰起来，因而也就比较容易解决了。所以，你在白天越是去察觉自己的所思所感，不是仅仅察觉了数秒钟的时间或者在某个时段去察觉，那么心灵就会变得越宁静，进入到一种时刻保持警觉的被动无为的状态，于是也就能够对那些更深层的暗示做出反应和加以理解了。不过，要做到如此的觉察实属不易，意识并不习惯于这样的强度。意识越是展开觉察，内在的心灵就越会配合它，因而也就能够实现更加深刻和广泛的觉知。

你在醒着的时候觉察越多，就越少做梦。梦所表示的，是那些尚未完成和理解、需要得到新的阐释的思想、情感和行为，或者是那些需要被彻底理解的落空的想法与希望。有些梦不具有任何的重要性，但是你必须要去阐释那些拥有重要涵义的梦，而这种解释则取决于你能够不去进行认同，能够拥有敏锐的智慧。如果你实现了深刻的觉察，就无需去进行阐释，可惜你太过懒惰。你可以去找某位解梦专家，如果你支付得起费用的话，他会按照自己的理解去阐释你的梦境。你渐渐会对他生出依赖，他成为了新的牧师，于是你也就平添了另一个问题。但倘若你有所觉察，即使觉察了很短的时间，就会发现，那一短暂、强烈的觉察，哪怕稍纵即逝，也能够开始唤醒一种新的感觉。这种感觉，不是欲望的产物，而是一种摆脱了一切个体局限与倾向的能力。当你的察觉越来越走向深刻和广阔的时候，这种能力、这种感觉，便将会积聚动能，如此一来，即使你的注意力已经转向了其他的事情，你都会有所觉察。尽管你忙于那些必需的职责和工作，注意力放在日常的生存上面，但内心的觉察依然在继续着，它就仿佛是一个感光版，每一个印象、每一个想法或感觉都被印在了上面，等待着被研究、消化和理解。这种能力、这种新的感觉，是极其重要的，因为它将揭示出永恒。

（在加州欧加橡树林的第五场演说，1944 年 6 月 11 日）

摆脱欲望就能开启美德之门

我在自己的演说中一直指出，认识自我，将会开启正确思考的大门，若没有实现对自我的认知，就无法展开正确的思考。认识自我会带来觉知，它是一切觉知的根源所在。没有认识自我，就无法去认识我们周围的世界。要想带来这种觉知，就必须得展开正确的努力。因为，正如我曾解释过的那样，倘若没有如此，思想与感受便会始终处于一种二元性的状态，在优点与缺点，“我”、“我的”与“非我”、“不是我的”之间矛盾、挣扎，从而导致极度的痛苦和悲伤。如果我们不去观察、认识并因而超越欲望的话，那么这种对立面的冲突就将一直存在下去。渴望世俗的享乐，渴望个体获得永生，便是痛苦的根源所在。各种形式的欲望，制造出了无知、敌对与悲伤。渴望个体的永生，不仅是希望自我能够在来世延续下去，而且还包括自我在今生的持续存在，具体则表现为对于家世、名声、地位的洋洋自得，表现为对于财富、名望的渴求，表现为权威、神秘和奇迹。对于这些事物的欲望，便是痛苦的开始，只要屈服于它们，痛苦就不会有终结之日。

所以，让思想和感受摆脱欲望的羁绊，这种自由将会开启美德之门。美德便是抛下小我、否定小我，而不是积极地去生成自我，执着于自我，因为否定性的觉知是思想与情感的最高形式。所谓积极地生成自我，或者自我的特性，实际上是一种自我封闭、自我约束，因此永远都无法摆脱冲突与痛苦。渴望变得如何如何，无论是想变得高尚还是变得有德行，都依然是局限在自我那狭隘的领域之内，所以这样的欲望只会制造出冲突和混乱。这种不断去“变成”的过程，被认为是积极的、正面的，其实只会带来死亡及其恐惧和希冀。让思想挣脱欲望的罗网，尽管这么做或许看起来是一种否定，殊不知它正是美德的本质，因为这种过程不是在树立自我、“我”和“我的”。

正如我在先前的演说中所指出来的那样，当我们的所思所感不再受欲望的束缚，当我们去觉察欲望的方式，便将开始懂得真率、爱、恐惧、简单的生活这些字眼所包含的真义。我的意思，并不是说一个人必须变得率真、诚实，而是指一旦他去思考和感受真率、诚实这些美德，一旦他广泛地觉察到了它们，就能理解其更为深刻的涵义了，这么做远胜于刻意地让自己变得诚实。美德不是一种自我可以建立在它上面的构造物，因为它里面不存在任何的“变成”。自我永远无法变得真率、坦诚、清澈，原因在于它的本质是黑暗的、封闭的，充满了困惑与矛盾。

觉察到了无知，便是率真与诚实的开始。没有意识到无知，则会滋生出顽固和轻信。若没有觉察到无知，那么努力去变得诚实，就只会走向更多的混乱与困惑。若没有认识自我，单纯的诚实便是狭隘和轻信。如果一个人开始去觉察自我，去观察什么是率真，那么困惑便会向澄明让步。正是因为缺乏澄明，才会导致不诚实、虚假。而意识到种种逃避、歪曲、障碍，则会带来秩序与澄明。无知，便是缺乏对于自我的认知，它会通往困惑、混乱和不诚实。没有认识自我那矛盾的本质，就难以做到诚实，并且会滋生出越来越多的混乱和困惑。一旦实现了自我觉察与自我认知，就将迎来秩序、澄明以及正确的思想。

最高形式的思考，便是无为状态下的觉知。但如果没有认识欲望，那么积极地展开思考和感受，就只会增加那些隔离的、分裂的、毫无创造力的价值观念。

爱令人悲伤，我们意识到，爱里面充满了悲伤、痛苦和幻灭。爱的痛苦是一种折磨，我们在它里面体会到了恐惧与怨恨。尽管爱里面会有折磨，但我们却无法去躲避爱。愚蠢之人会对爱大发责难，倘若没有理解痛苦的原因，没有认识它的冲突，就无法去超越痛苦。如果没有意识到冲突的根源所在，那么欲望、爱便会带来痛苦。是欲望制造出了依赖以及一切由它所导致的痛苦的问题，而不是爱。是关系中的欲望滋生出了不确定，而不是爱，而这种不确定又会带来占有、嫉妒和恐惧。这种占有与依赖里面，存在着一种虚幻的和谐感，从而维系和滋养着那暂时性的幸福感。然而它并非是爱，因为它里面有着内心的恐惧和怀疑。这种表面单一的外在推动其实是寄生性的，一个依靠另外一个存活，它不是爱，因为内心空虚而孤独，需要去依赖其他的人或事物。依赖滋生出了恐惧，而不是爱。如果没有认识欲望，就会出现披着爱的外衣的支配和压迫，难道不是这样子的吗？在与一个人或与众人的关系里，这种充满了权力和支配的爱，以及对它的顺从跟接受，带来了冲突、敌对与悲伤。假如一个人心灵的土壤里播种下了暴力的种子，怎么可能会有爱呢？假如一个人心灵的土壤里播种下了矛盾和不确定的种子，怎么可能会有爱呢？爱，超越了所有这一切，超越了感官。爱本身是永恒的，它不是某个结果，也不是依赖性的。爱里面有慈悲、慷慨、宽容和怜悯。谦卑与温和会伴随着爱而来，若没有爱，这二者便不会存在。

问：我已经是一个性格内向的人了。在我看来，根据您所说的，我会变得越来越以自我为中心，越来越内向。难道不存在这样的危险吗？

克：假如你是一个与外向者对立的内向之人，那就会有自我中心的危险。只要你把自己放在对立面的位置上，就无法实现理解、觉知，你的想法、感受、行为就会是自我封闭的、自我隔离的。一旦你理性地认识了外在，你就必然会走向内心，于是也就不会再有外在与内在的界分了。假如你反对外在，依附内在，又或者假如你排拒内在、维护外在，便将出现对立面的冲突，在这种冲突中是不会有理解的。要想认识外在、认识世界，你就得从自身开始着手，因为你、你的思想、感受和行为是外在与内在这二者的共同产物。你是一切主观与客观存在的中心，要认识到这一点，除了从你自己着手以外，还能够从何处开始呢？这么做并不会进一步加剧失衡的状态，相反，它会带来富有生机的觉知以及内心的安宁。

但如果你否定、排拒外部世界，如果你试图逃避它、歪曲它，根据自己的想象去塑造它，那么你的内心世界就会是一个幻象，它将你孤立起来，给你设置重重的阻碍。尔后它便处于一种幻觉的状态，继而带来不幸。存在，即意味着处于关系之中。不过你能够去阻碍它、歪曲它，结果这种关系也就会变得越来越孤立，越来越以自我为中心，从而导致精神上的失调。觉知的根基，就在你自己的身上，就在于去认识自我。

问：就像许多东方人一样，您似乎对工业化抱持一种反对的姿态。您为何会如此呢？

克：我不知道是否有许多东方人都反对工业化，假如他们的确如此，那么我并不晓得他们会给出怎样的理由，但我觉得，我可以解释自己为何会认为单纯的工业化并不能解决我们人类的问题及其冲突与痛苦。单纯的工业化，将会鼓励那些偏重感官的价值理念，将会制造出更大、更好的浴室，更大、更好的汽车，更多的娱乐、消遣以及其他所有的一切。如此一来，外部的、现世的价值观念就将优先于永恒价值。除了事物或者单纯的知识以外，我们还在那些人工或脑力的财富中去寻找幸福与安宁。走在任何一条主干道上，你都会看到街边的店铺一家挨着一家，贩卖着同样的东西，尽管它们颜色、形状有所不同——那便是无数的杂志和成百上千的书籍。我们想要得到娱乐和消遣，因为我们是如此不幸、贫乏、空虚和悲伤。所以，哪里有需求，哪里就会有生产以及机器的绝对权力。我们以为，只要实现了工业化，经济与社会的问题就可以迎刃而解了。果真如此吗？你或许可以暂时地解决那些问题，但这么做也会伴随着战争、革命、压迫和剥削，会把所谓的文明——工业化及其所包含的一切——带给那些未开化的民族。

工业化和机器就在这里，你无法将其废除。只有当一个人不再为了自身的幸福而去依赖于外物，只有当他培养起了内心的充实，继而拥有实相这一不朽的财富，工业化和机器才能够发挥正确的功用。倘若没有做到这一点，那么单纯的工业化就只会带来难以名状的恐怖。只有实现了内在的富足，工业化才能具有意义。这一问题并非只是某个国家或种族所面临的，而是属于全人类的难题。没有慈悲与摒弃世俗这种平衡性的力量，仅仅通过不断增加物品的生产，不断发展技术，那么你就会遭遇规模更加巨大、程度更为猛烈的战争，便会出现更多的经济压迫，便会有更多的重兵把守在各国的国境线上，便会有更多隐蔽形式的欺骗、不团结与专制。

一块石头可以改变一条河流的方向，同样的，少数几个实现了觉知的人，或许也能够扭转人类这一可怕的进程。不过，除非一个人坚持不懈地展开觉察，并因此发现了那不朽的财富，否则很难去抵挡现代文明不断施加的压力。

问：*您是否认为群体性的禅修会有所裨益呢？*

克：禅修的目的是什么？正确的思考，难道不是探明最高存在的基石吗？只要实现了正确的思考，那不可知的、不可度量的事物便会出现了。你必须探明它，而要想有所探明，你的心灵就得处于一种完全不受影响的状态，就得实现彻底的静寂，步入一种富有生机的空无之境。心灵应该使自己不受过去的羁绊，摆脱那些局限性的影响，不再制造出价值理念。你既是一个人，又是众人，既是单一的一个，又是一群。你是过去的产物。只有通过这个产物，否则便无法理解这整个的过程。你应该对这一产物即你自己展开研究与审视。要想观察自身，你就得做到超然、客观，不受外界的影响，不再沦为那些或隐蔽或公然的宣传的奴隶。环境的影响，塑造着我们的思想与感受。所以，若想探明实相，就必须不受环境的影响，而实相本身便具有解放性。我们十分轻易地就会被说服去相信或不去相信，去行动或不去行动。杂志、报纸、电影、广播，每一天都在塑造着我们的思想与感受。能够不受这些事物的影响所局限的人，是多么稀少啊！

某个宗教团体相信这个或那个，他们的思想和感觉是模仿性的，是被影响和塑造的。在这种模仿的混乱与断言中，哪里会有探明实相的希望呢？若想认识这种疯狂的混乱，思想与感受就得把自己从这种混乱里头给解放出来,从而变得清晰和简单,以及不为偏见所囿。要想探明实相，心智必须挣脱过去的专制的羁绊，必须完全处于一种独立的状态。集体是多么容易被利用、说服和麻醉啊！对于实相的探明是无法被组织的，而必须通过每一个人的寻求才可以获得，无法被强制，无法在奖赏的推动之下去获得。当心灵不再刻意去创造的时候，便会迎来真正的创造。

问：身处于这样一个可怕而残酷的世界中，去信仰神难道不是极其必要的吗？

克：我们对于神的信仰已经延续了无数个世纪，然而我们却还是制造出了一个可怕的世界。无论是原始人还是那些极有教养的神职人员，全都相信神。野蛮的原始人用弓箭去杀戮，他们的舞姿十分狂野；而文明的神职人员则向那些战船和轰炸机赐福，并且努力给战争寻找各种理由。我说这些，并不是怀着愤世嫉俗的嘲讽心态，所以请不要笑。这是一件极为严重的问题。他们都信仰神，当然，还会有某个无神论者，然而他所采取的手段，同样是将那些挡了自己路的人、那些异己者给清算掉。依附某种信仰或意识形态，并不能消除杀戮、压迫和剥削。相反，可怕而无情的战争，破坏和迫害，会以神的名义、会打着和平的幌子一直继续下去。假如我们能够把这些相互争斗的信仰和意识形态抛置一旁，给我们的日常生活带来一种深刻的改变，那么就有机会创造出一个更好的世界。是我们每日的生活导致了这一切，导致了此前的灾祸与恐怖。因为我们欠缺思考能力，不关心他人，抱持排外的国家主义，以及树立经济上的特权和屏障，因为我们心中缺少善意与慈悲，所以才让战火纷飞，才会有这么多的天灾人祸。世俗犹如一座火山，必将不断地喷发出无序与悲伤的火焰。

我们是过去的产物，若没有认识到这一点，就会招来灾难。不要指望一个被创造出来的心灵，一个作为某种产物的心灵，能够去理解那永恒的、偶然的事物。要想认识那自存的事物，心灵就得停止创造。信仰始终是属于过去的，属于被创造的事物，这样的信仰会妨碍我们去检验实相。当思想与感受成为了某种固定的模式，成为了依赖性的，就不可能认识实相。必须要怀有一颗开放的心灵，必须要挣脱过去的束缚，必须要让静寂自发地流淌出来，唯有如此，实相之花才会绽放。当你目睹夕阳西下，在那一美丽的时刻，你会自然而然地感到一种充满了生命力的欢愉。当你希望再一次重温那一体验的时候，日落的美景却无法给予你欢愉了。你试图获得同样的富有生机的幸福感，但却落空了。只有当你的心灵不去期待和渴望的时候，才会有所得。然而一旦得到了，它就会贪婪地渴望更多，正是这种贪婪让它陷入盲目之中。贪婪是不断累积的，会让心智背负重担，它一直都在累积、储存。思想和感受因为贪婪、因为记忆那具有腐蚀性的潮水而变得腐烂。只有通过深刻的觉察，才能终结这种逐渐被过去吞噬掉的过程。贪婪，就像愉悦一样，始终都是单一性的、局限性的。源于贪婪的思想，如何能够去认识那不可度量的事物呢？

你应该去意识到自己的所思所感，而不要去强化那些信仰和意识形态，因为生活的各种问题正是来源于此。你是什么样子的，世界就会是什么样子的。如果你残忍、好色、无知、贪婪，那么世界便将呈现出同样的面目。你信不信神，并没有多少意义，原因在于，你的思想、感觉和行为，要么会让世界变得可怕、无情、残暴，要么会让它充满安宁、慈悲与智慧。

问：欲望根源于何处呢？

克：感知、接触、感觉、渴望以及认同，导致了欲望的产生。欲望的根源，就在于最低和最高形式的感觉。你越是需要得到感官上的满足，就会越多世俗方面的渴望，越会去寻求来世的永生。既然存在是一种感觉，那么我们就只可以去理解它，但不要沦为它的奴隶，所以要让思想获得自由和解放，以便跃入纯粹觉察的层面。渴望获得满足，就必然会采取种种手段以达到满足，并且是不惜任何代价的。我们可以观察、研究、理性地认识这样的需求、欲望，从而予以超越。屈从欲念，便是无知，因此也就必然会以悲伤告终。

问：您难道不觉得，人的身上有一种破坏的本能吗？这种本能并不取决于他的意志，但与此同时又存在着一种求生的本能。生命本身，似乎便是一种破坏和毁灭的过程。

克：我们所有人身上都潜藏着一种破坏的倾向——比如愤怒、歹念，一旦这些破坏欲膨胀开来，就会导致世界性的劫难——不过我们的身上同样还存在着渴望去关怀他人的慈悲与善意。因此，这种二元性的过程，这种看似永无止境的冲突，在我们身上运作着。这位提问者希望知道，是否生命本身并非看似一种破坏的、毁灭的过程。是的，生命正是如此。如果我们理解了生命的涵义，便会懂得最高的觉知就存在于否定之中。这种否定，指的是毁灭掉那些以肯定、以“我”、“我的”为基础的价值观念。只要生命是一种自我变成，只要生命因为不断地想到、感受到“我”、“我的”而成为了一种封闭的状态，那么它就会是一种破坏性的过程，残忍、毫无生机和创造力可言。积极地、过分自信地“变成”，从根本上来说是一种死寂的、没有生机的行为，这在当前的世界上是如此显而易见的情形。假如生活积极地去追逐“我”、“我的”，那么这样的生命就会满是冲突与矛盾，就会具有破坏性。当这种积极的、强烈的欲望或者无所欲求走向终结的时候，你便会意识到恐惧、死亡和虚无了。但倘若思想能够超越这种恐惧，就将迎来终极的实在。

（在加州欧加橡树林的第六场演说，1944 年 6 月 18 日）

有依赖就不会绽放爱

在过去的五场演说中，我一直都在试图说明，如何去培养正确的思考，以及正确的思考为何会伴随着自我认知而来。你越是去觉察自己的所思所感，就会变得越超脱与客观，你越少去认同，就会越多对自我的认知。只有认识了自我，才能消除无知和悲伤。一旦你认识了自己，就将拥有正确的思想了。

正如我所阐明的那样，当你的思想和感受挣脱了欲望的罗网，你便能拥有美德。同时，若想让思想获得解放，你就必须得做到率真与公正。依赖性会熄灭爱的火焰。欲望必定会带来依附和占有，继而滋生出嫉妒、艳羡与冲突，我们对这些情形再熟悉不过了。哪里存在着依赖、依附，哪里就不会绽放爱的花朵。

一旦我们认识了关系，就将发觉，之所以会有烦恼和痛苦，是因为我们依赖他人去获得内心的安宁与幸福。于是关系也就仅仅变成了一种让自我获得满足的手段，继而滋生出了依附和恐惧。关系是一种自我揭示的过程，它就像一面镜子，通过它，你可以开始去发现自我，去发现你的倾向、借口、自私、受限的动机、恐惧、等等。如果你在关系中展开觉察，便会发现你正在暴露自我，而这会带给你冲突和痛苦。一个有思想的人会欢迎这一能够暴露自我的过程，懂得该过程将会带来秩序与澄明，将会让他的思想和感受从展示自我的隔离性的倾向中解放出来。可惜我们大多数人都努力想要在关系里寻求慰藉和满足，不想去揭示自我，不希望去探究自己的本来面目，结果关系也就变得令人厌倦，于是我们想要逃避。我们在关系里头寻求安宁，假若没有如愿地找到安宁，就会做出一些让人感到满足的改变，直到发现了我们想要的——乏味的慰藉或是某种娱乐消遣，以便掩盖起我们徒有其表的空虚以及那令人痛苦不已的恐惧。然而，除非你通过关系实现了深刻而广泛的自我认知，否则关系将会始终充满了痛苦和不断的争斗。只要你深刻地认识了自我，就能拥有无穷无尽的爱。

一旦我们理解了关系以及依赖性产生的根源，就不会滋生出敌意与仇恨，这一点格外的重要。如果关系不是一种自我揭示的过程，我们便无法弄清楚为什么所有的关系里头都会有敌意存在。倘若敌意的原因消失了，那么就既没有朋友，也没有敌人，既没有宽恕者，也没有被宽恕者。由于我们对地位、学识、家世、能力这些东西沾沾自喜，所以才会导致敌意，继而唤醒了他人内心的歹念和嫉妒。

想要变得如何如何，这种欲念滋生出了恐惧。渴望成为某种样子，渴望有所得，于是便会去依赖，继而带来了恐惧。没有恐惧，这并不是一种否定，它不是恐惧的对立面，也不是勇敢无畏。当你理解了恐惧的原因，恐惧便会终结。但你不要刻意地去变得勇敢无畏，因为一切“变成”当中都会种下恐惧的种子。依赖外物、依赖他人，或是依赖某些理念，都会滋生出恐惧。依赖，源于无知，源于缺乏对于自我的认知，源于内心的贫瘠。恐惧会导致心智的不确定性，会妨碍沟通与理解。凭借自我觉察，我们便能开始去探明，继而认识恐惧的根源。这里所说的恐惧，不仅是指那些表面的恐惧，还包括了那些极为偶然、一点点累积起来的恐惧。恐惧，一方面是与生俱来的，一方面还有后天获得的。它与过去有关，要想让思想和感受免受恐惧的束缚，就得经由现在去认识过去。过去，始终都在等待着去产生现在，现在则会变成关于“我”、“我的”的记忆。自我，便是一切恐惧的根源。

压抑、克制恐惧，并不能超越恐惧。你必须要自己去探明恐惧的原因，尔后才能理解它并将其消除掉。当你意识到了欲望及其依赖性，当你怀着超然、客观的态度去观察它的种种方式和行为，那么恐惧便会让位于觉知。显然，对一个问题的觉知有三种状态：首先，要觉察到它；然后，深刻地意识到它的原因和结果，意识到其二元性的过程；最后，超越它。做到了这三个状态，就一定能体验到思想者与他的思想是一个统一的整体。我们不妨说，大部分人都没有意识到恐惧；假若我们意识到了它，就会焦虑不安，就会去逃避，去压制恐惧或将其给掩盖起来。假使我们没有去这么做，那么，通过不断的觉察，恐惧的原因和过程就会开始一一显露出来。如果我们怀有耐心，如果我们没有贪婪地想要得到某个结果，觉察的火焰便能带来理解，继而消除恐惧的根源以及它那始终在发展着的过程。虽然原因只有一个，但它却有许多种方式与表现。

压抑、克制恐惧，无法根除恐惧的根源，而只会制造出更多的烦恼和痛苦的因素。通过对恐惧展开持久的观察，通过意识到恐惧的每一次出现，它就会让自己一一显露出来。以超然客观的态度去追随恐惧的行踪，不做任何判定，便将获得富有生机的觉知。这种觉知本身，就能够消除掉恐惧的原因，同时又不会发展出它的对立面。要知道，它的对立面，其实是另一种形式的恐惧。

问：您为什么不直面经济与社会的罪行，而是逃避到某种难以理解的、神秘的事物中去呢？

克：我一直试图指明，只有重视那些主要的问题，才可以认识并解决那些次要的。如果不知道是什么导致了经济的、社会的罪恶，就无法去纠正这些罪恶。要想认识它们，继而带来根本性的变革，我们就得首先认识自我。因为我们自己，正是这些罪恶的根源。所谓大众，所谓团体，正是由作为个体的我们组成的，是我们制造出了社会与经济的争斗和混乱，我们自己要为这一切负上责任。所以，无论是作为个体的我们，还是作为群体的我们，都能够带来秩序和澄明。要想展开集体性的行动，我们就必须从个体开始着手；要想作为一个团体展开活动，每个人就必须认识自己身上那些导致了外部的冲突与不幸的原因，继而从根本上加以改变。依靠法律法规，你或许可以取得某些有益的结果，但倘若没有改变内在，改变冲突与敌对的根本原因，那么它们就会有翻身的一日，冲突就会再一次地爆发，外部的革新就会始终需要进一步的变革，而这种方式则会走向压迫和暴力。只有当每个人的内心实现了有序和安宁，才能出现持久的外部的秩序以及富有生机的和平。

我们每个人，无论处于何种职位、何种立场，全都寻求着权力，全都贪婪、好色或者残暴。如果不通过自身的努力去终结自己身上的这些人性的弱点，那么单纯的外部的变革就只会产生表面化的结果，而这些结果会被那些一直在寻求地位、名声的人们给破坏殆尽。显然，若想从根本上改变这个充满了战争、竞争和专制的外部世界，你就得从自身开始做起，就得让自己脱胎换骨。毫无疑问，你会说，如果是以这种方式的话，那就需要耗费相当长的时间才能让世界有所改变。一场短时间的、剧烈的、表面化的革新，能够改变内心的情形吗？通过牺牲现在，就可以创造出一个幸福的未来吗？采取错误的方法，可以带来正确的结果吗？我们不明白这个道理，盲目地去追逐，而不是去展开思考，结果便会遭遇彻底的毁灭与不幸。只有通过和平的、有序的方法，你才能够拥有安宁与秩序。外部的经济和社会变革，其目的是什么呢？是为了让人获得解放，是为了帮助他充分地思考和感受，过一种充实的人生吗？有些人渴望经济与社会秩序能够发生立即的、迅速的转变——难道这些人不也在制造着思想和行为的模式吗？而他们的模式，不是关于如何去思考，而是思考些什么。因此它便制造出了自身的目的，而人类也就再一次地沦为了环境的玩偶。

在这些演说中，我一直都想努力指明，之所以会有痛苦，是因为无知、歹念和贪欲。假若这些障碍没有自我净化，我们就必然会滋生出外部的冲突、混乱与不幸。无知，是因为缺乏对自我的认识，它是最为严重的“恶”。无知将会妨碍正确的思考，将会强调那些次要的东西，结果生命也就变得空虚和乏味，成为了机械化的例行公事。所以我们便去寻求各种逃避：逃到教条、推测、幻觉之中。当一个人努力去认识外部世界的时候，他就会走向内心一旦他适当地去追逐内心、正确地理解了内心，便能认识那至高的存在了。逃避，无法结出觉知的果实。这种觉知本身，便能够给世界带来和平与秩序。

世界之所以会陷入一片无序和混乱之中，原因在于，我们一直都在追逐那些错误的价值观念。我们重视感官、世俗以及个体的名望或永生，从而导致了冲突和痛苦。只有在正确的思想中才可以找到真正的价值，若没有实现对于自我的认知，就无法拥有正确的思想。而要想认识自我，则需要觉察自我。

问：您难道不认为有些国家热爱和平而有些国家则是穷兵黩武吗？

克：我并不这么觉得。国家这一术语是隔离性的、排他的，因此也就导致了争斗与战争。并不存在所谓爱好和平的国家，所有的国家都是具有侵略性的，喜欢统治别人，实施暴政。只要国家依然是一个隔离性的单位，与其他国家相分离，对种族隔离、爱国主义、种族这些东西深感骄傲，那么它就一定会给自己以及其他国家带来难以形容的巨大灾难和不幸。如果你唯我独尊、排外，你就不可能拥有和平。只要你设置经济的、社会的、国家的、种族的界限，就肯定会招来敌意、嫉妒、恐惧和猜疑。若其他人饥肠辘辘，你便无法拥有富足。我们并不是隔离的、孤立的，无法独善其身，全人类都是紧密相连的。他人的痛苦便是你的痛苦——杀害别人，你也就毁灭了自己；仇视别人，你也会遭受痛苦，因为你即他人。善意和友爱，无法通过分离主义的、排外的国家和边界而获得。必须要将分离主义、唯我独尊抛置一旁，才能够给人类带来和平与希望。

此外，你为什么要让自己去认同某个国家、团体或是某种意识形态呢？难道不是为了保护你那小小的自我，为了填补你那琐碎的、毫无生机的空虚，为了维系自身的荣耀吗？自我里面是哪种骄傲导致了战争、苦难、冲突和混乱呢？一个国家便是自我的荣光，因此也就滋生出了争斗与痛苦。

问：我一方面对性十分的着迷，一方面又对它感到恐惧。这个问题已经让我深受折磨。那么，一个人该如何去解决这一难题呢？

克：性之所以会成为一个如此棘手的问题，是因为我们不再具有创造力，不再具有生机。无论是精神上还是智力上，我们都沦为了单纯模仿的机器。在宗教方面，我们仅仅去复制、接受权威，处于一种被麻醉的状态。我们的教育局限住了我们，我们那争强好斗的社会，正在一步步消耗着我们的生命。电影、广播、报纸，不断地告诉我们该想些什么，不断错误地刺激着我们的感官。我们不断地寻求，被永无停息的噪音包围着，于是我们便在性爱中寻找释放，结果性也就变成了一个折磨人的难题了。

通过自我觉察，被我们视为思想的重复性的思考习惯会被觉知之光照亮。只要我们以超然的、客观的态度去观察它、审视它，将评判暂时搁置起来，就能开始唤醒那富有创造力的觉知了。这是一种让思想和感受挣脱一切阻碍同局限的过程，一旦我们意识到了这一过程，那么我们的一切问题，无论是琐碎的还是复杂的，就将一一显露出来，从而带来那富有创造力的觉知。所以说，我们必须领悟到这一点。排拒、接受、评判或比较，意味着认同，会妨碍思想与感受走向彻底的成熟。如果在思想和感受流动的时候，你不去进行认同，而是追随它的踪迹，尽可能广泛和深刻地去思考它、感受它，那么你便可以觉察到它那广阔而深远的涵义了。尔后，那个狭隘的、渺小的、自我封闭的心灵，就能够冲破它那自我施加的局限和束缚了。在这种澄明的过程中，你的内心将体会到那富有生机的巨大欢愉。

欲望的问题也能够以这种方式来得到解决。就像我曾经说过的那样，单纯的压抑或克制，并不能解决问题，而只会诱发更多的刺激和干扰，只会进一步地强化“我”、“我的”这一自我封闭的过程。我们应该尽可能广泛而深刻地觉察到问题，继而探明其原因。不要去评判、比较、责难或接受，从而与原因进行认同；而是应当去观察原因的诸多表现形式，紧紧追随它的踪迹，始终以超然客观的态度去理性地思考它、感受它。一旦你实现了这种广泛的觉察，就可以解决并超越该问题了。

克服性欲，不同于无欲的状态。在无欲的状态中，思想和感受不再沦为感官的奴隶。但如果只是单纯地去克制性欲，则会反过来被性欲打败。觉察可以带来富有创造力的觉知，它让思想和感受挣脱性欲的罗网。不过，寻找性欲的替代品，这种做法依然表现为了一种贪欲。一旦拥有了正确的思想，就不会去逃避冲突和痛苦了。若没有实现对自我的认知，你便无法展开正确的思考。通过觉察，你便能够探明自我的方式，正是这种探明具有解放性、富有生命力。爱是贞洁的，而一个盘算着、密谋着的心灵却不是。

问：您难道不认为生活中存在着一种破坏的本能吗？这种盲目的破坏欲，并不取决于人的意志，它常常会占据主导，随时准备着去付诸行动。我们永远都无法超越这种本能。

克：显然，我们知道自己身上存在着两种对立的能力——破坏和创造、与人为善和损害别人。那么，这二者是否并不依赖于彼此呢？毁灭的意愿与生存的意愿是分离开来的吗？还是说存活的意愿本身就是一种毁灭的过程呢？是什么使得我们去实施破坏呢？是什么让我们愤怒、无知、残忍呢？是什么促使我们去杀戮、寻求报复和行骗呢？它是一种盲目的意愿吗？我们无论如何也没法去控制它吗？我们不妨将其称作为"恶魔"——它究竟是一种独立的邪恶的力量呢，还是一种无法控制的无知呢？破坏的欲望究竟是无意义的呢，还是对某种想要活下来、想要变成的更强烈的需求的反应呢？这种反应永远都无法被超越吗，还是说它可以放慢下来，从而获得审视和理解呢？将某种反应放慢下来是完全可能的。又或者，是否存在着某个永远都无法被审视的盲点，这一盲点是遗传的结果，是先天的产物，它如此局限着我们的思想，以至于我们无法对其展开探究？所以我们便会认为存在着一股无法被超越的邪恶的破坏的力量。

很明显，凡是被创造出来的事物，都能够被其创造者所理解。创造与毁灭，这便是我们身上存在着的善与恶的二元化过程。既然我们已经创造出了该过程，那么也就能够去认识它。不过，若想理解这一过程，我们就必须能够客观地观察自己，而这又要求我们保持相当的警觉以及展开富有适应力的觉察。抑或我们可以说，所有人的身上都潜藏着一股邪恶的力量，这种力量本身是具有破坏性的。尽管我们可以做到关爱他人、慷慨和慈悲，然而这种力量——就像地震一样——是完完全全没有人的情感的，寻求着一次偶然的爆发。我们无法去控制地震，去控制大自然的行为；同样的，我们也对这种力量束手无策。

那么果真如此吗？我们难道无法通过认识自我去理解为什么自己的身上会存在这种毁灭和创造的力量呢？假如我们能够首先清除掉意识表层里的混乱，尔后深入其中，因为它是开放的、清晰的，那么意识的深层及其内容便可以彰显出来了。当思想和感受不去进行认同，而是抱持客观的态度，从而能够展开观察，不做比较和评判，就可以实现意识表层的澄明了。唯有如此，意识才能够去探明何谓真实。尔后你就可以凭借自己的力量去检验，你的身上是否存在着一种完全不受你掌控的邪恶的因子。于是你也就能够弄清楚它是否是局限的产物，或者是否是无知，抑或是否是一个盲点，或者一种独立的邪恶的力量，无法控制。只有在这个时候，你才可以探明自己究竟有没有能力去超越它。

你对自己认识得越多，继而能够展开正确的思考，就会发现，自己身上越少无法被超越的倾向、无知或力量。如此一来你便可以步入一种狂喜的境界，这种狂喜是伴随着觉知、智慧而来的。它不是愚蠢的信仰和希冀。一旦我们充分地认识了自己，就有能力去展开深入的探究，于是将会发现，没有什么是不可以被审视或理解的。自我认知会带来富有创造力的觉知，不过，由于我们没有认识自身，所以便会陷入无知之中。凡是由思想创造出来的事物，都可以被思想超越。

问：为什么世界上会有那么多精神失常的人呢？

克：我们建立起来的，是怎样的一种文明呢？是一种源于欲望的文明，感官上的满足成为了主导的因素。我们制造出了一个感官价值压倒一切的世界，因此那富有生机的感受能力自然不是遭到破坏，就是被歪曲或阻碍。只要感官价值大行其道，心灵便不会获得解放，结果个体便会有意或无意地转而去营造幻觉，而这么做最终只会使自己被孤立起来。除非感官价值让位于永恒价值，否则我们必然会陷入幻觉、争斗、混乱与战争之中。要想让价值理念发生根本性的转变，你就得具有思考能力，就得依靠不断的觉察以及对于自我的认知抛弃掉那些以自我、欲望为中心的价值理念。

问：我感到极其孤独，我似乎无法超越这种痛苦。那么我该如何是好呢？

克：这并不只是某个个体所面临的问题，所有人类的思想都会感到孤独。假若我们可以彻底地、深入地思考和感受一下这个问题，就能够去超越它了。正如我曾经解释过的那样，因为欲望，我们在自己身上制造出了一种二元化的过程，从而滋生出了“我”、自我、非我、我的工作、我的成就，诸如此类。在欲望的驱使下产生出了这一“我”和“非我”的冲突性的过程，该过程自然会导致孤立和隔离，导致彻底的孤独。假若关系和行动中存在着任何自我封闭的思想与感受，就必然会树起一堵堵隔离的高墙，从而让个体陷入到巨大的孤独之中。

欲望产生出了恐惧，恐惧又滋生出依赖性——依赖外物、依赖他人或理念。依赖性越大，内心就会越贫瘠。当你觉察到了这种贫乏与孤独的时候，你就会试图用知识、活动、消遣或神秘去填满它。你越是努力想要填满内心的孤独和贫瘠，越是去遮掩，孤独的真正原因就会被埋藏得越深。自我是需求无度的，从来都不会感到满足。它就像是一个破碎的花瓶，一个永远无法被填满的无底深渊。

当你意识到是思想和感受制造出了自身的绑缚和依赖性，继而导致了隔离与孤立，当你意识到偏重感官价值的文明必定会带来心灵的贫瘠，那么，一旦你获得了这种觉知——这种经由沉思冥想而来的广泛的觉知，你就将探明那不朽的财富了。如果这种不断的觉察越来越深刻和广泛地显露出来，那么经由这种持之以恒的觉察，你便能拥有最高的智慧，继而体验到巨大的平静同欢愉。

（在加州欧加橡树林的第七场演说，1944 年 6 月 25 日）

怎样过上简单的生活

在过去的几场演说中，我们讨论了如何培养探明实相的能力。一旦懂得了何为真实，你便能够迎来宁静与富有生机的和平了。正如我曾指出的那样，必须通过正确的思考（与正确但受限的思想不同）才能培养出探明实相的能力。当我们展开觉察的时候，会遇到二元性的冲突，假如我们未能实现深刻的理解，就将走向错误的努力。只有当思想和感受不再陷于这种优点和缺点、变成和不去变成的冲突之中，正确的努力才会到来。若想培养起对于真理的领悟能力，就得做到率真、公正，就得拥有完整的觉知，而只有当你满怀谦卑的时候，才能实现觉知。就像我曾经阐明过的那样，发展、培养个人的品质，并不能带来美德，因为这么做将会培养出对立面，从而导致错误的努力。然而一旦你让思想和感受步出了欲望的泥沼，那么你就将拥有真正的美德了。

我们还稍微讨论了一下关系、依赖、恐惧和爱——怎样才可以使思想和感觉不再受制于那会腐蚀掉真爱的依赖与恐惧呢？

我在今天上午谈到，我们将努力去弄明白怎样才能过上简单的生活。简单的生活，意味着不再想要去有所得，不再不断地累积各种东西，不再受到任何的干扰。很明显，只有当你懂得了是什么令我们的心灵陷入到贪婪和嫉妒的冲突之中，你才不会想要有所得。我们获取的越多，占有欲就会越大。哪怕你采取排拒的姿态，声称：“我不去获取”，也无法解决贪婪和嫉妒的问题。然而一旦我们去观察它，去意识到我们意识里各种不同层面的获取跟嫉妒的过程，就将开始领悟到它们更为深层的涵义，以及一切经济的、社会的和心灵的意义了。

尔后你将开始认识到，一个为贪婪和嫉妒所困的心灵，无法体验那获得真理后的巨大喜悦。一个争强好胜的心灵，一个因为不断想要“变成”而深陷冲突之中的心灵，一个习惯于从比较的层面进行思考的心灵，是没有能力去探明实相的。当思想和感受展开了深刻的觉察，便会处于一种不断自我发现的过程——这种发现是真实的，具有解放性，富有创造力。这样的自我发现，使心灵不再想要有所得，摆脱了智识的复杂生活。正是这种智识的复杂生活，使人们在入迷中寻找到了满足：具有破坏性的好奇心、推测、思索、单纯的知识、能力、闲话，诸如此类；这些屏障妨碍了生活的简单。任何入迷或者专门化，都会让心灵变得坚硬，目的是便于去集中思考，然而却并不能让思想和感受迈向成熟之境，继而探明实相。

若我们没有充分理解思想和感受的过程，就很难不受干扰，因为思想和感受本身已经变成了一种干扰的手段。由于它一直是不完整的，并且怀有充满疑惑的好奇与构想，所以有能力去制造出自身的障碍和幻觉，从而妨碍了去洞悉实相。于是它就变成了自己的干扰，自己的敌人。当心灵有能力制造幻觉的时候，我们必须首先认识这一能力，尔后心灵才可以彻底摆脱它那自造的干扰。心灵必须处于绝对的静寂之中，因为一切念头、想法都会是干扰。欲望是一种歪曲性的元素，一个有能力去制造幻象、错觉的心灵，如何能够认识简单与真实呢？除非我们理解并因而超越了欲望的各种形式，否则就无法拥有一个幸福和简单的心灵，无法拥有充实的、完整的人生。思想同感受，已经成为了自身逃避的手段，成为了自身无知的原因。假如你开始意识到了外在的干扰，并因此去追根溯源，那么思想和感受就能够步出那片复杂而混乱的干扰的丛林。一旦觉察到了外部的干扰——占有、关系、娱乐、愉悦、入迷——一旦彻底地去思考和感受它们，那些内在的干扰——逃避、知识、推测、自我保护的信仰、记忆，等等——就将能够被探明了。当你意识到了外在的和内在的干扰，便能获得深刻的觉知，只有在这个时候，你才能自然地、轻松地去摆脱这些里里外外的干扰。由于思想和感受训练自己不去受到干扰，所以妨碍了我们去认识干扰的本质及原因，结果对于自身的训练也就成为了一种逃避，成为了一种干扰的手段。

简单的生活，并非是指仅仅拥有少量的物品，而是指既不去占有，也不去摒弃。当你超然于外物的时候，就能拥有深刻的觉知。单纯地摒弃外物，以便达至那被许诺的更大的幸福和欢愉，其实是在寻求奖赏，这会局限住思想，妨碍它走向成熟，妨碍它探明实相。为了得到更大的奖赏、更大的结果而去控制思想和感觉，只会令其变得琐碎、无知和悲伤。一旦实现了内在的充实，一旦心灵挣脱了欲望的罗网，不再想要去获取，不再入迷，不再受到干扰，就能迎来简单的生活了。

这种简单的生活，会让你只去突出一点，它不是源于自我封闭的专注，而是源于广泛的观察、冥想和觉知。简单的生活，不是外在环境的结果。当你拥有了内在的充实，当你实现了深刻的觉知，自然就能做到知足了。如果你指望着环境带给你对于生活的满足，那么你将会制造出不幸和无序，因为这时候你已经沦为了环境的玩偶。只有当你领悟到存在着秩序和澄明的时候，方能去超越环境。不断去觉察获取、沉迷、干扰的过程，便可以摆脱它们获得自由，如此一来也就能够拥有真实而简单的生活了。

问：我的儿子死于这场战争。我还有一个十二岁的儿子，我不希望再有另外一场战争夺走他的性命了。那么怎样才可以阻止另外一场战争

的爆发呢？

克：我相信，这个世界上的每一位父母，都会提出同样的问题，这是一个普遍存在的问题。我想知道，父母们愿意付出多少代价来阻止另外一场战争的爆发，阻止他们的子女惨遭杀戮，阻止这种骇人听闻的人类大屠杀。当他们声称热爱自己的孩子，声称必须要阻止战争的爆发，必须要满怀友爱之情，必须要找到一条能够消除所有战争的方法，他们的这些话究竟在多大程度上是认真的？

要想创造一种崭新的生活方式，你的思考与感受的方式就得是全新的，具有革命性的。倘若你依然还是从国家主义、种族偏见、经济和社会的界限等层面去思考的话，那么你将会面临另外一场战争，你注定还会有另外一场仗要打。如果每个人真的用心在思考如何才能阻止另外一场战争的爆发，他就必须扔掉自己的国家主义，扔掉自己某种专门的宗教信仰，扔掉他的贪婪和野心。假若你没有做到这些，就注定会迎来另外一场战争，因为这些偏见以及对某种宗教的依附，仅仅是你的自私、无知、歹念和贪欲的外部表现罢了。

但是你会回答说，要很长时间我们大家才能有所改变，继而去说服其他人认可这一观点。社会并不准备去接受该观念，政治家们对此也毫无兴趣，领袖们无法接受这种无分离的主权、统一的政府或国家的概念。你或许会说，这是一个演进的过程，它会逐渐带来这种必要的变革。假如你用这种方式去回答那位将会在另一场战争中痛失其子的父亲，如果他真的爱自己的孩子，那么你觉得他能在这种渐进的过程中寻找到希望吗？他想拯救儿子的性命，他想知道什么法子最有把握可以去停止一切战争。对于你这番渐进的理论，他是不会感到满意的。这种有关和平的渐进论，究竟是真实的，还是由我们发明出来的，以便为我们的懒惰和以自我为中心的思想感受寻找合理的借口呢？它是不完整的，因而是不真实的，难道不是吗？我们以为自己必须要历经不同的政府、家庭、团体、国家和联合国，唯有如此，才可以拥有和平，殊不知这只是在为我们的自负、狭隘、固执和偏见做着辩护。我们不去扫除这些危险，而是去创立某种渐进的理论，并且为此牺牲掉了他人和自己的幸福。倘若我们投入自己的心智去疗治这种无知和自私的疾病，就将创造出一个健全而幸福的世界。

我们不应该横向地思考和感受，而应当纵向地去思考、去感觉。也就是说，我们难道不能够纵向地去思考、去感觉吗？而非通过时间的过程去遵循渐进主义、慢慢觉悟所倡导的那种懒惰、自私、无知的思考和感受方式；而非紧跟这条始终处于冲突和不幸状态的源流——不断发生大规模的屠杀，尔后会稍微消停一阵子——即所谓的和平时期——那是世上最后的乐园；而非沿着这些水平的线去思考和感受。难道无法步出这条满是混乱与争斗的地平线吗，无法远离它去展开全新的、纵向的思考和感受，抛掉所有的时间感吗？我们难道无法直接地、简单地去思考和感觉吗，而不是从渐进的层面上去思考？因为这种做法，只会帮助着给我们的懒惰和拖延寻找借口。母爱的想法和感觉都是直接的、简单的，然而她的自我中心、她的民族自豪感等等，则会帮助着她从渐进主义这一横向的层面去思考和感受。

现在即永远，无论是过去还是未来，都无法揭示它。只有通过现在，才能去认识永恒。假如你真的想要去拯救你的孩子，继而使人类免于又一场残酷的战争，你就得为此付出代价：不能贪婪，不能心怀歹念，不能世俗，原因是贪欲、歹念、无知滋生出了冲突、混乱与敌对，滋生出了国家主义、骄傲自满以及机器的绝对权力。如果你愿意让自己摆脱贪欲、歹念和无知，那么，唯有这样，你才可以让你的孩子免受又一场战争的摧残。要想给世界带来幸福，要想终结这种大屠杀的暴行，你的思想和感受就必须得出现内在的变革。这种变革会带来新的道德，这种道德不属于感官，而是建立在摆脱了感官、世俗以及对个体永生的渴望之上。

问：您谈论静修的觉察，但从未提及过祈祷。您是反对祈祷吗？

克：反对中是不存在觉知和理解的。我们大部分人都沉溺于恳求性的祈祷之中，这种祈祷形式培养和强化着二元性，即观察者与所观之物，殊不知它们其实是一种统一的现象。只有当这种二元性停止的时候，才能获得身心的完整。无论你做多少的祈求，都是对你的欲望作出的回应，你的回应都是按照你的需要给出的，然而它并不是真实的。对某种欲望做出的回应，就是处于欲望本身之中。当心智处于绝对静寂的状态，只有在这个时候，才会有永恒与完整。

先前某个时候，我曾看见过一个人，他说自己一直都在向神祈祷，其中一个恳求，便是希望能够拥有一台冰箱。请不要笑。他不仅得到了一台冰箱，而且还拥有了一栋房子，所以说他的祷告统统收到了回应，于是他便坚称神是存在的。

当你有所求的时候，你会有所得，然而你将不得不为此去祈祷，你所收到的回应是根据你的要求给出的，可是你得为此付出代价。贪婪会回复贪婪。当你出于贪婪、恐惧、欲望而去请求的时候，你将得到回复，不过你必须为此付出代价才行，你用战争、争斗和不幸来买单。无数个世纪以来，只要你呼唤贪婪、残忍、歹念和无知，它们便会现身。因此，倘若没有认识自我，没有实现觉知，那么沉溺于祈祷就会是一场灾难。我提到过，冥想性的觉察来源于自我认知，这种自我认知本身就能够带来正确的思考，继而使心智摆脱观者与所观之物这一二元性的过程，因为这二者是一种统一的现象，是一起出现的。观者一直都在限定着所观之物，要想超越观者和被观察的对象、超越那被创造出来的事物，是一件极为困难的事情。为了达至永恒，思考者及其思想必须要停止。

我在自己的演说中一直努力想要阐明，如何通过自我认知以及正确的思考去澄清存在于观者与所观之物、思想者与其思想之间的混乱。原因在于，倘若没有澄清自我的混乱与困惑，那么观者就会一直限定着所观之物，从而无法去超越自身，并且被禁锢起来，他被困在了自己的幻觉之中。为了认识那非创造出来的事物，思想和感受就必须去超越被创造出来的东西、产物、自我，必须不再去要求，不再想要有所得，不再受到任何形式的仪式主义和记忆的干扰。假如你展开试验，将会懂得，让思想彻底摆脱自身的喋喋不休跟创造物是何等的困难。只有思想获得了充分的自由，只有当观者和所观之物停止的时候，才能迎来那不可度量之物。

问：我一直按照你所建议的那样做记录。我发现自己无法超越那些琐碎的想法，这是否是因为意识拒绝去承认潜意识的欲望及要求，结果也就逃避到了一种空洞的封闭状态里呢？

克：我曾建议说要让心灵放慢下来，以便去审视思想和感受的过程，曾建议说你应当记录下自己的每一个想法与感受。打个比方，假使一个人希望去认识一部高速运转的机器，那么他就得让机器的速度放慢下来，但不要让其完全停止运作，因为一旦那样做的话，这部机器就会仅仅变成一个没有生机的事物。他应该让机器缓慢地运转，以便能够去研究它的构造和运动。同样的道理，如果我们想要认识自己的心灵，就必须放慢我们的思考——不是让其停下来——而是让它慢下来，从而可以对它展开探究，观察其全部的存在状态。我建议说，若要做到这样，你就得写下自己全部的所思所感。然而你不可能记录下每一个念头和感觉，因为它们的数量实在是太过庞大了。但如果你尝试着每天记录下一些，不久之后你就将开始认识自己，就将开始觉察到你的意识的诸多层面，意识到它们的相互关联及反应。尽管这种觉察绝非易事，但你要懂得由近才能及远这个道理。

这位提问者发觉自己的想法十分琐碎，发觉他无法超越它们。他希望知道，这种琐碎是否是因为他在逃避那些深层的欲望跟要求。从某种程度上来说的确是基于这个原因，同时还因为我们的思想和感觉本身就是琐碎的、渺小的。然而，觉知的根基就存在于琐碎和渺小之中。如果没有认识那些渺小的事物，那么思想和感受就无法超越自身。你应该意识到自己的琐碎、狭隘和偏见，这样才能去认识它们。只有当你满怀谦卑，既不去评判，也不去比较、接受或排拒，才能够获得认知，尔后你就将开启智慧的大门。我们的思想和感觉，大部分都是微不足道的。为什么不去认识和理解其原因呢？原因便是自我，它是由巨大的无知和褊狭所导致的。就像当你的目光去跟随一条细细叶脉的走向，你会看到许多的叶脉；假若你去观察、思考和体验那些琐碎的念头，就会发现深层的财富。渺小可能会把深刻遮掩起来，然而你必须观察它、紧随它的踪迹。如果你对琐碎的念头、感觉展开探究，那么它一定会带给你某种超越的事物。不要漠视那些不起眼的想法或感受，而是应该去察照你的每一个念头、感觉，因为它是具有意义的。

或许会出现阻碍，之所以会如此，要么是因为意识不想对那些深层的需求做出反应，原因在于这么做必然会改变行为的进程或方向，继而带来麻烦和痛苦；要么是因为它没有能力展开更加广泛和深入的思想与感受。如果是因为缺乏能力，那么你只有通过持之以恒的毅力与不断的觉察，通过探寻、观察和研究，才能把这种能力创造出来。

我只是建议，应当记录下每一个念头与感觉，把这当成一种培养全面的、广泛的觉察力的手段。这种广泛的觉察，指的并不是那种将其他事物排除在外的专注，不是自我封闭的隔离性的专注。这种广泛的觉察是经由觉悟而来的，不是通过单纯的判断或比较、排拒或认可而得到。

问：有什么可以保证您所提到的新能力将会出现呢？

克：恐怕没法保证！显然，这并不是一项投资。假如你是在寻求着确定性、寻求着保证，那么你将会遭遇死亡。但倘若你并不确定，你就会具有冒险精神，就会勇于探寻，于是便将探明实相。在展开努力之前，我们希望能够得到保证，希望对于结果十分的确定，这是因为我们懒散，缺乏思考，不愿意踏上自我发现的漫长旅程。我们没有运用自己的才能，我们指望着能够获得启迪，好让自己付出的努力有所回报，这表明渴望占有的安全感。一旦获得了安全感，就无法去探明实相了，对于安全感的寻求是出于自我保护，而自我里面存在着无知和悲伤。要想认知、发现实相，就得抛弃自我，就得有相反的洞察力，把握那超越自我的所有狡猾构想之外的东西。在探寻自我认知的过程中所发现的，就是实相，正是这种真实，具有解放性，富有创造力——这可不是我所担保的什么你将获得解放，这种担保是愚蠢透顶的。我们处于冲突、混乱与悲伤之中，这种痛苦必定会成为推动性的力量，迫使我们去探寻、探明、发现实相。这种探寻必须要由我们每个人自己展开，通过不断的自我觉察，就能培养出对于自我的认知。正确的思考将会伴随着自我认知而来，正确思考本身就可以带来和平与理解，而贪婪则会让终点变得越来越远。

问：有某位大师、某位精神导师作指导，好让我们的生命跃入到另一个层面，这错了吗？

克：好多次我都试图用不同的方法去解答同样一个问题，但是很明显，没有几个人愿意去理解这一问题。扔掉迷信的想法绝非易事，因为是心灵创造出了它，并且沦为了它的囚徒。

一个人要在自己阅读的对象中、在自己日常的关系和思想中去发现实相，这是何其之难啊！偏见、倾向和局限，控制着我们的选择，所以说，若想探明何为真实，就得将这些东西抛到一旁，心灵必须扔掉它那自我局限的狭隘的思想和感受。要在我们的想法、感觉、行为中探明何为真实是极其困难的——而要在一个想象出来的精神世界里面去洞悉实相更是难上加难！如果我们想要某位老师、上师来指引自己，在真实的物质生活层面找到一位老师已属不易了，而要在生活的另一个层面即所谓的精神世界中寻觅到良师，一定会更加的复杂，更具有欺骗性，更让人困惑。即使有某位想象中的精神导师选择了你，实际上你才是被选择的对象——而不是那位假定的老师。如果你在这个充满了行动和相互作用的世界中，在这个充满了贪婪、歹念和无知的世界中没有实现对于自我的认知，那么你如何能够相信自己在一个想象出来的精神领域里的判断与洞察力呢？如果你不了解你自己，那么你如何能够洞悉何为真实呢？你怎么知道你那个能够创造出幻象的心灵，并没有创造出大师、老师来呢？说服你去寻找大师，然后被其选中，这么做难道不是一番徒劳吗？

有这样一个故事：一名学生去一位老师那里，要求他把自己引介给大师。老师回答说可以，但有一个前提，那就是这位学生必须完全听从他的指示来做。学生听后开心不已。他被告知，他必须要在附近的洞穴里头生活七年之久，而且得严格遵从老师的指示。他被告知，第一年他得静坐，心境保持平和，思想要集中；第二年，他将邀请大师到洞穴里来；第三年，他要让大师同自己一起坐下；第四年，他将跟他谈话；第五年，他要让大师也搬进这个洞穴里来住；第六年则是要让他离开洞穴。六年过后，导师让这名学生从洞穴出来，然后对他说："现在，你知道大师是谁了吧。"

心灵有力量创造出无知，或者洞悉实相。在探寻大师的过程中，这种探寻里面总是会存在着想要有所得的欲望，于是便会滋生出恐惧。假如心灵寻求获得奖赏，那么就必然会招来恐惧，这样的心灵，无法去理解何为真实。无知到了极点，就会从赏罚、优劣的层面去思考问题。此外，他人能否帮助你在你自己的所思所感中探明实相呢？他人或许可以将其指明，但得由你自己去探寻和发现什么是真实。

如果你求助于他人让自己免受痛苦和无知，跳脱出这个混乱而野蛮的世界，那么你将只会制造出更多的混乱、歹念、无知与悲伤。你要为自己的想法、感受和行为负责，你自己就可以带来澄明与秩序，只有你才可以拯救自己。只要通过觉知，你便可以超越贪婪、歹念跟无知。

我希望，在这里的每一个人都将努力去探寻那真实而不朽的事物，不会因为路边那些美丽的神殿、点缀的路牌和仪式而分神。没有任何权威可以指引你达至终极实相，这种真实存在于起点和终点。不要在路牌处驻足观望，不要被困在团体的琐碎之中，也不要被仪式中那旋律悠扬的赞美诗或是袅袅升起的熏香给迷住了。依赖他人去认识自我，只会平添更多的无知，因为他人就是你自己。觉知的根基，就埋藏在你自己的身上。对于实相的认知，存在于正确的思考之中，存在于谦逊、慈悲和简单的生活之中，而不是存在于他人的权威里。他人的权威，无论多么重大，都只会走向更多的无知与悲伤。

（在加州欧加橡树林的第八场演说，1944 年 7 月 2 日）

每个人都应当思考自身的问题

任何时候，尤其是在面对着如此多的痛苦与混乱的时候，都应该凭借我们自己的力量去发现那内在的、富有生机的欢愉和觉知，这是十分重要的。我们必须依靠自身的力量去探明，然而各种形式的感官上的满足、富裕以及个人的权力，都将妨碍那富有生命力的宁静与幸福。假如我们把自己的能量用于获得感官上的满足，就必然会创造出以追求富足和世俗享乐为目标的价值观念，可惜这些观念只会带来战争、混乱与悲伤。若我们寻求个体的永生，便会滋生出对于权力的贪欲，这种贪欲表现为许多方式：国家的、种族的、经济的，不一而足，接踵而来的将会是巨大的灾难，我们对此已经是再熟悉不过了。

在过去的八场演说当中，我们一直都在讨论着这些问题。认识自我是极为必要的，因为，一旦认识了自我，我们便能展开正确的思考，而在正确思考的过程中，我们将会弄清楚什么是深刻的、富有创造力的生活，并且认识那无法度量的事物。要想过一种充实的、富有创造力的生活，就必须得认识自我；而要实现这种认知，你就得做到真率、公正，就得摆脱恐惧，满怀谦卑之情以及关爱他人。一旦挣脱了欲望的罗网，便能拥有美德。欲望带来了多样和重复，令生活变得复杂、痛苦和悲伤。

正如我曾经解释过的那样，简单的生活，并非是指仅仅拥有少量的物品，而是指要有一种正确的谋生之道，要摆脱干扰、入迷和占有欲。当你不再去想要有所得的时候，就能够创造出正确的谋生之道。存在着一些错误的谋生方法，贪婪、传统以及对于权力的渴望，将会导致错误的谋生手段。即使是在每个人都得干着某种工作的时代，也可以找到正确的职业。每个人都必须意识到错误的工作这一问题以及它所带来的灾难、不幸、令人厌烦的例行公事和毫无生机的方式。每个人都应当凭借自己的力量去认识什么才是正确的谋生之道，这难道不是十分必要的吗？假如我们贪婪、善妒、寻求获得权力，那么我们的谋生之道就将与我们内心的需求相一致，结果便会创造出一个充满了竞争、残忍和压迫的世界，并且最后以战争告终。

所以，很明显，每个人都应当去思考自身的问题，这是急迫的、必须的。你或许无法立即做些什么，但你至少可以认真地去思考和感受一下，尔后自然便会有所行动了。如果我们没有意识到自己已经沦为了天赋和能力的奴隶，我们所拥有的天赋和能力便将带来危险。这种受奴役的状态，滋生出了反社会的行为，给人类带来了苦难与破坏。倘若没有实现正确的觉知，那么天赋和能力本身就会成为目的，因此灾难就将降临到那个拥有天赋和能力的人及其同伴的身上。

若没有探明和认识实相，就无法体会到充满生机的喜悦之情，无法拥有宁静的心境；我们的生活就会不断处于争斗和痛苦之中；我们的行动和关系就会不具有任何的意义；外部的立法与强迫就永远不会带来内心的充实这一不朽的财富。要想理解实相，我们就得觉察到自身思考的过程、我们记忆的方式以及那相互关联的意识的诸多层面。我们的思想是过去的产物，我们的存在是以过去为基础的。无论从器官上来说还是从思想上来说，我们都是复制品。我们可以理解从器官层面来讲我们是复制品，通过认识它们，我们能够明白它们的反应、模仿性的行为和回应。但倘若我们的所思所感也只是单纯的模仿，只是传统和环境的产物，那么就没有希望去超越自身了。然而一旦我们意识到了环境影响的局限，并且能够超越它们那模仿性的限制，就会发现，我们将摆脱复制获得自由，而实相便存在于这种自由之中。

一个复制品、一个被创造出来的事物即自我，永远无法理解那不是被创造出来的、自存的事物。只有当复制品、自我、“我”、“我的”停止之时，你才能体验到因领悟了不朽而产生的巨大喜悦。自我从累积、收集、体验的层面，从过去、未来或者延续现在的层面去进行思考和感受。记忆的这种累积的过程，使自我得以强化，而自我正是无知与痛苦的原因。如果没有认识自我的各种表现方式，我们当中那些怀有政治和经济倾向的人就很容易牺牲掉现在，而指望着未来能够创造出一个更好的世界；有一些人会希望延续现在；还有一些人则会诉诸过去。倘若没有认识继而超越自我，那么所有这类行为都必定会以不幸告终。当我们觉察到了自我的过程及其累积的记忆，就将开始认识到它那为时间所囿的特性，认识到它那想要让自身永续下去的欲望。除非我们理解了自我的本质，并且超越了它那受制于时间的特性，否则便不会拥有和平与幸福。自我是什么样子的，环境、政治和社会就将是什么样子的。

我们必须要研究、认识并因而超越自我那为时间所囿的特性及其认同性的记忆。欲望，尤其是令人愉悦的欲望，是单一性的，是记忆让“我”、“我的”具有了可辨别的延续性。思想和感受始终都处于运动、流动之中，当它使自己与“我”、“我的”进行认同的时候，就会受限于时间，并给予记忆、自我以延续性。这种记忆一直都在增加着，我们必须把它们抛置一旁。这种记忆正是复制的原因，使得思想从已知向未知运动，从而妨碍了我们去认识真理，认识那自存的事物。假如记忆里面没有一个鲜活的生命体，那么它就会如同一个空壳。要想发现那不可知的实相，我们就得超越自我那为时间所囿的特性，超越认同性的记忆。这是一项艰巨的任务。凭借冥想性的觉察，将会认识记忆那限定性的过程。通过不断地去察觉每一个想法和感觉，便能观察和理解对于认同的渴望了。于是，依靠机敏与无为的觉察，思想和感受就能摆脱那受制于时间的对于“我”、“我的”的记忆。只有当自我不再去创造的时候，自存之物才会出现。

问：在《薄伽梵歌》中，克利须那神[①]力劝阿朱那[②]加入战斗。您说正确的手段会通往正确的结果。您是否反对克利须那神的教诲呢？

克：或许你们当中有一些人尚未听说过这本书，它是印度的一部宗教典籍。书中，被视为神的化身的克利须那，力劝勇士阿朱那加入战斗。这位提问者想要知道我是否反对这种竭力说服阿朱那参战的教诲。我们可以用多种方式来解读这一教诲，而每种解读都会引起争论。我们能够想到多种解读，但我不希望沉溺于推测之中，因为这么做是毫无用处的。让我们去尽情地思考和感受，而不要因为背负着精神上的权威裹足不前。最为重要的是去认识实相。

接受权威，尤其在有关正确思考的问题上去接受权威，是彻头彻尾的愚蠢之举。接受权威，便会带来局限和妨碍。崇拜权威，实际上是对自我的崇拜。这种做法是一种懒惰和欠缺思考，将会走向无知与悲伤。

我们大多数人都渴望拥有一个和平与友爱的世界，一个没有残忍和战争的世界，一个仁慈与宽容的世界。那么我们怎样才能够拥有这样一个世界呢？显然，要想带来正确的结果，就必须使用正确的方法。假如你想要拥有宽容，那么你就得是宽容的，就得扔掉自己身上的不宽容；假如你想要拥有和平，那么你就得采取正确的手段来得到它，而不是通过错误的方法、残忍或暴力。这是显而易见的道理，不是吗？如果你想

---

① 克利须那神：印度教的神邸，亦称黑天，是毗湿奴的第八个和主要的化身，经常被描绘成一个吹笛的英俊年轻人。——译者

② 阿朱那：古印度梵文史诗《摩诃婆罗多》中的王子，克利须那曾向他阐述存在的本质、神的本质以及人类理解神的途径。——译者

要与别人成为朋友，你就必须表现得谦恭有礼、和蔼可亲，必须没有愤怒、没有敌意的原因。所以说，你得使用正确的手段去创造出正确的结果，因为手段即结果，这二者是不可分的，无法单独存在。因此，倘若你想要世界和平，那么你就应该采取和平的方法。你或许会取得正确的结果，但错误的方法是不会结出正确的果实的，这是一个极其显见的事实。然而不幸的是，我们被重复性的权威、宣传、无知操纵着，迷失了方向。事情本身简单而清楚。如果你想要拥有一个友爱的、团结的世界，你就得扔掉那些会导致分裂、敌意、嫉妒、获取、国家主义、种族差异、骄傲的原因。可惜我们当中很少有人愿意放下自己对于权力的欲望、自己所笃信的某种专门的宗教、恶意、诸如此类。我们不愿扔掉这些东西，但同时却又憧憬着和平，憧憬着一个没有争斗的健全的世界。

除非通过和平的手段，否则你不可能拥有一个和平的世界。你必须依靠正确的、理性的方法，依靠正确的思考来根除掉自己身上那些敌意的根源。自我认知，将会培养起正确的思考。然而由于我们大部分人都对自己一无所知，由于我们的所思所感是自相矛盾的，因此我们的思想便是不存在的。所以我们被引导着、驱使着去接受。只要你不断地去觉察每一个想法与感受，就可以认识自我的种种方式，而正确的思考则会伴随着这种自我认知而来。正确的思考，将会创造出正确的方法，从而带来一个健全的、和平的世界。

问：我怎样才能摆脱仇恨呢？

克：这个问题，同如何摆脱无知、愤怒、嫉妒是一样的。在回答此问题的时候，我希望也顺带把其他问题一并解答了。

一个问题，无法从自身的层面得以解决，必须得从另外一个更为深刻的抽象的层面去认识，进而加以解决。如果我们希望仅仅通过压制仇恨或者将其当作一个烦人的、有碍的事物来对待便可以摆脱掉仇恨，那么我们就无法解决它，它会以不同的形式一次又一次地出现，因为我们是从仇恨自身那受限的、琐碎的层面去处理这一问题的。但倘若我们开始认识到了它的内在原因及外在影响，并因而让我们的所思所感变得更加广阔、深刻、敏锐与清晰，那么仇恨就将自然而然地消失不见了，原因在于我们关注的是思想和感受更为深刻、更为重要的层面。

如果我们满腔怒火，如果我们可以压制住愤怒，抑或因此控制自己，好让怒火不会再次升起，我们的心灵就会依然跟以前一样渺小和迟钝。只要我们的思想和感受仍然充满了嫉妒和恐惧，仍然处于狭隘与封闭的状态，那么努力做到不愤怒又会有何收获呢？我们或许可以摆脱仇恨或愤怒，但如果心智依然停留在愚蠢和琐碎的阶段，它就会再一次制造出其他的问题、其他的敌对，如此一来也就没有终结冲突。然而一旦我们开始去觉察并因而认识了愤怒的原因及其结果，那么我们显然就会让思想和感受变得宽广起来，继而挣脱无知与冲突的羁绊。在觉察的过程中，我们将会开始探明愤怒或仇恨的原因，愤怒、仇恨，其实是各种形式的自我保护的恐惧。通过觉察，我们可以发现，自己之所以怒气冲冲，或许是因为我们的信仰受到了攻击，在对其展开进一步审视的过程中，我们将会去质疑信仰、信条从根本上来说是否是必需的。我们对其更为广阔的涵义有了更多觉察，我们领悟到信条、意识形态是如何把人们划分开来的，如何导致了敌意和对抗，导致了各种形式的残忍而愚蠢的谬论。因此，通过这种广泛的觉察，通过认识到它的内在涵义，不久之后，愤怒便会消褪开去了。依靠这种自我觉察的过程，心灵将会变得更加深刻、宁静和睿智，于是仇恨和愤怒的原因在心灵里面就没有了安身之地。一旦你让思想和感受挣脱了愤怒、仇恨、贪婪和敌意的罗网，便会亲切地对待他人，而这种亲善的态度才是疗治愤怒和仇恨的唯一良方。亲切、慈悲，并非来自于克制或替代，而是源于自我认知以及正确的思考。

问：*尽管您谈到过有关专注的问题，但我发现很难做到专注。所以能否麻烦您再来说一说这个问题呢？*

克：如果我们想要有所觉知的话，那么兴致勃勃的关注便是极为必需的，难道不是这样吗？尤其是当我们想要认识自己的时候更是如此，因为我们的思想和感觉是如此的游移不定、如此快速，而且显然缺乏关联性。要想认识自我，就必须展开广泛的觉察，而不是以排外的心灵去排拒、去评判，不是抱以狭隘的专注。广泛的觉察，可以带来突出一点，即真正的专注。

为什么我们会发觉想要做到专注是如此之难呢？难道不是因为我们的多数思想都是一种干扰和浪费吗？要么是由于习惯和懒惰，要么是出于兴趣，要么是因为我们的思想和感觉尚未使自身获得完整，于是思想便四处游走着或者成为重复性的。假如它是出于兴趣而游走，那么单纯地去禁止或控制思想将会收效甚微，因为这种禁止与控制是带来更多干扰的又一个额外的因素。思想将会一次又一次地返回那一兴趣，无论它是多么的微不足道，直到其全部的价值停止为止。所以说，假如思想是出于兴趣而游走，那么为何不去彻底地思考它而是加以抵制呢？跟随它的踪迹，意识到其全部的涵义，客观地探究它，无论它多么的愚蠢和琐碎，直到那一想法得到了认识并因此消散开去。于是，通过这一广泛觉察的过程，你将发现不会再有因琐碎的兴趣而导致的重复性的想法了。只有当你有意识地去思考、感受它们，而不是予以压制，它们才会停止。如果思想是出于习惯而游走，这就会说明些什么，去觉察它，这很重要。只要想法与感受为习惯所困，那么它就仅仅是机械性的重复与复制，因此压根就不是在思考。一旦你去对这种思想的习惯加以审视，便会明白它可能是由教育导致的，是因为害怕舆论，因为宗教的培养、训练，因为环境的影响，等等。所以你的思想落入窠臼之中，遵循着某种常规、模式，这种模式揭示出了你自身的存在状态。思想之所以游走，还可能是由于懒惰造成的，这同样也非常具有说明性，不是吗？所谓觉察到懒惰，是指要保持警觉；对它无知无觉，才是真正的懒惰。我们之所以会允许自己变懒惰，或者是因为错误的饮食，没有对健康投以充分的关注，或者是因为那让我们沉沉睡去的环境或关系，诸如此类。所以，当我们意识到了自身懒惰的原因，内心可能会感到烦恼、不安，继而对外部产生影响，结果我们可能就会更愿意处于懒惰的状态。又或者，思想之所以会是重复性的，原因在于它从来不曾被允许去完善自身。就像一封未完成的信件会成为愤怒的导火索，未完成的想法与感受便会一再地重复。

通过不断的觉察，你将开始凭借自己的力量去探明为什么你的想法和感受四处游走不定，或者不断地重复。探明它之所以会如此，究竟是因为兴趣使然呢，还是习惯所致呢，抑或是出于懒散，又或者是由于它尚未完成。假如你保持默然的、客观的警觉，坚持不懈地、敏锐地去跟随你的想法和感觉的踪迹，就能实现广泛的专注，这对认识实相来说分外的重要。一个整天忙于构想、创造的心灵，无法认识创造本身，认识那自存的事物。一个喋喋不休、聒噪不已的心灵，怎么可能去理解不朽呢？一件美丽的艺术品，对于一个孩子来说又会有什么价值可言呢？他只会玩一玩这件艺术品，没过多久就会感到厌倦了。我们大多数人都是此番情形。我们相信或不信，我们怀抱着他人的经验和知识，我们的心灵处于琐碎、残忍和无知之中。我们的心灵是四分五裂的，里面既没有完整，也没有静寂。这样的心灵，如何能够认识那无法度量、无法言说的事物呢？要想做到真正的专注，就必须停止一切评估。尔后，觉知将会流入那又深又静的冥想之池。

问：难道我对自己的种族、国家、团体不能怀有一丝感激之情吗？

克：什么是你的国家、你的种族呢？每个人都会说："他的国家、他的团体、他的种族"。这种缺乏思考的断言，会带来混乱与冲突，会带来难以形容的痛苦和衰退。你同我是一体的，并没有所谓东方、西方的区分。我们是人类，不是标签。我们表面上创造出了国家、种族、团体，与其他的国家、种族和团体相对立。当你我寻求着权力和名声的时候，当你我渴望唯我独尊的时候，当你我因为那些单一化的、自我封闭的欲望而欢欣喜悦的时候，我们便创造出了所谓的国家、种族、团体。由于贪婪、歹念与无知，我们竖起了一个个国家的、种族的和经济的屏障。表面上，我们把自己同我们的同伴隔离开来。一个勤于思考的人，会对某个源于恶意和无知的事物感恩戴德吗？倘若你仍然是由恐惧和贪婪产生出来的国家、团体、种族的一部分，你就要对痛苦和残忍负上责任。因此，你是什么样子的——你的种族、你的国家、你的团体便会是什么样子的。那么，你如何能够去感谢你本身是其组成部分的事物呢？只有当你把自己同大众对立起来的时候，你那个人主义的、排他性的反应才会招来罪过。然而很明显，这样的反应是虚幻的，因为你便是团体、国家、种族，它们是通过你而形成的，没有你，它们就不会存在。

所以，这个问题并非在于你是否应该对它心存感激，而是如何去超越它，如何去超越那些导致了这种分离主义的、排他性的存在状态的原因。询问自己什么是你的职责，什么是你的因果报应，什么是你与众人、国家的关系，你便是在向自己提出一个错误的问题，因此必定只会得到一个错误的答案。

当你渴望自我崇拜、自我荣耀的时候，你便创造出了国家；对于该问题的任何解答，都将依然被你的欲望所限定。对某个欲望做出的回复，都是处于欲望本身之中。因此，问题的关键，在于怎样去超越个体、大众、国家的反应。只有通过自我觉察，你才可以去超越它们，在自我觉察的过程中，你能够客观地去观察自我，即冲突、敌对和无知的原因，从而认识自我并消除掉它。只要展开正确的思考，自然会有所回报。

问：是否有不同的道路达至实相呢？

克：你难道不会以不同的方式提问题吗？我们每个人都拥有多种倾向，每种倾向都会制造出自身的难题。在我们每个人的身上，均存在着一种主导性的倾向，理性的、情感的或感觉的——某种关于知识、虔诚或行动的倾向。每种倾向皆有自身的复杂性，都会面临一定的困难。假如你追逐其中一种倾向而把其他的排除在外，你就无法发现完整和实相。不过，只要你意识到了每种倾向的困难性，并因而理解了它们，那么你便能认识整体了。当我们询问是否没有其他道路可以通往实相，我们的意思指的是每种倾向都会遭遇到的困难和阻碍，以及如何超越它们以便去探明实相，难道不是吗？要想超越它们，你就得察觉到各个倾向，以客观的态度、无为的警觉去观察它，一旦你认识到了它的冲突和痛苦，便可以超越它了。通过不断展开冥想性的觉察，你将认识这些不同的倾向及其阻碍和愉悦，并且让它们成为一个整体。

（在加州欧加橡树林的第九场演说，1944 年 7 月 9 日）

要想了解整体，先得认识自己

我一直都在指出，强调即刻，无法解决人类所面临的复杂难题。我所说的即刻，意思是指迫不及待地去考虑感官价值以及感官上的满足。也就是说，如果一味地强调经济的、社会的价值，而不去重视那些真正重要的、永恒的价值理念，将会导致扭曲的、可怕的行为。一旦许诺说只要牺牲现在便可以获得感官价值和感官上的满足，那么当下、即刻就会变成将来。当我们憧憬着未来的幸福或者经济上的福利而牺牲掉现在，就会导致不体谅他人的残忍与灾难。这种强调势必会带来更多的无序和混乱，因为当我们看重次要的东西时，便会忽视整体与真实，从而走向混乱和不幸。每个人都应该有所觉察，应该凭借自己的力量去好好地思考和探究一下，看重感官欲望的满足究竟意味着什么。屈服于感官价值，最终会带来战争以及经济的、社会的灾难。在体力或脑力的产品中寻求获得充实感，将会导致心灵的贫瘠，继而带来难以形容的痛苦。不断地累积外物以及看重这种累积的行为，使得思想和感受无法去认识实相，而一旦认识了实相，就能够带来秩序、澄明跟幸福。如果一个人首先去培养内在、探寻实相，其次才去寻求次要的东西，那么经济同社会领域自然就会变得秩序井然了；否则的话将会不断发生经济的和社会的剧变、战争与混乱。在探寻永恒的过程中，我们将能够带来秩序与澄明。局部永远无法成为整体，局部的培养，会产生永无休止的混乱、冲突和敌对。

要想了解整体，我们就得首先认识自己。觉知的根基，存在于我们自己身上。如果没有认识自我，就无法理解世界，因为世界便是我们自己。其他的事物——朋友、关系、敌人、邻居，无论远近亲疏——都是你自己。认识自我，将会开启正确思考的大门。在认识自我的过程中，你将能够探明无限。

自我认识这本书，没有开始，也没有结束。它是一种不断发现的过程，那被发现的便是真实，而实相具有解放性、富有创造力。如果我们在认识自我的过程中寻求着获得某个结果，那么这个结果便会让我们受到限制、约束和阻碍，于是也就无法去发现那不可度量的永恒之物了。寻求一个结果，便是向外寻求价值，而这么做将会滋生出欲望，从而导致无知、冲突和悲伤。倘若我们希望去了解、去阅读这本厚厚的复杂的书，就将发现它蕴含着无穷无尽的丰富涵义。阅读这本自我认知的书籍，便是在展开觉察。通过自我觉察，可以去审视每一个想法与感受，不做任何判断，从而允许思想和体验自由地发展、成熟，而这会带来觉知。因为，当我们充分地去跟随每一个想法、感觉的踪迹，将会发现全部的思想都包含在其中了。只有当我们不去寻求获得结果的时候，才能够充分地思考和体验。

在认识自我的过程中，将会迎来正确的思考，从而让心灵挣脱欲望的罗网。不再受制于欲望，便是美德。心灵必须使自己摆脱欲望的羁绊，因为正是欲望导致了无知和痛苦。要想让心灵富有美德，免受欲望的干扰，就必须得做到彻底的真率、公正、诚实，这些品质会伴随谦卑而来。这样的完整并不是一种美德，它不是以本身为目的的，而是思想不受欲望的约束之后带来的副产品。欲望主要表现为贪图感官上的满足，追求富足、世俗的享乐以及个体的永生或名望。当思想挣脱了欲望的束缚，它就能领悟到恐惧的本质，继而超越恐惧，于是真爱便会登场，而真爱本身即是永恒。简单的生活，并不意味着仅仅满足于很少的物品，而是指不再去获取和依赖，不再受到干扰——无论是内在的还是外在的干扰。通过不断的觉察，便可以消除掉时间的约束力、认同性的记忆的过程，正是它们构建起了自我。唯有在此时，才会出现终极的实相。

认识自我，认识这一复杂的实体，实属不易。一个背负着价值观念、偏见、评判和比较的心灵，是无法认识自身的。只有当你不做任何选择地去觉察，才能实现自我认知。一旦欲望不再令思想和感受发生歪曲，心灵便会处于绝对的静止，而那富有生机的空无、那最高的智慧，就存在于这种充实与圆满的状态之中。

问：我的儿子死于这场战争，他并不想送命，他希望活下来，希望阻止这种可怕的事情再一次发生。他的被杀，是否是我的过失呢？

克：当前所发生的这番可怕的景象，我们每一个人都有过失。它是我们每日内心的贪婪、歹念、纵欲、争斗、获取以及专门的宗教的外在结果。它是每个人的过错造成的，我们沉溺于这些事情之中，是我们制造出了这场可怕的灾难。由于我们抱持国家主义、单边主义等错误的理念，由于我们易怒、性情急躁，所以说我们每个人都促成了这场大屠杀的发生。你被教育着如何去杀戮、去毁灭，而不是怎样好好地生活。假如你全身心地痛恨、拒斥各种形式的杀戮和暴力，那么你就会找到方法、途径去过一种和平的、充满创造力的生活。只要你的主要兴趣放在这上头的话，你便会探寻导致暴力、仇恨、大屠杀的每一个原因、每一种本能。你是否全心全意地想要阻止战争呢？如果答案是肯定的，那么你就得根除掉自己身上那些暴力和杀戮的因子，无论它们有怎样冠冕堂皇的存在的理由。若你希望制止战争，你的心灵就必须发生一场深刻的转变，就得拥有宽容和慈悲；你的思想和感受就必须摆脱爱国主义的限定，不去认同任何组织、团体，不受贪婪的束缚，摆脱那些会滋生敌意的原因。

一位母亲告诉我说，放弃这些东西，不仅极为困难，而且还将意味着巨大的孤独和完全的孤立，这是她无法去面对的。因此，她难道不应该为那难以形容的灾难负上责任吗？你或许会同意她的看法，于是，你的懒惰与缺乏思考，给这团战争的火焰添加了燃料，使其烧得更旺。相反，假如你认真地尝试着去消除那些存在于自己内心的敌意和暴力的原因，你的心灵就将迎来宁静和喜悦，继而在你的周围产生立即的效果。

我们必须重新教育自己不要出于任何原因去彼此残杀——无论这个原因看起来是多么的正义、合理，比如说为了人类将来的幸福——不要基于任何意识形态去大开杀戒，不管它许诺了什么。但不要单纯从技术的层面获得教育，因为这么做势必会导致残忍无情，而是应该被教育着知足、怀有慈悲心以及寻求终极真理。

要想阻止这场愈演愈烈的可怕的大毁灭，就得依靠我们每一个人，而不是依靠任何组织或计划，不是依靠任何意识形态，不是依靠发明出更加强大的破坏工具，不是依靠某位领袖，而是得靠我们每个人。不要以为阻止战争无法通过这样微不足道的、普通的开始办到——要知道，一块石头可以改变河流的方向。你必须由近才能及远。若想认识世界的无序和苦难，你就得认识自己的混乱与悲伤，因为外部世界上演的各种事件，都只不过是你内心世界的放大。要想认识自我，你需要不断展开冥想性的觉察，这种觉察可以让暴力、仇恨、贪婪和野心的原因浮上水面，只要你对其予以探究，不做任何认同或界定，思想便能够超越它们了。没有任何人可以带领你走向和平，你必须自己拯救自己，没有任何领袖、任何体系方法可以终止战争、剥削、压迫，你必须自救。只有当你勤于思考、关爱他人的时候，只有当你满怀慈悲之情，当你唤醒自身的觉知的时候，才会拥有确定的善意与和平。

问：虽然您在上周已经解释过如何摆脱仇恨，但能否麻烦您再次探

究一下这个问题呢？因为我感觉您所说的话极为重要。

克：仇恨源自于一个琐碎而渺小的心灵。一个狭隘的心灵，自然缺乏宽容。一个饱受束缚的心灵，当然会满腔怨恨。当一个渺小的心灵告诉自己说不应该仇恨的时候，它依然停留在渺小的状态。一个无知的心灵，便是敌意和冲突的根源。

因此，问题的关键，不在于怎样去摆脱仇恨，而在于如何去消除掉无知、小我以及那些令思想和感受变得狭隘的原因。如果你仅仅去克制仇恨，而没有理解无知的各种情形，那么这种无知就会产生出其他形式的敌对，于是思想和感受便将始终处于暴力和冲突之中。如此一来你怎样让心灵走出无知和愚蠢的状态呢？依靠不断的觉察——即意识到你的所思所感是如此的渺小、琐碎和狭隘，但不要对其感到羞耻，认识到是什么原因使它变得渺小和自我封闭的。一旦你懂得了那些深层的、广泛的原因，自然便能拥有智慧、无私的慷慨和友善，而仇恨将会被慈悲取代。通过不断的觉察，无知的原因、自我的过程以及它所背负着的“我”和“我的”——我的成就、我的国家、我的财产、我的神——就将被探明、认识和消除掉了。要想实现觉知，你必须不做任何评判，不进行任何比较，既不去接受也不去排拒，因为一切认同都会妨碍被动的觉察。只要你展开这种觉察，就可以探明实相，而这种探明具有解放性、富有创造力与生机。如果心灵以被动的、无为的姿态去觉察，那么它就会是开放的，从而能够发现它所受到的束缚、局限性的影响或理念，进而使自己挣脱其羁绊。

所以，任何问题都无法从自身的层面加以解决，必须要从另外一个抽象的层面去着手。思考是一种拓展的过程，是一种综合性的探究，而不是排拒或断言。当你努力去认识仇恨及其原因的时候，当你努力让思想和感受摆脱障碍和幻觉的时候，心灵就会变得更加深刻和广阔起来。在伟大和崇高里面，渺小不再有立足之地。

问：人死后会有灵魂或来世吗，还是说死亡便是终点呢？有些人说生命将会永续下去，另外一些人则认为人死如灯灭。您对此有何看法呢？

克：这个问题牵涉了许多内容，由于问题十分复杂，所以我们必须开诚布公地、深入地来探究一下，假如你愿意的话。首先，我们所说的个体指的是什么意思呢？因为我们并不是在抽象地思考死亡，而是在谈某个个体的死亡。这个有名有姓、有血有肉的个体，是会永续下去呢，还是会不再存在呢？他会重生吗？在我们能够回答这个问题之前，必须弄清楚是什么构成了个体。错误的问题，永远都不会获得正确的解答，只有正确的问题才会拥有答案。一切与生命的深层问题相关的提问，都不会有一个绝对的答案，原因在于每个人必须探明什么东西对他来说是真实的。真理本身就能够带来自由。

尽管这个个体可能姓名各异、外形不同，但他都是一系列源于过去、昨天的累积的反应与记忆的产物，难道不是吗？我们每个人都是过去的产物，过去包含了你和众人，包含了你和他人。你是你的父母的结果，你是所有父母的结果，你便是父亲，你便是过去的创造者，是未来之父。于是，通过认同性的记忆，自我、“我”、“我的”被创造出来，因此自我成为了被时间绑缚的对象。由此生出了以下问题：人死后，自我究竟是会永续下去，还是会灰飞烟灭？只有当自我，这个变成者和非变成者，这个过去、现在和未来的创造者，这个受制于时间的事物被超越的时候，唯有在这时，才会出现永恒。

这里面还有一个因果的问题。原因和结果是分开的呢，还是结果就在原因之中呢？它们一起流动、一起存在，它们是一个统一的现象，而不是分离的。尽管结果可能要耗费些“时间”才会出现，然而原因里面早已播下了结果的种子，结果和原因是共存的。这不再是因果的问题，而是一个更加微妙的问题，需要我们去思考和体验。因果，成为了限定、控制意识的手段，这些微妙的、内在的限制，必须要被自我发现和认识，从而最终让思想免受无知和痛苦的羁绊。

这个关于生和死、关于永续和毁灭的问题，还包含了发展、演进，不是吗？我们当中有些人会认为，通过重复的生生死死，通过时间，自我会逐渐变得越来越完美，从而最终能够认识那至高的极乐，难道不是吗？自我是否是一个永恒的实体、精神性的元素呢？自我是被创造出来的，所以并非是永恒的，不对吗？自我是一个产物、因此本身并不是一种精神性的实体，不对吗？自我通过认同性的记忆得以延续，它受制于时间，所以并不是永恒不朽的，而是暂时的，不是吗？既然它是被创造出来的产物，既然它本身并非是永恒的——那么它如何能够达至永恒呢？既然它是无知与痛苦的原因——那么它如何能够获得至高的极乐呢？既然它是时间的产物——那么它如何能够认识那不为时间所囿的永恒之物呢？

意识到了自我的非永久性，有些人会说，通过丢掉自我的诸多层面，就可以发现永恒，而这需要时间，所以轮回转世是必需的。自我、私心，是欲望的产物，是无知和痛苦的原因，正如我们所观察到的那样，它继续存在着；然而若想认识和超越它，我们就不应该从时间的层面去进行思考。通过时间，无法意识到永恒。试图通过渐进主义，通过从出生到死亡的缓慢的演进过程去达至真相，这种方法难道不是错误的吗？这么做，其实是在为受限的思想、拖延、懒惰和无知寻找合理的借口，不是吗？之所以会存在这种渐进主义的观念，难道不是因为我们没有去直接地、简单地进行思考和感受吗？我们挑选了某个令人感到满意的解释，为我们那混乱而懒惰的努力寻找理由。用受限的思考，用拖延的做法，能够探明实相吗？自我、私心，即无知和痛苦的根源——能够经由时间逐渐变得完美起来吗？又或者，通过时间，自我、私心，可以消解掉自身吗？

这个从本质上来说导致了无知的事物——可以被启迪吗？它必须终止，尔后才能迎来光明，不是吗？它的终止，究竟是一个时间的问题，一个水平的横向的过程呢，还是说只有当思想和感受丢开了横向的时间的过程，从而可以直接地、纵向地去思考和感受，才能够实现觉悟呢？沿着这条水平的时间之路，沿着这条拖延、无知的路途，无法发现真理。如果思想和感受可以走出这条横向的道路，使自身摆脱欲望和时间的束缚，就可以探明实相了。这种自由并不依赖于时间，而是取决于觉察的强度以及自我认知的充分性。

思想必须经历家庭、团体、国家、国际这些阶段，才能实现人类的团结吗？如果不经历这些阶段的话，它就无法直接地去思考和感受吗？我们被自身所受的限定给阻碍了，不是吗？假若我们给自己所受的限定寻找合理的借口，从而接受它，就永远无法实现人类的团结，战争与可怕的灾难也就永无停止之日。我们之所以会为自己所受的限定寻找理由，原因在于，接受我们懒惰和缺乏思考的现状，要比精力充沛地展开研究、探明实相简单得多。我们害怕去进行研究和分析，因为这么做或许会揭示出那些潜藏的恐惧，产生更大的冲突和痛苦，迫使我们去展开那些可能会带来不确定感、不安全感和孤立的行动。所以我们接受了自身的限定，发明出了逐步实现人类团结的渐进论，并且强迫一切想法、感觉和行动都得遵从我们那令人感到满足的理论。

同样的，我们难道没有兴高采烈地去接受这种主张逐渐发展、演进达至完美的渐进论吗？我们之所以会认可该理论，是因为它安抚了我们对死亡、不安全感和未知所产生出来的焦虑不安和恐惧，不是吗？当我们接受了这种渐进主义的时候，就开始受到了限定，并且被错误的观念、虚幻的希望所奴役。我们必须冲破这些限定，不是经过一段时间，不是在将来，而是在此刻、当下。现在，即是永恒。

只有正确的思考，才能让我们的思想和感受走出无知和痛苦的深渊。

正确的思考不是时间的产物，而是来源于在当下敏锐地觉察到一切妨碍了澄明和觉知的限定。

无论是走在延续自我的这条路途上，还是处于它的对立面，都无法认识不朽与永恒。对立面中有的只是冲突，而非实相。通过自我觉察，拥有了自我认知的澄明，就能迎来正确的思考了。认识实相的能力，就存在于我们自己身上。一旦实现了自我认知，便可以培养起正确的思考，思想和感受便将在实相、在永恒中显露出来。

你们可能会告诉我说我并没有回答这个问题，我在逃避该问题、在绕圈子。你们想让我说些什么呢——说灵魂不灭，抑或并无永生吗？懂得如何凭借你自己的力量去探明何为真实，要比被告知什么是“当下实相”更加的重要，不是吗？后者只是口头上的，所以没有多少意义；而前者则会带来真正的体验，因此十分重要。但如果我仅仅只是宣称说个体是永生的，或者不是，那么这种断言只会让信仰得到进一步的强化，然而正是信仰这种东西妨碍了我们去探明实相。我们必须做的，是超越自身那些狭隘的信仰、构想、欲望和希冀，然后去体验那永恒不灭的事物。

问：科学家们难道不会拯救世界吗？

克：我们所说的科学家指的是什么呢？那些在实验室里面和外面工作的人都是人类，跟我们一样，抱持着国家的、种族的偏见，贪婪、野心勃勃和残忍。他们能担当起救赎者的重任吗？他们能拯救世界吗？他们正在用自己的技术知识去毁灭、去破坏，远多于去疗治，不对吗？在实验室里，他们或许可以探寻知识和理解，但他们跟其他人一样也受到私心的驱使，也抱着竞争的心态及欲望，难道不是吗？

一个人应该对组织化的团体抱持警觉的态度，因为你越是被组织起来、被控制和塑造，你就越是无法去彻底地、充分地进行思考。你的思考将会是局部的，从而导致灾难和不幸。一个人应该警惕那些专家，他们也怀有既定的利益，也怀有狭隘的欲求。一个人应该当心任何领域的专家。整体，无法通过局部的专业化去认识。你越是依赖他们，将把世界从不幸和无序中解救出来的重任交由他们来完成，就会出现越多的混乱跟灾难。因为，除了你以外，还有谁能拯救你呢？因为，领袖、党派、体制，都是在你身上创造出来的，你是什么样子的，它们就会是什么样子的。假如你懵懂无知，充满暴力倾向，争强好胜，想要有所得，那么它们就会呈现出你的面目。

科学家也好、门外汉也罢，都是我们自己。我们从局部去思考，排拒整体，我们缺乏思考力，让自己被贪欲、歹念和无知去塑造。由于恐惧，由于习惯去依赖他人，所以我们允许自己受到管制和压迫。除了我们自身的能力，还有什么能够让我们摆脱那些会导致冲突和痛苦的束缚呢？没有人可以改造我们，我们只能自救，这种改造是一项艰巨的任务。

整体、起点和终点，就存在于我们自己身上。我们发现这本自我认知的书很难阅读，由于我们缺乏耐心，贪婪地想要得到结果，于是便去求助于科学家、组织化的团体、专业人士和领袖。因此我们永远无法得到拯救，没有人可以让我们获得解放，原因在于，只有通过我们自己的觉知，才能摆脱无知与痛苦。改造自身是一项艰巨的任务，需要不断的觉察以及强大的适应能力，不受舆论和教条的左右，而是实现觉知。要想认识世界，每个人就得认识自己，因为他便是世界。一旦实现了自我认知，就能展开正确的思考，而正确的思考本身，便可以带来秩序、澄明以及富有生机的和平。要想对生活的痛苦做一番重新的思考和探究，每个人就必须展开觉察，以便去彻底地思考和感受每一个想法、感觉。倘若你去进行认同或判断，就将妨碍这一切。

问：我对国家主义或美德都没有特别的兴趣。不过您关于自存之物的言论，给我留下了很深印象。虽然有难度，但能否请您再稍微多探究

一下这个问题呢？

克：你无法挑拣和选择，因为国家主义、美德、自存之物这三者是相互关联在一起的。你或许可以不去接受令人愉悦的，排拒使人不开心的，然而令人愉悦的和不讨人喜欢的，仪式主义和悲伤，美德与恶行，都是彼此联系的，选择其中一个，排拒另一个，就会被困在无知的网里。

倘若心灵没有真正摆脱欲望的束缚，那么在这种情形下去思考自存之物，便会沉溺于迷信和推测之中。要想体验那自存的事物、那不可度量之物，心灵就得停止去创造。它必须不再想要去获取，必须使自身摆脱歹念和复制，必须不再是累积的记忆的仓库。我们所推崇的事物，是我们创造出来的东西，所以是不真实的。思想者及其思想应该终结，唯有如此，自存之物方会显现。

只有当心灵能够处于彻底的静寂之中，那自存的事物才会到来。一个饱受欲望的煎熬、被撕扯得四分五裂的心灵，永远都无法拥有宁静。假若思想没有挣脱欲望的罗网，就不会有任何美德可言。当思想开始摆脱了欲望的束缚，便能展开正确的思考。正确的思考，将最终带来清楚的感知和领悟。显然，能够被思考的事物与能够被体验的事物是有所区别的。通过构想、想象和已知，我们可以去体验，但很少有人能够在没有象征、想象和构想的情况下去体验。以无为的姿态实现觉知，将使心灵摆脱复制，摆脱那些被创造出来的事物。我们的心灵被各种记忆、知识、行动以及对关系和事物的反应给填得满满的，为欲望所驱使，满是借口和托辞，没有任何内在的、充实的静寂可言，因此未曾步入富有创造力的空无之境。如果一个心灵忙着去展开行动，忙着去占有，充满了种种记忆，那么它将不能够实现无为状态下的觉知。这样的心灵，无法去体验自存之物。至高的智慧，不会向它敞开大门。

问：定期练习自制，这难道没有必要吗？

克：一个舞者或者小提琴演奏家，一天当中会练习好几个钟头，以便保持手指的灵活、肌肉的弹性。那么，通过练习某种自制的方法，你能够让自己的心灵变得柔韧、富有思考能力、满怀慈悲吗？又或者，通过不断觉察你的所思所感，你能够让心灵保持警觉和敏锐吗？去思考、去感受，指的并不是从属于任何体系方法。假如我们从体系、方法的层面去思考的话，就会停止思考，因为我们是在体系、方法的内部去进行思索，我们的思想需要强化。体系、方法只会产生出专门化的思想形式，但这并不是思考，对吗？仅仅练习自制，以便获得某个结果，这么做只会使思想进一步地落入窠臼，在其中运作，从而受到局限。但如果我们展开觉察并意识到自己是从体系、公式、模式的层面去进行思考，那么思想和感受在摆脱它们的过程中就将开始变得具有适应能力、警觉和敏锐了。倘若我们能够彻底地思索每一个想法，尽可能地跟随其踪迹，就可以广泛地、深刻地理解和体验了。这种广泛的、深入的觉察，会带来它自己的规范——不是由外部强加的规范，也不是按照某种体系方法、模式所实施的内在的自制，而是自我认知的结果，是正确的思考和觉知的结果。这样的规范、自制，富有生机，不会形成习惯和鼓励懒惰。

假若你觉察自己的每一个想法、感觉，无论它是多么的琐碎，尽可能深入地、广泛地去思考它、感受它，那么思想便能冲破那些施加在自己身上的局限了。尔后，出于理解，自然会有所调整和适应，自然会展开自我约束和规范，这要比强加的任何模式的规范有效得多，也更有适应力得多。如果没有通过觉察去唤醒最高的智慧，那么单纯的去练习自制，只会制造出习惯，只会导致缺乏思考能力。依靠自我认知以及正确的思考，觉察本身就可以带来自制。习性、欠缺思考能力，作为通往结果的手段，将会以无知告终。正确的手段会产生出正确的结果，因为结果就蕴含在手段之中。

问：我怎样才能让心灵处于静寂的状态，以便它可以去认识将影响日常难题的事物呢？还有，我如何让心灵保持这种静寂呢？

克：当微风停止时，湖面会平静得不起一丝波澜。同样的道理，当心灵实现了觉知并因而超越了它所制造出来的那些相互冲突的难题，便能迈入静寂之境。这种宁静，无法由意愿或欲望产生出来，而是来源于摆脱欲望的自由。

我们所说的冥想，大部分都是指通过各种方法来让心灵安静下来，然而这些方法只会进一步强化自我封闭的、排外性的专注。这种狭隘的专注，会产生自身的结果，但并非广泛的觉知——并非最高的智慧和理性。最高的智慧，能够自然而然地带来宁静，不会有任何强迫。不断地去觉察每一个想法、感觉和行为，觉察每一个干扰，无论它是渺小的还是重大的，就可以唤醒、培养觉知。在觉知的过程中，你能够消除意识表层里的那些冲突和干扰，从而带来澄明，接着你的意识就可以处于一种看似被动、消极的无为状态，进而能够去认识意识的那些相互关联、更为深刻的层面以及它们的累积、印象和记忆。尔后，依靠不断的觉察，便能够观察和认识更为隐蔽的欲望的过程，认识到自我、私心的原因，即冲突与痛苦的根源。假如没有认识自我，没有实现正确的思考，就无法展开冥想；没有冥想性的觉察，就无法实现自我认知。

（在加州欧加橡树林的第十场演说，1944 年 7 月 16 日）

图书在版编目（C I P）数据

在关系中认识自我 / (印) 克里希那穆提著；桑靖宇，程悦译. -- 北京：九州出版社，2014.4（2022.4重印）
（克里希那穆提集）
ISBN 978-7-5108-2913-0

Ⅰ. ①在… Ⅱ. ①克… ②桑… ③程… Ⅲ. ①人生哲学－通俗读物 Ⅳ. ①B821-49

中国版本图书馆CIP数据核字(2014)第075273号

Krishnamurti Foundation of America,
P.O.Box 1560, Ojia, California 93024 USA
E-mail: kfa@ kfa.org. Website: www.kfa.org
For more information about J.Krishnamurti, please visit: www.jkrishnamurti.org

著作权合同登记号：图字 01-2013-7998

在关系中认识自我

作　　者	（印）克里希那穆提 著 桑靖宇 程悦 译
责任编辑	李文君
出版发行	九州出版社
地　　址	北京市西城区阜外大街甲 35 号（100037）
发行电话	(010)68992190/3/5/6
网　　址	www.jiuzhoupress.com
印　　刷	三河市九洲财鑫印刷有限公司
开　　本	880 毫米×1230 毫米 32 开
印　　张	15
字　　数	386 千字
版　　次	2014 年 6 月第 1 版
印　　次	2022 年 4 月第 4 次印刷
书　　号	ISBN 978-7-5108-2913-0
定　　价	68.00 元

心灵自由之路
The flight of the eagle

生活的难题
The Krishnamurti reader

教育就是解放心灵
The whole movement of life is learning

关系的真谛：做人、交友、处世
Relationships: to oneself, to others, to the world

关系之镜：两性的真爱
The mirror of relationship: love, sex and chastity

爱与寂寞
On love and loneliness

谋生之道
On right livehood

静谧之心
The second Krishnamurti reader

唤醒能量
Tradition and revolution

生命的完整：人生的转化
The transformation of man

生而为人
To be human

生命的注释（上下册）
Commentaries on living

克里希那穆提集（17 册）
The collected works of Krishnamurti

第 1 册 倾听内心的声音
（The art of listening）
译者 王晓霞（Sue）
2013 年 10 月出版

第 2 册 什么是正确的行动
（What is right action?）
译者 桑靖宇 程悦
2014 年 3 月出版

第 3 册 在关系中认识自我
（The mirror of relationship）
译者 桑靖宇 程悦
2014 年 6 月出版

第 4 册 观者即被观者
（The observer is the observed）
译者 常霜林
即将出版

陆续推出中……

第 5 册 Choiceless awareness
第 6 册 The origin of conflict
第 7 册 Tradition and creativity
第 8 册 What are you seeking?
第 9 册 The answer is in the problem
第 10 册 A light to yourself
第 11 册 Crisis in consciousness
第 12 册 There is no thinker, only thought
第 13 册 A psychological revolution
第 14 册 The new mind
第 15 册 The dignity of living
第 16 册 The beauty of death
第 17 册 Perennial questions